弹群协同与自主决策

Missile-Group Coordination and Autonomous Decision-Making

程　进　罗世彬　宋　闯　吴　瑕　编著

科学出版社

北　京

内 容 简 介

本书以弹群协同作战观察–判断–决策–行动 (Observation, Orientation, Decision, Action, OODA) 循环问题入手,以弹群协同作战为主线,首先系统地阐述了弹群协同作战的概念与需求、发展与特点、意义,在相关原理和理论框架下,分析了弹群协同作战的相关关键技术研究与应用现状,包括协同信息获取技术、协同网络通信技术、协同自主决策技术、协同自主制导技术、协同飞行控制技术。在此基础上,分别对协同作战的关键技术进行深入分析,并以实际工程应用为目标,搭建了弹群协同作战的仿真平台,设计了弹群协同作战协同仿真实验系统,并对系统进行了深入分析研究。

本书从协同作战的背景开始阐述,涵盖了弹群协同作战相关关键技术等领域的最新研究成果,可作为航空宇航科学与技术学科研究生和高年级本科生的教材或参考书,也可作为航空航天领域中科技工作者的参考书。

图书在版编目(CIP)数据

弹群协同与自主决策/程进等编著. —北京:科学出版社,2020.6
 ISBN 978-7-03-065203-4

Ⅰ.①弹··· Ⅱ.①程··· Ⅲ.①导弹制导–协同作战 Ⅳ.①TJ765.3

中国版本图书馆 CIP 数据核字(2020) 第 086028 号

责任编辑:赵敬伟 郭学雯/责任校对:邹慧卿
责任印制:吴兆东/封面设计:无极书装

斜 学 出 版 社 出版
北京东黄城根北街 16 号
邮政编码:100717
http://www.sciencep.com
北京建宏印刷有限公司 印刷
科学出版社发行 各地新华书店经销
*
2020 年 6 月第 一 版 开本:720×1000 B5
2022 年 1 月第四次印刷 印张:24 3/4
字数:496 000
定价:188.00 元
(如有印装质量问题,我社负责调换)

前　言

　　分布式作战是美军为应对中俄军事力量的崛起而提出的一种全新的作战理念，协同作战作为分布式作战中的一种形态，是基于网络赋能的思想。通过网络体系，保持弹群中各导弹间彼此共享信息形成作战集群，具备协同编队、协同侦察、协同制导等网络化自主攻击能力，是网络中心战中作战理论的重要抓手。导弹作战具有射程远、精度高、作战使用灵活等特点，是现代战争执行精打要害、破击体系作战任务的首战武器。随着防御体系的完善和打击目标的战略后撤，导弹的作战打击任务呈现出大纵深、非结构化、强不确定性等特点。现役导弹的作战模式只能适应有限的不确定环境，并且作战 OODA(观察、判断、决策、行动：Observation，Orientation，Decision，Action) 循环时间长，而未来作战将面临高强度对抗、有限信息支援、多任务需求的挑战，战场环境不确定性大幅度增加，这些问题都给导弹在复杂战场环境下的高效实战能力提出了严峻挑战。因此，需要提升导弹在复杂动态环境下进行态势感知和在线自主决策的能力，实现智能自主独立作战，降低依赖甚至不依赖大系统的保障，独立深入高威胁区域，自主感知威胁并实现智能对抗与突防，自主完成对目标的大范围探测、识别和精确打击。弹群的智能化协同作战，实现了信息化条件下导弹作战方式的转变，即由单打独斗转变为联合作战，且通过网络技术与智能技术的深度融合，降低了导弹的保障需求，使其由适应确定性环境走向适应更大的不确定环境，提升了导弹的实战能力。发展弹群协同作战的相关关键技术的实质是最大限度地实现信息和数据的共享，提升导弹对环境的适应能力，是取得未来战争主动权的必然选择。弹群协同作战的关键技术，包括协同信息获取技术、协同网络通信技术、协同自主决策技术、协同自主制导技术、协同飞行控制技术。协同信息获取技术使得导弹群体信息的深层次融合成为可能，有效提高了信息的精确度，保证了导弹的作战效能；协同网络通信技术增加了网络容量，降低了节点对信道变化的敏感性，提高了网络传输的可靠性，增强了网络通信的距离；协同自主决策技术是实现弹群协同作战的关键，能大幅度提高弹群整体作战效率；协同自主制导技术保证了弹群协同作战高可靠任务执行；协同飞行控制技术可以辅助弹群成员实现协同编队飞行，确保弹群编队飞行时的安全可靠性。本书作者程进同志长期从事飞行器武器系统、制导控制系统总体设计工作，在飞行器建模与验模、飞行器控制等技术方向做出了突出贡献；罗世彬教授长期从事飞行器设计方法及关键技术应用研究等方面的研究和教学工作，在飞行器总体设计、建模、控制与飞行验证等方面成果显著。在总结多年研究成果的基础上，通过对弹群协同作战中的工程问题和科学问题进行提炼总结，对协同作战的相关关键技术进行深入分析，为读者研究弹群协同作战提供了研究依据。作者撰写这本书，仅供广大读者参考，希望引导更多的读者参与弹群协同作战的研究工作，推动协同作战技术迅猛发展。本书的撰写特点如下：

(1) 从弹群协同作战的背景入手，力求对弹群协同作战领域的相关研究基础进行较为全面的介绍。包括弹群协同作战的概念与需求、发展与特点、意义，并描述了弹群协同作战相关关键技术的基本概念和研究现状。

(2) 对弹群协同作战的相关关键技术进行深入分析，包括协同信息获取技术、协同网络通信技术、协同自主决策技术、协同自主制导技术、协同飞行控制技术；并通过仿真实例，加深读者对相关理论的理解，具有重要的理论研究意义和工程实用价值。

(3) 本书的最后描述了弹群协同作战仿真平台，并设计了弹群协同作战协同仿真实验系统，从支撑系统单项及综合集成性能验证的半实物仿真技术入手，对仿真系统中的信息一致性问题、强实时性运行控制问题、面向数据链网络通信与定位的动态仿真与故障模拟问题进一步探索研究，与本书前面内容相辅相成，互相补充。

(4) 本书对弹群协同作战的具体描述力求结合实际应用，配有丰富的仿真实验和结果分析，便于读者快速掌握书中给出的理论方法，为读者提供有益的借鉴，具有很好的参考价值。从弹群协同作战的背景到弹群协同作战的仿真平台分析，本书通过 7 章内容，完整地描述了弹群协同作战的相关理论技术。第 1 章为概论，叙述弹群协同作战的背景与意义，并对协同作战的五种关键技术及应用现状进行了综述。第 2~6 章分别针对弹群协同作战的关键技术进行深入剖析。第 7 章对弹群协同作战仿真平台进行描述，并对弹群协同作战协同仿真试验系统进行分析。

本书在编写过程中参考了《导弹自主编队协同制导控制技术》《协同飞行控制系统》《多无人飞行器协同航迹控制》《反舰导弹航路规划理论与应用》等书中的部分内容，在此对这些作者表衷心的感谢，并对书中引用的参考文献的作者表示诚挚的谢意。此外，感谢中南大学航空航天学院研究生李晓栋、孙方德、曹承钰、李军在本书撰写中所做出的努力。

限于作者水平，书中难免存在疏漏之处，敬请读者批评指正。

作　者
2020 年 1 月

目　　录

第1章 概　　论

1.1　背景与意义

　　人类的集群作战起源于狩猎，其实不只人类，群居的狮子、狼也会用集群作战的方式对付敌人。冷兵器时代，人们的自身格斗能力有限，只有群起而攻之才能取得最大的成果，有章法地向着一个目标攻击显然比胡戳乱砍的单打独斗更有效率。

　　明代抗击倭寇战斗中，著名将领戚继光创立了攻防兼宜的"鸳鸯阵"："阵十二人，首一人居前为队长，次二人夹盾，次二人夹枝兵，次四人夹长矛，次二人夹短兵，末一人为火兵居后，专事樵苏。"在一个基层战斗单位内长短兵器协同，始终保持"长短相杂、刺卫兼合"的作战特点，扬长避短，充分发挥出各种兵器的效能，极大地提升了军队的战斗力，成为荡平东南沿海倭寇的因素之一。

　　第二次世界大战初期，德国海军利用"狼群战术"攻击英国商船队，以少量的潜艇沉重打击了英国的海上经济生命线。这种潜艇集群战术，将潜艇分散部署在海上游猎，一旦发现目标就用无线电召唤其余潜艇包围目标形成"口袋阵"，白天躲避护航军舰，占据有利阵位，连续在夜间发动突然袭击，逐步消灭目标。"狼群战术"隐蔽时充分发挥单艇的机动性，攻击时集中火力以多打少，以"分兵集火"的集群作战样式实现了局部以弱胜强。

　　人类集群作战特点在于具有分工机制、沟通机制、决策机制。从各自为战到集群作战，形式不断进化，是人类智慧的体现[1-2]。

　　为了应对中俄军事力量的崛起，特别是中国在反航母、反卫星、反预警、反信息节点等方面所谓的"反介入/区域拒止"能力的不断增强，着眼于未来强对抗战场环境下的军事优势，美军提出了全新的分布式作战理念，并相应开展了分布式作战概念研究。弹群协同作战是分布式作战中的一种形态[1]。已有的局部战争证实，只有将多种力量融于一体、不同类型的武器系统紧密协同、不同类型的兵种取长补短，才可以使整体的军事实力得到充分的发挥。而实现弹群在时间、空间、功能和平台等方式的有效协同，能够显著提高导弹战场态势重构的精确度，明显改善导弹在战略突防、协同探测、目标的识别和定位、电子对抗、作战等方面的性能。因此，在未来战争中，弹群协同作战变得极其重要，它是改善导弹突防性能的一种有用手段。在近几年发生的几场战争中，弹群协同作战的优势也得到了进一步验证。为了帮助读者更加清晰地了解和掌握弹群协同作战的特性，更深入地研究其所面临的科学问题，本章从弹群协同作战的背景、研究意义、相关关键技术研究、应用现状以及弹群协同控制与自主决策体系结构等入手进行描述。本章的主要内容安排如下：1.1 节给出弹群协同作战研究的背景与意义；1.2 节描述弹群协同作战的相关关键技术研究与应用现状；1.3 节对弹群协同控制设计方法研究与自主决策体系结构进行描述；1.4 节给出本书的主要内容和特色。

1.1.1 弹群协同作战的概念与需求

1. 弹群协同作战的概念

导弹作战实际上是一种体系和体系之间的对抗，包括预警探测体系、信息通信体系、指挥控制体系、电子对抗体系、火力打击体系以及效果评估体系等。而随着科学技术的发展，导弹越来越智能化，在战争中，导弹扮演着越来越多的角色，从而实现了导弹的集群作战。弹群协同作战是基于"网络赋能"的思想，通过网络体系，将彼此共享信息的导弹组成作战集群，使其具备协同编队、协同侦察、协同制导等网络化自主攻击能力，是"网络中心战"作战理论的重要抓手。弹群协同作战的核心思想是将具有自主作战能力的信息化弹药或平台组成网络化、一体化、智能化的"综合体"，利用导弹发射平台及其指挥系统和导弹自身之间所进行的信息、战术以及火力的交互与协作，来增强弹群的跟踪、探测以及攻击能力，也有助于形成有掩护的攻击或规避，提高导弹的整体作战性能，图 1.1 为弹群协同作战的过程[3,4]。

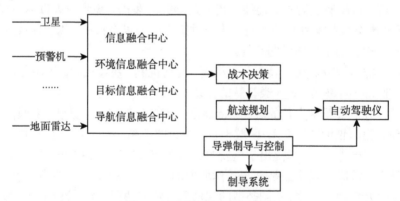

图 1.1 弹群协同作战示意图

弹群协同作战打破了发射后各导弹之间没有任何联系和合作的传统作战思想，将发射的所有导弹看成整体，多枚导弹之间相互合作，共同完成作战任务。弹群协同作战可以使导弹更趋于智能化，导弹的整体作战能力得到显著的提高，从而填补了目前已有的单一导弹在作战模式上的缺陷，因此，弹群协同作战已经逐渐变为军事领域的研究热点。20 世纪 70 年代，美国给出了弹群协同作战的概念，之后以美国和俄罗斯为代表，各个国家对弹群协同作战开展了深入的研究。俄罗斯自主研制的 P-700"花岗岩"超声速反舰导弹能够融合从海、陆、空基传感器以及卫星中所取得的信息,并能够实现对目标数据的解算,以此来完成对信息数据的共享以及对飞行任务的策划,从而实现自主攻击。P-700"花岗岩"所采用的领弹/攻击弹的攻击方式是弹群协同作战的代表方式[3]。这种攻击方式可描述为:领弹最先进行发射,在惯导/卫星指引下朝着预定区域飞行,在预定区域上空盘旋滞留,并利用激光雷达进行目标搜寻,如果检测到敌方踪迹,利用智能任务规划系统实现对火力的分配以及飞行路径的选取,来打击预期的目标;领弹飞行过程中,攻击弹利用数据链来共享目标的动态信息;战毁评估系统实时地对打击结果进行分析,并完成对某些导弹任务重新策划的必要性的决策,直到作战任务完成为止。如果预期的目标具有较高的优先级、较紧的时效性或领弹因燃料的消耗殆尽而将要坠落,也可以采用领弹直接攻击的方式完成对目标的攻击[5]。

美国对弹群协同作战问题也进行了深入的研究,"网火"是美国提出的新一代弹群协同作战系统。"网火"导弹之间可以实现互相通信,它们会在同一片作战区域内待机巡航,如果其中一枚导弹搜索到作战目标,但仅靠自身力量难以击毁时,会请求其他导弹帮助,齐心协力共同制服敌人。倘若仅仅依靠单枚导弹的力量就能够完成对目标的击毁,其余导弹就会继续探测别的作战目标。"网火"系统给出了一种新兴的作战方法,它将火力打击、侦察监视、性能评估和攻敌时的任务规划与转换等能力结合在一起,设计了一种基于空间信息网络支持的、无缝的、自主与受控攻击融于一体的编队协同作战模式[6,7]。编队协同作战指的是将同类型或者不同类型的导弹组成编队,通过任务规划系统的指导,基于战术要求,实现时间、空间、功能上的协同来完成任务的作战模式。一般来说,编队协同作战具有三种方式:编队突防、饱和攻击、"侦察-打击"一体化[7]。编队突防能够通过时间和空间上的协同完成高密度、同时突防,达到最优的突防效果。饱和攻击最经典的作战形式就是在攻敌时,将制导体制和飞行高度不同的导弹从不同的方向上对敌军进行多次协同打击,从而让敌军的防御系统达到饱和状态。由于敌方武器系统会受到反应时间和射击观察时间的限制以及射击能力的约束,其对多弹协同打击的反应速度会极大降低,从而显著改善了进攻导弹的突防能力。"侦察-打击"一体化协同作战指的是,在齐射攻击的导弹中,弹群低空突防进入末制导区域后,其中一枚导弹扮演着领弹的角色,它在预先规定的较高的位置上飞行,能够最快完成对目标的识别和定位,利用数据链将信息发送给低高度飞行的导弹,并能够对信息和目标分配进行实时更新,而其余导弹会各自完成对目标的锁定和攻击。倘若领弹中途被敌方拦截,则作为替补的备份弹会依次扮演领弹的角色,这就是"侦察-打击"协同作战的思想。

2. 弹群协同作战的需求

弹群协同作战的出现转变了作战模式,由单枚导弹的自主作战模式转变成多枚导弹协同作战模式。多枚导弹协同作战势必要求各导弹之间利用数据链进行信息的共享，并完成统一决策，实现各导弹分工的协调，这对弹群协同作战提出了新的作战需求：首先要提高弹群协同作战的自主性，使其可以自主地完成对各类敏感信息的处理以及对近期和将来战斗任务的谋划和推测，依照感知-评价-决策的认知决策过程，在所有条件都符合时进行攻击，在条件并不完全具备的时候，实施规避，以确保最佳的作战结果。另外，弹群协同作战需要确保多目标决策的最优化，不仅可以完成对各方信息的融合、判断和提取，以及对态势的评估、分析和谋划，自主攻防；而且可以在弹群内迅速完成信息的交互，使得导弹弹群变成一个战斗系统，互相协作，共同配合，以最低的耗损实现性能的最优化。

　　未来体系对抗条件下弹群协同作战要求导弹能自主适应传统的风、浪、雨、雾等环境，具备可靠飞行、发射后不管、高效毁伤等能力，还必须具备一些先进的能力，如图 1.2 所示[8]。

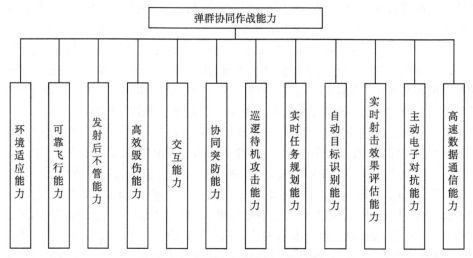

图 1.2　弹群协同作战能力示意图

　　1) 交互能力

　　体系对抗条件下弹群协同作战需坚持"以人为本、人机结合"的原则，强调人在回路中的作用，实现人与导弹之间的通信、交互和对话。人在回路控制技术能够在复杂背景下完成对目标的捕获，因此可处理机动目标。另外，人在回路控制技术使得导弹具备更多的能力，如任务重新规划、目标重新选择、获取战场前沿图像速度快等。

　　2) 协同突防能力

　　协同突防指的是通过多弹协同，将弹群中所有的导弹成员综合在一起，形成一个数据共享、能力互补、战术协同的作战整体，利用弹群整体优势实现对目标多次、全面的攻击，从而提高弹群整体的突防能力。当导弹具有协同突防能力时，它就能够以较快的速度发现目标，完成识别和定位，并实现快速、协同作战。

3) 巡逻待机攻击能力

弹群协同作战要求导弹应具备巡逻待机攻击能力，也就是说，导弹应具备较长的滞空时间，能够实现飞行过程中的重新编程。具有巡逻待机攻击能力的导弹，可以使用待机攻击战术进行火力封锁作战。倘若需要对敌方某区域进行封锁，首先可以发送多枚导弹至待封锁区域上空，要求导弹在空中巡逻待机，如果识别到需要打击的目标，便将目标的位置信息传递给空中的任一枚待机巡逻导弹，导弹根据传递过来的信息进行重新编程并攻打目标。

4) 实时任务规划能力

当导弹具有实时任务规划能力时，能够实现对攻击方向的自主选择，并进行协同有效的攻击。导弹能够充分地利用地形、局部信息优势对己方发射平台进行庇护，并且能够实现对攻击岛岸目标的隐藏，从而使攻击战术更为灵活，导弹群体突破地方防御系统的可能性也得到显著提高。

5) 自动目标识别能力

弹群协同作战要求导弹不仅具有能够从复杂背景中寻找出攻击目标的能力，还应具有对搜索目标大小、类型的识别和判断能力以及规定导弹命中点的能力，即自动目标识别能力。目标识别的方式有两种：一种是敌我识别，另一种是目标模式识别。敌我识别是进行导弹打击的基础；目标模式识别指的是导弹对目标的类型以及属性的判断，目标模式识别会直接影响战术计划的优劣以及最终的作战结果。

6) 实时射击效果评估能力

弹群协同作战要求导弹应具备实时射击效果评估能力，来确保导弹在实现战斗任务的同时，弹群协同作战的效费比得到提高。导弹利用数据链将前期导弹对攻击目标的毁伤程度以及本枚导弹是否完成对目标的攻击等数据发送给指挥中心以及后续导弹；之后，指挥中心和后续导弹根据传送而来的信息来判断是否继续攻打目标。对于目标群，导弹能够通过指挥中心或前期导弹发送的对目标的击毁程度的信息，来决定是否继续攻击预先需攻击的目标。若不需要，则导弹可以利用任务规划系统选择其他的飞行路径或重新规划新的飞行路径，并选择其他的攻击目标。

7) 主动电子对抗能力

主动电子对抗是指当导弹面临威胁时，快速主动地启动对舰炮等 "硬对抗" 进行干扰，对有源、无源、诱饵等 "软对抗" 进行反干扰的能力。一是，当发现 "硬杀伤" 威胁时，控制装置能够自动地释放出诱饵或有源干扰机自主切换到最佳工作模式等；二是，对强、弱电子干扰的方向进行综合判断，并提供有效信息帮助导弹规避强干扰方向；三是，快速进行频率捷变，从频域讲，每一种作战力量只能处理某种特定的频域信号，即使同时启动多种对抗，依旧不能覆盖所有的频域信号，导弹处于主动进攻方，而海上电子战体系是被动响应方，因此可以利用这种角色关系，增宽导弹导引头频谱范围，并采用超宽谱雷达，进行大范围的捷变和复杂波形编码，实现对干扰的有效对抗。

8) 高速数据通信能力

上述七种能力，都建立在信息实时传输的基础上。弹群协同作战中的信息传输，可能在导弹与指挥平台之间、导弹与传感器平台之间或者导弹与导弹之间。这就要求弹群协同作战中的导弹个体应具有高速数据通信能力，从而能够实现信息的交互和共享，以支持弹群协同作战的战术决策，高速数据通信能力是弹群协同作战的基础。

1.1.2　弹群协同作战的发展与特点

1. 弹群协同作战的发展

早期的弹群协同主要通过离线航迹规划的方式实现。而伴随着航空和制导控制技术的发展、导弹武器水平的进步以及临近空间飞行器等一系列新型空天飞行器的不断研制，弹群协同作战的研究逐渐深入，面临的问题的复杂性也在不断增加[8,9]。

弹群协同作战主要包括五个组成部分，分别是任务规划、轨迹规划、协同目标搜索、协同目标分配以及协同攻击与突防。任务规划是指根据现有的可用资源以及作战任务的时间顺序来实现弹群中导弹的优化配置，它是用来求解协同作战过程中最顶层的战略问题；轨迹规划是指通过弹群中导弹的飞行性能和分配的任务，选择出链接所有关键点和战术动作的最佳飞行轨迹；协同目标搜索指的是针对某个单一作战区域或所有作战区域组成的整体，根据作战时各个单位的搜索能力，完成对目标的识别，并确定目标的位置；协同目标分配指的是按照导弹的打击能力以及作战任务，针对各个目标，确定相应的最合适的导弹攻击配置；协同攻击与突防指的是基于敌方的防御系统，根据导弹的机动与选择的弹群协同攻击的战术，完成对目标快速高效的攻击。

弹群协同作战是在数据处理技术和制导控制技术不断发展的基础上而衍生出来的一个全新研究方向，下面分别阐述弹群协同作战五个组成部分的国内外发展现状。

1) 任务规划

任务规划是由任务分配和协同规划两个部分组成的。任务分配是弹群协同作战的根基，任务分配的研究重点是任务、目标和导弹之间的优化配置；协同规划是指在任务分配完成之后，确定弹群中各导弹的任务及其时间顺序。

任务分配指的是任务的动态执行和自主求解，求解时需要将各导弹之间的信息交互和共享纳入考虑范围。已有的文献中提出了两种求解方法，一种是采用分层递阶的方法进行求解，将原有的问题转化成多个子问题，各导弹之间通过互相协作实现对每一个子问题的求解，从而寻求到原有问题的解。分层递阶的方法包括合作竞拍法、分布式马尔可夫决策法、分布式模型预测法以及动态分布式约束优化法等。自主求解的第二种方法是在个体局部的感知基础上，通过优化协调来展现整体的自组织行为。

协同规划可以实现对导弹群体所具有的有限资源的合理配置、分析和使用。协同规划的本质是指针对某种特定任务的决策和优化。在处理协同规划问题时，首先需要对特定任务进行转化，使其变成组合优化问题模型的形式，再根据已有的知识实现对问题的求解。学者们提出了多种组合优化问题模型，包括多旅行商模型、车辆路由模型、混合整数线性规划模型、动态网络流优化模型等。这些优化模型主要用于对某个特定的任务进行建模，然后根据建立的模型完成对任务的分析，但是一次完整的攻击任务是由协同探测、目标识别、攻击等各种不同的任务组合而成的，此时需要采用 Shima 提出的协同多任务分配问题模型，该模型可以对各种任务之间的顺序关系进行清晰的刻画，推进了关系和使能约束，对于任务分配和协同规划的建模问题，可以找到一个较好的解决方式。对组合优化问题模型进行求解是任务规划的另一个发展方向，常用的求解方法有两种，分别是穷举法和动态规划，它们能够获得待优化问题的最优解，但是随着待优化问题越来越复杂，优化过程需要消耗的时间也会迅速增多，因此我们需要找到一类可以兼顾计算时间和解质量的算法，以遗传算法、粒子群算法为代表的智能优化算法受到广泛关注。

2) 轨迹规划

弹群协同作战的另一个重点问题就是弹群系统的协同轨迹规划。弹群系统的协同轨迹规划是以单枚导弹的轨迹规划为根基而发展得到的，其目的是通过全方位思考多种烦琐且多约束的条件，包括各类导弹的性能、发动机消耗、导弹的飞行时间、躲避敌方搜索等，以及协同相互关系条件，如协同突防、协同探测、避撞、执行逻辑等，为参加作战任务的弹群选择出一组合适的协同飞行轨迹。协同轨迹规划算法的思想大多起源于个体轨迹规划算法，其代表性的算法有图规划算法、人工势场法、智能优化算法等。

3) 协同目标搜索

由于现有的作战环境非常复杂，仅仅依赖单枚导弹进行目标搜索难以很快确定目标的位置，完成对目标的识别，因此需要通过弹群协同目标搜索来改善目标识别率和搜索精度。不同于传统的一对一制导方式，倘若导弹搜索装置上存在太多不能辨别真假的目标像点，那么必须要依赖整个弹群提供的目标信息分辨出真假目标，由此可知，弹群协同目标搜索是协同攻击不可缺少的一部分。

弹群协同目标搜索的搜索范围大、目标识别率高、容错性高等优势使其迅速成为研究热点，国内外科研工作者们对此进行了许多探索和研究。Voronoi 等对搜索任务进行空间划分,针对弹群中各个导弹的搜索能力分配相应的搜索区域。利用这种划分方法有助于避免资源冗余问题,但当搜索环境动态变化时,采用这种方法无法对搜索环境进行划分,因此该方法具有局限性。据此,Koenig 等以场空间为基础,将虚拟场的概念引入搜索任务中,设计了一种新的建模思想,并通过粒子群算法、势函数方法及信息素方法等,来优化飞行器的搜索行为,Koenig 等设计的方法适用于动态变化的搜索环境,思想简单且易于实现,但算法在求解时容易陷入局部最优,当弹群中导弹数量过多时,该方法具有一定的局限性。

4) 协同目标分配

协同目标分配是以待搜索的目标和环境信息为基础,考虑协同作战中不同武器单元的作战原则,武器空间和时间等约束条件,并考虑在协同作战时对目标分配结果有直接影响的因素,如新的作战目标的出现或旧的作战目标的消失等,通过对各作战武器单元的综合拦截性能进行评估,来实现多对多的有效攻击。

在弹群协同作战的过程中,参与作战的成员数量多、飞行速度快、可攻击时间窗口窄,此时要求通过动态目标分配算法让导弹快速准确地转至精确打击阶段。对于动态多约束的目标分配问题,学者们提出了多种分配算法,包括多阶段匹配优化算法、分配策略最优算法、群智能优化算法、市场机制算法等。Nguyen 等将综合约束条件、动态规划和智能优化算法结合在一起,提出了一种新型的目标分配策略,通过利用多阶段匹配优化算法,依次完成目标分配问题的求解。Orhan 提出了一种分配策略最优算法,在该算法中,目标分配指的是新目标随机地以某个特定的概率参与到马尔可夫决策过程中,分配策略最优算法是进行目标分配的一种新思路。Kehu 在传统遗传算法的基础上,通过改进交叉与变异策略实现协同作战的目标分配。Sandholm 在合同网竞拍算法的基础上,通过对竞拍时的中标选择过程进行优化,完成了协同作战的目标分配。

5) 协同攻击与突防

协同攻击与突防是弹群协同作战一个极为重要的组成部分,由于在作战过程中,整个弹群可能会遇到一次或多波次的拦截,弹群中的成员在面临敌人防御系统拦截时,可通过协同估计获取拦截导弹与打击目标的信息,以最低能耗为原则,选取合适的突防策略和制导指令,实现对目标的攻击和落角协同打击。协同攻击与突防指的是在不同时间和位置发射的导弹,同时或依次飞至规定区域。协同攻击与突防过程中,弹群中各导弹之间可以实现信息交互,与单枚导弹相比,突防成功的概率大大增加。协同攻击与突防利用导弹群体完成协同目标搜索的任务,根据弹群的搜索结果可以完成对战场态势的重构,并与攻击任务相结合,自行决定机动突防时机,并制订相应的攻击指令,来降低弹群协同作战时的能耗。协同攻击与突防是近年来提出的一种新的战略思想,已有的成果较少,且研究成果主要集中在协同攻击制导律和协同突防策略。协同攻击制导律要求弹群中的所有成员可以齐心协力,共同作战，完成对目标的精确打击。Jeon 在传统的比例导引制导律中引入了攻击时间约束的思想，设计了一种新的制导律，但是 Jeon 推导的制导律只能用于攻击静止的目标。针对大气层外的中制导段，Ye 以最小信息集理论为基础，将控制模型线性化和反馈回路的方法结合在一起，设计了一种新型的攻击时间约束的制导律。Zhang 针对反舰导弹，设计了与 Jeon 和 Ye 都不同的带攻击时间约束的制导律，该制导律可以确定完成目标攻击的时间。张友根基于双圆弧原理，设计了一种协同制导律，适用于对静止或机动目标的攻击。协同攻击制导律的研究开始时间较晚，已有的资料较少，上述的攻击时间约束制导律主要在比例导引制导律的基础上加上了攻击时间约束的概念，而协同制导律的打击对象主要是舰艇，与导弹相比，舰艇的运动速度慢且机动性不高。据此，孙雪娇在增广比例导引制导律的基础上，提出了一种时间可控的制导律，可以实现对机动目标的打击，但是，孙雪娇所设计的制导律要求待攻击目标的法向加速度是已知的常值。因此，设计一类时间可控制导律，实现对大机动目标，如空天飞行器甚至高超声速飞行器的打击是未来协同攻击与突防的研究方向。

防御体系的持续进步对导弹的突防能力提出了越来越高的要求，现阶段常用的突防手段主要包括蛇形机动和螺旋机动，美国 "潘兴 II" 导弹已经采用了螺旋机动模式，如果没有独特的拦截手段，美国 "潘兴 II" 导弹能够实现末制导段的低空突防，突防概率超过 80%。顾文锦等针对反舰导弹的蛇形机动模式，进行突防方案的研究，大量仿真结果验证了蛇形机动模式在突防上的优越性，并能够获取适合的机动参数。陈晔在极大值原理的基础上，提出了一种最优的侧向机动频率。程进在假设存在侧向机动发动机的前提下，确定了发动机的最佳开启时机，从而实现突防。以采用比例导引律的拦截导弹为研究对象，殷志宏根据预测拦截点与脱靶量，提出了一种智能机动算法；Kim 和 Young 设计了一种改进的神经网络算法，并与模糊次优控制算法相结合，实现了对飞行器最佳突防问题的求解。

2. 弹群协同作战的特点

弹群协同作战不仅集中了各单独导弹在作战中所具有的担当靶机，可以毫无顾忌地执行各种危险任务，且具有隐蔽性强、反应快、操作灵活、长时间连续飞行等特点，而且还具有弹群协同作战一些独特的优势[10]：

(1) 弹群协同作战的功能性更强。随着现代战争环境的复杂化，独立空战的导弹很难胜任所承担的作战任务，而多枚导弹组成的弹群具有时间、空间和功能上的分布性，比如，多枚导弹可以在同一时间处于不同的位置；也可以在同一时间完成多种不同的任务；也可以多枚导弹合作完成一些单枚导弹无法完成的工作，甚至更复杂的任务。

(2) 弹群协同作战具有良好的冗余性。当导弹的工作环境发生变化或者弹群中某枚导弹发生故障时,导弹之间通过其内在的自组织能力和协同机制重新确定协同关系,仍可以完成任务。弹群的并行性和冗余性可以提高系统的健壮性和容错性等。

(3) 弹群协同作战的柔性更好,完成任务更高效。通过弹群协同,弹群可以具有更高的工作效率和柔性,更适合导弹集群化、智能化、网络化等各方面的要求,从而全面提高作战自动化程度,达到理想的作战效果。

(4) 弹群协同作战的经济性更好。对于一些动态性强且较为复杂的任务来说,弹群协同作战比导弹独立作战更容易完成任务,效能更高,经济性更好。正因为有着许多独立空战的导弹无可比拟的优点,弹群协同作战受到越来越多的关注。

1.1.3 弹群协同作战的意义

弹群协同作战有着重要的军事意义,可归纳为如下几个方面[11]。

(1) 提高导弹的突防能力。

现代无线电技术和雷达探测技术的发展,极大地提高了战争中搜索、跟踪目标的能力,同时导弹通过有效的协同可以达到导弹“隐身”的目的,因此,导弹利用协同技术可以有效地提高导隐身效果,从而达到提高整体突防能力的目的。

(2) 提高导弹的电子对抗能力。

导弹武器系统受到电子干扰后,其捕获目标概率、跟踪目标概率和自导命中概率等都会降低,而敌方实施有源或无源干扰都需要一定时间。为了有效地突破敌方软杀伤武器的防御层,在一次进攻中,可以采用不同频率和不同类型的导弹在不同方向上进行齐射,使敌方不能及时地对所有频率和不同攻击方向的各类导弹进行有效的干扰;同时,突防过程中由于目标信息共享,极大地降低了攻击假目标的可能性;另外,各枚导弹分别选取不同的捕捉策略,可以提高导弹集群整体的电子对抗能力。

(3) 提高导弹对运动目标的搜捕能力和跟踪精度。

对于空战和海战,所攻击的目标一般为运动目标,导弹武器系统搜捕目标的能力是防空和反舰导弹作战效能的重要指标之一。导弹武器系统通过在搜索区内协作,可以极大地增加其探测和跟踪距离,从而扩大了战斗空间。另外,根据弹群协同作战多传感器信息测量的特性,利用数据融合技术综合处理来自多传感器的目标原始信息,通过它们之间的协调和性能互补的优势,可以克服单个传感器的不确定性和局限性,提高导弹导引段的目标跟踪精度。

(4) 减少导弹的发射数量。

导弹武器系统利用战场信息的有效共享,并将本枚导弹是否命中目标以及先期攻击导弹对目标毁伤效果的信息传给指挥中心和后续导弹,继而决定是否还要对该目标继续实施打击。若不需要,则导弹可利用任务规划系统自动选择其他航迹或重新规划航迹,转向攻击其他目标。这样既可以保证完成战斗任务,又可以避免不必要的导弹浪费, 从而提高导弹武器系统的效费比。

(5) 提高导弹的综合作战效能。

导弹集群的有效协同, 可以提高导弹的电子对抗能力、对目标的捕捉能力和突防能力, 协同作战的最终结果不仅提高了单枚导弹的作战效能, 更重要的是提高了参战导弹的综合作战效能。

弹群协同作战系统的概念自提出以来, 已成为学术界和工程界共同关注的热点研究方向, 并逐渐走向工程应用, 如美国 "网火"、俄罗斯 P-700"花岗岩" 导弹等。弹群协同作战系统在提升战法运用空间、增强目标打击能力等方面有比较重要的意义。协同作战系统的实现需要突破协同信息获取、协同网络通信、协同自主决策、协同自主制导和协同飞行控制等关键技术, 有赖于信息处理、数据通信、智能决策等各种新兴学科的成果支持。弹群协同作战是未来导弹武器系统的主要作战方式, 是减少作战费用、提高任务实现可靠性、增强武器快速反应能力和综合作战效能的重要途径。

1.2　相关关键技术研究与应用现状

本节主要对弹群协同作战的相关关键技术研究与应用现状做简单介绍, 便于读者对后续相关内容的了解。弹群协同作战主要有五种关键技术, 分别是: 协同信息获取技术、协同网络通信技术、协同自主决策技术、协同自主制导技术和协同飞行控制技术, 下面分别对相关技术做简单介绍。

1.2.1　协同信息获取技术

用于空中作业的协同信息获取系统, 主要由目标信息的获取以及多源信息融合与时空配准组成。目标检测技术和信息获取能力对目标信息获取技术影响极大。目标检测技术根据目标特性可分为动目标检测和静目标检测, 根据检测方法可分为基于视觉的目标检测和基于深度学习的目标检测等。时空配准技术是多源信息融合的基础之一。为了对多传感器数据进行信息融合, 并消除误差, 提前进行时空配准是必要性的一步。

1. 目标检测方法

利用非静止相机来进行运动目标检测, 其最常用的是扩展的背景差分法。文献 [12] 提出了一种分割算法用于提取前景物体的运动, 其建模方法是对场景进行时空滤波来完成的。文献 [13] 提出了一种摄像机的系统, 该系统基于有源 PTZ (平移俯化变焦), 可以获得大尺寸图像, 覆盖区域大于静止相机; 提出的跟踪算法基于方向直方图, 以此来计算对象的运动, 然后通过活动轮廓进行后期处理, 求得对象的外形形状，最后反馈到概率算法中，实现对象的跟踪。文献 [14] 提出了一种背景减法算法，该方法可用于 PTZ 相机，其概率密度函数是将背景图像与当前图像进行匹配，获得关键点的匹配对，以此来进行估计。文献 [15] 提出了一种处理误差源的方法，通过给出摄像机平移、倾斜时的概率框架来实现。

文献 [16] 提出了一种图像拼接方法，该方法基于图像的平面几何变换，在自适应背景生成、运动区域检测等领域得到广泛应用。文献 [17] 提出全景视图中的像素可以使用混合模型来表示，该方法检测视频中每帧图像的运动对象，并从中删除对象。文献 [18] 提出了一种新的运动目标检测方法，该方法获得图像帧的高斯空间分布图，以此来进行运动补偿，同时对不同时空的像素建立统计模型，获得前景和背景像素。文献 [19] 提出了一种新的提取背景的算法，可以实时跟踪获取 PTZ 相机的对象状态。

文献 [13] 和文献 [19] 通过估计得到摄像机的运动矩阵，完成前景分割；他们使用了不同的统计模型，但是没有考虑到视差效应的存在，从而导致图像配准发生错误。文献 [16] 通过相机内参来建立背景拼接，但是相机内参往往并不可靠，需要在匹配前进行标定。针对配准误差的问题，一些研究人员提出了大量新的可适性算法。例如，文献 [12] 采用了圆柱拼接、文献 [18] 提出了高斯空间分布、文献 [15] 对单个像素进行空间混合等方法。

上述方法还存在一个共同的问题：需要进行全景背景拼接。然而，基于背景拼接的方法存在以下几点条件限制：精确的运动模型、精确的参数以及无失真透镜。

光流法在非静止相机检测运动目标中也比较常用，光流法是通过将前景和背景进行分割，完成对象的检测。文献 [20] 提出了一种目标检测算法，扩展焦点和相关残差图用来提取背景。

2. 时空配准方法

时间配准其实质就是要配准不同步的量测信息。为实现配准过程，主要有两种思路：一是在融合量测信息之前，将各项量测数据的时间不同步完成消除，二是对于不同步的量测数据采用不同步的数据融合方法。

消除时间不同步方面，主要的方法包括下列几种：

文献 [21] 和文献 [22] 的方法中第 k 时刻的虚拟测量值是通过使用最小二乘虚拟法对测量值进行融合而得到的，然后将虚拟测量值和低频传感器的测量值在第 k 时刻完成统一，达到消除时间不同步的目的。文献 [23] 则是通过测量同步时间差，完成高频传感器的量测数据与低频传感器数据的同步。王宝树等[24] 采用内插、外推的方法，以测量精度为基础，将传感器观测数据进行增量排序，最后在低精度时间点上规划高精度数据。李教等[25] 通过最大熵准则估计来估算输入高速率信号的功率谱密度，通过最小均方采样方法来估计高速率信号。

对于惯性导航系统/全球定位系统 (INS/GPS) 的组合导航系统，一些融合方法也被提出。文献 [26] 利用硬件达到同步。文献 [27] 通过分段拟合的方法，测量时间延迟的范围，然后以扩充状态法估计时间延迟量。文献 [28] 测量时间差 Δt，再计算 INS 在 GPS 时间点上的虚拟值。

在异步融合方面，目标跟踪领域主要有序贯滤波和非顺序量测问题的 A1、B1、Z1 等方法。异步融合的一些经典方法有下列几种：

文献 [29] 通过计算子滤波器的输出次数，计算同步时间差，再对子滤波器的输出进行 K 次计数后，得到全局次优估计。文献 [30] 假定计算周期和融合周期为各子系统周期的最大公约数和最小公倍数，这时采用非等间隔联合滤波方法，量测数据没有进行输出时，时间不被更新，量测数据输出时，卡尔曼 (Kalman) 滤波器的时间和量测数据将会更新，采用这种方法非等间隔滤波的全局最优问题将得到解决。文献 [31] 通过存储传感器状态数据，以此来获得对应时刻的修正参数和相应的估计误差均方差阵，求得修正参数和相应的估计误差方差阵，对传感器状态进行更新与优化，以解决量测滞后的问题。

而对于空间配准，主要内容就是坐标系统一以及传感器空间偏差消除。导航与目标跟踪两个领域在坐标系统一方面，所面对的问题的物理本质是相同的，仅仅是其坐标体系不同；导航与目标跟踪两个领域在传感器偏差校正方面，其误差来源不同。目标跟踪主要关注的是航迹的固定偏差和多传感器测量所造成的航迹偏差。导航关注的是因多传感器间相对距离而产生的非刚体运动参数的差别。在空间配准这一领域，导航所使用的方法与目标跟踪的方法不同，只可借鉴部分内容。

坐标系的转换是在导航系统中的一个常见问题，为解决这一问题，大量研究人员提出了不同的方法。

文献 [32] 提出了一种由 1980 西安坐标系转换到 2000 国家大地坐标系的坐标转换方法。文献 [33] 提出了局部地心坐标系重力空间到几何空间的坐标转换方法。文献 [34] 研究了惯导/GPS 组合导航系统的坐标系转换方法。文献 [35] 提出了航天器在地球站位置转换到地心地固系的公式。文献 [36] 研究了水下载体坐标系与 WGS84 坐标系的转换。

在目标跟踪中，传感器空间偏差校正有下列方法可以借鉴：

文献 [37] 提出了一种实时质量控制 (RTQC) 法来校正偏差，将传感器数据的均值作为观测值。文献 [38] 则是使用最小二乘法对数据进行校正。文献 [39] 使用极大似然法估计，以此来求得目标位置和传感器的偏差。文献 [40] 利用 Kalman 滤波估计传感器偏差参数。文献 [41] 提出传感器的各类偏差可以运用神经网络方法来估计。文献 [42] 提出异类传感器的配准可以使用极大似然配准算法，根据测量集合的极大似然函数来估计状态和传感器的偏差。文献 [43] 提出了一种均值移动配准算法，对极大似然算法的矩阵运算进行了改进，可用于异类传感器的配准。

杆臂效应和形变是导航中传感器空间偏差的主要来源。文献 [44] 通过研究杆臂效应产生的机理，提出了一种基于数字滤波的误差补偿方法。文献 [45] 针对摇摆基座初始对准中的杆臂效应误差采取滤波估计补偿的方法，为提高姿态基准，使用了滤波估计补偿的方法。文献 [46] 为提高传递对准精度，在 H∞ 滤波器中引入了速度误差作为不确定干扰，从而抑制杆臂误差。文献 [47] 在动基座对准过程中，提出了机动方案对杆臂效应的修正，以此来针对不同的运动状态的杆臂效应。文献 [48] 针对大方位失准角传递对准问题，将挠曲变形与杆臂加速度统一建模，通过速度 + 有速度匹配方案对失准角和变形角进行同时估计。文献 [49] 提出了一种坐标系标定的方法，来解决组合导航系统中姿态信息不同步的问题。文献 [50] 提出了估计失准角误差的方法，该方法采用速度 + 角速度匹配方案，通过该方案挠曲变形角，使用主从自适应滤波器进行估计。文献 [51] 使用 Kalman 滤波，完成在线补偿，成功处理变形噪声对传递对准的影响。

比力测量会因杆臂效应误差而产生影响，在估计速度误差时有较大的影响，因此在组合导航系统中需要对杆臂效应误差进行消除。文献 [52] 通过分析惯性传感器中杆臂误差对导航系统的负面影响，提出了一种杆臂误差的补偿方法。文献 [53] 中，在不同运动状态下，对杆臂效应引起的导航误差进行了分析。文献 [54] 中研究了这一问题的实时补偿方法，而且进一步分析系统处于不同的运动状态下，杆臂长度的有效性。

1.2.2　协同网络通信技术

近些年，协同网络通信的研究重点与应用场景主要集中于车载自组网、多无人机协同编队通信 (航空自组网)、军事传感器网络、应急通信等方面，主要研究领域涵盖了频段资源划分、介质访问控制 (medium access control, MAC) 层协议、路由协议、功率控制、服务质量 (quality of service, QoS) 保证、网络安全以及网络管理等多个方面。同时，协同网络通信在军事、民用方面的发展空间极大，如何准确把握不同应用场景的典型特点，进行协同网络通信系统设计规划以及相关技术研究，仍有较大的研究空间。

1) 网络模型与高效组网机理研究

弹群协同网络通信拓扑动态高、网络时空行为复杂、业务类型差异大，要求空间网络可重构、能力可伸缩。研究难点在于，常规网络是基于静态拓扑，可采用经典图论模型与优化理论，而弹群协同网络通信涉及多种异构动态变化的节点连接，需发展研究动态图模型与优化理论、网络结构模型、可扩展的异质异构组网关键技术以及空间动态网络容量理论，特别是适用大时空跨度的网络模型与高效组网机理将成为实现弹群节点高效组网的重点研究对象。

2) MAC 层协议研究

弹群协同网络通信通常以多路复用信道作为协同网络通信的基础，当信道的使用发生竞争时，如何分配信道的使用权是 MAC 层完成的工作。制订适当的 MAC 层协议，根据网络业务特性有效地配置信道资源，提高无线资源的使用效率，提高系统的容量、公平度和传输质量一直是弹群协同网络通信研究的重要课题。现有多址协议包括竞争、选举、预约等。各种协议均有其适用场景与存在问题，在解决时延和效率问题方面，往往不能兼顾。竞争机制在负载加重时碰撞随之加剧，造成在邻居节点数增多时系统性能指标恶化；轮询机制适用于节点数和拓扑均固定的场景，对于拓扑快变场景不够灵活方便；预约机制可以保证无碰传输，但信息交互开销较大。

因此，根据不同协同网络通信场景特点研究适合的 MAC 层组网与资源调度协议，并进行协议优化研究，是有效降低碰撞概率、降低时延、增加系统可靠性的关键。除此之外，如何为实时业务提供较好的支持、如何支持广播和多播业务以及考虑支持业务优先级和基于受控方式的接入控制等，同样成为研究重点与难点。

3) 路由机制研究

路由机制和路由协议方面的研究是协同网络通信重要的研究方向。网络中节点随机移动速度高、网络拓扑动态变化快，要求路由机制和路由协议应具有收敛时间短、路由处理计算量小等方面的特点，能够适应高速节点的移动性，对动态变化的网络拓扑及时做出反应，产生的广播负载尽可能小，另外需要特别考虑路由机制的安全性等问题。

目前已有包括无线自组网按需距离矢量 (Ad Hoc on-demand distance vector, AODV) 路由协议、协议–目的节点序列距离矢量 (destination sequenced distance vector, DSDV) 路由协议以及优化链路状态 (optimized link state routing) 路由协议等数十种适用于协同网络通信的路由协议，各类路由协议和算法各有其长处与缺陷，各有其适用场景。好的路由协议可有效解决路由环路避免问题、控制开销问题、对网络动态性的适用问题以及路由协议与定位技术结合问题，能够有效降低算法复杂度与路由开销、提高收敛速度。

4) 动态高速传输理论及方法研究

协同网络通信节点和链路动态变化快、分布散布范围大，导致多点到多点的信息传输容量随网络拓扑的时空变化而发生变化，致使大时空跨度下高速实时端到端传输的可靠性和稳定性成为突出难题。

现有的传输可靠性机制按照其原理可分为冗余机制、重传机制、超时机制以及确认机制等，研究方向主要包括基于信道估计的自适用算法、基于编码方式改进的编码算法、基于场景的性能分析与机制策略改进等。还需要根据不同网络环境确定适用传输机制、量化机制参数以及场景参数。此外，快速时变网络的信息传输理论、空间信息网络资源感知与优化调度、高动态时变网络的智能传输方法等也是重点研究方向。

1.2.3 协同自主决策技术

1. 概述

弹群协同作战是作战模式的一种全新概念。它具有不确定性因素多、任务环境复杂以及智能化程度高等特点。自主决策技术是实现弹群协同作战的关键,能大幅度提高弹群整体作战效率。弹群协同自主决策技术 (collaborative autonomous decision technology) 的研究对象是弹群协同系统,在高度非结构化和不确定的环境中,为了达到一个共同的目标,可以通过集中/分布的方式协调和选择多个混合平台之间的行为,这一过程几乎不需要人工干预,这使弹群协同系统比独立控制单枚导弹具有更强的工作能力[55]。

弹群协同自主决策技术可以理解为平台控制技术与智能控制技术的高度融合,涉及系统论、自动控制、运筹学、人工智能、信息论等诸多学科领域。导弹个体的自主决策控制能力是弹群协同作战的技术基础,导弹自组织集群控制方法是通过组织规则和信息交互,使具有独立决策控制能力的多枚导弹实现高程度的自主协作,并通过有效的组织协作形式和动态功能分配方法来提高系统的作战效能。战场环境的日趋复杂,使得弹群协同作战成为导弹作战的主要形式,即分配一个由多枚同构或异构导弹组成的编队系统,通过编队内单枚导弹之间的行为协调和功能互补,来提升复杂战场环境下打击的成功率。弹群系统的主要组成部分是导弹编队,导弹编队可以是由单枚导弹构成的普通编队,也可以是由多个普通编队构成的弹群协同编队[56-60]。

2. 弹群协同自主决策研究

近年来,学者们对协同自主决策进行了广泛研究和关注,协同自主决策能广泛应用于导弹、卫星、机器人、自治的水下交通工具、无人机以及自动化交通控制等方面,是复杂性科学的前沿课题。针对弹群协同作战编队,以下分别从弹群协同任务分配和协同航迹规划方面对国内外研究现状进行阐述。

1) 弹群协同任务分配研究

达到最大的作战效能、避免攻击遗漏和攻击重复,以及尽可能地提高毁伤概率是弹群协同攻击多目标的任务规划原则,研究方法主要有如下几种[56-60]。

(1) 基于线性规划模型的确定算法。

目标分配在导弹集群协同研究中,常常与整数规划问题类似处理,求解整数规划问题的割平面法 (cutting plane) 和分支定界法 (branch and bound) 是典型的确定性算法。1999 年 8 月,长期致力于研究协同分配问题的美国国防分析研究所提出了改进的资源需求与武器优化模型，这是一个考虑了多种导弹打击目标情况及导弹费用的线性规划模型。

(2) 基于智能优化算法的协同规划方法。

这类方法主要包括粒子群算法、禁忌搜索算法、进化算法和仿人智能优化算法等。扩展到多目标的多目标进化算法 (multi-objective evolutionary algorithms，MOEA) 最近受到了广泛关注，在求解弹群协同任务分配这种复杂多目标问题上具有很大的应用价值。

(3) 基于市场机制的协同规划方法。

弹群任务规划本质上是一种资源分配问题，弹群任务规划的动态特性要求资源分配机制必须是动态协调的，市场机制在动态协调的基础上还能支持联合分配各种资源，所以相继提出了基于市场机制的任务规划算法。譬如，基于合同网的市场竞拍机制解决了基于合同网的多枚导弹分布式任务规划问题，并且可采用新的协商机制——基于效能补偿的条件合同机制。

2) 弹群协同航迹规划研究

弹群协同航迹规划的目的是在确定单枚导弹燃料、飞行性能以及地理环境等条件下，考虑弹群飞行的安全飞行、碰撞避免和队形保持等各种约束条件，计算并选择最优或次优的飞行航迹，尽可能地提升弹群协同作战的优势，完成预期作战任务。协同航迹规划问题主要有以下几种研究方法[61−63]。

(1) 回避障碍的航迹规划方法。

采用人工势场法的航迹规划方法能够回避障碍，它将物体看成是吸引力 (将运动物体拉向目标点) 和排斥力 (使运动物体远离障碍物和威胁源) 作用的结果，不依赖图形的形式规划空间。针对机器人的实时障碍回避问题，提出基于人工势场法的障碍回避算法，使得机器人运动在人工势场中，将目标作为吸引力建模，同时将其他运动体和障碍作为排斥力建模。常用的概略图法包括 Voronoi 图法、随机路线图法和可视图法等。

(2) 动态航迹规划。

近来，动态飞行器模型使用数学最优化方法分析引起了学者们的广泛关注。学者们分别研究了混合整数线性规划法和非线性规划法，混合整数线性规划法允许包含离散量和整数变量，它用来解决连续线性最优化问题，例如，障碍和碰撞回避等模型的逻辑约束可以使用离散量和整数变量来实现，但是不适合计算复杂的大规模航迹规划问题，尽管它生成可行的航迹时，可以回避矩形障碍，同时，动态环境下的混合整数线性规划算法有效性较低。解决动态航迹规划问题可以使用滚动时域控制 (receding horizon control，RHC) 和模型预测控制 (model predictive control，MPC) 方法，这是让控制策略通过不断地在线优化确定的算法，在线轨迹规划以滚动的方式进行，先平滑航迹的一段，使导弹一边沿着规划好的航迹飞行，一边处理余下的航路，随滚动窗口的推进不断取得新的环境信息，从而实现优化与反馈的合理结合，并极大节省规划的耗时。可采用一种基于 MPC 轨迹的方法，通过前馈的指定航迹解决一种时变、线性的凸最优化问题，进一步扩展可以用来解决障碍回避中的轨迹规划问题。除航迹规划外，目前研究人员已将其扩展应用于更上层的协同控制，出现了基于 MPC 的任务分配方法和基于混合整数线性规划的RHC 方法。

3. 导弹集群自主协同决策技术研究分析

在时间敏感态势和复杂的动态不确定环境下，快速获取、处理、传输各项信息及多平台控制的有效实现，是一项极其艰巨的技术难题。为快速提升弹群协同能力，结合导弹自主能力的发展趋势，弹群协同自主决策控制的技术研究分析如下：

(1) 对导弹集群自主协同决策控制系统结构的研究还停留在传统的控制方式上，缺乏结合网络中心战背景下系统功能与系统结构的研究，因此必须结合网络中心战的思想，对导弹集群协同决策控制系统结构进行研究，对其传统的控制结构进一步扩充与完善。

(2) 协同目标分配与协同航迹规划存在如下问题：第一，目前用于多弹协同任务分配的优化算法大多基于传统优化方法，这些方法针对的是单目标函数的优化问题，所得到的分配结果往往也是在某一个目标上最优，当所得结果与实际战场情况出现较大偏差时，则需调整目标函数重新求解，这样一个反复的过程往往会延误战机；第二，由于战场环境是动态变化的且具有不确定性，导弹在飞行过程中经常会遇到突发的未知威胁、编队中导弹掉队或被击落、任务突然改变等情况，所以要求协同航迹规划算法和任务目标分配算法具有实时性，而现在的算法大多为静态算法，很难达到"实时"要求，而且对突发机制下的战场环境动态变化所带来的影响研究不足；第三，导弹集群的协同航迹规划约束条件众多，在建立战场环境模型时，必须考虑对约束条件的处理；第四，对具有时间约束的导弹集群协同航迹规划研究不充分，应能使各导弹在避免相互碰撞的情况下同时从某一预先确定的角度进入目标攻击区，如何根据时间误差信号的大小，实时控制导弹进行侧向机动或提前转弯以延长或缩短导弹的航迹长度，或对导弹进行速度控制，从而实现多导弹同时到达集结点，最大限度地提高作战效能，需要进一步研究。

(3) 虽然在导弹协同控制方面做了很多研究工作，但通常仅以一阶智能个体构成的群体为研究对象，具体研究时较少考虑到编队队形和速度变化的实际情况。但现代战场通信环境越来越复杂，特别是执行军事任务的导弹，往往面临高威胁和恶劣的电磁环境，数据链通信服务质量难以保证，信息的发送、传播和接收过程中都会存在噪声。除此之外，导弹在测量自身状态信息时，不可避免地存在测量噪声，编队可能难以形成。目前对导弹集群协同编队系统内存在的通信时滞、噪声、模型不确定性等问题的研究还不充分。

(4) 弹群中各个导弹之间气动耦合方面还存在许多问题亟待解决。第一，多弹紧密编队时针对各枚导弹间气动耦合效应的分析，如何建立合适的涡流模型来解决气动耦合问题，以及气动耦合对导弹各参量所产生的影响作用，相关文献对此研究较少；第二，紧密编队飞行控制策略问题，即编队保持控制器的设计，目前对此问题的研究主要集中在不考虑气动耦合方面，需要进一步对其中涉及的技术难点展开研究。

(5) 研究多导弹的避碰问题，传统规避防障方法主要是基于人工势场法，存在局部最小点问题，且很难考虑到实际约束条件；通常采用的预先航迹规划进行避碰和规避障碍的方法因实时性方面得不到满足，也不适应未来作战的需要。需设计一种优先级策略与代价惩罚结合的避碰方法，如图 1.3 所示。其中，优先级的高低遵循下面的原则：离期望位置近的优先级高、有障碍规避任务的优先级高、有时敏任务的优先级高。

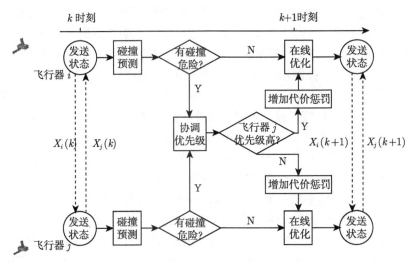

图 1.3　基于优先级的协调避碰策略

1.2.4　协同自主制导技术

不同于传统制导，弹群协同制导情况下，各导弹在参战的飞行过程中相互通信，协调配合，具有特定战术策略意义上的运动学规律，尤其是在打击运动目标时，对协同制导律的相关性能提出了更高要求。学界对于弹群协同制导问题的研究目前主要集中在三个方面[64-66]。

1. 带攻击角约束的弹群协同制导方法

对于指挥中心、机场、港口等关键打击对象，需采用不同的攻击角度打击不同的目标。所以为了保证导弹可以最大限度地发挥最佳性能，达到最佳攻击效果，所用制导律不仅要限制脱靶量范围，还必须限制导弹的攻击角。

张旭等[67] 通过自适应地调整比例导引律的导引系数，使导弹能以特定的攻击角打击机动目标。Song 等[68] 为使导弹能以不同攻击角打击机动目标，设计了二维最优制导律来完成打击任务。Ryoo 等[69] 利用斜坡和阶跃信号指令加速度构造了最优制导律。若系统没有滞后特性，则会产生线性时变最优制导指令，故可用多项式函数构成的剩余飞行时间来描述导弹的状态。进一步考虑弹道弯曲情况，采用实际和精确的两种剩余飞行时间计算方法，可得到不同期望攻击角下的制导律。Song 和 Zhang[70] 利用变结构理论设计了具有攻击角约束的比例导引律，文献中先对弹目距离及其变化率进行估计，紧接着将增益调整为自适应以满足不同攻击角的任务需求。Sang 等[71] 提出了一种带终端角度约束的制导律，采用粒子群算法来优化其参数，仿真验证了导弹攻击目标时能以期望的攻击角和最小脱靶量命中。Kim 等[72] 在获得期望角、视线角速率和剩余飞行时间等信息的基础上，采用反步法推导了带攻击角约束的最优制导律。吴鹏等[73] 估计导弹剩余飞行时间，推导了具有攻击角约束的制导律，并基于 Lyapunov 稳定性定理证明了系统的稳定性。胡正东等[74] 设计了带攻击角约束的三维复合制导律，为消除不确定性，将最优控制律与滑模控制相结合，并将控制器参数利用径向基函数 (radial basis function, RBF) 神经网络自适应调节。胡正东等[75] 提出了一种三维带攻击角约束的滑模制导律，选择准滑动模态控制来抑制抖振，运用遗传算法离线优化制导律参数。贾庆忠等[76] 基于反步法和滑模控制，设计了一种带有攻击角约束的滑模反步制导律，实现了导弹按预期攻击角击中目标。范作娥等[77] 首先设计了三维带攻击角约束和目标机动补偿的增广比例制导律与变结构制导律两种制导律，然后利用 Lyapunov 理论证明了系统的稳定性，最后借助数值仿真将两种方法的制导效果进行了对比。常超等[78] 基于最优控制推导了一种带有落角约束的最优制导律，并研究了系统中滞后现象对攻击角的影响。Qin 等[79] 在弹目距离和剩余飞行时间未知的情况下，利用指令落角来不断调整弹道的思想，设计了带攻击角约束的制导律，仿真中导弹可以以指定的攻击角完成打击，且脱靶量为零。Xu 等[80] 在最优控制理论的基础上提出了攻击角最优制导律，实现了动能拦截器以期望的攻击角命中目标，且脱靶量为零。

2. 带攻击时间约束的弹群协同制导方法

随着反导系统的不断发展，单导弹的突防能力受到严重制约，采用多弹同时攻击目标可以显著提高导弹的突防能力。针对敌方作战人员的训练水平、反导系统的备战周期、反导能力等各方面水平不匹配，敌方阵地对同时来袭的弹群拦截能力显著下降，弹群协同作战可以极大提高己方导弹自身存活率，突防和毁伤能力。

国内外相关学者在攻击时间约束下对多导弹协同制导方面做了大量研究工作。

Jeon 等[81] 基于最优控制理论，把纯比例导引律与剩余飞行时间误差相结合推导了一种带时间约束的多导弹协同制导律。Zhao 和 Zhou[82] 提出以各弹的自身制导律为底层导引律，以新定义协调变量为上层协调策略构成双层协同制导架构，并针对这种制导架构，进一步研究了基于集中式和分布式通信网络的两种制导方法。崔乃刚等[83] 以视线坐标系和角动量坐标系下的弹目相对运动为基础，将指定时间和估计剩余飞行时间及实际飞行时间作为反馈时间修正控制项，叠加到纯比例导引律视线方向来对攻击时间进行约束。Zhang 等[84] 首先对各枚导弹剩余飞行时间进行估计以决定协同攻击时间，随后攻击时间控制问题被转化为弹目距离跟踪控制问题，将导弹制导非线性模型反馈线性化以后，利用极点配置方法设计多导弹时间协同制导律。张友安等[85] 所提的领弹–从弹协同制导方法，领弹使用比例导引方法，从弹则采用基于动态逆指令的比例导引；从弹的飞行状态时刻受指令控制以跟踪领弹相对目标的运动状态，最终从弹的攻击时间与领弹的攻击时间相同。彭琛等[86] 设计的制导律在跳变网络拓扑条件下仍能够使弹群协同攻击时间趋于一致。张友安和马国欣[87] 将导弹的俯仰通道选用比例导引律，偏航通道选用基于动态逆的机动指令来改变攻击时间，实现了多导弹时间协同制导。邹丽等[88] 基于受控一致性原理及弹间通信网络，设计了分布式时间协同制导律，借助图论深入分析了通信拓扑与所设计协同制导律之间的关系。Jeon 和 Lee[89] 设计的多导弹时间协同比例导引律，其比例导引系数为自适应，可完成弹群时间协同作战。邹丽等[90] 运用以分散化协调策略为基础的双层制导架构，设计了最优攻击时间的集中式网络多导弹协同制导律。Zhao 等[91] 选择虚拟点作为虚拟领弹，将导弹攻击时间控制问题转化为弹目距离跟踪问题，反馈修正项由比例导引律与飞行时间误差项构成，完成了多导弹时间协同制导。Sun 和 Xia[92] 提出的多导弹最优时间协同制导律，实现了弹群时间协同攻击。邹丽等[93] 令从弹采用增益自适应比例导引律，领弹采用固定系数比例导引律，设计了一种领弹–从弹分布式网络协同制导律。

3. 带攻击时间约束和攻击角约束的弹群协同制导方法

为了进一步提高导弹突防能力，在对攻击角进行约束的前提下，对攻击时间也提出了一定的要求。同时对导弹攻击时间和攻击角进行约束，可以实现多导弹在时间和空间上的协同，从而达到战术期望的目的。

Jung 和 Kim[94] 将制导空间从二维扩展到三维，设计了一种同时受攻击时间和攻击角约束的制导律，并通过数值仿真验证了效果，但文献中未对系统稳定性进行证明。Lee 等[95] 设计了一种新的制导律，利用偏置比例导引和附加指令结合后的特性实现了多导弹攻击时间与攻击角协同制导。张友安和马培蓓[96] 设计了针对非机动目标的带攻击角约束的协同制导律，在该制导律作用下，导弹以期望攻击角命中目标；针对导弹期望时间与剩余飞行时间估计值的误差大于零，设计了攻击时间协同制导律, 要求导弹做匀速或者匀加 (减) 速运动, 运用 Lyapunov 稳定性理论对系统的稳定性进行了证明。Lee 等[97] 基于最优控制理论和剩余时间误差估计值, 推导了附加的指令控制时间, 实现了多导弹攻击时间和攻击角约束协同制导。马国欣等[98] 采用领弹–从弹制导策略, 将某一虚拟点作为虚拟领弹, 将攻击角和攻击时间约束协同制导问题转化成从弹跟踪虚拟领弹问题。陈志刚等[99] 设计了带攻击角和攻击时间约束的协同制导律, 通过加速度微分同时对攻击角和攻击时间进行最优控制, 并且考虑了大攻角下的协同制导, 采用非线性误差反馈方法提高控制的精度。Zhao 等[100] 基于最优控制理论设计了一种带攻击时间和攻击角约束的协同制导律, 文献中将传统的弹目相对运动模型做了转化, 新模型中飞行时间被导弹的航向角代替成为独立变量。张友根等[101] 设计了带攻击时间和攻击角约束的协同制导律, 在剩余飞行时间估计值的基础上, 进一步估计了导弹按圆弧轨迹的飞行时间, 基于估计值和双圆弧原理做相应的机动飞行, 仿真验证了导弹能以规定的攻击角和攻击时间打击目标。张友根和张友安[102] 研究了多约束下三维协同制导问题: 首先将导弹运动模型解耦为侧向通道与纵向通道, 在侧向通道中将攻击时间约束转化为弹目距离约束, 即由期望时间来指定弹目距离, 建立弹目距离动态逆跟踪控制系统, 纵向通道中不考虑时间协同问题; 然后考虑侧向、纵向通道原本存在的耦合关系设计了攻击角约束的三维制导律, 利用 Lyapunov 稳定性理论证明了系统的稳定性, 仿真验证了使用该方法后弹群在攻击时间和攻击角约束下的良好作战效果。张友安和张友根[103] 提出通过导弹剩余飞行时间估计值来确定攻击时间, 再将弹群攻击时间协同问题转化为弹目距离跟踪控制问题, 基于动态逆理论, 设计非线性距离跟踪系统, 实现了多导弹时间协同和攻击角协同命中目标。Kang 和 Kim[104] 为保证弹群能以期望攻击时间和攻击角打击目标, 基于线性二次微分对策方法与最优控制方法设计了协同制导律, 数值仿真验证了所提方法能使弹群按期望的时间和角度攻击目标。胡凯明和文立华[105] 为使弹群以指定的时间垂直命中目标, 提出了一种带攻击角和时间约束的比例协同制导律。Harl 和 Balakrishnan[106] 针对弹目相对运动模型转化来的新模型推导了视线角及其速率的新形式, 新模型中飞行时间被导弹的航向角代替成为独立变量, 然后基于滑模控制理论设计了二阶滑模制导律来跟踪期望的视线角及其速率, 削弱了抖振和不确定性对系统的影响, 仿真验证了导弹能以指定时间和攻击角同时打击目标。王晓芳等[107] 提出以攻击目标位置为球心, 弹目距离为半径构造虚拟球体, 从弹在虚拟球体上对应的虚拟位置由期望攻击角推导得到, 然后建立从弹与虚拟位置点的相对运动模型, 使从弹逼近并跟踪虚拟位置点, 实现多导弹在攻击时间和攻击角约束下的协同制导。

1.2.5 协同飞行控制技术

导弹协同作战是指多枚导弹组成导弹编队，共同以某一队形或某一配合协同完成编队飞行，并对目标实现群体打击，弹群可以是同类型导弹的组合，也可以是不同类型的组合[108]。相较于单枚导弹的突防效果，多导弹可以依靠时间和空间上的协同实现高密度、同时突防，增加敌方防御系统拦截的难度，使得弹群的突防效果达到最佳[11,109]。弹群协同飞行控制涉及多个关键问题，包含协同一致性问题[110]、协同飞行编队控制[111]、协同机动突防[112]等多项关键技术。

1. 协同控制一致性问题研究

针对弹群协同作战任务的特性，可以采用一致性问题的相关理论来研究弹群协同中的控制问题，包括编队飞行和机动突防。协同一致性的成果被广泛用于多智能体协同控制，其研究成果具有一定的借鉴意义。

多智能体系统 (multi-agent system，MAS) 由多个交互的智能体组成，智能体通过协同通信网络联系在一起，协同工作以达到某一工作状态[113]。目前已在各领域得到广泛应用，例如，分布式优化问题[114]，多无人系统编队控制问题[115]，传感器网络协同问题[116]，交通调度自动控制系统[117]，持续监控[118]和智能电网中的功率分配问题[119,120]等。文献 [114]~[120] 中所有研究的一致性网络均通过特定的控制协议使得智能体个体收敛到指定状态，实现了协同一致性。Olfati-Saber 和 Murray[121] 在 2004 年给出了一致性问题的描述框架，并设计了多智能体一致性控制算法。随后的研究成果，如文献 [122] 和文献 [123] 还考虑了通信时延对多智能体一致性的影响。Li 等[124] 考虑到通常网络可能会受到的限制，比如通信带宽、计算能力、时延、拓扑变换等情况，设计了考虑到此类限制的一致性控制协议，并证明了其通用形式。Xu 等[125] 对存在任意大的分布式通信时延的多智能体网络的协同一致性问题进行了研究，并设计了较为通用的控制协议。

以上介绍的一致性控制方法均为 χ 一致性，即保证最终得到的一致性收敛状态与初始状态有关[126]，除此之外还有平均一致性[127]。但是实际工程应用中，经常要保证系统能够达到指定状态，或收敛到某一范围，这就涉及一致性跟踪问题[128]。例如，领导–跟随问题，设定领导者需要跟踪的轨迹或要得到的状态，跟随者则在领导者及一致性控制算法的作用下跟随领导者运动，最终实现跟踪目标，此类方法应用较多[129,130]。在实际情况下，无论是硬件层面的通信延迟，还是软件层面计算延迟，都会导致信息传递的滞后，这时要用到分段测量和分段控制以减少物理限制带来的影响，这称之为基于采样数据的一致性控制[131,132]。

虽然目前关于一阶多智能体研究成果最为丰富，然而实际系统大多都是二阶系统，比如机器人、导弹、航天器等，并且目前也涌现出很多关于二阶多智能体问题的研究成果[133,134]，此外还有关于欧拉–拉格朗日系统的一致性研究[135,136]，同样地，近年来也出现了较多高阶多智能体系统一致性问题的研究[137,138]。

2. 协同飞行编队控制方法研究

目前，针对编队控制问题的研究主要集中于航天器、无人机及机器人等方面，导弹编队方面的研究则较少。目前对无人机的编队控制研究已经较为成熟，与导弹编队也有一些类似的特点，因此具有一定的借鉴意义。应用到无人机编队飞行控制的主要有以下几种策略。

(1) 领航–跟随者 (leader-follower based) 方法。Challa 和 Ratnoo[139] 基于领航–跟随者编队结构，研究了多无人机的刚性编队机动问题。Luo 等[140] 基于类似结构设计了无人机编队的避障与防撞的控制方法，实现了编队避障与编队成员个体防撞相统一，并取得了较好的实验结果。

(2) 虚拟结构 (virtual structure based) 方法。首先由 Lewis 和 Tan[141] 提出，编队中无实体 leader 战机，成员均被看作虚拟节点，按照虚拟节点飞行。虚拟结构法可以避免领航–跟随者编队控制的干扰问题，控制精度较高[142−144]。但这种集中式的控制方法对计算要求较高，可靠性一般。

(3) 行为控制 (behavior based) 方法。该方法由一系列行为组成，可能的行为包括队形保持、防撞、避障等。文献 [145] 和文献 [146] 利用行为控制方法研究了直线编队和环状编队，还以此为基础实现了物体运输的目的；文献 [147] 应用仿生思想研究了编队飞行的行为方法。文献 [148] 解决了编队中个体因故障脱离编队情况下的编队控制问题。

(4) 其他控制方法。除了上述编队控制方法之外，还有 MPC 技术，模糊逻辑和神经网络技术以及视觉传感器技术等的编队控制策略。

但是，相比无人机编队，多导弹编队有自身的独特性与复杂性：① 导弹编队飞行间距大，数据传输精度低；② 导弹自身机动性及可操纵性较无人机差，编队队形的形成与重构的时间较长；③ 导弹的导航、定位精度相对低。因此，不能直接套用现有的编队控制理论来设计多导弹的编队控制方案。

马培蓓等[149] 利用误差的动力学特性设计了三维领–从弹的编队控制器。张磊等[150] 采用微分几何理论对导弹运动方程进行精确线性化，设计了从弹的三维跟随编队控制器。韦常柱等[151] 采用比例积分 (PI) 最优控制理论，设计了可克服相对运动常值扰动、领弹运动状态输入扰动以及非线性模型线性化偏差的最优编队队形保持控制器。Mu 等[152] 基于导弹的编队及保持、避障避撞等行为，利用树形拓扑数据和动态规划理论对导弹轨迹进行路径规划。孙福煜[153] 基于跟随领弹的模型，通过线性化反馈的分布式控制算法 (DA) 和相应的编队跟踪规则，设计纵向平面内的导弹编队队形变换控制器。杜阳和吴森堂[154,155] 针对密集编队在队形变换时的碰撞冲突问题，设计了基于局部 MPC 的主动防碰撞队形保持控制器。

国内对导弹编队飞行控制的研究虽然已经取得了丰硕成果，但仍存在许多不足之处：多弹编队飞行控制的研究主要针对二维平面，相对三维空间的情况研究较少。在考虑领弹的信息不能够完全得到、存在外在干扰、弹间通信线路暂时中断等情况下，具有鲁棒性的编队控制方法研究相对较少。而且，由于战场的复杂多变、难以预测，导弹编队队形需要根据战场态势发生相应的变化，这就涉及编队的快速变换控制问题，这方面的研究也不多。

3. 协同机动突防方法研究

面对拦截导弹性能的不断提高及防御体系的完善，战争对精确制导武器的突防能力需求逐步增强，如何提高其突防能力引起国内外相关专家的研究热潮。隐身、电子对抗、程序机动等单弹突防措施的研究初见成效，并在现有进攻导弹中得以应用，这里我们仅对机动突防方法进行研究。

"蛇行" 机动与 "螺旋" 机动是现有进攻导弹的主要突防手段。美国在进行国家导弹防御 (national missile defence, NMD) 系统的实验时曾公开报道，"潘兴 II" 导弹的螺旋滚动机动模式已实现成功应用，若无特殊拦截手段，可在末制导段实现低空突防，且突防概率大于 80%。国内进攻导弹针对中、近程拦截导弹防御层，通常是采用低空水平面实施 "蛇行" 机动的方式进行规避[156]，也取得了一定的突防效果。顾文锦、马良，王永洁等[157-159] 针对反舰导弹蛇形机动突防方案开展了深入研究，通过大量的对比仿真实验，证明了蛇形机动的有效性，并得到较为合理的机动参数；陈晔等[160] 基于极大值原理得到了最优的侧向机动频率；程进等[161] 在假设存在侧向机动发动机的前提下设计发动机的最佳开启时机以实现突防。针对上述程序机动方法，相关专家已开始有针对性地改进拦截导弹的拦截制导律，因此，面对此种拦截导弹，采用有规律的程序机动突防策略时进攻导弹的突防能力下降[162]。为弥补程序机动的缺点，殷志宏等[163] 针对采用比例导引的拦截导弹，基于预测拦截点和脱靶量设计了一种智能机动算法；史晓丽等[164,165] 基于微分对策方法实现了反舰导弹突防策略的制订；孙守明等[166] 针对攻防末段速度接近常值的情况，基于微分对策得到高空机动的规避策略，并指出最优推力应垂直于制导平面上的视线方向。

尽管机动突防的研究成果很多，但仍存在下述问题：① 现有成果主要是将机动突防过程看作是二人追逃问题，忽略了突防对目标打击精度的影响；② 对拦截导弹的设定多为采用比例导引的运动学模型，并未考虑拦截导弹的系统反应时间等信息；③ 现有研究主要针对单弹突防模式，对于多弹形式并未讨论。

1.3　弹群协同控制设计方法研究与自主决策体系结构

1.3.1　弹群协同控制

弹群协同作战将是未来战争代表性的作战方式。日渐复杂的作战环境和日益提高的作战需求，给弹群协同作战带来了许多新的挑战，既要保证对弹群中各成员任务分配的合理性，又要确保各成员在精准攻击目标的同时，和其他飞行器并肩同行，协同作战，提高己方的整体作战效能。弹群协同控制技术作为实现弹群协同作战的重要环节，它的实施包括两个难点。

(1) 如何利用弹群成员的作战阵位、成员自身的作战性能和攻击目标逃逸的方式等，根据动态任务规划和目标分配，为整个弹群安排合适的作战任务，并为弹群中的成员选择合理的攻击目标。

(2) 当攻击对象机动时，如何及时改变弹群中各成员的角色分配，转换攻击队形，确保弹群中各成员按预先规定的编队构型对目标实施拦截，以保证中末制导交班的条件，即弹群时变编队飞行控制。

任务规划与目标分配是进行弹群协同作战的前提。通过对协同作战的各种约束条件、战场作战环境以及作战需求进行合理分析，在任务决策层面完成对弹群中各成员作战任务策划以及攻击目标的分配，能够显著提升弹群整体的作战效能。从已有的文献可知，弹群任务规划主要有两种方法：集中式任务规划方法和分布式任务规划方法。集中式任务规划方法的含义是：系统中有一个中心节点，利用中心节点实现对系统中其他节点在任务层面的协调与调度。集中式任务规划方法由于提出时间较早，因此算法的研究已经进入成熟的阶段，算法具有很好的全局特性，但中心节点的存在使得算法的收敛性和鲁棒性较差。分布式任务规划方法没有中心节点，对系统内节点数量的变化具有很好的适应性，因此具有很好的鲁棒性和收敛性。

在结束了弹群系统的任务规划以后，需要确定弹群中各成员的拦截目标，即进行动态目标分配。目标分配结果对整体的作战效能有着直接的影响。弹群成员数量的增加以及拦截目标个数的增多，会使得目标分配问题的解空间规模呈指数级变化，这是典型的多约束离散 NP 完全问题 (多项式复杂程度的非确定性问题)。针对目标分配，学者们提出了两类求解方法。第一类是对整数规划方法等传统方法的改进，这类改进算法适用于弹群成员与目标数量较少时目标分配问题的求解。当弹群成员和目标的数量较多或具有一些约束条件时，算法的求解效率会大大降低。第二类算法是启发式优化算法，这是目前研究最多也是最热门的算法之一，群智能优化算法是目前在目标分配问题上使用较多的启发式优化算法。

多弹编队控制是协同控制的关键。复杂的战场环境和作战任务大多要求弹群中各成员保持预定的编队构型，同时需要满足外部环境的需求。当弹群中各成员形成特定队形的编队时，与单枚导弹相比，更适用于对目标的探测与跟踪，整个弹群系统具有更强的鲁棒性，作战任务也具有更强的可拓展性[108]。

与任务规划类似，协同控制体系结构也具有集中式和分布式两种类型。在集中式结构中，弹群中各成员的状态信息会传送给中心节点。中心节点可以是无人机、航天器、地面站等。中心节点对传来的信息进行分析，并通过任务规划、控制决策等步骤，再将控制信息通过数据链传输给弹群中各成员，保证弹群可以齐心协力，共同执行任务。在集中式结构中，控制信息是由中心节点发送的，弹群中各成员自身只具备底层控制能力。集中式结构能够充分利用全局的信息进行规划和决策。若中心节点和通信带宽具有足够好的性能，则集中式结构适用于复杂控制问题求解，全局性能强。若中心节点出现故障，则所有的任务会停止进行，因此集中式结构计算量大且鲁棒性较低。由此可见，集中式结构适用于实时性要求低、全局性能要求高的任务求解。分布式结构是没有中心节点的，弹群中各成员在群体中具有平等的地位，各成员互相合作，共同执行任务。分布式结构对全局的控制问题进行分解，使其成为一个个子问题，再将子问题分配给弹群中各成员。各成员可以利用拓扑网络完成和其他成员之间的信息共享和交互，并具备一定的自主控制与决策能力，在分布式协同控制协议的作用下，最终完成弹群系统的整体控制。分布式结构与整体式结构相比，计算量大大减少，且在实时性、鲁棒性和灵活性方面都得到了较大的改善。但分布式结构不能充分考虑全局信息，因此全局性能较差。总的来说，分布式体系结构适用于高动态性、高实时性任务的求解。

编队控制主要包括编队队形设计与调整、编队飞行控制方法、编队重构与避撞、信息感知与数据融合、编队通信、编队仿真平台六个方面。在执行任务时，整个编队可以形成多种编队队形，如楔队、梯队、横队、纵队和 V 形等，共同完成协同侦察、防御和进攻等不同类型的作战任务。选择合适的编队队形能够增加弹群编队飞行距离、延长燃油的使用时间，提高编队对突发情况处理的灵活性，实现编队整体的安全可靠飞行，编队的任务完成率也得到显著提升。面对多变的战场环境和战斗任务，能够以尽可能快的速度形成最佳的队形，是判断弹群协同编队控制中队形调整技术优劣的标准。合理的编队队形重构方案能够节省燃料消耗、增强编队整体的灵活性。编队队形重构有两种情况：队形切换，以及缺少一枚或多枚弹群成员时新编队队形的重构。在进行编队队形重构时必须将避撞纳入考虑范围。例如，多弹编队在执行任务过程中，必须要躲避雷达、电磁干扰、敌军武器和一些体积较大的障碍物。合理的队形变换能够提高任务完成的效率。实现弹群编队重构的方法有势能域函数方法、滚动时域法、模型预测法、生物算法、最优控制法等。

导弹能够通过传感器设备监测和感知战场周围的环境以及空地环境。而导弹的编队内部感知能力能够保持多弹编队的队形，帮助弹群成员实现协同编队飞行，确保多弹编队飞行时的安全可靠性。弹群成员之间可以实现对各自感知信息的交互和共享,并利用信息处理和融合实现弹群整体的协同感知,从而增加了弹群整体的探测范围,帮助弹群系统更全面地掌握环境信息,更好地完成多弹协同编队侦察等任务[167,168]。

随着科学技术的发展,军事需求越来越高,从而促进了弹群协同控制技术的发展。由于敌己两方对抗性强,且战场条件、战场环境和作战任务复杂多变,要求弹群中各成员在执行任务的过程中也需要对自身进行不断调整,这给弹群协同控制提出了严峻的挑战,为了更好地处理日趋苛刻的作战任务,弹群中各成员需要充分研究战场上除战场环境和作战任务以外的其他因素,主要分为以下几个方面:

(1) 通信链路。战场的作战环境是复杂多变的,随着科技的发展,海、陆、空已经逐渐演化成现代战争战场空间的一部分,天、电磁、网络等也逐渐成为战场环境的组成成分,而实现弹群协同控制的重点在于保证弹群成员之间的通信。大量的信息需要以极快的速度在弹群成员之间完成传输,并且,现代战争中存在电磁干扰和网络干扰,这些因素给弹群成员之间的通信提出了更高的要求。是否能够确保通信链路的畅通是弹群协同控制的核心。

(2) 时效性。在现代战争中,对于战场环境来说,时效性具有举足轻重的地位。当战争任务、战场环境和作战条件等因素改变时,要求弹群成员及时做出反应,比如,调整飞行航迹和高度,改变编队队形等。不同于单枚导弹,弹群协同控制不仅需要实现对单枚导弹的控制,还需要将弹群中所有成员看成一个整体进行考虑。如果在弹群协同控制的过程中能够充分考虑时效性,就能够增加导弹的生存概率,提高弹群系统任务执行的效率和成功率。

(3) 计算复杂。弹群协同控制是由多种先进技术包括协同控制、信息融合、传感器测量等组合而成的。在现代战争中,导弹肩负的任务变得越来越复杂,对实时性的要求也越来越高,即使是多枚同类型的导弹在执行同一任务,计算量也已经相当庞大;若是不同类型的多枚导弹执行不同任务,弹群协同控制的计算量将发生指数级增长,这给弹群协同控制提出了更高的挑战。

(4) 环境复杂。在未来战争中,随着科技的不断进步,导弹将要面临着比现在更艰难、变化更快的战场环境。环境变化从本质上是不可预测的,未来还会增加一些人为的变化,如果不能充分考虑环境信息,任何小的疏忽都可能会引起极其严重的后果。为了避免这些情况,弹群协同控制要求可以及时地应对环境突变,这也给弹群协同控制提出了新的挑战。

通信链路、时效性、计算复杂、环境复杂等各类不同的因素融合起来,可能会给弹群协同控制带来新的挑战,而弹群协同作战如果想要得到重视,弹群协同控制技术就需要战胜这些挑战[169]。

1.3.2　自主协同决策

信息化战争将体系间对抗以及多系统协同作战看得越来越重要，在复杂多变且苛刻的战场环境中，仅依赖单枚导弹很难完成战争任务，因此，弹群协同作战是适应现代信息化战争要求的一种新型作战手段。在恶劣的战场环境下，如何根据合理的协同决策控制策略进行多弹对目标群的协同攻击，使得在时间和空间约束下，能够以最高的成功率完成对目标的攻击，且风险最小，并使得弹群整体作战效能远超过弹群中各成员单独进行战斗时的效能之和，是一个值得思考的问题，也是弹群协同作战研究的热点。

多枚导弹按照一种合理的协同策略展开战斗，可以获得更理想的作战效能，且不易造成战争资源的浪费。因此，探索弹群自主协同决策控制技术对最大限度地展现导弹自身的长处以及增强弹群整体的作战效能来说都有着深远的意义。研究弹群自主协同决策技术时需要将基础研究与实用技术相结合，理论分析、仿真评估和实验验证相结合，其研究成果能够极大地改善多弹之间网络化编队协同作战能力、基于战术数据链的多弹火力控制、电子战一体化、多弹协同作战效能评估以及弹群协同控制方面的问题[3]。

1.4　本书的主要内容和特色

本书的特点是以弹群协同作战观察–判断–决策–行动循环问题入手，系统地阐述协同制导相关研究内容。以帮助读者深入了解弹群协同作战问题为目标，从关键技术入手，进行分析与研究。以弹群协同作战为主线，详细地阐述了协同作战的研究背景和意义，在相关基本原理和理论的框架下，对弹群协同作战的五种关键技术进行了详细阐述，包括协同信息获取技术、协同网络通信技术、协同自主决策技术、协同自主制导技术、协同飞行控制技术等；在相关关键技术的基础上，面向实际工程应用，建立了弹群协同作战仿真平台，构造了弹群协同作战协同仿真实验系统，并从支撑系统单项及综合集成性能验证的半实物仿真技术入手，对仿真系统中的信息一致性问题、强实时性运行控制问题、面向数据链网络通信与定位的动态仿真与故障模拟问题进行了进一步的探索研究。

全书共 7 章，主要内容结构安排如下。

第 1 章概论部分论述本书的研究背景及意义，并对弹群协同作战的相关关键技术研究及其应用现状进行综合分析，主要包括协同信息获取技术、协同网络通信技术、协同自主决策技术、协同自主制导技术以及协同飞行控制技术等；对弹群协同控制以及自主协同决策的内容进行综述，并对弹群自主协同决策控制的技术问题进行研究分析。

第 2 章主要对协同信息获取技术进行深入分析。首先介绍协同信息获取系统，包括信息来源、获取能力和分类以及系统结构组成；并详细地描述了任务环境信息获取过程以及局部节点信息获取过程；接着对信息融合处理过程中的时空配准问题、信息融合技术以及协同导航问题进行详细描述，有助于读者对协同信息获取技术的理解。读者通过阅读该章可以对协同自主决策技术有一个完整清晰的认识，能够深入了解协同信息获取技术。

第 3 章详细介绍协同网络通信技术。首先对协同网络通信技术进行概述，描述了协同网络通信系统的组成以及通信网络方案；给出协同网络通信节点体系结构及其控制协议的设计过程，阐述数据链路控制方案；再次从网络故障模型和抗毁性网络模型出发，对协同网络通信模型进行系统介绍；最后从局域连通性角度和全局连通性角度，对协同网络连通进行深入分析。读者通过阅读该章可以基本掌握协同网络通信技术。

第 4 章论述协同自主决策技术。首先从弹群协同自主决策问题以及协同自主决策系统出发，对协同自主决策技术进行概述；并对协同自主决策技术的态势进行评估；给出弹群协同任务规划和航迹规划的约束条件，并对协同任务规划和航迹规划问题进行数学建模，同时给出弹群协同任务规划和航迹规划的规划方法；该章的最后对协同自主决策的效能指标进行了介绍，包括弹群协同态势评估效能指标、弹群协同任务规划效能指标、弹群协同航迹规划效能指标。读者通过该章可以对协同自主决策技术有一个完整清晰的认识。

第 5 章深入探讨协同自主制导技术。首先对协同自主制导技术进行基本概述；紧接着，分别从目标机动类型、制导交接类型、协同制导架构三个角度出发，对协同自主制导方法进行分类；给出基于领弹−从弹协同制导架构的协同制导律的设计过程，包括带碰撞自规避的协同制导律、攻击时间约束下的协同制导律、攻击角约束下的协同制导律、不同视场约束下的协同制导律以及多约束下的协同制导律；在此基础上，论述基于双层制导架构的协同制导律的设计方法，包括以剩余时间为协调变量的分布式协同制导律、以剩余距离和时间为协调变量的协同制导律、以弹目距离和导弹前置角为协调变量的协同制导律、以弹目距离和速度为协调变量的协同制导律；该章最后对离入队管理方法和离入队管理策略进行了详细介绍。读者将在该章针对协同自主制导技术有深入的理解。

第 6 章对协同飞行控制技术进行了详细的描述。首先对协同飞行控制技术进行概述，给出弹群协同飞行控制系统结构，并对弹群协同编队飞行控制系统以及弹群协同成员飞行控制系统进行了详细的介绍；阐述编队飞行控制信息交互策略，描述基于一致性理论的编队飞行控制系统，从代数图论法模型、编队控制协议设计以及稳定性分析三个角度详细介绍了统一通信时延的编队飞行控制系统和非统一通信时延的编队飞行控制系统；从编队队形设计、编队队形保持控制器设计、编队队形调整、编队队形重构方面，给出编队飞行控制的队形控制策略；从编队低空避障与防撞和编队协同突防两个方面，描述编队飞行控制的环境适应策略。读者在学习了该章之后，可以对协同分行控制技术有一个完整清晰的认识。

第 7 章是弹群协同作战的仿真验证部分。首先对协同仿真验证进行总体的概述；设计了协同作战的半实物仿真系统，并针对仿真系统中遇到的问题，对系统进行了进一步分析研究。读者在学习了本章之后，可以对弹群协同作战的仿真验证有一定的了解。

参 考 文 献

[1] 程进, 卢昊, 宋闯. 精确打击武器集群作战技术发展研究 [J]. 导航定位与授时, 2019(5): 10-17.

[2] 邱剑敏. 中国军事理论和军事科技发展演变的历史考察与思考 [J]. 国防, 2018(3): 78-85.

[3] 张小东, 张林, 胡海. 导弹弹群协同作战方式分析 [J]. 飞航导弹, 2018(9): 50-54.

[4] 肖增博, 雷虎民, 夏训辉. 多导弹协同作战关键技术研究与展望 [J]. 飞航导弹, 2008(6): 24-26.

[5] 马向玲, 高波, 李国林. 导弹集群协同作战任务规划系统 [J]. 飞行力学, 2009, 27(1): 1-5.

[6] 任鹏飞, 马启欣. 导弹编队协同作战过程及关键问题分析 [J]. 战术导弹技术, 2016(4): 82-87.

[7] 肖志斌, 何冉, 赵超. 导弹编队协同作战的概念及其关键技术 [J]. 航天电子对抗. 2013, 29(1): 1-3.

[8] 曾家有, 钟建林, 吴杰. 未来反舰导弹协同作战能力需求 [J]. 飞航导弹, 2014(11): 73-77.

[9] 商巍, 赵涛, 环夏, 等. 导弹武器系统协同作战研究 [J]. 战术导弹技术, 2018(2): 31-35.

[10] 黄长强, 翁兴伟, 王勇, 等. 多无人机协同作战技术 [M]. 北京: 国防工业出版社, 2012.

[11] 林涛, 刘永才, 关成启, 等. 飞航导弹协同作战使用方法探讨 [J]. 战术导弹技术, 2005(2): 8-12.

[12] Bhat K, Saptharishi M, Khosla P. Motion detection and segmentation using image mosaics[C]. IEEE International Conference on Multimedia & Expo., 2000: 1577-1580.

[13] Cucchiara R, Prati A, Vezzani R. Advanced video surveillance with pan tilt zoom cameras[C]. European Conference on Computer Vision, 2006.

[14] Guillot C, Taron M, Sayd P, et al. Background subtraction adapted to ptz cameras by keypoint density estimation[C]. British Machine Vision Conference, 2010: 34.1-34.10.

[15] Hayman E, Eklundh J O. Statistical background subtraction for a mobile observer[C]. Ninth IEEE International Conference on Computer Vision, 2003: 67-74.

[16] Kang S, Paik J, Kosehan A, et al. Real-time video tracking using PTZ cameras[C]. Sixth International Conference on Quality Control by Artificial Vision, 2003: 103-111.

[17] Mittal A, Huttenlocher D. Scene modeling for wide area surveillance and image synthe-sis[C]. IEEE Conference on Computer Vision and Pattern Recognition, 2000: 160-167.

[18] Ren Y, Chua C S, Ho Y K. Motion detection with non-stationary background[C]. In-ternational Conference on Image Analysis, 2001: 78-83.

[19] Robinault L, Bres S, Miguet S. Real time foreground object detection using ptz cam-era[C]. 4th International Conference on Computer Vision Theory and Applications, 2009: 609-614.

[20] Zhang Y, Kiselewich S, Bauson W, et al. Robust moving object detection at distance in the visible spectrum and beyond using a moving camera[C]. IEEE Conference on Computer Vision and Pattern Recognition Workshop, 2006: 131-137.

[21] Blair W D, Rice T R. A synchronous data fusion for target tracking with a multitasking radar and option sensor[C]. Society of Photo-Optical Instrumentation Engineers, 1991: 234-245.

[22] 周锐, 申功勋, 房建成, 等. 多传感器融合目标跟踪 [J]. 航空学报, 1998, 19(5): 536-540.

[23] 游文虎, 姜复兴. INS/GPS 组合导航系统的数据同步技术研究 [J]. 中国惯性技术学报, 2003, 8(4): 20-22.

[24] 王宝树, 李芳社. 基于数据融合技术的多目标跟踪算法研究 [J]. 西安电子科技大学学报, 1998, 25(3): 269-272.

[25] 李教, 敬忠良, 王安. 多平台多传感器多源信息融合中的时空对准研究 [J]. 空军工程大学学报, 2007, 3(5): 56-60.

[26] 黄凤钊, 彭云祥. SINS/GPS 组合导航系统时序同步技术研究 [J]. 中国惯性技术学报, 2001, 9(2): 28-32.

[27] 杨涛, 王玮, 朱治勤. GPS/INS 组合系统时间同步误差的分析与验证 [J]. 武汉大学学报 (信息科学版), 2009, 10(10): 1181-1183.

[28] 肖进丽, 潘正风, 黄声享. INS/GPS 组合导航系统数据同步处理方法研究 [J]. 武汉大学学报 (信息科学版), 2008, 33(7): 715-717.

[29] 秦永元, 牛惠芳. 容错组合导航系统联邦滤波器设计中的信息同步 [J]. 西北工业大学学报, 1998, 16(2): 256-259.

[30] 黄显林, 卢鸿谦, 王宇飞. 组合导航非等间隔联合滤波 [J]. 中国惯性技术学报, 2002, 10(3): 1-6.

[31] 刘建业, 熊智, 段方. 考虑量测滞后的 INS/SAR 组合导航非等间隔滤波算法研究 [J]. 宇航学报, 2004, 25(6): 626-629.

[32] 钟业勋, 童新华, 王龙波. 从 1980 西安坐标系到 2000 国家大地坐标系的坐标变换 [J]. 海洋测绘, 2010, 30(1): 1-5.

[33] Ardalan A A, Safari A. Global height datum unification: a new approach in gravity potential space[J]. Journal of Geodesy, 2005, 79(9): 512-523.

[34] 孔祥雷, 李杰, 杜英. MEMS-IMU/GPS 组合导航系统中坐标系统一的方法研究 [J]. 传感技术学报, 2010, 23(4): 522-526.

[35]　Li H, Zhang Q Y, Zhang N T. Autonomous navigation of formation flying spacecrafts in deep space exploration and communication by hybrid navigation utilizing neural network filter[J]. Acta Astronautica, 2009, 65(7): 1028-1031.

[36]　秘金钟, 章传银, 蔡艳辉. GPS 浮标/ SINS 组合水下导航与定姿若干问题讨论 [J]. 全球定位系统, 2005, 2: 2-6.

[37]　Burke J. The SAGE real quality control fraction and its interface wih BUIC II /BUIC III [R]. MITRE corporation, 1996.

[38]　Leung H, Blanchette M. A least squares fusion of multiple radar data[C]. Proceedings of RADAR, 1994: 1663-1668.

[39]　Zhou Y F, Henry L. An exact maximum likelihood registration algorithm for data fusion[J]. IEEE Transactions, Signal Processing, 1997, 45(6): 1560-1572.

[40]　Helmick R E, Rice T R. Removal of alignment errors in an integrated system of two 3D sensors[J]. Journal of the Korean Physical Society, 2002, 29(4): 1333-1343.

[41]　Karniely H, Siegelmann H. Sensor registration using neural networks[J]. IEEE Transactions on Aerospace and Electronic Systems, 2000, 36(1): 85-101.

[42]　Okello N, Ristic B. Maximum likelihood registration for multiple dissimilar sensors[J]. IEEE Transactions on Aerospace and Electronic Systems, 2003, 39(3): 1074-1083.

[43]　Qi Y Q, Jing Z L, Hu S Q, et al. Mean shift registration algorithm for dissimilar sensors[J]. Journal of Shanghai Jiao Tong University, 2008, 30(6): 523-528.

[44]　徐晓苏, 万德钧. 舰载捷联惯性系统中杆臂效应误差的研究 [J]. 东南大学学报, 1994, 24(2): 122-127.

[45]　曹杰, 刘光军, 高伟, 等. 捷联惯导初始对准中杆臂效应误差的补偿 [J]. 中国惯性技术学报, 2003, 11(3): 39-41.

[46]　刘锡祥, 徐晓苏. 杆臂效应补偿中 H∞ 滤波器的应用与设计 [J]. 东南大学学报, 2009, 39(6): 1142-1147.

[47]　张勤拓. 机载导弹 SINS 动基座传递对准技术研究 [D]. 哈尔滨: 哈尔滨工程大学, 2010.

[48]　高青伟, 赵国荣, 丁希彬, 等. 传递对准中载舰挠曲变形和杆臂效应一体化建模与仿真 [J]. 航空学报, 2009, 30(11): 2172-2176.

[49]　Kennedy S, Hamilton J, Martell H. Architecture and System Performance of SPAN-NovAtel's GPS/INS Solution[C]. IEEE/ION Position, Location, and Navigation Symposium, 2006: 266-270.

[50]　林杰, 付梦印, 邓志红, 等. 主–从滤波器设计及其在传递对准中的应用 [J]. 控制理论与应用, 2011, 28(10): 1447-1451.

[51]　Mendon C B, Henerly E M. Adaptive stochastic filtering for online aircraft flight path reconstruction[J]. Journal of Aircraft, 2007, 44(5): 1546-1558.

[52]　严恭敏, 严卫生, 徐德民. 捷联惯性测量组件中内杆臂效应分析与补偿 [J]. 中国惯性技术学报, 2008, 16(2): 148-152.

[53] He X F, Liu J Y. Analysis of lever arm effects in GPS/IMU integration system[J]. Transactions of Nanjing University of Aeronautics & Astronauties, 2002, 19(1): 59-62.

[54] 刘危, 解旭辉, 李圣怡. 一种新型 GPS/SINS 导航系统对准方法 [J]. 中国惯性技术学报, 2003, 11(6): 17-20.

[55] 王强. UAV 集群自主协同决策控制关键技术研究 [D]. 西安: 西北工业大学, 2015.

[56] Dias M B, Stentz A. A market approach to multirobot coordination (technical report)[R]. CMU-RI-TR-01-26, Robotics Institute, Carnegie Mellon University, 2001.

[57] Zlot R, Stentz A, Dias M B. Multi-robot exploration controlled by a market economy[C]. IEEE International Conference on Robotids and Automation,2002: 3016-3023.

[58] Koleszar G E, Bexfield J N, Mieercort F A. A description of the weapon optimization and resource requirements model[R]. Institute for Defense Analyses: Report IDA D-2360, 2009.

[59] Atkinson M. Contract nets for control of distributed agents in unmanned air vehicles[C]. 2nd AIAA"Unmanned Unlimited" Systems, Technologies, and Operations-Aerospace, 2003: 1-11.

[60] 龙涛. 多 UCAV 协同任务控制中分布式任务分配与任务协调技术研究 [D]. 长沙: 国防科学技术大学, 2006.

[61] Pettersen K Y, Lefebe E. Way-point tracking control of ships[C]. IEEE Conference on Decision and Control, 2001: 940-945.

[62] Lapierre L, Soetanto D, Pascoal A. Nonlinear path following with applications to the control of autonomous underwater vehicles[C]. 42nd IEEE Conference on Decision and Control, 2003: 1256-1261.

[63] Kim B, Tsiotras P. Time-invariant stabilization of a unicycle-type mobile robot: Theory and experiments[C]. IEEE Conference on Control Applications, 2000: 443-448.

[64] 胡正东, 林涛, 张士峰, 等. 导弹集群协同作战系统概念研究 [J]. 飞航导弹, 2007(10): 15-20.

[65] 吴胜亮. 众多导弹协同作战制导控制的研究 [D]. 南京：南京航空航天大学, 2013.

[66] 王君, 朱永文, 崔颢, 等. 多弹协同攻击网络化作战系统动态重组算法研究 [J]. 战术导弹技术, 2011(5): 96-102.

[67] 张旭, 雷虎民, 曾华. 带落角约束的自适应比例制导律 [J]. 固体火箭技术, 2001, 34(6): 687-692.

[68] Song T L, Shin S J, Cho H. Impact angle control for planar engagements[J]. IEEE Transactions on Aerospace and Electronic Systems, 1999, 35(4): 1439-1444.

[69] Ryoo C K, Cho H J, Tahk M J. Closed-form solutions of optimal guidance with terminal impact angle constraint[C]. IEEE Conference on Control Applications, 2003: 504-509.

[70] Song J M, Zhang T Q. Passive homing missile's variable structure proportional navigation with terminal angular constraint[J]. Chinese Journal of Aeronautics, 2001, 14(2): 83-87.

[71] Sang D, Min B M, Tahk M J. Impact angle control guidance law using Lyapunov function and PSO method[J]. SICE, Annual Conference, 2007: 2253-2257.

[72] Kim K S, Jung B, Kim Y. Practical guidance law controlling impact angle[J]. Journal of Aerospace Engineering, 2007, 221(1): 29-36.

[73] 吴鹏, 杨明. 带末端落角约束的制导律 [J]. 西南交通大学学报, 2008, 43(3): 309-313.

[74] 胡正东, 郭才发, 蔡洪. 带落角约束的再入机动弹头的复合导引律 [J]. 国防科技大学学报, 2008, 30(2): 21-26.

[75] 胡正东, 曹渊, 蔡洪. 带落角约束的再入机动弹头的变结构导引律 [J]. 系统工程与电子技术, 2009, 31(2): 393-398.

[76] 贾庆忠, 刘永善, 刘藻珍. 电视制导侵彻炸弹落角约束变结构反演制导律设计 [J]. 宇航学报, 2008, 29(1): 208-214.

[77] 范作娥, 于德海, 顾文锦. 带落角约束和目标机动补偿的三维制导律 [J]. 系统工程与电子技术, 2011, 33(8): 1856-1860.

[78] 常超, 林德福, 祁载康, 等. 带落点和落角约束的最优末制导律研究 [J]. 北京理工大学学报, 2009, 29(3): 233-239.

[79] Qin T, Chen W C, Xin X L. A method for precision missile guidance with impact attitude angle constraint[J]. Journal of Aeronautics, 2012, 33(5): 570-576.

[80] Xu X Y, Cai Y L. Optimal guidance law and control of impact angle for the kinetic kill vehicle[J]. Journal of Aerospace, 2011, 225(9): 1027-1036.

[81] Jeon I S, Lee J I, Tahk M J. Impact-time-control guidance law for anti-ship missiles[J]. IEEE Transactions on Control Systems Technology, 2006, 14(2): 260-266.

[82] Zhao S Y, Zhou R. Cooperative guidance for multi-missile salvo attack[J]. Chinese Journal of Aeronautics, 2008, 21(6): 533-539.

[83] 崔乃刚, 韦常柱, 郭继峰. 导弹协同作战飞行时间裕度 [J]. 航空学报, 2007, 31(7): 1352-1359.

[84] Zhang Y A, Yu D H, Zhang Y G. An impact-time-control guidance law for multi-missiles[J]. Intelligent Computing and Intelligent Systems, 2009(2): 430-434.

[85] 张友安, 马国欣, 王兴平. 多导弹时间协同制导: 一种领弹—被领弹策略 [J]. 航空学报, 2009, 30(6): 1109-1118.

[86] 彭琛, 刘星, 吴森堂. 多弹分布式协同末制导时间一致性研究 [J]. 控制与决策, 2010, 25(10): 1557-1561.

[87] 张友安, 马国欣. 攻击时间控制的动态逆三维制导律 [J]. 哈尔滨工程大学学报, 2010, 31(2): 215-219.

[88] 邹丽, 丁全心, 周锐. 异构多导弹网络化分布式协同制导方法 [J]. 北京航空航天大学学报, 2010, 36(12): 1432-1435.

[89] Jeon I S, Lee J I. Homing guidance law for cooperative attack of multiple missiles[J]. Journal of Guidance, Control and Dynamics, 2010, 33(1): 275-280.

[90] 邹丽, 周锐, 赵世钰, 等. 多导弹编队齐射攻击分散化协同制导方法 [J]. 航空学报, 2011, 32(2): 281-290.

[91] Zhao S Y, Zhou R, Chen W, et al. Design of time-constrained guidance laws via virtual leader approach[J]. Chinese Journal of Aeronautics, 2010, 23(1): 103-108.

[92] Sun X, Xia Y Q. Optimal guidance law for cooperative attack of multiple missiles based on optimal control theory[J]. International Journal of Control, 2012, 85(8): 1063-1070.

[93] 邹丽, 孔繁峨, 周锐. 多导弹分布式自适应协同制导方法 [J]. 北京航空航天大学学报, 2012, 38(1): 1-5.

[94] Jung B, Kim Y. Guidance laws for anti-ship missiles using impact angle and impact time[C]. AIAA Guidance, Navigation, and Control Conference and Exhibit, 2006: 1-13.

[95] Lee J I, Jeon I S, Tank M J. Guidance law using augmented trajectory-reshaping command for salvo attack of multiple missiles[C]. Proceeding of the International Control Conference, 2006.

[96] 张友安, 马培蓓. 带有攻击角度和攻击时间控制的三维制导 [J]. 航空学报, 2008, 29(4): 1020-1026.

[97] Lee J I, Jeon I S, Tank M J. Guidance law to control impact time and angle[J]. IEEE Transactions on Aerospace and Electronic Systems, 2007, 43(1): 301-309.

[98] 马国欣, 张友安, 李大鹏. 基于虚拟领弹的攻击时间和攻击角度控制 [J]. 飞行力学, 2009, 27(5): 51-54.

[99] 陈志刚, 孙明玮, 马洪忠. 基于误差反馈补偿的攻击无人机角度和时间控制 [J]. 航空学报, 2008, 29: 34-38.

[100] Zhao S Y, Zhou R, Wei C. Design and feasibility analysis of a closed-form guidance law with both impact angle and time constraints[J]. Journal of Astronautics, 2009, 30(3): 1064-1072.

[101] 张友根, 张友安, 施建洪. 基于双圆弧原理的协同制导律研究 [J]. 海军航空工程学院学报, 2009, 24(5): 537-542.

[102] 张友根, 张友安. 控制撞击时间与角度的三维导引律: 一种两阶段控制方法 [J]. 控制理论与应用, 2010, 27(10): 1429-1434.

[103] 张友安, 张友根. 多导弹攻击时间与攻击角度两阶段制导 [J]. 吉林大学学报, 2010, 40(5): 1442-1447.

[104] Kang S Y, Kim H J. Differential game missile guidance with impact angle and time constraints[C]. Proceedings of the International Federation of Automatic Control, 2011: 3920-3925.

[105] 胡凯明, 文立华. 无人机机载导弹落角和时间控制导引律研究 [J]. 固体火箭技术, 2011, 34(4): 413-417.

[106] Harl N, Balakrishnan S N. Impact time and angle guidance with sliding mode control[J]. IEEE Transactions on Control Systems Technology, 2012, 20(6): 1436-1449.

[107] 王晓芳, 洪鑫, 林海. 一种控制多弹协同攻击时间和攻击角度的方法 [J]. 弹道学报, 2012, 24(2): 1-5.

[108] 张亚南. 多弹编队飞行协同制导方法研究 [D]. 哈尔滨: 哈尔滨工业大学, 2014.

[109] 董受全. 反舰导弹齐射应用分析 [J]. 战术导弹技术, 2001. (5): 7-10.

[110] 马丹, 张宝峰, 王璐瑶. 多智能体系统一致性问题的控制器与拓扑协同优化设计 [J]. 控制理论与应用, 2019, 36(5): 720-727.

[111] 黄伟, 徐建城, 吴华兴, 等. 基于参数优化的导弹编队控制一致性算法 [J]. 系统工程与电子技术, 2018, 40(11): 2528-2533.

[112] 汪民乐. 弹道导弹突防效能研究综述 [J]. 战术导弹技术, 2012(1): 1-6.

[113] Zuo Z, Han Q L, Ning B, et al. An overview of recent advances in fixed-time cooperative control of multiagent systems[J]. IEEE Transactions on Industrial Informatics, 2018, 14(6): 2322-2334.

[114] Yuan D, Hong Y, Ho D W C, et al. Optimal distributed stochastic mirror descent for strongly convex optimization[J]. Automatica, 2018, 90: 196-203.

[115] Ren W. Consensus based formation control strategies for multi-vehicle systems[C]. American Control Conference, IEEE, 2006: 4237-4242.

[116] Xiao L, Boyd S, Lall S. A scheme for robust distributed sensor fusion based on average consensus[C]. Fourth International Symposium on Information Processing in Sensor Networks, IEEE, 2005: 63-70.

[117] Bender J G. An overview of systems studies of automated highway systems[J]. IEEE Transactions on Vehicular Technology, 1991, 40(1): 82-99.

[118] Wang Y W, Wei Y W, Liu X K, et al. Optimal persistent monitoring using second-order agents with physical constraints[J]. IEEE Transactions on Automatic Control, 2018, 64(8): 3239-3252.

[119] Hu X, Zhou H, Liu Z W, et al. Hierarchical distributed scheme for demand estimation and power reallocation in a future power grid[J]. IEEE Transactions on Industrial Informatics, 2017, 13(5): 2279-2290.

[120] Hu X, Liu Z W, Wen G, et al. Branch-wise parallel successive algorithm for online voltage regulation in distribution networks[J]. IEEE Transactions on Smart Grid, 2019, 10(6): 6678-6689.

[121] Olfati-Saber R, Murray R M. Consensus problems in networks of agents with switching topology and time-delays[J]. IEEE Transactions on Automatic Control, 2004, 49(9): 1520-1533.

[122] Tian L, Ji Z, Hou T, et al. Bipartite consensus on coopetition networks with time-varying delays[J]. IEEE Access, 2018, 6: 10169-10178.

[123] Wang C, Zuo Z, Qi Z, et al. Predictor-based extended-state-observer design for consensus of MASs with delays and disturbances[J]. IEEE Transactions on Cybernetics, 2018, 49(4): 1259-1269.

[124] Li X, Chen M Z Q, Su H, et al. Consensus networks with switching topology and time-delays over finite fields[J]. Automatica, 2016, 68: 39-43.

[125] Xu X, Liu L, Feng G. Consensus of heterogeneous linear multiagent systems with communication time-delays[J]. IEEE Transactions on Cybernetics, 2017, 47(8): 1820-1829.

[126] Cortés J. Distributed algorithms for reaching consensus on general functions[J]. Automatica, 2008, 44(3): 726-737.

[127] Wu Y, Wang L. Average consensus of continuous-time multi-agent systems with quantized communication[J]. International Journal of Robust and Nonlinear Control, 2014, 24(18): 3345-3371.

[128] Wang B, Wang J, Zhang B, et al. Leader-follower consensus for multi-agent systems with three-layer network framework and dynamic interaction jointly connected topology[J]. Neurocomputing, 2016, 207: 231-239.

[129] Shang Y, Ye Y. Leader-follower fixed-time group consensus control of multi-agent systems under directed topology[J]. Complexity, 2017, 2017: 1-9.

[130] Tian B, Zuo Z, Wang H. Leader-follower fixed-time consensus of multi-agent systems with high-order integrator dynamics[J]. International Journal of Control, 2017, 90(7): 1420-1427.

[131] Zhang Y, Tian Y P. Consensus of data-sampled multi-agent systems with random communication delay and packet loss[J]. IEEE Transactions on Automatic Control, 2010, 55(4): 939-943.

[132] Wen G, Duan Z, Yu W, et al. Consensus of multi-agent systems with nonlinear dynamics and sampled-data information:a delayed-input approach[J]. International Journal of Robust & Nonlinear Control, 2013, 23(6): 602-619.

[133] Yu W, Chen G, Cao M. Some necessary and sufficient conditions for second-order consensus in multi-agent dynamical systems[J]. Automatica, 2010, 46(6): 1089-1095.

[134] Yu W, Chen G, Cao M, et al. Second-order consensus for multi-agent systems with directed topologies and nonlinear dynamics[J]. IEEE Transactions on Systems Man & Cybernetics Part B, 2010, 40(3): 881-891.

[135] Ren W. Distributed leaderless consensus algorithms for networked Euler-Lagrange systems[J]. International Journal of Control, 2009, 82(11): 2137-2149.

[136] Nuno E, Sarras I, Basanez L. Consensus in networks of nonidentical Euler-Lagrange systems using P+d controllers[J]. IEEE Transactions on Robotics, 2013, 29(6): 1503-1509.

[137] Tian Y P, Zhang Y. High-order consensus of heterogeneous multi-agent systems with unknown communication delays[J]. Automatica, 2012, 48(6): 1205-1212.

[138] Ren W, Moore K L, Chen Y. High-order and model reference consensus algorithms in cooperative control of multi-vehicle systems[J]. Journal of Dynamic. Systems Measurement & Control, 2007, 129(5): 678-688.

[139] Challa V R, Ratnoo A. Analysis of UAV kinematic constraints for rigid formation fly-ing[C]. AIAA Guidance, Navigation, and Control Conference, 2016.

[140] Luo D, Zhou T, Wu S. Obstacle avoidance and formation regrouping strategy and control for UAV formation flight[C]. 2013 10th IEEE International Conference on Control and Automation (ICCA), IEEE, 2013: 1921-1926.

[141] Lewis M A, Tan K H. High precision formation control of mobile robots using virtual structures[J].Autonomous Robots, 1997, 4(4): 387-403.

[142] Ghommam J, Mehrjerdi H, Saad M, et al. Formation path following control of unicycle-type mobile robots[C]. IEEE International Conference on Robotics and Automation, IEEE, 2008: 1966-1972.

[143] Beard R W, Lawton J, Hadaegh F Y. A coordination architecture for spacecraft forma-tion control[J]. IEEE Transactions on Control Systems Technology, 2001, 9(6): 777-790.

[144] 邵壮, 祝小平, 周洲, 等. 无人机编队机动飞行时的队形保持反馈控制 [J]. 西北工业大学学报, 2015(1): 26-32.

[145] Yun X, Alptekin G, Albayrak O. Line and circle formation of distributed physical mobile robots[J]. Journal of Robotic Systems, 1997, 14(2): 63-76.

[146] Chen Q, Luh J Y S. Coordination and control of a group of small mobile robots[C]. Proceedings of the 1994 IEEE International Conference on Robotics and Automation, IEEE, 1994: 2315-2320.

[147] Giulietti F, Innocenti M, Pollini L. Formation flight control-a behavioral approach[C]. AIAA Guidance, Navigation, and Control Conference and Exhibit, 2001: 4239.

[148] Reif J H, Wang H, Fields S P. A distributed behavior control for autonomous robots[J]. Duke University, Durham (NC), 1995.

[149] 马培蓓, 张友安, 于飞, 等. 多导弹编队保持控制器设计 [J]. 飞行力学, 2010, 28(3):69-73.

[150] 张磊, 方洋旺, 刁兴华. 多导弹协同攻击编队非线性最优控制器设计 [J]. 北京航空航天大学学报, 2014, 40(3): 401-406.

[151] 韦常柱, 郭继峰, 崔乃刚. 导弹协同作战编队队形最优保持控制器设计 [J]. 宇航学报, 2010, 31(4): 1043-1050.

[152] Mu X M, Du Y, Wu S T. Behavior-based formation control of multi-missiles[C]. 2009 Chinese Control and Decision Conference, IEEE, 2009: 5019-5023.

[153] 孙福煜. 多导弹编队队形变换控制方法研究 [C]. 中国力学大会—2013 论文摘要集. 北京: 中国力学学会, 2013: 1.

[154] 杜阳, 吴森堂. 飞航导弹密集编队防碰撞控制器设计 [J]. 控制工程, 2013, 3(3): 155-161.

[155] 杜阳, 吴森堂. 飞航导弹编队队形变换控制器设计 [J]. 北京航空航天大学学报, 2014(2): 103-108.

[156] 关世义, 张克, 涂震飚. 反舰导弹突防原理与突防技术探讨 [J]. 战术导弹技术, 2010, (4): 1-6.

[157] 马良, 姜青山, 汪浩. 反舰导弹对舰空导弹的机动突防模型研究 [J]. 海军航空工程学院学报, 2008, 23(2): 185-189.

[158] 顾文锦, 武志东, 毕兰金. 反舰导弹最优末端蛇形机动策略 [J]. 战术导弹技术, 2011, (3): 1-5.

[159] 王永洁, 陆铭华. 超声速反舰导弹蛇形机动突防舰空导弹建模仿真 [J]. 现代防御技术, 2008, 36(6): 57-61.

[160] 陈晔, 王德石, 付兴振. 导弹最优突防机动方式研究 [J]. 火力与指挥控制, 2009, 34(4): 30-33.

[161] 程进, 杨明, 郭庆. 导弹直接侧向力机动突防方案设计 [J]. 固体火箭技术, 2008, 31(2): 111-117.

[162] 童亚湘, 卜继兴, 曾凡. 主动反拦截突防关键技术分析及应用设想 [J]. 战术导弹技术, 2014, (6): 93-97.

[163] 殷志宏, 杨宝奎, 崔乃刚. 一种基于威胁告警的智能机动突防策略 [J]. 系统工程与电子技术, 2008, 30(3): 515-517.

[164] 王长青, 史晓丽, 王新民, 等. 基于 LQ 微分对策的最优规避策略与决策算法 [J]. 计算机仿真, 2008, 25(9): 74-78.

[165] 史晓丽, 刘永才, 王长青. 飞航导弹反拦截最优机动策略研究 [J]. 战术导弹技术, 2007, (3): 7-11.

[166] 孙守明, 汤国建, 周伯昭. 基于微分对策的弹道导弹机动突防研究 [J]. 弹箭与制导学报, 2010, 30(4): 65-68.

[167] 任章, 郭栋, 董希旺, 等. 飞行器集群协同制导控制方法及应用研究 [J]. 导航定位与授时, 2019, 6(5): 1-9.

[168] 宗群, 王丹丹, 邵士凯, 等. 多无人机协同编队飞行控制研究现状及发展 [J]. 哈尔滨工业大学学报, 2017, 49(3): 1-14.

[169] 周绍磊, 康宇航, 秦亮, 等. 多无人机协同控制的研究现状与主要挑战 [J]. 飞航导弹, 2015(7): 31-35.

第2章　协同信息获取

通常情况下，传统的单导弹和没有协同关系的导弹执行任务时，其信息来源比较简单，信息的维数和种类也不多，所以深度融合这些信息较为困难。当导弹协同作战时，各个导弹可以借助网络通信技术，既能分享各自的局部节点信息，又能获取其他节点信息，这使得导弹群体信息的深层次融合成为可能，从而有效提高信息的精确度，以保证导弹的作战效能。

2.1　协同信息获取系统

2.1.1　信息来源、获取能力和分类

1. 信息来源

协同弹群的信息来源主要包括任务有效载荷管理系统、编队支撑网络系统以及目标指示和毁伤评估系统[1]。

任务有效载荷管理系统包括导引头所搭载的激光雷达、合成孔径雷达 (synthetic aqerture rader, SAR)、高频相机等设备以及导弹所搭载导航定位系统，如高度表、惯性导航系统、全球导航定位系统等。激光雷达、合成孔径雷达以及相机主要是获取打击目标及其所处的环境信息，以可视化图像的形式呈现信息。导航定位系统主要是获取导弹成员自身的速度与位置信息；在获取多个导弹的速度和位置信息后，结合导引头获取的含有目标的图像，利用双目/多目定位的方法得到目标的位置。

编队支撑网络系统可以在自身获取其他导弹的状态信息，同理，其他导弹也可以获得该导弹的状态信息，弹群成员之间可以实现信息共享。这样，弹群中的各个导弹就可以具有不同的配置，协同完成较为困难的作战任务。例如，弹群在协同作战时，只在其中一枚导弹中装载景象匹配导航系统，这枚导弹得到景象匹配结果后，可以通过数据传输给弹群成员，弹群共同使用景象匹配结果来修正导航信息，从而实现整个弹群的导航信息修正。

目标指示系统是用弹群有效载荷获取的打击目标信息来估计打击目标的实时状态，从而确定目标打击的具体方案。毁伤评估是弹群能够在恶劣作战环境下发挥最佳作战效能的重要保障，其主要作用是用来评估目标的毁伤程度，根据评估结果确定下一步的打击方案。

2. 信息获取能力

信息获取能力主要从三个方面评估：第一是全天候、全天时的信息获取能力；第二是不同平台的信息获取能力；第三是异常目标的信息获取能力[2]。

对于全天候、全天时的信息获取能力，要求系统可以在任何天气条件下有效地探测到目标，还要求系统能够二十四小时正常工作，不受有无日光照射的影响；弹群作战时可能会遇到对目标能见度不高的天气，此时如果采用可见光范围内的视觉测量方法，无法穿透云层，也就无法获取目标的实时信息；如果采用微波波段的视觉测量方法，如合成孔径雷达图像测量，不仅穿透力强，不会受到天气的影响，还可以在夜晚持续工作，保证信息获取的全天候全天时的能力，由此可见导弹搭载多个波段的成像传感器的重要性。另外，当目标不在某一个传感器的视场角范围内时，其他传感器可以捕获到该目标的信息，以达到全维全域的目标获取能力。

对于不同平台的信息获取能力，要求系统能够获取不同弹载传感器(因不同作战任务而配置不同的传感器)的信息，并能够对不同类型的传感器信息进行进一步融合单一导弹的信息获取有限，弹群之间的信息共享，可以提高目标信息的获取能力，多平台的联合信息需要紧密依靠协同通信技术的支持，这一点在第 3 章有详细的介绍。

对于异常目标信息获取能力，要求系统具备可以获取弱小目标、常规手段无法探测到的隐身目标，以及位于地表之下隐藏目标的信息获取能力[3]。隐身目标指的是在某个电磁波波段的范围内探测不到目标信息，弱小目标的获取依赖于精准目标检测、识别与追踪技术。

3. 信息分类

协同信息获取系统应保证实时准确地提供下列三类信息：局部节点信息、任务环境信息和网络特征信息[4]。

1) 局部节点信息

局部节点信息就是弹群成员所搭载的探测器获取的目标信息和相对导航测量装置所测量的邻居节点信息。其中，由导引头等探测器所获取的目标信息，包括目标种类、特性、数量、位置、战损状态等信息。导弹协同作战时，主要是实时获取打击目标的位置，以确保精准打击。

由高度表、加速度计和惯性/卫星组合导航系统等传感器测量设备所感知的导弹成员自身的运动信息以及任务载荷信息，包括导弹成员各自的飞行状态、速度、过载、位置、持久力等运动信息，以及导引头、战斗部、引信、电子对抗等任务载荷信息。

2) 任务环境信息

所谓的任务环境，也就是指在目标及其周边区域内对战事活动和战事成败有直接影响的各种信息的总称。任务环境由区域空间、地理环境、军事实体三个部分组成[5]。如果是对地打击,可包括地形地貌、地面附属物、气象水文等自然环境,政治、经济和社会状况等人文环境,防护、伪装、机动和工程构筑等建设环境以及互联网、电磁波、信息技术环境等。

3) 网络特征信息

网络特征信息就是通过编队控制系统获得包括编队规模、编队队形、节点地位、邻居节点,以及网络的连通性、丢包率、时延和更新率等网络健康状态信息;这一部分的信息主要是为了弹群能够有效地进行协同作业,是排除弹群故障的重要信息。

2.1.2 系统结构组成

为了获取导弹自主编队遂行协同作战任务所需要的高品质信息,其信息获取系统应基于时空频等多元的信息配准,通过协同感知设备和相对导航测量装置保证实时准确地提供各种信息。信息获取系统的结构关系如图 2.1 所示。局部节点信息与编队支撑网络系统的信息传递是双向的[1]。导弹自身的信息按照一定的通信协议通过编队支撑网络系统传递给其他导弹成员,反之,其他导弹成员亦可传递给导弹自身。信息的传递与获取是导弹协同作业的前提。

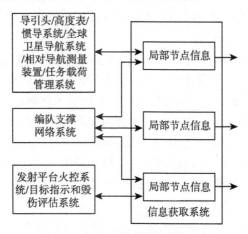

图 2.1 信息获取系统的结构关系

2.2 任务环境信息获取

2.2.1 目标信息获取

目标信息的精度在一定程度上影响到导弹的突防概率,虽然智能型导弹可以在非常大的搜索区进行机动搜索，但是搜索区越大，搜索时间就越长，导弹攻击的隐蔽性和突然性就越小，导弹的突防概率就越小；如果能够获得相对准确的目标初始位置信息，就可以有效缩短导弹的搜索区[6]。仅有目标的初始位置信息是远远不够的，弹群处于高速运动之中，甚至有时打击目标也处于高速运动之中，为了能够快速准确地探测到打击目标，弹群在作战过程中要求能够准确地预测打击目标的运动趋势，要预测打击目标的运动趋势，就要能够获取到目标的运动速度和姿态。在作战中，运动由两部分组成，一部分是弹群的运动，另一部分是打击目标的运动，弹群的运动信息可以由传感器给出，打击目标的运动信息也可以解算。另外，敌我识别也是目标信息的基本要求，在复杂的环境下和敌方的战术伪装给目标的识别造成障碍时，要具备能够区分出敌我目标的能力。

1. 目标信息获取途径

协同导弹群目标信息获取途径主要有三种方式：一是依靠导弹自身对目标进行定位；二是利用领弹获取目标信息[7]；三是从其他侦察平台获取目标信息。

1) 导弹自身获取目标信息

导弹自身搭载的有效载荷可以直接获取目标信息。与外界信息获取平台原理相同，只不过是将传感器搭载到导弹上，传感器处于高速运动的状态，除了要考虑目标的运动，还要考虑自身传感器的运动以及由传感器运动引来的抖动问题。

2) 利用领弹获取目标信息

领弹，顾名思义为弹群中起带领作用的导弹，该导弹上搭载了高性能的导引头和数据传输系统。它利用自身搭载的各类设备与传感器可以实现打击目标的检测、识别与跟踪的任务。除此之外，还可以通过数据传输系统将这些信息或者控制指令实时传输给弹群的其他成员。作为弹群的领队，带领其他成员打击目标。打击目标的粗略信息获取之后，弹群根据作战区域的态势以及打击目标周围环境来查找打击目标的出现与活动区域，可以通过发射多枚导弹的方式，扫射目标，一轮扫射之后，打击是否继续，需要通过领弹的目标毁伤评估结果来确定。

3) 其他侦察平台获取目标信息

卫星、飞机、区域雷达等都可以成为获取目标信息的平台，利用数据链将远程目标信息传递给导弹。信息传送方式如图 2.2 所示。外界信息获取平台将目标信息传给导弹，这种信息传输方式的优点是信息延迟小。

数据链是信息实时传输最常用的手段，它采用了无线网络通信技术和应用协议，能够实现各个平台与弹群成员之间的数据实时传输，使战区内各个导弹成员、指挥控制系统和各种作战平台无缝衔接融为一体，最大限度地提高作战效能，实现真正意义上的协同作战。

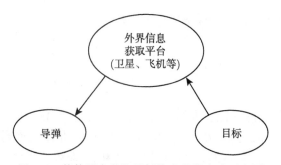

图 2.2 其他平台获取目标信息传送方式示意图

2. 目标检测算法

以上部分介绍的是协同导弹目标信息获取的途径，目标信息如何利用弹载传感器获取的信息搜索得到，这就涉及目标检测技术。红外、光学等弹载成像传感器获得包含目标信息的图像，所以外界平台或弹载有效载荷需要目标检测的算法模块实现目标信息的获取。

这里的目标检测技术主要分为运动目标的检测方法以及弱小目标的检测方法两部分来介绍。

1) 运动目标检测

运动目标检测目前的方法有帧差法、背景差分法[8] 以及光流法[9]。

(1) 帧差法。

帧差法采用导弹导引头获取的连续图像中的相邻两帧图像，在这相邻的两帧图像中，检测具有相同特征的像素点，称具有相同特征的两个像素点为匹配点对。在图像中获取多个特征点之后，根据一定的规则计算匹配点对的差值。如果差值结果大于某一预设的阈值，则可以确定在该特征点对应的位置是有运动目标的。这种方法适用于连续两帧都可以捕捉到目标的情况。

设连续图像中的某一帧是 K，则相邻下一帧的图像是 $K+1$，那么第 K 帧图像可以由如下表达式得到

$$I(x, y, k) = F_k(x, y) + B_k(x, y) + n_k(x, y) \tag{2.1}$$

其中，$F_k(x, y)$ 为感兴趣的区域，即运动目标；$B_k(x, y)$ 是图像的背景区域；$n_k(x, y)$ 是成像过程中产生的噪声。

连续图像的相邻两帧作差，可以得到图像差值 $D_{k+1}(x, y)$，如式 (2.2) 所示：

$$D_{k+1}(x, y) = I(x, y, k+1) - I(x, y, k) - [F_{k+1}(x + \Delta x, y + \Delta y) - F_k(x, y)]$$
$$+ [B_{k+1}(x, y) - B_k(x, y)] + [n_{k+1}(x, y) - n_k(x, y)] \tag{2.2}$$

将差分结果二值化并以预设的阈值进行划分可得

$$D_{k+1}(x,y) = \begin{cases} 0, & D_{k+1}(x,y) < T_1 \\ 1, & D_{k+1}(x,y) \geqslant T_1 \end{cases} \tag{2.3}$$

其中，T_1 用来对图像分割阈值，是区分运动目标与图像背景的标准；若某个像素点的差值结果 $D_{k+1}(x,y)$ 小于 T_1，令该位置的值为 0，即该位置属于图像的背景区域；若 $D_{k+1}(x,y)$ 大于等于 T_1，令该位置的值为 1，即该位置属于运动目标区域。

　　在这种情况下，当运动目标与背景的灰度值没有明显的差异时，帧差法无法完整检测出运动目标，当目标运动过快时，图像传感器的帧率远小于运动的速度，就很容易把背景识别为运动目标，造成错误检测。为了避免这种错误检测的情况发生，基于帧差法又发展了三帧差法[10]，三帧差法使用的是图像序列中的连续三帧图像，其公式如下：

$$d_k(x,y) = |I(x,y,k+1) - I(x,y,k)| + |I(x,y,k) - I(x,y,k-1)| \tag{2.4}$$

上式中是以当前帧为基准，下一帧与当前帧作差的绝对值再同当前帧与前一帧作差的绝对值相加。

　　(2) 背景差分法。

　　背景差分法定义 $I_t(x,y)$ 为时刻 t 得到的图像，$B_t(x,y)$ 是时刻 t 的背景图像，定义差分图像 $D_t(x,y)$ 为时刻 t 的图像与同时刻的背景图像作差的绝对值，如式 (2.5) 所示；然后对 $D_t(x,y)$ 用预设的阈值 T_2 进行阈值分割，获取对应的二值图像 $M(x,y)$，如式 (2.6) 所示。

$$D_t(x,y) = |I_t(x,y) - B_t(x,y)| \tag{2.5}$$

$$M(x,y) = \begin{cases} 1, & D_t(x,y) \geqslant T_2 \\ 0, & D_t(x,y) < T_2 \end{cases} \tag{2.6}$$

　　阈值 T_2 对目标检测起决定性作用，阈值设置过大会将非背景像素分割成背景像素，阈值太小则可能将背景像素分割成非背景区域，所以对于分割阈值的选择的适当性要有一定的控制，这可以在导弹的导引头中设置自适应的阈值选择。

　　(3) 光流法。

　　运动目标投影到二维的像平面上，得到的图像称为运动场。若目标运动时，图像灰度的瞬时变化率可以体现在投影得到的图像上，获得的图像灰度变化率的结合叫作光流场[11,12]。光流的变化与图像灰度的变化密切相关，所以可以利用光流

场来检测运动的目标。按照光流的约束条件，像素点 (i, j) 及其相邻的四个方向的像素点中的光流误差如下式所示

$$e^2(i, j) = I_x u(i, j) + I_y v(i, j) + I_t \tag{2.7}$$

其中，$u(i, j)$ 是像素点在光流空间中 x 轴方向的分量，$v(i, j)$ 是像素点在光流空间中 y 轴方向的分量，I_x 是该点在图像 x 轴方向的梯度值，I_y 是该点在图像 y 轴方向的梯度值，I_t 是该点在时刻 t 的梯度值。该像素点与四个相邻的像素点的光流值按照如下公式计算得到光流平滑量：

$$\begin{aligned} s^2(i, j) = \frac{1}{4} & [(u(i, j) - u(i-1, j)^2 + u(i, j) - u(i+1, j)^2 - u(i, j) - u(i, j)^2 \\ & + u(i, j+1) - u(i, j)^2 + u(i, j) - u(i, j-1)^2 + v(i, j) - v(i-1, j)^2 + v(i+1, j) \\ & - v(i, j)^2 + v(i, j+1) - v(i, j)^2 + v(i, j) - v(i, j-1)^2] \end{aligned} \tag{2.8}$$

然后，极小化函数为

$$E = \sum \sum \left(e^{2-}(i, j) + \alpha s^2(i, j) \right) \tag{2.9}$$

光流迭代方程为

$$u^{n+1} = \bar{u}^n - I_x \frac{I_x \bar{u}^n + I_y \bar{v}^n + I_t}{\alpha + I_x^2 + I_y^2} \tag{2.10}$$

$$v^{n+1} = \bar{v}^n - I_y \frac{I_x \bar{u}^n + I_y \bar{v}^n + I_t}{\alpha + I_x^2 + I_y^2} \tag{2.11}$$

其中，n 代表迭代次数，这里迭代次数是从 0 开始的，事先给定适当的阈值，若迭代结果小于阈值，则迭代终止；$\bar{u}, \bar{v}$ 分别是 u, v 在像素点 (i, j) 四个邻域的值再取平均的结果。

光流法检测运动目标算法应用于弹群协同作战中，可以保证在自身运动的条件下仍可以检测出运动的打击目标。但该算法属于迭代运算的算法，若在运动不明显的情况下，迭代次数过大，会导致该算法的执行时间变长，这与弹群高速运动要求的实时性相悖。为克服光流法上述缺点，相关领域的学者们在经典光流法中做了一些改进，例如，添加动量项能够使光流法迭代收敛得更快[13]；使用权重自适应光流法[14]，可以将运动目标明显地检测出来，且检测结果包含较少的噪声，能够在一定程度上满足应用背景。

2) 弱小目标检测

由于目标对象的多种多样，协同导弹群可能会搜索视场范围中不明显的目标。弱小目标的检测经常使用红外技术，弹群中部分导弹的导引头搭载红外传感器，即可使用此方法检测视角范围内的弱小目标。检测弱小目标的方法主要包括空域滤波法、变换域滤波法以及边缘分割法[15]。

A. 空域滤波法

空域滤波法的做法为：估计图像的背景区域，利用估计的结果与原始图像作差，最后，使用图像分割技术将差分图像分割得到感兴趣的区域即弱小目标。

背景估计的做法为：在图像中以像素点为中心，与周围邻域组成一个图像的局部区域，对该局部区域进行某些计算，将得到的值替换原来该像素点的像素值。图像中的每一个像素点都将执行上述操作，这种做法叫作遍历图像，遍历图像常用到空间域的滤波方法。目前，图像处理领域已经发展了多种空域滤波的方法。如中值滤波、空域高通滤波、基于形态学的滤波等。

不同的滤波方法有不同的特点，需要根据目标的特性、目标周围的环境信息以及系统的要求来选择。空域高通滤波的运算速度快，实时性较好。中值滤波是一种非线性的滤波方法，它能够很好地保护边缘，抗噪声的能力较强且对图像的模糊不强。形态学滤波法的算法稳健性较强，去噪效果好，而且自适应性强。

B. 变换域滤波法

传统的图像处理是在空间域中进行的，与空间滤波不同，变换域滤波是将图像从空间域中按照一定的规则转换到变换域中，在变换域中进行目标检测。常用的变换域滤波方法有频域滤波法和小波分析滤波法等[16]。

图像频率域是将图像从空间域转变为频率域，频率域的图像不再以行列号和灰度值作为像素点坐标与像素点特征，而是利用图像的频率等相关信息。

将一幅图像从空间域变换到频率域利用傅里叶变换，反之，利用傅里叶逆变换。傅里叶变换利用的是正弦函数。频率域滤波由修改一幅图像的傅里叶变换然后计算其逆变换得到处理后的结果组成。滤波器是修改一幅图像的傅里叶变换的重要工具，对于不同的应用场景可以选择不同的滤波器。

基于频率域滤波的弱小目标检测算法能够很好地抑制背景，比空间域有更好的噪声适应性，能够检测出弱小目标。

基于变换域的弱小目标检测的另一种方法为小波分析法，虽然从 20 世纪 50年代末起傅里叶变换一直是基于变换域的图像处理的基石，近年来一种新的称为小波变换的变换使得压缩、传输和分析图像变得更为容易。与基函数为正弦函数的傅里叶变换不同，小波变换基于一些小型波，称为小波，它具有变化的频率和有限的持续时间。

近年来，小波变换常常应用于弱小目标检测领域，具体的做法如下：

(1) 首先小波分解原始图像，可将原始图像分解为高频与低频两部分。弱小目标一般位于分解后的高频部分；而大面积自相似的背景区域被分解到低频部分。

(2) 抑制图像的背景区域，即图像的低频部分。这一步的目的是去除图像的背景区域，得到的结果只包含目标与图像噪声。

(3) 通过合适的阈值过滤图像噪声，提高弱小目标检测结果的信噪比。

从理论层面上考虑,小波分解的层数越多就可以越精确地检测到目标,但是随着层数的增加,算法的复杂度就会越大,应用到弹群中有实时性的要求。因此,需要在二者之间采取折中处理,通常分解两到三层即可。

C. 边缘分割法

边缘检测是基于灰度突变来分割图像的最常用的方法。边缘模型根据它们的灰度剖面来分类。台阶边缘是指在一个像素的距离上发生两个灰度级间理想的过渡。但实际上,尤其是处于弹群这种高速运动的载体上,图像无法保证不携带任何噪声,一般来说数字图像都存在被模糊且带有噪声的边缘,模糊的程度主要取决于聚焦机理中的限制,而噪声水平主要取决于成像传感器的电子元件。在这种情况下,边缘应该被建模成为一个更接近灰度斜坡的剖面。

检测边缘一般来说就是检测图像灰度的变化,检测灰度的变化可用一阶或二阶导数来完成,一阶或者二阶导数又叫作图像的梯度。常用的梯度算子为 Roberts 梯度算子,这是最早尝试使用具有对角优势的二维模板之一。Prewitt 梯度算子不再像 Roberts 梯度算子那样利用对角优势,利用的是 3×3 大小的模板在水平和竖直两个方向的算子,但其参与计算邻域像素点的权重是相同的。Sobel 梯度算子就很好地解决了这个问题,它与 Prewitt 算子类似,只不过将中间的像素点的权重变得更大一些。除此之外还有很多边缘检测的算子,比如 Canny 算子和 LoG 算子等。

近年来,边缘检测不仅仅利用灰度变化,最近还发展了基于相位一致性的边缘检测技术,能够更好地检测图像的结构。

2.2.2 环境信息获取

1. 信息来源

环境信息主要是目标周围的背景信息。按照背景信息获取来源的不同,可以将其分为可见光、红外、合成孔径雷达以及激光雷达等。

可见光波段是电磁波谱中人眼可以辨识的波段,各个波段的划分没有精确的界限;一般我们认为电磁波谱中波长在 380~760nm 的波段为可见光波段。可见光波段在弹群中的应用会受到多种条件的限制,可见光波段的图像在夜晚和可见度较低的气象条件下导引头无法获取,但当满足获取条件下,可见光图像可以包含更多人类熟悉的图像特征,有利于打击目标的识别。

红外波段为电磁波谱中波长大于 760nm 的波段,它位于红外波段,现实中与可见光波段没有精确的区分波长值。其中波长为 760~2000nm 的部分称为近红外波段,波长为 2000~1000000nm 的部分称为远红外波段。所有物体都可以向外辐射能量,根据红外感知器测量目标与其环境的红外辐射能量的差异,可以得到不同物体的轮廓。红外波段应用到弹群中的优点是该波段可以在夜晚工作,不依赖日光。

合成孔径雷达是一种主动式的高分辨率的成像雷达观测系统,它可以在能见度非常低的天气下获取与可见光图像类似的雷达影像。合成孔径雷达的特点是分辨率较雷达系统更高，可以搭载在弹群上，能够全天时、全天候对地实施观测，并具有一定的对云层等遮挡物的穿透能力。导弹搭载合成孔径雷达成像系统可以全天候全天时获取任务环境信息。合成孔径雷达利用的是微波波段，一般认为微波波段为电磁波波长大于 1mm 的波段。

激光雷达同样也是一种主动式的雷达系统，通过自身发射激光光束以达到探测目标的速度、位置等信息。其工作原理是向目标发射激光光束，然后将接收到的从目标反射回来的回波与发射的激光光束作对比，根据数学几何关系模型做相应的处理后，就可获得目标的距离、方位、高度、速度、姿态等信息，从而实现弱小目标的探测、跟踪和识别。激光雷达系统是由激光光束发射机、接收机以及相应的数据处理模块组成的，发射机能够把电信号转换为光信号并发射出去，接收机再把光信号转换成电信号与原始的电信号作对比。

2. 环境信息分析

打击目标周围的环境是弹群协同作战的舞台，只有把舞台搞清楚了，才能更好地发挥导弹的作用。环境信息分析的目的就是给弹群的决策系统提示打击目标环境的优劣，分析打击目标所处的环境是否有利于打击任务的完成，在获取的环境信息中研究环境对敌我双方作战的影响，为弹群决策系统的正确决策提供证据，保证作战行动中"趋利避害"，赢得行动的最终胜利。

2.3　局部节点信息获取

2.3.1　自身信息获取

自身信息即自身传感器获取的信息以及导弹自身健康状况。其中，由导引头等探测器所获取的载体信息，包括导弹的飞行姿态、速度以及位置等信息。另外一个就是导弹在前进过程中是有能量损耗的，剩余动力信息也是导弹一项重要的信息，它能够保证后续的任务规划的顺利完成。

自身状态的获取平台为自身搭载的各种传感器。飞行姿态、速度以及位置信息可以由相关的导航技术获得。全球定位系统、惯性导航、视觉导航以及超声波定位系统等都可以获得导弹的自身状态信息。具体技术介绍见 2.5 节内容。

2.3.2　其他节点信息获取

其他节点信息为不是自身成员所载的探测器获取的信息，其他节点的信息获取来源与自身节点信息的获取来源相同，但要获取其他成员的节点信息，即成员间的信息通信与融合，这就涉及不同成员之间的网络通信问题，本书的第 3 章内容将详细介绍协同网络通信技术。

除了弹群其他协同成员的信息，外部节点信息还包括了决策节点控制信息和火力节点信息。

2.4 信息融合处理

2.4.1 时空配准

1. 时空配准的任务

弹群的信息获取系统的一项重要任务是把分布式高动态运动的多个导弹所携带的多种传感器协同起来，为弹群自主编队作战任务提供实时准确的必要信息。弹群能够精确有效工作的前提是，必须通过时空配准解决弹群编队成员的多传感器和多探测器因测量同一个对象的时间异步和坐标系不统一而导致无法进行数据融合的问题。其中，时间配准的任务就是将关于同一个对象的各个传感器或者探测器不同步的测量信息同步到同一个基准时标下；空间配准的任务就是测量对象坐标系和其方位的转换。弹群自主编队中时空配准任务的主要环节是偏差估计与补偿[1]。

2. 偏差估计与补偿

多传感器的配准误差的来源多种多样，主要有以下五个方面：第一，各种传感器获取的数据本身就携带误差；第二，在弹群中不同编队成员搭载的各种传感器的坐标系下，传感器测量的角度和距离有较大的偏差，这是因为测量元件本身就不会完全精准；第三，计时误差，多个传感器和探测器记录的时间有一定的误差，在高速运动的弹群中会引起较大的误差；第四，雷达天线的真北向测量存在误差，这也将影响测量值的大小，尤其是测量角度的大小；第五，相对于公共坐标系的传感器误差。

对以上误差源所造成的多传感器测量的目标信息以及传感器自身的系统偏差进行实时估计与补偿，就是时间配准与空间配准的任务。

3. 多传感器时间配准

1) 系统时间统一方式

系统时间统一方式又称为授时方式，一般根据应用状态的不同，可以将其分为三种方式：① 弹群处于战备状态时，各种传感器的工作时间来源于国家的标准时间；② 弹群处于作战状态时，时间基准变为指挥中心的时间，若指挥中心处于弹群上，则以弹群上搭载自适应指挥决策系统的时间为基准；③ 在信息综合处理时，把一个处理周期中不同传感器在不同时刻测量的雷达航迹点统一到同一时刻。战备状态无需多考虑,多传感器的时间配准中只考虑后两种状态。

2) 时间配准方法

常用的多传感器时间配准方法主要有最小二乘法与内插/外推时间配准法[17]。

A. 最小二乘法

假设弹群中搭载的两个传感器分别为 S_1 和 S_2,它们对应的信息采样的周期为 T_1 和 T_2,并且两个采样周期的比值为 n,假设传感器 S_1 最新一次获取信息数据的时刻是 $(k-1)T_1$,那么下次获取信息数据的时刻就是 $k = (k-1)T_1 + nT_2$,也就是说传感器 S_1 在两次数据采集中,传感器 S_2 可以采集 n 次信息数据。所以可以采用最小二乘法,把传感器 S_2 的 n 个测量数据整合成一个虚拟的观测量,这就可以作为传感器 S_2 的测量值。把这个虚拟的测量值与传感器 S_1 采集的信息数据融合,这样就可以避免时间不同步带来的信息采集的不同步,进而消除了时间偏差对多传感器的信息融合的不利影响[18]。

令传感器 S_2 从时刻 $(k-1)$ 到时刻 k 的 n 个信息数据为 $Z_n = (z_1, z_2 \cdots, z_n)^{\mathrm{T}}$,其信息数据集合的最后一个观测量 z_n 与时刻 k 下传感器 S_1 的测量数据值是同步的,令两个传感器的数据融合之后的测量值和它的导数为 $U = (z, \dot{z})^{\mathrm{T}}$,那么传感器 S_2 获取的信息测量值 z_i 可以用下式表示:

$$z_i = z + (i - n)T \cdot \dot{z} + v_i \quad (i = 1, 2, \cdots, n) \tag{2.12}$$

其中, v_i 为测量噪声。把上式变换成向量的形式:

$$Z_n = W_n U + V_n \tag{2.13}$$

其中, $V_n = (v_1, v_2, \cdots, v_n)^{\mathrm{T}}$,测量噪声服从均值为 0 的高斯噪声,其方差为

$$E\left[V_n \cdot V_n^{\mathrm{T}}\right] = \mathrm{diag}(\sigma_r, \sigma_r, \cdots, \sigma_r) \tag{2.14}$$

这里, σ_r 为两个传感器信息数据融合前的测量噪声方差。

$$W_n = \begin{bmatrix} 1 & 1 & \cdots & 1 \\ (1-n)T & (2-n)T & \cdots & (n-n)T \end{bmatrix}^{\mathrm{T}} \tag{2.15}$$

按照最小二乘约束,则有

$$J = V_n^{\mathrm{T}} V_n = \left[Z_n - W_n \hat{U}\right]^{\mathrm{T}} \left[Z_n - W_n \hat{U}\right] \tag{2.16}$$

要使 J 为最小,J 两边对 $\hat{U}$ 求偏导,并令偏导数为零,则有

$$\frac{\partial J}{\partial \hat{U}} = -2(W_n^{\mathrm{T}} Z_n - W_n^{\mathrm{T}} W_n \hat{U}) = 0 \tag{2.17}$$

则有

$$\hat{U} = \left[\hat{Z}, \hat{\dot{Z}}\right]^{\mathrm{T}} = (W_n^{\mathrm{T}} W_n)^{-1} W_n^{\mathrm{T}} Z_n \tag{2.18}$$

其方差阵估值为

$$R_{\hat{U}} = (W_n^{\mathrm{T}} W_n)^{-1} \cdot \sigma_r^2 \tag{2.19}$$

融合以后的测量值及测量噪声方差分别为

$$\hat{z}_k = c_1 \sum_{i=1}^{n} z_i + c_2 \sum_{i=1}^{n} i \cdot z_i \tag{2.20}$$

$$\mathrm{var}[\hat{z}_k] = \frac{2\sigma_r^2(2n+1)}{n(n+1)} \tag{2.21}$$

其中,$c_1 = -2/n$;$c_2 = 6/[n(n+1)]$。

B. 内插/外推时间配准法

这种方法认为时间配准是在同一个时间片内进行的,将所有的传感器获取的信息都使用内插/外推,从观测时间精度高的观测数据推算到观测时间精度较低的数据上,以达到两种传感器在时间上的同步。

内插/外推方法主要分为三个步骤[1]:

(1) 选择时间片 T_M。时间片的单位要按照目标运动的实际情况来决定,目标运动在不同的速度状态下,时间片选择不同的时间单位。若目标几乎处于静止状态,时间片可分为小时级;若目标处于低速运动状态,时间片可以分为分钟级;若目标处于高速运动状态,则时间片可以分为秒级;若速度更大,还可以根据实际需求,将时间片分为毫秒级、微秒级,甚至纳秒级。

(2) 把各个传感器采集的数据信息按照测量精度递增的顺序排序。

(3) 把观测时间精度较高的数据向观测时间精度较低的数据进行内插/外推,这样可以形成一组间隔相等的观测数据,在一个时间片内一般会有多个目标观测数据,如图 2.3 所示。

图 2.3 时间配准图

3) 多传感器空间配准

弹群自主编队的空间配准问题可以分为平台级和系统级两大类[19−21]。平台级的空间配准问题解决的是在同一个导弹上所搭载的传感器之间的空间配准问题,例如,一弹多模复合导引头的空间配准问题等;而系统级的空间配准问题解决的是弹群中不同导弹成员的传感器空间配准问题。

A. 平台级配准

平台级空间配准的主要任务就是将传感器量测用到的坐标系转换到一个规定的公共坐标系中,这个规定的公共坐标系称为融合坐标系。这种空间配准方法在一定条件下可以获得比较好的配准效果。但是这种配准方法只适用于传感器位置误差为 0,传感器彼此间的距离也很小,且多个传感器处于同一平台中,偏差幅度较小且时间变化很慢的情况,所以这种方法应用时有局限性。

如图 2.4 所示,$O\text{-}XYZ$ 为同融合中心坐标系相对应的坐标系。设:θ 是打击目标在该坐标系下的方位角,η 是目标在该坐标系下的高低角,$O\text{-}X'Y'Z'$ 是还没有变换到规定的统一坐标系中的坐标系,θ' 是打击目标在该坐标系下的方位角,η' 是目标在该坐标系下的高低角。未转换的坐标系 $O\text{-}X'Y'Z'$ 是通过绕着三个坐标轴旋转三个角度 ϕ, δ, ψ 得到的。因为打击目标在坐标系转换前后到原点的距离不变,所以,

$$
\begin{bmatrix} \sin\theta\cos\eta \\ \cos\theta\cos\eta \\ \sin\eta \end{bmatrix}
$$

$$
= \begin{bmatrix} \cos\delta\cos\psi & \cos\delta\sin\psi & -\sin\delta \\ \sin\phi\sin\delta\cos\psi - \cos\phi\sin\psi & \sin\phi\sin\delta\sin\psi + \cos\phi\cos\psi & \sin\phi\cos\delta \\ \cos\phi\sin\delta\cos\psi - \sin\phi\sin\psi & \cos\phi\sin\delta\sin\psi - \sin\phi\cos\psi & \cos\phi\cos\delta \end{bmatrix}
$$

$$
\times \begin{bmatrix} \sin\theta'\cos\eta' \\ \cos\theta'\cos\eta' \\ \sin\eta' \end{bmatrix} \tag{2.22}
$$

由式 (2.22) 可以求解转换后的 θ, η。但在一般情况下,坐标系 $O\text{-}X'Y'Z'$ 只是

绕 Z 轴旋转，所以 $\phi = \delta = 0$，则有

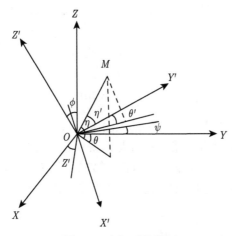

图 2.4 坐标系旋转图

$$
\begin{bmatrix} \sin\theta\cos\eta \\ \cos\theta\cos\eta \\ \sin\eta \end{bmatrix} = \begin{bmatrix} \cos\psi & \sin\psi & 0 \\ -\sin\psi & \cos\psi & 0 \\ 0 & 0 & 1 \end{bmatrix} \cdot \begin{bmatrix} \sin\theta'\cos\eta' \\ \cos\theta'\cos\eta' \\ \sin\eta' \end{bmatrix} \tag{2.23}
$$

$$
\eta = \eta', \quad \theta = \theta' - \psi \tag{2.24}
$$

若目标在坐标系 $O\text{-}X'Y'Z'$ 的坐标是 (x'_M, y'_M, z'_M)，那么转换到 $O\text{-}XYZ$ 坐标系下的坐标为 (x_M, y_M, z_M)，则有

$$
\begin{aligned}
x_M &= x'_M\cos\psi + y'_M\sin\psi + n_1(t) \\
y_M &= -x'_M\sin\psi + y'_M\cos\psi + n_2(t) \\
z_M &= z'_M + n_3(t)
\end{aligned} \tag{2.25}
$$

其中，$n_i(t)(i = 1, 2, 3)$ 是模型的测量噪声。

但是，在实际的弹群平台上，一个导弹上搭载的多个传感器都会有一定的误差。它们产生的原因主要是不同的传感器之间的距离和方位都不匹配，传感器存在一定程度的位置误差，统一到规定的公共坐标系的过程也有一定的误差等。

距离误差包括两方面的误差：第一是距离偏差，它指的是所有的距离观测值相加得到的公共距离增量；第二是距离时钟误差，该误差会随着距离的增大而增大。方位误差指的是传感器的天线与正北方向的偏差。自身测量传感器的位置不够精确；从目标坐标系转换到公共坐标系的过程存在误差。上述都是能够产生误差的来源。为了提高空间配准的精度，利用某一算法将弹体上的每个传感器都由该网络中的其他所有传感器进行空间配准，这样，可以任选某一个传感器作为其他传感器的配准的参考。

　　如果已知某一个目标的位置, 可以将所有的传感器调准到这个目标上, 这里我们假设误差在时间和空间上都是恒定的, 由图 2.5 可知, 观测误差可以由下式表示:

$$\begin{cases} \delta_\rho = \rho_m - \rho = \Delta\rho + \varepsilon_\rho \\ \delta_\theta = \theta_m - \theta = \Delta\theta + \varepsilon_\theta \\ \eta_\eta = \eta_m - \eta = \Delta\eta + \varepsilon_\eta \end{cases} \tag{2.26}$$

式中, $(\rho_m, \theta_m, \eta_m)$ 是已知目标极坐标的观测量; (ρ, θ, η) 是目标位置的真实值。上式的误差可以分为两个部分: 第一部分是系统误差 $(\Delta\rho, \Delta\theta, \Delta\eta)$, 系统误差是无法避免但有迹可循的误差, 需要加以修正; 第二部分是随机观测误差 $(\varepsilon_\rho, \varepsilon_\theta, \varepsilon_\eta)$, 随机观测误差没有规律, 补偿难度较大, 但通常具有均值为 0 的特点, 已知方差 $\sigma_\rho^2, \sigma_\theta^2, \sigma_\eta^2$。

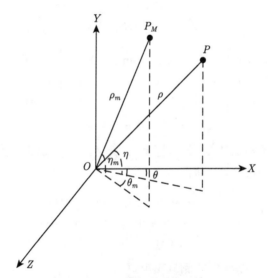

图 2.5   传感器观测值误差

　　为了减小随机误差, 可以采用观测量求平均的方法, 这一方法的前提是误差分布是随机的。所以, $(\Delta\rho, \Delta\theta, \Delta\eta)$ 的估计值有如下形式:

$$\begin{cases} \Delta\hat{\rho} = \dfrac{1}{n} \sum_{i=1}^{n} \delta_\rho(i) \\ \Delta\hat{\theta} = \dfrac{1}{n} \sum_{i=1}^{n} \delta_\theta(i) \\ \Delta\hat{\eta} = \dfrac{1}{n} \sum_{i=1}^{n} \delta_\eta(i) \end{cases} \tag{2.27}$$

其方差分别为 $\sigma_\rho^2/n, \sigma_\theta^2/n$ 和 σ_η^2/n。该估值可按下式递归算出：

$$\begin{cases} \Delta\hat{\rho}(n) = \Delta\hat{\rho}(n-1) + \dfrac{1}{n}[\delta_\rho(n) - \Delta\hat{\rho}(n-1)] \\[2mm] \Delta\hat{\theta}(n) = \Delta\hat{\theta}(n-1) + \dfrac{1}{n}[\delta_\theta(n) - \Delta\hat{\theta}(n-1)] \\[2mm] \Delta\hat{\eta}(n) = \Delta\hat{\eta}(n-1) + \dfrac{1}{n}[\delta_\eta(n) - \Delta\hat{\eta}(n-1)] \end{cases} \tag{2.28}$$

式中，$\Delta\hat{\rho}(n), \Delta\hat{\theta}(n), \Delta\hat{\eta}(n)$ 为估值误差，而 $\delta_\rho(n), \delta_\theta(n)$ 以及 $\delta_\eta(n)$ 是第 n 步的观测误差。

另外，时钟速率的偏差导致的距离误差也不能忽略，对其建立数学模型，如下式所示：

$$\Delta\rho = a + b\rho \tag{2.29}$$

式中，a、b 是两个估计量，它们是恒定的参数。该误差模型要求已知两个不同目标点的位置。设两个目标点在极坐标系下的坐标值分别为 $(\rho_1, \theta_1, \eta_1)$ 和 $(\rho_2, \theta_2, \eta_2)$。假设系统没有观测噪声，那么距离的观测误差如下式所示：

$$\begin{cases} \delta_{\rho_1} = a + b_{\rho_1} \\ \delta_{\rho_2} = a + b_{\rho_2} \end{cases} \tag{2.30}$$

从上式中可求两个恒定参数的估值是

$$\hat{a} = \frac{-\rho_2\delta_{\rho_1} + \rho_1\delta_{\rho_2}}{\rho_1 - \rho_2}, \quad \hat{b} = \frac{\delta_{\rho_1} - \delta_{\rho_2}}{\rho_1 - \rho_2} \tag{2.31}$$

上述过程假设系统无观测噪声，但一般现实情况噪声无法避免，当系统有观测噪声时，a 和 b 不再是两个恒定的参数，而是变成随机量，它们的均值分别是 a 和 b，方差可以由下式给出：

$$\begin{cases} \sigma_a^2 = \dfrac{\rho_1^2 + \rho_2^2}{(\rho_1 - \rho_2)^2}\sigma_\rho^2 \\[3mm] \sigma_b^2 = \dfrac{2}{(\rho_1 - \rho_2)^2}\sigma_\rho^2 \end{cases} \tag{2.32}$$

式中假设 ρ_1 和 ρ_2 互不相关，且具有相同的方差 σ_ρ^2。由式 (2.32) 可知，两个被观测目标相距越远，估计值就越精确。

当目标位置未知时，不能以绝对参考系来调准传感器，而应选取某个传感器作为主传感器，其他传感器则依其进行调准。根据式 (2.26) 有

$$\begin{cases} \delta_\rho = \rho_B - \rho_A = \Delta\rho + \varepsilon_{\rho_A} + \varepsilon_{\rho_B} = \Delta\rho + \varepsilon'_\rho \\ \delta_\theta = \theta_B - \theta_A = \Delta\theta + \varepsilon_{\theta_A} + \varepsilon_{\theta_B} = \Delta\theta + \varepsilon'_\theta \\ \delta_\eta = \eta_B - \eta_A = \Delta\eta + \varepsilon_{\eta_A} + \varepsilon_{\eta_B} = \Delta\eta + \varepsilon'_\eta \end{cases} \tag{2.33}$$

式中的下标 A 代表空间配准的参考传感器，下标 B 代表来进行配准的传感器。若目标静止，则可以采用将多个观测值求平均的方法削弱观测噪声 ε'_ρ、ε'_θ 和 ε'_η 的影响。若目标处于运动状态，那么观测值为某一瞬时观测值，因此，需要将各个观测值对准到某一个规定的公共瞬时上。其对准结构如图 2.6 所示。

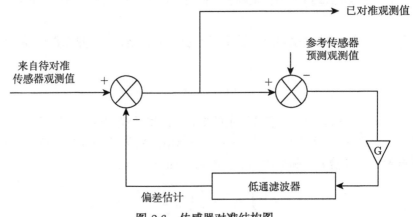

图 2.6　传感器对准结构图

B. 系统级配准

在平台级配准后，就可以进行系统级配准了。因为多平台的传感器相较于单平台的传感器有不同的载体且多平台的传感器距离较远，所以不能直接将平台级的空间配准算法推算到系统级的空间配准中。多平台的传感器空间配准需要新的配准方法。

一般来说，多平台的传感器空间配准可以在平台级的空间配准结果上进行改进，将平台级得到的某一位置坐标 (x_M, y_M, z_M) 平移到多平台规定的公共坐标系下。但是需要利用传感器的径向距离、方位角以及高低角等将单平台得到的位置坐标信息转换成坐标 (x'_M, y'_M, z'_M)，然后将转换后的坐标旋转到同融合中心平行的坐标系下，在这些转换中会引入新的模型误差。

若存在已知的目标位置坐标，那么多平台传感器的空间配准方法同单平台的配准方法一样，只需要将所有的传感器调准到已知坐标的目标上。但若不存在已知的目标位置坐标，多平台传感器的空间配准方法就无法像单平台一样。

如果没有已知位置坐标的目标，选择适用于空间配准的整体坐标系 $S_0\text{-}x_0y_0z_0$，假设传感器 A 位于整体坐标系 $S_0\text{-}x_0y_0z_0$ 的原点，传感器 B 位于整体坐标系的点

(x_B, y_B, z_B)。传感器 A 和传感器 B 与同一目标在整体坐标系 S_0-$x_0 y_0 z_0$ 中的位置关系，如图 2.7 所示。

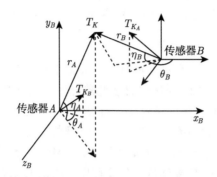

图 2.7 目标和传感器在公共坐标系的示意图

传感器 A 的测量结果为

$$\begin{cases} x'_{Al} = [r_A(k) - \Delta r_A] \cos[\theta_A(k) - \Delta\theta_A] \cos[\eta_A(k) - \Delta\eta_A] \\ y'_{Al} = [r_A(k) - \Delta r_A] \sin[\eta_A(k) - \Delta\eta_A] \\ z'_{Al} = [r_A(k) - \Delta r_A] \sin[\theta_A(k) - \Delta\theta_A] \cos[\eta_A(k) - \Delta\eta_A] \end{cases} \quad (2.34)$$

传感器 B 的测量结果为

$$\begin{cases} x'_{Bl} = [r_B(k) - \Delta r_B] \cos[\theta_B(k) - \Delta\theta_B] \cos[\eta_B(k) - \Delta\eta_B] + x_B \\ y'_{Bl} = [r_B(k) - \Delta r_B] \sin[\eta_B(k) - \Delta\eta_B] + y_B \\ z'_{Bl} = [r_B(k) - \Delta r_B] \sin[\theta_B(k) - \Delta\theta_B] \cos[\eta_B(k) - \Delta\eta_B] + z_B \end{cases} \quad (2.35)$$

目前有多种应用到系统级多传感器空间配准的方法，下面给出对于五种常用算法的分析。

(1) 实时质量控制程序方法是通过平均每个传感器的测量来计算配准偏差。

(2) 最小二乘法技术是把空间配准阐述为一般的或无权重的最小二乘问题。

(3) 广义最小二乘法是对最小二乘法的扩展，其每个测量的权重是由测量的方法决定的。

(4) 三维精确极大似然 (EML) 法，是利用各平台之间空间分布的特点获得传感器之间的配准模型，并在获得的配准模型中加入适当的测量噪声。在此基础上对模型进行一定的简化和转换得到标准的配准方程，配准估计是通过对标准配准方程求极大似然解获得的。

(5) 立体几何投影法是目前常用的传感器配准方法。采用立体几何投影法的优点是减少配准算法的复杂性，而缺点是：立体几何投影法把误差引入区域传感器和区域系统测量；立体几何投影法扭曲数据。对于多平台多传感器系统，这种缺点更加突出。这是因为当平台间距离加大时，地球曲率对立体几何投影的影响已不能忽略。基于点坐标系 (ECEF, 地心地固坐标系) 的精确极大似然法，会考虑测量噪声的影响。配准估计是通过求地心地固坐标系的最大似然函数获得的。

2.4.2　信息融合

在弹群协同作战中，各个传感器时间与空间配准后，各个数据还是相对独立存在的，如何将不同类型的传感器获得的信息融合并将融合结果加以分析得到有关目标的信息？多源信息融合指的是对融合导弹上不同传感器获取的信息进行综合处理。这项技术的关键是将具有相似或者不同特征的多元信息进行处理，以获取具有多种特征的集成信息。信息融合技术的重点是信息特征的提取。特征提取可以将多传感器的信息进行互补，提高弹群在位置环境下的决策能力，实现不同信息在共同时间和空间坐标系下的共享[22,23]。

1. 信息融合技术优点

(1) 提高弹群的生命力。弹群存在多个弹体平台，每个弹体平台包含多个传感器，获取的测量信息会存在多余观测量。在作战中，若某个传感器受损或者失去工作能力，弹群的战斗能力不会受影响。打击目标可能在某一个弹群成员中探测不到，但弹群其他成员或者其他传感器给弹群提供目标信息，一个传感器或者一个弹群成员损坏，弹群生命力不会受到威胁。

(2) 增大弹群的探测区域。因为一个平台或者一个传感器很有可能无法获取到打击目标的有效信息，在不同的弹体同时搭载传感器，可以有效地扩展空间覆盖范围。

(3) 增大弹群的时间覆盖能力。例如，打击目标成像传感器，可见光波段的成像传感器无法在夜间获取有用的打击目标信息，而合成孔径雷达成像系统可以全天候、全天时地工作，增强了弹群的作战时间覆盖能力。

(4) 增加信息的可信度。多个传感器对同一信息具有多余观测量，存在一定的冗余度，可以对同一信息进行多次确定，以保证信息的真实性。

(5) 减小信息的模糊度。多个传感器的集成信息可以弥补只携带一个传感器的平台的探测不确定性。

(6) 提高弹群综合探测能力。单一传感器可能在特定条件下无法获取信息，多传感器能够适应各种条件。

(7) 增大信息的空间分辨率。多传感器获取的信息融合可以将信息进行插值。

2. 信息融合处理方式

按照将信息抽象的层次的不同，可以将信息融合划分成三个等级，分别为：数据级融合、特征级融合与决策级融合[22]。

数据级融合是在获取了多个传感器数据的信息后，将这些信息进行融合。其融合模式如图 2.8 所示。数据级融合处理的主要优势在于它可以融合各个传感器的所有信息，几乎没有信息的丢失，可以提供其他融合方式不能提供的细节信息，是一种高精度的信息融合方式。但是，这种融合方式有很多不足之处：第一，因为该融合方式是直接对传感器获取的信息进行融合的，所以融合数据量巨大，随之融合时间也变得很长，难以达到弹群协同作战的实时性要求；第二，对最底层的信息直接融合，难以保证信息的有效性；第三，这种类型的传感器一般要求融合的传感器类型是相同的，不同类型的传感器无法对数据直接进行融合；第四，抗干扰能力较差。

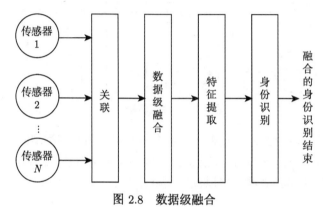

图 2.8 数据级融合

特征级融合与数据级融合不同，在获取了多个传感器的信息之后，融合系统并不会直接将这些信息进行数据级融合，而是先各自在各传感器的信息上进行特征提取，再将这些提取的特征进行数据级融合。融合模式如图 2.9 所示。特征级融合可以有效地缩小数据量，能够减小通信压力，更有利于弹群实时性要求的实现，但是该方法损失了一部分可用信息，降低了信息融合后信息的完整性。

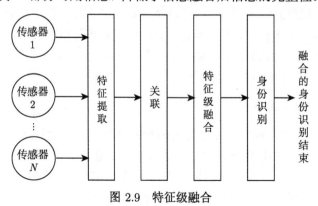

图 2.9 特征级融合

不同于前两种信息融合的方式，决策级融合在最后一层，将各个传感器的信息进行特征提取之后，再进行身份识别，利用带有身份识别的特征信息进行信息融合。融合模式如图 2.10 所示。该融合方法是一种基于高层次的融合。这种信息融合方法的信息丢失最为严重，所以其得到的信息精度最低，但其具有数据量较小，抗干扰能力较强，对传感器依赖不大等优点。

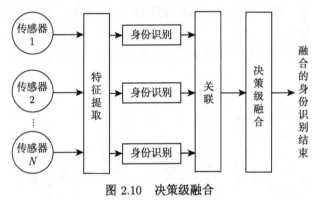

图 2.10   决策级融合

后面两种信息融合的方法没有要求各个传感器必须是同类型的。另外，由于不同融合级别的融合算法各有利弊，所以为了提高信息融合技术的速度和精度，需要开发高效的局部传感器处理策略以及优化融合中心的融合规则。

2.5   弹群的相对导航技术

目前相对导航常采用全球卫星导航系统、惯性导航系统、弹载数据链系统、视觉导航系统或者以上几种导航系统的组合。全球卫星导航系统容易受到信号干扰，对于导弹这种高动态的编队飞行误差较大，无法实时获得成员间的相对姿态；惯性导航系统的自主性好，可以在短时间里进行高精度的导航，但因其是二次积分而获取的位置信息，随着时间的推移，误差会逐渐累积使得导航精度变差。无线数据链信号以接近光速的速度传播，所以对各节点的时间同步精度要求极高。视觉导航系统自主性强，不受干扰，能够解算编队成员间的相对位置和姿态关系，广泛应用于空中能源补给和航天器的交会对接[1]。

2.5.1   相对导航的基本任务

相对导航是指弹群中导弹成员通过测量装置和协同支撑网络系统获取其他导弹成员的姿态、速度和位置等运动信息，且这些信息具有足够高的精度和更新速度。相对导航需要引入各种测量装置对弹体成员自身的飞行状态、成员间距、相对速度、视线角度等参数，通过协同支撑网络实现测量数据的共享，结合高效的非线性滤波算法获取导弹成员间高动态的相对运动信息。

通常情况下，相对导航系统是根据弹群编队的不同应用需求，由各种导航敏感器/系统按照一定方案配置而成的，通过协同支撑网络实现信息互通共享，并结合2.4 节所介绍的信息融合方法，获取机动性强的编队中导弹成员之间的相对距离、相对速度和视线角度等参数。主要包括测量敏感器/系统和合适的相对导航算法。

2.5.2 相对导航的技术要求

相对导航系统为弹群自主编队所提供的信息主要包括两个方面：一是在测距方面，可以采用基于时间同步及到达时间 (time of arrival, TOA) 法测量的协同支撑网络测距方法，其中所涉及的关键技术包括时间同步、几何精度因子 (geometric dilution of precision, GDOP) 选择以及协同支撑网络性能等问题；二是在测角方面，可采用基于弹载信标发射/接收的角度测量方法，其中需要考虑如何满足精度和测量范围以及弹载适应性等问题。将来自惯导系统/卫星导航系统/信标器/协同支撑网络的数据信息，通过高效的信息融合算法进行融合，是当前兼顾导航精度和实时性要求的较为成熟的方法之一，中等规模的导弹编队的相对导航精度应在米级，而时间同步精度应在纳秒级。

综上所述，弹群自主编队的相对导航系统是根据不同的作战任务要求和作战环境约束，将各类导航敏感器/系统按照一定方案配置而成的，除了需要合理选择测量敏感器及其配置方案，设计合适的相对导航算法是其至关重要的环节。

2.5.3 基于卫星全球定位的相对导航

1. 基于载波相位的相对位置算法

1) 单差

单差是在两接收机和一个公共卫星间将载波测量值求差值，可将卫星钟差 δt_{SV} 去掉，同时减小大气干扰误差 (T 和 I)，如图 2.11 所示。

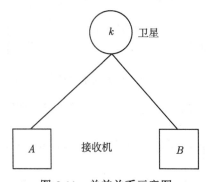

图 2.11 单差关系示意图

两个接收机 A、B 和一个公共卫星 k 之间的载波定位为

$$\Delta\phi_{AB}^k = \phi_A^k - \phi_B^k \tag{2.36}$$

式中，ϕ_A^k 是接收机 A 与卫星 k 之间的相位观测值，是指卫星定位系统信号在弹体接收瞬时相对卫星发射瞬时载波在星–站路径上所传播的相位值。其观测方程为

$$\phi = \lambda^{-1}\left(r + c\left(\delta t_r - \delta t_{SV}\right) + T - I + m_\phi + v_\phi\right) + N \tag{2.37}$$

式中，ϕ 是卫星定位系统载波相位测量值；λ 是载波波长；m_ϕ 是载波相位测量的多径误差；v_ϕ 是载波相位测量的噪声；N 是整周模糊度，在无信号中断或周跳的情况下，它是一个位置常数。

融合上述两个式子，可得

$$\Delta\phi_{A,B}^k = \lambda^{-1}\left(\Delta r_{A,B}^k + c\cdot\Delta\delta t_{r_{A,B}} + \Delta T_{A,B}^k - \Delta I_{A,B}^k + \Delta m_{\phi_A\phi_B}^k + \Delta v_{\phi_A\phi_B}^k\right) + \Delta N_{AB}^k \tag{2.38}$$

可见，可将卫星钟差 δt_{SV} 除去，同时减小大气干扰误差 (T 和 I)；$\Delta N_{A,B}^k$ 称为载波相位单差整周模糊度。

2) 双差

双差是将两个单差测量值作差，这样卫星钟差和接收机钟差都将被消除，如图 2.12 所示。

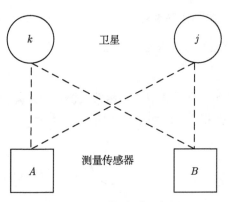

图 2.12　双差关系示意图

双差定义为 $\Delta\phi_{A,B}^{j,k} = \Delta\phi_{A,B}^j - \Delta\phi_{A,B}^k$，代入单差的表达式后有

$$\Delta\phi_{A,B}^{j,k} = \lambda^{-1}\left(\Delta\nabla r_{A,B}^{j,k} + \Delta\nabla T_{A,B}^{j,k} - \Delta\nabla I_{A,B}^{j,k} + \Delta\nabla m_{A,B}^{j,k} + \Delta\nabla v_{A,B}^{j,k}\right) + \Delta\nabla N_{A,B}^{j,k} \tag{2.39}$$

这样就可以把接收机钟差 δt_r 消去，$\Delta\nabla N_{A,B}^{j,k}$ 称为载波相位双差整周模糊度。

3) 建模

选取状态向量包括在地心地固坐标系中的相对位置向量，还有载波相位双差整周模糊度浮点值。同时，根据实际情况，还可以添加相对速度和相对加速度。

在这里，我们只讨论相对位置关系，其状态向量定义如下：

$$x_P = \left[X, Y, Z, \Delta \nabla N^{1,2}, \cdots, \Delta \nabla N^{1,n} \right] \tag{2.40}$$

式中，$X = X_A - X_B$；$Y = Y_A - Y_B$；$Z = Z_A - Z_B$；X, Y, Z 分别表示地心地固坐标系三轴方向的相对位置 (m)；A 代表从弹，B 代表领弹；1 号卫星作为基准卫星，$\Delta \nabla N$ 表示基准卫星与其他非基准卫星间的载波相位双差整周模糊度浮点值。

测量方程应具有如下形式，建立测量向量与状态向量之间的关系：

$$z = Hx + v \tag{2.41}$$

若选定 4 颗卫星，并将 1 号卫星作为基准卫星，则 z 可定义为

$$z = \left[\Delta \nabla \rho_{A,B}^{1,2} \Delta \nabla \rho_{A,B}^{1,3} \Delta \nabla \rho_{A,B}^{1,4} \Delta \nabla \phi_{A,B}^{1,2} \Delta \nabla \phi_{A,B}^{1,3} \Delta \nabla \phi_{A,B}^{1,4} \right]^{\mathrm{T}} \tag{2.42}$$

由于接收机与卫星间的距离远大于短基线的弹群编队的弹间距，所以假设对于任何给定的卫星，所有弹群成员均有相同的单位视线向量。e^j 表示对第 j 颗卫星的单位视线向量，同时根据其几何关系，有

$$r_A^j - r_B^j = \Delta x \cdot e^j \tag{2.43}$$

这样就将第 j 颗卫星与各接收机的距离与状态向量和单位视线向量联系起来了。同时，双差伪距测量值有如下定义：

$$\Delta \nabla \rho_{A,B}^{j,k} = \Delta \nabla \rho_{A,B}^j - \Delta \nabla \rho_{A,B}^k \tag{2.44}$$

那么伪距方程：

$$\rho = r + c \left(\delta t_r - \delta t_{SV} \right) + T - I + m_\rho + v_\rho \tag{2.45}$$

融合上述两个式子，同时忽略次要项，得到

$$\Delta \nabla \rho_{A,B}^{j,k} = \left(r_A^j - r_B^j \right) - \left(r_A^k - r_B^k \right) \tag{2.46}$$

那么有

$$\Delta \nabla \rho_{A,B}^{j,k} = \left(e^j - e^k \right) \cdot \Delta x \tag{2.47}$$

同理，对载波相位双差整周模糊度的分析，可得

$$\Delta\phi_{A,B}^{j,k} = \lambda^{-1}\left(e^j - e^k\right)\cdot\Delta x + \Delta\nabla N_{A,B}^{j,k}$$

假设忽略噪声，那么按照上述关系可以建立完整的 H 阵：

$$
\begin{bmatrix}
\Delta\nabla\rho_{A,B}^{1,2} \\
\Delta\nabla\rho_{A,B}^{1,3} \\
\Delta\nabla\rho_{A,B}^{1,4} \\
\Delta\nabla\phi_{A,B}^{1,2} \\
\Delta\nabla\phi_{A,B}^{1,3} \\
\Delta\nabla\phi_{A,B}^{1,4}
\end{bmatrix}
=
\begin{bmatrix}
(e^1 - e^2) & 0 & 0 & 0 \\
(e^1 - e^3) & 0 & 0 & 0 \\
(e^1 - e^4) & 0 & 0 & 0 \\
\lambda^{-1}(e^1 - e^2) & 1 & 0 & 0 \\
\lambda^{-1}(e^1 - e^3) & 0 & 1 & 0 \\
\lambda^{-1}(e^1 - e^4) & 0 & 0 & 1
\end{bmatrix}
\begin{bmatrix}
\Delta x \\
\Delta y \\
\Delta z \\
\Delta\nabla N_{A,B}^{1,2} \\
\Delta\nabla N_{A,B}^{1,3} \\
\Delta\nabla N_{A,B}^{1,4}
\end{bmatrix}
$$

4) 相对位置的计算

若忽略 H 阵的码测量值，将相对位置值与其他元素分离，可得

$$
\begin{bmatrix}
\Delta\nabla\phi_{A,B}^{1,2} \\
\Delta\nabla\phi_{A,B}^{1,3} \\
\Delta\nabla\phi_{A,B}^{1,4}
\end{bmatrix}
=
\begin{bmatrix}
\lambda^{-1}(e^1 - e^2) \\
\lambda^{-1}(e^1 - e^3) \\
\lambda^{-1}(e^1 - e^4)
\end{bmatrix}
\begin{bmatrix}
\Delta x \\
\Delta y \\
\Delta z
\end{bmatrix}
+
\begin{bmatrix}
1 & 0 & 0 \\
0 & 1 & 0 \\
0 & 0 & 1
\end{bmatrix}
\begin{bmatrix}
\Delta\nabla N_{A,B}^{1,2} \\
\Delta\nabla N_{A,B}^{1,3} \\
\Delta\nabla N_{A,B}^{1,4}
\end{bmatrix}
\tag{2.48}
$$

$$
\begin{bmatrix}
\lambda^{-1}(e^1 - e^2) \\
\lambda^{-1}(e^1 - e^3) \\
\lambda^{-1}(e^1 - e^4)
\end{bmatrix}
\begin{bmatrix}
\Delta x \\
\Delta y \\
\Delta z
\end{bmatrix}
=
\begin{bmatrix}
\Delta\nabla\phi_{A,B}^{1,2} \\
\Delta\nabla\phi_{A,B}^{1,3} \\
\Delta\nabla\phi_{A,B}^{1,4}
\end{bmatrix}
-
\begin{bmatrix}
1 & 0 & 0 \\
0 & 1 & 0 \\
0 & 0 & 1
\end{bmatrix}
\begin{bmatrix}
\Delta\nabla N_{A,B}^{1,2} \\
\Delta\nabla N_{A,B}^{1,3} \\
\Delta\nabla N_{A,B}^{1,4}
\end{bmatrix}
\tag{2.49}
$$

不妨设 $x = [\Delta x \ \ \Delta y \ \ \Delta z]^{\mathrm{T}}$, $H = \begin{bmatrix}\lambda^{-1}(e^1 - e^2) & \lambda^{-1}(e^1 - e^3) & \lambda^{-1}(e^1 - e^4)\end{bmatrix}^{\mathrm{T}}$

$$
z \equiv
\begin{bmatrix}
\Delta\nabla\phi_{A,B}^{1,2} \\
\Delta\nabla\phi_{A,B}^{1,3} \\
\Delta\nabla\phi_{A,B}^{1,4}
\end{bmatrix}
-
\begin{bmatrix}
1 & 0 & 0 \\
0 & 1 & 0 \\
0 & 0 & 1
\end{bmatrix}
\begin{bmatrix}
\Delta\nabla N_{A,B}^{1,2} \\
\Delta\nabla N_{A,B}^{1,3} \\
\Delta\nabla N_{A,B}^{1,4}
\end{bmatrix}
\tag{2.50}
$$

于是有

$$Hx = z \tag{2.51}$$

根据所选取的卫星个数的不同，H 阵不一定是方阵，不能简单地乘以 H^{-1} 来求得相对位置 x 的值。因此，可使用下式求取 x：

$$x = (H^{\mathrm{T}}H)^{-1}H^{\mathrm{T}}z$$

2. 基于载波相位时间差分观测量的相对速度算法

上面的载波相位观测量中存在着一个整周模糊度 N。整周模糊度 N 有两个基本属性: 第一, 它是一个未知的整数, 由接收机的载波跟踪环路在捕获载波信号后随机产生; 第二, 如果没有周跳发生, 它将保持为一个常数。由于整周模糊度 N 是一个随机整数, 它与载波相位观测方程中的其他误差项有本质的区别, 无法通过模型或其他方法补偿或校正[24]。因此, 如果要把载波相位应用在实时导航中, 则必须满足以下两个条件之一: 一是可以实时解算出; 二是通过一定的算法消除整周模糊度 N。

从载波相位的观测方程可知, 若得到的载波相位没有周跳, 这时的整周模糊度是不变的, 表现为一个稳定的常数。所以, 若两个测量周期的载波相位观测量进行差分操作, 就可以抵消整周模糊度 N。

在对连续的载波相位观测量进行差分操作的同时, 载波相位观测量中包含的各个误差项都要经历差分操作。首先, 卫星时钟误差、卫星轨道误差、电离层误差和对流层误差都有很强的时间相关性, 属于常值偏差性质的误差[24]。因此, 相邻观测量间的差分操作将基本清除这四种误差。其次, 多径误差和接收机噪声都是随机误差, 而差分操作属于一种加性操作, 根据误差传播定律, 加性操作将会产生随机误差。

因此, 能够得到以下结论: 两次连续的载波相位进行差分可以抵消载波观测量的系统偏差, 但这样会增加载波相位观测量的随机误差。

1) 载波相位时间差分的观测方程

为了把载波相位时间差分应用到导航和组合导航中, 首先必须推导其观测方程。A 弹到第 j 颗卫星的载波相位表达式为

$$\phi_A^j(t) = \lambda^{-1} \left\{ r_A^j(t) + c\left[\delta t_{rA}(t) - \delta t_{SV}^j(t)\right] + T_A^j(t) - I_A^j(t) + m_{\phi,A}^j(t) + v_{\phi,A}^j(t) \right\} + N_A^j \tag{2.52}$$

假设 t_1 和 t_2 是两个连续测量时间点, 则这两个时间点上的载波相位可表示为

$$\begin{aligned}
\phi_A^j(\Delta t) &= \phi_A^j(t_1) - \phi_A^j(t_2) \\
&= \lambda^{-1} \left\{ r_A^j(\Delta t) + c\left[\delta t_{rA}(\Delta t) - \delta t_{SV}^j(\Delta t)\right] \right. \\
&\quad \left. + T_A^j(\Delta t) - I_A^j(\Delta t) + m_{\phi,A}^j(\Delta t) + v_{\phi,A}^j(\Delta t) \right\}
\end{aligned} \tag{2.53}$$

式中, 整周模糊度 N 是常数而被消掉; $r_A^j(\Delta t)$ 表示接收机到卫星的几何距离在 $t_1 \sim t_2$ 的时间段内的变化量。

电离层误差、对流层误差、卫星时钟误差和卫星轨道误差在 1s 内的变化大小

与弹群上搭载的卫星接收机的载波相位测量噪声大体一致, 因此可认为 t_1 和 t_2 时刻的载波相位的差分已经不存在这四种误差。

定义一个新变量 $\widetilde{\phi}^{\,j}_A(\Delta t)$, 表示 $\phi^j_A(\Delta t)$ 校正电离层误差、对流层误差的观测量, 同时将多径误差和接收机噪声合并:

$$\widetilde{\phi}^{\,j}_A(\Delta t) = \lambda^{-1}\left\{r^j_A(\Delta t) + c\left[\delta t_{rA}(\Delta t) - \delta t^j_{SV}(\Delta t)\right] + \xi^j_A(\Delta t)\right\} \tag{2.54}$$

同理, 对于 B 弹, 也有

$$\widetilde{\phi}^{\,j}_B(\Delta t) = \lambda^{-1}\left\{r^j_B(\Delta t) + c\left[\delta t_{rB}(\Delta t) - \delta t^j_{SV}(\Delta t)\right] + \xi^j_B(\Delta t)\right\} \tag{2.55}$$

将上述两个式子作差, 得到一个新变量:

$$\Delta\widetilde{\phi}^{\,j}_{A,B}(\Delta t) = \widetilde{\phi}^{\,j}_A(\Delta t) - \widetilde{\phi}^{\,j}_B(\Delta t) = \lambda^{-1}\left\{\Delta r^j_{A,B}(\Delta t) + c\delta t_{rA,B}(\Delta t) + \Delta\xi^j_{A,B}(\Delta t)\right\} \tag{2.56}$$

下面通过把上式展开, 推导 $\Delta\widetilde{\phi}^{\,j}_{A,B}(\Delta t)$ 的具体表达式。其中, $R^j(t)$ 表示第 j 号卫星于 t 时刻在地心地固坐标系中的位置; $b_A(t)$ 表示 A 弹于 t 时刻在地心地固坐标系中的位置; $r^j_A(t)$ 表示 t 时刻 A 弹到 j 号卫星的距离矢量; $b_A(\Delta t) = b_A(t_2) - b_A(t_1)$ 表示 A 弹从 $t_1 \sim t_2$ 时刻的位置增量。可以得到 $\Delta r^j_{A,B}(\Delta t)$ 的表达式:

$$\begin{aligned}\Delta r^j_{A,B}(\Delta t) = & r^j_A(\Delta t) - r^j_B(\Delta t) = \left[r^j_A(t_2) - r^j_A(t_1)\right] - \left[r^j_B(t_2) - r^j_B(t_1)\right]\\ = & \left\{\left[R^j(t_2) - b_A(t_2)\right]\cdot e^j_A(t_2) - \left[R^j(t_1) - b_A(t_1)\right]\cdot e^j_A(t_1)\right\}\\ & -\left\{\left[R^j(t_2) - b_B(t_2)\right]\cdot e^j_B(t_2) - \left[R^j(t_1) - b_B(t_1)\right]\cdot e^j_B(t_1)\right\}\end{aligned} \tag{2.57}$$

其中, 上式大括号的第一项为

$$\begin{aligned}&\left\{R^j(t_2)\cdot e^j_A(t_2) - R^j(t_1)\cdot e^j_A(t_1)\right\} - \left\{b_A(t_2)\cdot e^j_A(t_2) - b_A(t_1)\cdot e^j_A(t_1)\right\}\\ =&\left\{R^j(t_2)\cdot e^j_A(t_2) - R^j(t_1)\cdot e^j_A(t_1)\right\} - \left\{b_A(t_1)\cdot e^j_A(t_2) - b_A(t_1)\cdot e^j_A(t_1)\right\}\\ &-b_A(\Delta t)\cdot e^j_A(t_2)\end{aligned} \tag{2.58}$$

不难发现, 上式的第一项表示由卫星运动引起的多普勒效应, 它正比于由卫星沿视线方向运动产生的平均多普勒频移, 而且该式的值只与卫星的运动有关, 而与接收机沿无线信号的视线方向 (LOS) 的运动无关; 第二项表示卫星与接收机之间的相对关系的变化, 不妨令

$$\begin{aligned}\mathrm{Dop}^j_A &= \left\{R^j(t_2)\cdot e^j_A(t_2) - R^j(t_1)\cdot e^j_A(t_1)\right\}\\ \mathrm{Geo}^j_A &= \left\{b_A(t_2)\cdot e^j_A(t_2) - b_A(t_1)\cdot e^j_A(t_1)\right\}\end{aligned} \tag{2.59}$$

代入式 (2.57)，有

$$\Delta r^j_{A,B}(\Delta t) = \left\{ \mathrm{Dop}^j_A - \mathrm{Geo}^j_A - b_A(\Delta t) \cdot e^j_A(t_2) \right\}$$
$$- \left\{ \mathrm{Dop}^j_B - \mathrm{Geo}^j_B - b_B(\Delta t) \cdot e^j_B(t_2) \right\}$$
$$= \Delta \mathrm{Dop}^j_{A,B} - \Delta \mathrm{Geo}^j_{A,B} - \left[b_A(\Delta t) \cdot e^j_A(t_2) - b_B(\Delta t) \cdot e^j_B(t_2) \right] \quad (2.60)$$

则有

$$\Delta \phi^j_{A,B}(\Delta t) = \lambda^{-1} \Big\{ \Delta \mathrm{Dop}^j_{A,B} - \Delta \mathrm{Geo}^j_{A,B} - \left[b_A(\Delta t) \cdot e^j_A(t_2) - b_B(\Delta t) \cdot e^j_B(t_2) \right]$$
$$+ c\delta t_{rA,B}(\Delta t) + \Delta \xi^j_{A,B}(\Delta t) \Big\} \quad (2.61)$$

在这里，定义一个新变量：

$$\Delta \widetilde{\widetilde{\phi}}^j_{A,B}(\Delta t) = \Delta \widetilde{\phi}^j_{A,B}(\Delta t) - \lambda^{-1} \left\{ \Delta \mathrm{Dop}^j_{A,B} - \Delta \mathrm{Geo}^j_{A,B} \right\}$$
$$= \lambda^{-1} \left\{ - \left[b_A(\Delta t) \cdot e^j_A(t_2) - b_B(\Delta t) \cdot e^j_B(t_2) \right] \right.$$
$$\left. + c\delta t_{rA,B}(\Delta t) + \Delta \xi^j_{A,B}(\Delta t) \right\} \quad (2.62)$$

将 $\Delta \widetilde{\widetilde{\phi}}^j_{A,B}(\Delta t)$ 在不同卫星之间作差可消除接收机的时钟误差项：

$$\Delta \widetilde{\widetilde{\phi}}^{j,k}_{A,B}(\Delta t) = \Delta \widetilde{\widetilde{\phi}}^j_{A,B}(\Delta t) - \Delta \widetilde{\widetilde{\phi}}^k_{A,B}(\Delta t)$$
$$= \lambda^{-1} \left\{ - \left[b_A(\Delta t) \cdot e^{j,k}_A(t_2) - b_B(\Delta t) \cdot e^{j,k}_B(t_2) \right] \right.$$
$$\left. + c\delta t_{rA,B}(\Delta t) + \Delta \nabla \xi^{j,k}_{A,B}(\Delta t) \right\} \quad (2.63)$$

因接收机与卫星之间的距离远大于短基线的弹群编队成员间距，所以可以假设对于任何给定的卫星，所有编队的弹群成员均有相同的单位视线向量：

$$\Delta \nabla \widetilde{\widetilde{\phi}}^{j,k}_{A,B}(\Delta t) = \lambda^{-1} \left\{ - \left[b_A(\Delta t) - b_B(\Delta t) \right] e^{j,k}_A(t_2) + \Delta \nabla \xi^{j,k}_{A,B}(\Delta t) \right\} \quad (2.64)$$

上式就是两颗导弹的载波相位时间差分的观测方程。$\Delta \nabla \widetilde{\widetilde{\phi}}^{j,k}_{A,B}(\Delta t)$ 是已知值，可以由载波相位观测量推导出来；上式等号右边的 $b(\Delta t)$ 是未知量，也就是想要得到的位置增量。

2) 基于载波相位时间差分的相对速度算法

从载波相位时间差分的观测方程可以得到，载波相位时间差分不是一种模糊的观测量，相反，它是一种较高精度的卫星定位的系统观测量，接下来，开始推导基于载波相位时间差分的相对速度的计算方法。

　　在载波相位时间差分中 A, B 接收机可以根据连续两次的卫星定位结果得到位置增量 $b(\Delta t)$，若可以根据载波相位时间差分的观测方程求解得到该位置增量，那么利用两次位置增量的值再除以两次位置增量的时间就可以得到相对速度。

　　下面推导连续两次测量之间的 A, B 接收机的位置增量 b，然后计算速度。为了推导方便，定义一个新的变量 $Y_{j,k}$：

$$Y_{j,k} \triangleq \Delta \nabla \phi_{A,B}^{j,k}(\Delta t) = \lambda^{-1} \left\{ -\left[b_A(\Delta t) - b_B(\Delta t) \right] e_A^{j,k}(t_2) + \Delta \nabla \xi_{A,B}^{j,k}(\Delta t) \right\} \quad (2.65)$$

　　假设共观测到 n 颗卫星，不妨以其中一颗卫星作为参考星，由这 n 颗卫星的载波相位时间差分观测量所形成的总的观测方程可以表示为

$$\begin{bmatrix} Y_{1,2} \\ Y_{1,3} \\ \vdots \\ Y_{1,n} \end{bmatrix} = - \begin{bmatrix} \Delta e_A^{1,2}(t_2)^{\mathrm{T}} \\ \Delta e_A^{1,3}(t_2)^{\mathrm{T}} \\ \vdots \\ \Delta e_A^{1,n}(t_2)^{\mathrm{T}} \end{bmatrix} b_{A,B}(\Delta t) + \begin{bmatrix} \Delta \nabla \xi_{A,B}^{1,2}(\Delta t) \\ \Delta \nabla \xi_{A,B}^{1,3}(\Delta t) \\ \vdots \\ \Delta \nabla \xi_{A,B}^{1,n}(\Delta t) \end{bmatrix} \quad (2.66)$$

有

$$Y = G b_{A,B}(\Delta t) + \Delta \xi \quad (2.67)$$

上式中，待求量 $b_{A,B}(\Delta t)$ 是一个三维未知量，当观测量 Y 不小于三维，即观测卫星数目不少于四颗时，根据最小二乘原理解算出 $b_{A,B}(\Delta t)$：

$$b_{A,B}(\Delta t) = (G^{\mathrm{T}} G)^{-1} G^{\mathrm{T}} Y \quad (2.68)$$

　　假设连续两次测量的时间间隔为 Δt，则由载波相位时间差分观测量解算的相对速度可以表示为

$$V_r = \frac{b_{A,B}(\Delta t)}{\Delta t} \quad (2.69)$$

2.5.4　基于惯导/数据链的相对导航

　　弹群中的成员处于相对运动状态时，可以认为各个导弹之间相对速度变化能够导致导弹相对位置变化。假设运动在极小的时间内，那么弹群成员相对矢量的变化是其相对速度矢量在相对位置矢量中的投影。所以，在利用惯导/数据链进行相对导航时，惯性测量元件获取的速度可以近似认为是伪距变化率，伪距的真实值采用的是数据链系统测量的距离，所以，将惯性测量传感器获取的速度信息与数据链获得的测距值建立数学模型。假设弹群成员之间安装的惯导误差基本一致，利用弹间的数据链系统测量弹间距离，并与惯性测量传感器联合建立弹群成员间的相对导航方程，估计其误差值[25]。

　　假设弹群的两个节点分别是 s_1, s_2，在 t_i 时刻，节点 s_1 速度为 $v_1(t_i)$，节点 s_2 速度为 $v_2(t_i)$，两节点间的数据链测距值为 $l(t_i)$。两点间相对速度为 $\mathrm{d}v(t_i) =$

$[v_1(t_i) - v_2(t_i)]$，对两颗导弹之间的相对速度进行积分可以获得弹间的相对位置的变化，惯性测量传感器的速度与弹群成员间的伪距变化率有如下关系：

$$\frac{\mathrm{d}v(t_1) \cdot \mathrm{d}s(t_1)}{\|\mathrm{d}s(t_1)\|} = \frac{\mathrm{d}\|l(t_1)\|}{\mathrm{d}t} \tag{2.70}$$

式中，$\mathrm{d}s(t_1)$ 是起始时刻两节点间的相对位置。t_2, t_3 时刻弹间相对位置可以由两个弹间的相对速度对时间进行积分得到。

把 $\mathrm{d}s(t_1) = \mathrm{d}s(t_3) - \displaystyle\int_{t_1}^{t_2} \mathrm{d}v_1(t_1)\,\mathrm{d}t - \int_{t_2}^{t_3} \mathrm{d}v_2(t_2)\,\mathrm{d}t = \mathrm{d}s(t_3) - \int_{t_2}^{t_3} \mathrm{d}v_2(t_2)\,\mathrm{d}t$

代入式 (2.70) 得

$$\left.\begin{aligned}
\mathrm{d}v_1(t_1) \cdot \mathrm{d}s(t_3) &= \frac{\mathrm{d}\|l(t_1)\|}{\mathrm{d}t} \times \|\mathrm{d}s(t_1)\| + \mathrm{d}v_1(t_1) \\
&\quad \cdot \left(\int_{t_1}^{t_2} \mathrm{d}v_1(t_1)\,\mathrm{d}t + \int_{t_2}^{t_3} \mathrm{d}v_2(t_2)\,\mathrm{d}t\right) \\
\mathrm{d}v(t_2) \cdot \mathrm{d}s(t_3) &= \frac{\mathrm{d}\|l(t_2)\|}{\mathrm{d}t} \times \|\mathrm{d}s(t_2)\| + \mathrm{d}v(t_2) \cdot \int_{t_2}^{t_3} \mathrm{d}v_2(t_2)\,\mathrm{d}t \\
\mathrm{d}v(t_3) \cdot \mathrm{d}\hat{s}(t_3) &= \frac{\mathrm{d}\|l(t_3)\|}{\mathrm{d}t} \times \|\mathrm{d}s(t_3)\|
\end{aligned}\right\} \tag{2.71}$$

设观察矩阵 $P = [p_1 \quad p_2 \quad p_3]$，速度矩阵为 $G = [\mathrm{d}v(t_1) \quad \mathrm{d}v(t_2) \quad \mathrm{d}v(t_3)]^{\mathrm{T}}$，令：

$$p_1 = \frac{\|l(t_1)\|}{\mathrm{d}t} \times \|\mathrm{d}s(t_1)\| + \mathrm{d}v_1(t_1) \cdot \left(\int_{t_1}^{t_2} \mathrm{d}v_1(t_1)\,\mathrm{d}t + \int_{t_2}^{t_3} \mathrm{d}v_2(t_2)\,\mathrm{d}t\right)$$

$$p_2 = \frac{\|l(t_2)\|}{\mathrm{d}t} \times \|\mathrm{d}s(t_2)\| + \mathrm{d}v(t_2) \cdot \int_{t_2}^{t_1} \mathrm{d}v_2(t_2)\,\mathrm{d}t$$

$$p_3 = \frac{\|l(t_3)\|}{\mathrm{d}t} \times \|\mathrm{d}s(t_3)\|$$

则可得到弹间相对定位方程为

$$GX = P \tag{2.72}$$

参数向量 $X = [x \quad y \quad z]^{\mathrm{T}}$ 是弹间相对导航的结果，式 (2.72) 是两个节点相对导航的数学模型，这里采用最小二乘约束对该数学模型求解。

最小二乘准则为 $\|GX - P\|^2 = \min$，代入上述数学模型解得两个节点的相对导航结果：

$$X = (G^{\mathrm{T}}G)^{-1} G^{\mathrm{T}} P \tag{2.73}$$

　　上述算法是将两颗导弹之间的相对速度对时间积分来进行的，所以当时间频率较小时，积分的误差会积累，所以，在可以实现的情况下，时间频率越高对惯导/数据链相对导航越有利。

　　此外，为了提高惯导/数据链相对导航的精度，可以将上述的相对导航结果与数据链系统获得的测距信息联合建立秩亏自由网平差，解算导航结果的误差改正数，来修正导航结果。

　　惯性测量的误差常呈现正态分布，并且多套惯性测量系统安装于同一个平台，可以把惯性测量传感器的输出值进行加权平均以减少系统误差。弹群中的各个导弹都会搭载惯性导航设备，惯性导航系统能够提供速度和距离信息，进而可以计算得到导弹间的距离，通过数据链测距也可以得到导弹间的距离，将这两个距离作差作为测量值，采用秩亏自由网平差对该模型进行平差处理，可以减小导弹之间相对位置的测量误差，提高弹群相对定位精度。其误差模型如下。

　　设两个节点 i, j 的真实坐标分别为 $[X_i\ \ Y_i\ \ Z_i]$, $[X_j\ \ Y_j\ \ Z_j]$，由惯性测量传感器获得的两个节点 i, j 的位置坐标分别为 $[X_i^I\ \ Y_i^I\ \ Z_i^I]$, $[X_j^I\ \ Y_j^I\ \ Z_j^I]$，$\delta x_i, \delta y_i, \delta z_i$ 是节点 i 惯性测量的位置误差，$\delta x_j, \delta y_j, \delta z_j$ 是节点 j 惯性测量的位置误差，建立真实坐标与惯性测量获得的坐标的关系：

$$
\begin{aligned}
X_i = X_i^I + \delta x_i, \quad Y_i = Y_i^I + \delta y_i, \quad Z_i = Z_i^I + \delta z_i \\
X_j = X_j^I + \delta x_j, \quad Y_j = Y_j^I + \delta y_j, \quad Z_j = Z_j^I + \delta z_j
\end{aligned}
\tag{2.74}
$$

　　数据链可以获取导弹 i, j 之间的测距值为 L_{ij}，由最小二乘相对导航结果获得的两个节点之间的距离估计值为 L_{ij}^I，分别表示为

$$
L_{ij} = \sqrt{(X_i - X_j)^2 + (Y_i - Y_j)^2 + (Z_i - Z_j)^2} + \Delta_{ij}
\tag{2.75}
$$

$$
L_{ij}^I = \sqrt{\left(X_i^I - X_j^I\right)^2 + \left(Y_i^I - Y_j^I\right)^2 + \left(Z_i^I - Z_j^I\right)^2}
\tag{2.76}
$$

令 $L = L_{ij}^I - L_{ij}$，并按泰勒级数展开，得

$$
\frac{X_{ij}^I}{d_{ij}^I}\delta x_{ij} + \frac{Y_{ij}^I}{d_{ij}^I}\delta y_{ij} + \frac{Z_{ij}^I}{d_{ij}^I}\delta z_{ij} + \Delta_{ij} = L
\tag{2.77}
$$

式中，$X_{ij}^I = X_i^I - X_j^I$, $Y_{ij}^I = Y_i^I - Y_j^I$, $Z_{ij}^I = Z_i^I - Z_j^I$ 分别为最小二乘定位结果三个方向的值；$\delta x_{ij} = \delta x_i - \delta x_j$, $\delta y_{ij} = \delta y_i - \delta y_j$, $\delta z_{ij} = \delta z_i - \delta z_j$ 为最小二乘定位结果的误差估计值；L 为最小二乘相对导航伪距值与数据链测距值的差值；Δ_{ij} 为测距噪声。

　　设特求参数向量为 $x = [\delta x_{ij}, \delta y_{ij}, \delta z_{ij}]^T$，将式 (2.77) 写成矩阵形式为

$$
L = Bx + \Delta
\tag{2.78}
$$

因为弹间相对导航中每个节点都是未知的点，平差模型缺少必要的起算数据，而且系数矩阵 B 是秩亏矩阵，所以计算过程中要结合测量平差理论，不能采用简单的平差模型，需要用秩亏自由网平差模型进行计算。

设代求节点坐标估计值 $\hat{x} = [\delta \hat{x}_{ij}, \delta \hat{y}_{ij}, \delta \hat{z}_{ij}]^{\mathrm{T}}$，误差方程为

$$V = Bx - L \tag{2.79}$$

式中，V 为 Δ 的估计值；L 为观测值；B 为系数矩阵。

系数矩阵 B 是奇异矩阵，利用最小二乘约束解得法方程为

$$Nx = W \tag{2.80}$$

式中，$N = B^{\mathrm{T}} P B$，$W = B^{\mathrm{T}} P L$，因为系数矩阵 B 是秩亏矩阵，则法方程的系数矩阵 N 是奇异矩阵，此法方程不具备唯一解。想要得到相对导航误差参数的唯一解，需加入最小二乘约束，$x^{\mathrm{T}} P_x x = \min$，得最小范数解：

$$x = N_{pm}^{-} B^{\mathrm{T}} P L \tag{2.81}$$

式中，N_{pm}^{-} 为 N 的最小范数的逆。从上述过程中可以得出，秩亏自由网平差可以解决误差模型得不到唯一解的问题。

2.5.5　基于视觉的相对导航

1) 相机坐标系与像平面坐标系

相机坐标系是笛卡儿直角坐标系。定义单位正交矢量基组 $P = (p_1, p_2, p_3)$，单位矢量分别沿相应的坐标系轴的正向[26]。假定相机坐标系的三轴分别与弹体坐标系的三轴指向一致，那么 $O_c X_c Y_c Z_c$ 和 $O_p X_p Y_p Z_p$ 两坐标系基矢量组 C 和 P 之间的过渡阵 T_{PC} 为单位矩阵。

像平面坐标系 ouv，顾名思义就是成像平面上的坐标系，它是一种图像坐标系，坐标原点为相机光轴与成像平面的交点，ou 轴与 ov 轴分别与相机坐标系的 $O_p Y_p$ 轴和 $O_p Z_p$ 平行且方向是相同的，f 是相机的焦距。定义沿像平面坐标系两坐标轴正向的单位矢量构成该坐标系的基矢量组 $U = (u_2, u_3)$，则有 $u_2 = p_2$，$u_3 = p_3$。

2) 定位原理

视觉定位系统包括共同特征光标、线阵推扫式相机以及图像处理装置等，在导弹上安装 N 个特征光点 $(N \geqslant 3)$，线阵推扫式相机和图像处理装置等安装在另一个导弹上，在获取的图像上获取特征光点的像素坐标，进而求解出两导弹之间的相对位置和相对姿态。若相机的焦距已知，通过特征光点的三维位置和对应像素点坐标，就可以求得这两个导弹的相对位置和相对姿态。

按相机的中心投影构像方程, 对于空间任一点 i, 与其像点 i' 之间的连线 ii' 经过相机的透镜中心 O_p, 定义透镜中心 O_p 到特征光标 i 和像点 i' 的向量分别为

$$r_{pi} = P \begin{bmatrix} x_{Pi}^P \\ y_{Pi}^P \\ z_{Pi}^P \end{bmatrix} \quad 和 \quad r_{pi'} = P \begin{bmatrix} x_{Pi'}^P \\ y_{Pi'}^P \\ z_{Pi'}^P \end{bmatrix} = P \begin{bmatrix} -f \\ u_i \\ v_i \end{bmatrix} \tag{2.82}$$

这两个向量是线性相关的, 所以

$$r_{pi} = k_i r_{pi'} \tag{2.83}$$

其中, k_i 为比例系数。

考虑到基组 P 的线性无关性, 所以

$$\begin{bmatrix} x_{Pi}^P \\ y_{Pi}^P \\ z_{Pi}^P \end{bmatrix} = k_i \begin{bmatrix} -f \\ u_i \\ v_i \end{bmatrix} \tag{2.84}$$

在像点坐标 (u_i, v_i) 已经测定的条件下, 解出 k_i 便可得到特征光点在相机系下的位置坐标 $(x_{Pi}^P, y_{Pi}^P, z_{Pi}^P)$。

r_{12} 表示由特征光点 1 指向特征光点 2 的矢量。它可表示为

$$r_{12} = r_{P_2} - r_{P1} = k_2 r_{P2'} - k_1 r_{P1'} = k_2 P \begin{bmatrix} -f \\ u_2 \\ v_2 \end{bmatrix} - k_1 P \begin{bmatrix} -f \\ u_1 \\ v_1 \end{bmatrix} = P \begin{bmatrix} -k_2 f + k_1 f \\ k_2 u_2 - k_1 u_1 \\ k_2 v_2 - k_1 v_1 \end{bmatrix} \tag{2.85}$$

同时

$$r_{12} = r_{12} - r_{11} = T \begin{bmatrix} x_{T2}^T - x_{T1}^T \\ y_{T2}^T - y_{T1}^T \\ z_{T2}^T - z_{T1}^T \end{bmatrix} = PT_{PC}T_{CT} \begin{bmatrix} x_{T2}^T - x_{T1}^T \\ y_{T2}^T - y_{T1}^T \\ z_{T2}^T - z_{T1}^T \end{bmatrix}$$

$$= PT_{CT} \begin{bmatrix} x_{T2}^T - x_{T1}^T \\ y_{T2}^T - y_{T1}^T \\ z_{T2}^T - z_{T1}^T \end{bmatrix} \tag{2.86}$$

所以

$$P \begin{bmatrix} -k_2 f + k_1 f \\ k_2 u_2 - k_1 u_1 \\ k_2 v_2 - k_1 v_1 \end{bmatrix} = P T_{CT} \begin{bmatrix} x_{T2}^{\mathrm{T}} - x_{T1}^{\mathrm{T}} \\ y_{T2}^{\mathrm{T}} - y_{T1}^{\mathrm{T}} \\ z_{T2}^{\mathrm{T}} - z_{T1}^{\mathrm{T}} \end{bmatrix} \tag{2.87}$$

考虑到基组 P 的线性无关性, 所以

$$\begin{bmatrix} -k_2 f + k_1 f \\ k_2 u_2 - k_1 u_1 \\ k_2 v_2 - k_1 v_1 \end{bmatrix} = T_{CT} \begin{bmatrix} x_{T2}^{\mathrm{T}} - x_{T1}^{\mathrm{T}} \\ y_{T2}^{\mathrm{T}} - y_{T1}^{\mathrm{T}} \\ z_{T2}^{\mathrm{T}} - z_{T1}^{\mathrm{T}} \end{bmatrix} \tag{2.88}$$

即

$$\begin{bmatrix} -k_2 f + k_1 f \\ k_2 u_2 - k_1 u_1 \\ k_2 v_2 - k_1 v_1 \end{bmatrix}$$

$$= \begin{bmatrix} \cos\phi\cos\theta & \sin\theta & -\sin\phi\cos\theta \\ -\cos\phi\sin\theta\cos\psi + \sin\phi\sin\psi & \cos\theta\cos\psi & \sin\phi\sin\theta\cos\psi + \cos\phi\sin\psi \\ \cos\phi\sin\theta\sin\psi + \sin\phi\cos\psi & -\cos\theta\sin\psi & -\sin\phi\sin\theta\sin\psi + \cos\phi\cos\psi \end{bmatrix}$$

$$\times \begin{bmatrix} x_{T2}^{\mathrm{T}} - x_{T1}^{\mathrm{T}} \\ y_{T2}^{\mathrm{T}} - y_{T1}^{\mathrm{T}} \\ z_{T2}^{\mathrm{T}} - z_{T1}^{\mathrm{T}} \end{bmatrix} \tag{2.89}$$

同理, 对于特征光点 2 和 3 有

$$\begin{bmatrix} -k_3 f + k_2 f \\ k_3 u_3 - k_2 u_2 \\ k_3 v_3 - k_2 v_2 \end{bmatrix}$$

$$= \begin{bmatrix} \cos\phi\cos\theta & \sin\theta & -\sin\phi\cos\theta \\ -\cos\phi\sin\theta\cos\psi + \sin\phi\sin\psi & \cos\theta\cos\psi & \sin\phi\sin\theta\cos\psi + \cos\phi\sin\psi \\ \cos\phi\sin\theta\sin\psi + \sin\phi\cos\psi & -\cos\theta\sin\psi & -\sin\phi\sin\theta\sin\psi + \cos\phi\cos\psi \end{bmatrix}$$

$$\times \begin{bmatrix} x_{T3}^{\mathrm{T}} - x_{T2}^{\mathrm{T}} \\ y_{T3}^{\mathrm{T}} - y_{T2}^{\mathrm{T}} \\ z_{T3}^{\mathrm{T}} - z_{T2}^{\mathrm{T}} \end{bmatrix} \tag{2.90}$$

方程组 (2.89), (2.90) 中, f 为相机焦距; $(x_{Ti}^{\mathrm{T}}, y_{Ti}^{\mathrm{T}}, z_{Ti}^{\mathrm{T}})$ 表示特征光点在目标航天器坐标系下的位置坐标, 为已知量; (u_i, v_i) 为特征光点 $i(i = 1, 2, 3)$ 的像点 $i'(i' = 1, 2, 3)$ 的像点坐标, 可以实际测量得到; 待求参数为比例系数 $k_i(i = 1, 2, 3)$ 和航天器间相对姿态角 ϕ, θ, ψ。方程个数和未知数个数是相同的, 也就是说该模型存在唯一解。

由推导结果可得, 方程组不存在二次项, 但因为旋转变换矩阵是关于相对姿态角的三角函数, 所以该模型还是非线性方程组, 这里需要采用数值迭代方法求解。

采用牛顿迭代法对方程组 (2.89), (2.90) 进行求解, 其迭代格式为

$$X_{(k+1)} = X_{(k)} - \left\{ J\left[X_{(k)}\right]^{\mathrm{T}} J\left[X_{(k)}\right] \right\}^{-1} J\left[X_{(k)}\right]^{\mathrm{T}} f\left[X_{(k)}\right] \tag{2.91}$$

式中各变量定义如下:

$X_{(k)} = \left[k_{1(k)}, k_{2(k)}, k_{3(k)}, \phi_{(k)}, \theta_{(k)}, \psi_{(k)}\right]^{\mathrm{T}}$ 为待解向量第 k 次的迭代值。

$$f\left(X_{(k)}\right) = \begin{bmatrix} f_{1(k)} \\ f_{2(k)} \\ f_{3(k)} \\ f_{4(k)} \\ f_{5(k)} \\ f_{6(k)} \end{bmatrix} = \begin{bmatrix} -k_{2(k)}f + k_{1(k)}f \\ k_{2(k)}u_2 - k_{1(k)}u_1 \\ k_{2(k)}v_2 - k_{1(k)}v_1 \\ -k_{3(k)}f + k_{2(k)}f \\ k_{3(k)}u_3 - k_{2(k)}u_2 \\ k_{3(k)}v_3 - k_{2(k)}u_2 \end{bmatrix} - T_{CT(k)} \begin{bmatrix} x_{T2}^{\mathrm{T}} - x_{T1}^{\mathrm{T}} \\ y_{T2}^{\mathrm{T}} - y_{T1}^{\mathrm{T}} \\ z_{T2}^{\mathrm{T}} - z_{T1}^{\mathrm{T}} \\ x_{T3}^{\mathrm{T}} - x_{T2}^{\mathrm{T}} \\ y_{T3}^{\mathrm{T}} - y_{T2}^{\mathrm{T}} \\ z_{T3}^{\mathrm{T}} - z_{T2}^{\mathrm{T}} \end{bmatrix} \tag{2.92}$$

向量 $f(X_{(k)})$ 为待解向量 X 的雅可比矩阵的第 k 次迭代值。给定迭代初值: $X_{(0)} = \left[k_{1(0)}, \quad k_{2(0)}, \quad k_{3(0)}, \quad \varphi_{(0)}, \quad \theta_{(0)}, \quad \psi_{(0)}\right]^{\mathrm{T}}$, 按照上式进行迭代。若满足条件 $\left\| X_{(k+1)} - X_{(k)} \right\| \leqslant \delta$, 则停止迭代。$\delta$ 为迭代阈值, 它是迭代精度和迭代次数的重要控制量, 选择合适的 δ, 能够在迭代精度和迭代次数之间取得平衡。迭代终止时, 有

$$X_{(k+1)} = \left[k_{1(k+1)}, k_{2(k+1)}, k_{3(k+1)}, \phi_{(k+1)}, \theta_{(k+1)}, \psi_{(k+1)}\right]^{\mathrm{T}} \tag{2.93}$$

为求解结果。接下来将要求解弹间的相对位置。

弹群的相邻成员之间的相对位置关系是任意一个同名点 $i(i = 1, 2, 3)$ 在一个导弹质心为基准下的位置坐标和该同名点 $i(i = 1, 2, 3)$ 在另外一个导弹质心为基准下位置坐标的差, 即

$$r_{TC} = r_{Ti} - r_{Ci} \tag{2.94}$$

其中,

$$r_{Ci} = r_{CP} + r_{Pi} \tag{2.95}$$

式中, r_{CP} 表示相机镜头中心相对于追踪导弹质心的位置矢量。

现将上述相关的矢量投影到合适的坐标系基组下。

$$r_{Ti} = T \begin{bmatrix} x_{Ti}^{T} \\ y_{Ti}^{T} \\ z_{Ti}^{T} \end{bmatrix} \tag{2.96}$$

$$r_{CP} = C \begin{bmatrix} d \\ 0 \\ 0 \end{bmatrix} \tag{2.97}$$

其中, d 表示相机镜头中心与导弹质心间的距离, 是已知量。

另外, 根据前面

$$r_{Pi} = k_i r_{Pi'} = k_i P \begin{bmatrix} -f \\ u_i \\ v_i \end{bmatrix} = P \begin{bmatrix} -k_i f \\ k_i u_i \\ k_1 v_i \end{bmatrix} \tag{2.98}$$

结合前面定义的三组单位正交基 T, C, P 之间的过渡矩阵 T_{CT} 和 T_{PC}, 可解得

$$r_{TC} = T \begin{bmatrix} x_{TC}^{T} \\ y_{TC}^{T} \\ z_{TC}^{T} \end{bmatrix} \tag{2.99}$$

上式表示两导弹质心间的位置矢量在目标坐标系基组 T 下的分量表达式。其中

$$\begin{cases} x_{TC}^{T} = x_{Ti}^{T} - (d - k_i f) \cos\phi \cos\theta - (\sin\phi \sin\psi - \cos\phi \sin\theta \cos\psi) k_i \\ \qquad - (\cos\phi \sin\theta \sin\psi + \sin\phi \cos\psi) k_i v_i \\ y_{TC}^{T} = y_{Ti}^{T} - (d - k_i f) \sin\theta - k_1 u_1 \cos\theta \cos\psi + k v_i \cos\theta \sin\psi \\ z_{TC}^{T} = z_{Ti}^{T} + (d - k_i f) \sin\phi \cos\theta - (\sin\phi \sin\theta \cos\psi + \cos\phi \sin\psi) k_i u_i \\ \qquad - (\cos\phi \cos\psi - \sin\phi \sin\theta \sin\psi) k_i v_i \end{cases} \tag{2.100}$$

上述方程组右边所涉及的各量均为已知, 故可求得 $(x_{TC}^{T}, y_{TC}^{T}, z_{TC}^{T})$。

以上是根据一个特征点 i 计算得到导弹的相对位置矢量。上述操作都是基于同名点的识别完全没有测量误差的前提下进行的, 在这种前提下使用任何一个特征点都可以得到准确的结果, 但实际应用中, 图像会有噪声干扰, 同名点的像点坐

标的测量不可避免地出现误差。为了尽可能提高弹群成员之间的相对位置姿态关系的获取精度，可以利用多个同名像点的结果取平均值。

$$
\begin{cases}
x_{TC}^{\mathrm{T}} = \dfrac{1}{n} \sum_{i=1}^{n} x_{TC(i)}^{\mathrm{T}} \\[2mm]
y_{TC}^{\mathrm{T}} = \dfrac{1}{n} \sum_{i=1}^{n} y_{TC(i)}^{\mathrm{T}} \\[2mm]
z_{TC}^{\mathrm{T}} = \dfrac{1}{n} \sum_{i=1}^{n} z_{TC(i)}^{\mathrm{T}}
\end{cases}
\tag{2.101}
$$

其中，$x_{TC(i)}^{\mathrm{T}}, y_{TC(i)}^{\mathrm{T}}, z_{TC(i)}^{\mathrm{T}}$ 表示根据第 i 个特征点计算出的航天器间的相对位置坐标。

有了位置关系，接下来进一步确定相对姿态关系。在可视能力较强的弹群成员中安装较为容易识别的特征光点 (光点的个数不少于 3)，弹群的其他成员中搭载的图像传感器可以得到这些特征光点的图像，在图像中识别出这些特征光点后，得到它们的像点坐标。利用这些同名点的像点坐标就可以获取弹群成员之间的相对姿态关系，获取其相对姿态的具体步骤如下：

(1) 在 t 时刻，选取三个像点坐标 (u_i^t, v_i^t) 及其对应的同名像点，建立式 (2.89) 和式 (2.90) 的测距方程；

(2) 当角度认为是极小量时，$\phi \approx \sin\phi$, $\theta \approx \sin\theta$, $\psi \approx \sin\psi$ 以及 $\cos\phi \approx 1$, $\cos\theta \approx 1$, $\cos\psi \approx 1$，线性化测距方程组得到 $X = A^{-1} \cdot b$；

(3) 采用牛顿迭代法求式 (2.89) 和式 (2.90)，令迭代初值 $X_{(0)} = X$，代入式 (2.91) 中开始迭代，当 $\left\| X_{(k+1)} - X_{(k)} \right\| \leqslant \delta$ 时，迭代停止，得到结果 $X_{(k+1)}$；

(4) 令 $X = [k_1, k_2, k_3, \phi, \theta, \psi]^{\mathrm{T}} = X_{(k+1)}$，弹群成员之间的相对姿态角是 ϕ, θ, ψ，把比例参数 k_1, k_2, k_3 和弹群成员的相对姿态角 ϕ, θ, ψ 代入式 (2.100) 可以获得弹群成员之间的相对位置，当然，特征点不止一个，将这些特征点根据式 (2.100) 获取弹群成员之间的相对位置关系之后，再把相对位置关系求得的结果代入式 (2.101)，也就是将不同特征光点的结果求平均值；

(5) 在 $t+1$ 时刻，再使用三个同名点的 (u_i^{t+1}, v_i^{t+1}) 建立测距方程，并使 $t = t+1$，回到 (3)，不停地求解直到程序结束。

2.6 小　结

本章主要介绍了协同信息的获取，当导弹协同作战时，各个导弹可以借助网络通信技术，既能分享各自的局部节点信息，又能获取其他节点信息，通过编队的导航技术与多源信息处理技术使得导弹群体信息的深层次融合成为可能，从而有效提高信息的精确度，以保证导弹的作战效能。

参 考 文 献

[1] 吴森堂. 协同飞行控制系统 [M]. 北京: 科学出版社, 2013.

[2] 郭卫东, 张永利, 孙延坤. 空中协同信息系统能力需求研究 [J]. 数码设计, 2017(5): 191-192, 194.

[3] 张勇, 段采宇, 周敏龙, 等. 信息化战争条件下军事需求分析——军事电子信息系统需求研究 [J]. 国防科技, 2007(5): 45-49.

[4] 樊晨霄, 王永海, 刘涛, 等. 临近空间高超声速飞行器协同制导控制总体技术研究 [J]. 战术导弹技术, 2018, 190(4): 58-64.

[5] 邓朝阳. 战场地理环境信息系统的设计与实现 [D]. 南昌: 江西财经大学, 2016.

[6] 陈玉文. 保障远程反舰导弹攻击的目标信息获取方法 [J]. 飞航导弹, 2000(3): 32-34.

[7] 王永洁, 陆铭华. 远程潜射反舰导弹获取远程目标信息方式研究 [J]. 飞航导弹, 2008(6): 51-53.

[8] 余启明. 基于背景减法和帧差法的运动目标检测算法研究 [D]. 赣州: 江西理工大学, 2013.

[9] 程爱灵, 黄昶, 李小雨. 运动目标检测算法研究综述 [J]. 信息通信, 2017(1): 12-14.

[10] 许向阳, 姚洪猛. 基于视频图像序列移动目标的检测与跟踪 [J]. 电子技术与软件工程, 2018, 136(14): 73-74.

[11] Horn B K P, Schunck B G. Determining optical flow[J]. Artificial Intelligence, 1980, 17(1–3): 185-203.

[12] Lucas B D, Kanade T. An iterative image registration technique with an application to stereo vision[C]. Proceedings of the 7th International Joint Conference on Artificial Intelligence, 1981, 2(3): 674-679.

[13] Baarir Z E, Chariff. Fast modified Horn & Schunck method for the estimation of optical flow fields[C]. Proceedings of 2011 Signal Processing Systems, 2011: 283-288.

[14] 刘洪彬, 常发亮. 权重系数自适应光流法运动目标检测 [J]. 光学精密工程, 2016, 24(2): 460-468.

[15] 刘让, 王德江, 贾平, 等. 红外图像弱小目标探测技术综述 [J]. 激光与光电子学进展, 2016(5): 44-52.

[16] Gonzalez R C, Woods R E. Digital Image Processing[M]. New Tersey: Pearson, 2017.

[17] 李林, 黄柯棣, 何芳. 集中式多传感器融合系统中的时间配准研究 [J]. 传感技术学报, 2007(11): 2445-2449.

[18] 施立涛. 多传感器信息融合中的时间配准技术研究 [D]. 长沙: 国防科学技术大学, 2010.

[19] 王伟. 多传感器时空配准技术研究 [D]. 北京: 中国电子科学研究院, 2014.

[20] 李教. 多平台多传感器多源信息融合系统时空配准及性能评估研究 [D]. 西安: 西北工业大学, 2003.

[21] 袁克非. 组合导航系统多源信息融合关键技术研究 [D]. 哈尔滨: 哈尔滨工程大学, 2012.

[22] 王少锋, 董斌, 周学武. 信息融合技术在导弹群组协同控制设计中的应用 [J]. 战术导弹技术, 2016(1): 64-69.

[23] 蔡瀛旭. 信息融合及其在军事上的应用 [J]. 航空科学技术, 2006(3): 27-29.

[24] 韩松来. GPS 和捷联惯导组合导航新方法及系统误差补偿方案研究 [D]. 长沙: 国防科学技术大学, 2010.

[25] 郝菁, 蔚保国, 何成龙. 基于惯导/数据链的动态相对定位方法 [J]. 计算机测量与控制, 2018, 26(10): 191-195.

[26] 高珊. 航天器交会对接相对导航与控制技术研究 [D]. 南京: 南京航空航天大学, 2011.

第 3 章　协同网络通信

协同网络通信技术是近年来发展起来的一个全新的研究方向。本章主要对协同网络通信技术进行介绍，总共五个部分：3.1 节给出协同网络通信架构，3.2 节介绍链路层接入控制，3.3 节向读者详细叙述网络层路由协议，3.4 节对网络管理系统进行系统的阐述，3.5 节是本章小结。

3.1　协同网络通信架构

协同网络通信技术是近年来发展起来的一个全新的研究方向。协同网络通信的思想起源于 20 世纪 70 年代 Cover 和 El Gamal 提出的中继信道的容量理论。但现在所说的协同通信与中继通信在概念和内容上有很大区别，其中最显著的区别是，在中继通信中，中继与信源是两个独立实体，而协同通信与中继通信相比，通信机制更为复杂，不仅仅是简单的中继问题，因为每个用户既是自己信息的传送者，也是同伴信息的中转者。2003 年 11 月，Sendonaris 等宣布，用户间的协同通信不仅可以使信息传输的速度得到提高，而且可以使节点对信道的变化不再那么敏感，即使信道中有噪声存在，通过虚拟的空间分集，协同通信技术也可以改善系统的性能[1,2]。

协同网络通信的基本概念可描述为：按照某种协同方式，实现网络中各节点之间的资源共享，以此来提升网络传输的速度和可靠性。协同网络通信是基于无线电波的全向传播特性，通过无线网络中各节点之间合作形成的虚拟天线阵列来得到传统多输入多输出 (multi-input muti-output, MIMO) 技术的空间分集增益。协同网络通信技术利用节点间的空间分集，既可以增加网络容量，又可以使节点对信道的变化不那么敏感，网络传输的可靠性得到了提高，网络通信的距离得到了延长。

根据组网控制方式的不同，协同网络通信可分为两种控制类型，一种是有中心的集中式控制，这种控制方式的运行取决于提前设置好的网络基础设施。依靠基站和移动交换中心等基础设施支持的蜂窝移动通信系统、基于接入点 (access point) 和有线骨干模式工作的无线局域网一般都采用集中式控制方式。但有某些情况，如战场上部队快速展开和推进、灾害后及时的救援活动、学者们在野外考察、在位置偏僻的地方临时举行会议等，不会存在这种预先设置好的固定设施，此时，需要一种能够临时、快速、自动组网的移动通信技术，Ad Hoc 网络通信技术由此发展。

与传统无线网络不同的是，Ad Hoc 网络通信技术既不需要特殊的固定基站或路由器作为网络的管理中心，也没有固定的网络结构。Ad Hoc 网络中的每个节点都能够看成一个路由器，可以发现并维护到其他节点的路由，并将数据分组发射和转发给邻居节点。Ad Hoc 网络组网制造成本低、结构简单、灵活性和生存能力强的特点，使其得到了越来越广泛的应用，从最先的军事领域逐渐扩展到地震、火灾等紧急通信场合。并且，Ad Hoc 网络除了可以看成一种独立的网络运行以外，还能够看成当前具有固定设施网络的一种补充形式。Ad Hoc 网络本身的独特性，使其具有极大的研究和应用价值。

协同网络通信这种新一类网络构架的引入，给整个系统带来了新的思考：采用哪种策略进行网络资源分配以及每个源和目的端之间何时、采用何种方式进行连接，在考虑用户协同的网络中如何采用或扩展现有的空时码、信道编码与信源编码等编码调制方案等。协同通信技术是一种涉及物理层、链路层和网络层等相关设计的应用技术。将协同通信技术用于各类新型网络已经成为协同网络通信技术的研究热点，未来人类可能应用它来使得下一代无线网络中的新约束和新需求得到满足。

协同网络通信理论体系分为通信技术和网络技术两方面，理论基础包括无线数据通信知识和无线网络知识。根据协同网络通信应用特点，从这两方面知识中选择合适的理论和技术，共同构成协同网络通信理论体系。本部分重点叙述内容包括协同网络通信的系统组成以及网络拓扑结构。

3.1.1   协同网络通信的系统组成

协同网络通信系统一般由多套协同网络通信终端组成，每套协同网络通信终端主要分为传输设备、格式化消息和通信网络协议 3 个基本要素。协同网络通信终端包括协同网络通信终端机和收发天线。协同网络通信终端机具体包括射频通道、基带模块、加解密模块、网络管理模块、消息处理器和战术数据处理系统 (tactical data system, TDS)。消息处理器是将源信息编码为标准的格式化消息；加解密模块负责加密发送的消息以及解密接收的消息；网络管理模块进行信道接入控制以及网络路由控制；战术数据处理系统是将格式化消息转化成符合各终端设备传输需求的数据信号，或者与指挥控制系统、武器控制系统进行信息交换。其中天线、射频通道和基带处理模块在下文中进行专项论述[3]。

1. 天线

天线是发送和接收电磁波的通信组件，是一种能量转换器 (transducer)。天线是双向的：发送时，发射机产生的高频振荡能量，经过发射天线变为带有能量的电磁波，并向预定方向辐射，通过介质传播到达接收天线；接收时，接收天线将接收到的电磁波能量变为高频振荡能量送入接收机，完成无线电波传输的全过程。天线作为数据出入协同网络通信终端的通道,在协同网络通信过程中起着重要作用,天线及其相关电路往往也是影响节点能否高度集成的重要因素[4]。

天线的性能会对协同网络通信终端的无线通信能力、组网模式等产生重要的影响。一般来说,协同网络通信系统对天线有以下要求:①对于尺寸有一定的限制,并要符合极化要求;②满足输入阻抗匹配要求以及信道频带带宽要求;③优化传输性能和辐射效率;④满足可靠工作、低成本等要求。图 3.1 为协同网络通信终端组成。

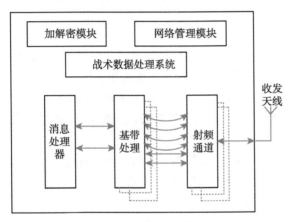

图 3.1   协同网络通信终端组成

天线作为一种无源器件,本身并没有增加所辐射信号的能量,只是通过天线振子的组合改变其馈电方式。全向天线是将能量按照 360° 的水平辐射模式均匀辐射出去,便于安装和管理。定向天线是将能量集中到某一特定方向上,相应地在其他方向上减少能量强度,极大地节省能量在无效方向上的损耗,适于远距离定向通信。

将多个相同的天线体或天线阵元以特定方式排布于一条线或一个平面上,即可形成线性天线阵列或平面天线阵列。智能天线是利用波束转换或自适应阵列方式将波束对准通信节点方向,并能够按需调整波束宽度,实现系统资源的优化利用,获得较高的系统性能增益,将同样的数据发送到同样的距离,所需的发射功率要小得多。协同网络通信系统引入智能天线能够提高增益和信噪比,降低误码率,从而改善网络吞吐量、时延和其他重要的性能参数,增加网络覆盖和容量,扩展传输距离。

2. 射频通道

射频通道分为射频收通道和射频发通道两部分,典型的射频通道原理框图如图 3.2 所示。

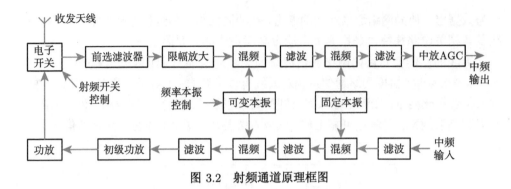

图 3.2　射频通道原理框图

　　射频接收通道的作用是对接收到的射频信号进行放大、滤波、变频等处理，处理完成后，以中频方式将信号传输给数字处理模块以便进行进一步处理。

　　射频发送通道可以看成是射频接收信号的逆过程，它对数字模块接收到的中频信号进行放大、滤波、变频、功放等处理，并通过射频的方式将处理好的信号传送至天线。

　　在射频接收和发送信号的过程中，射频电路自身会产生变频所需要的可按照一定频率间隔切换的、杂散较小的锁相本振信号。

3. 基带处理

　　基带处理主要进行信号的调制解调以及编码解码，现代通信系统一般都采用数字调制技术。数字通信技术具有组网灵活、易集成化、能够采取数字差错控制技术和数字加密，并可以较为轻松地和其他网络相互连通等优势，使得通信系统的传输模式开始由模拟方式逐渐转换成数字方式。近年来，数字通信系统的理论和应用研究已经取得了很大的进步，对于系统信令以及信息，都规定必须使用数字化传输。然而一些已有的数字调制技术如幅移键控 (ASK)、相移键控 (PSK) 和频移键控 (FSK) 等，因传输速率较低而无法满足移动通信系统的要求。为此，在大规模通信组网系统中，通常选用一些抗干扰性能强、误码性能好、频谱利用率高的调制技术，使单位频带内传输数据的比特速率尽可能提高，以满足组网通信的要求。协同网络通信系统由于传输距离远、容量大，其对调制/解调技术的基本要求如下[5]。

　　(1) 协同网络信道是一种非线性的，功率和带宽受限的通道。信道容量的逐渐增长以及频谱资源的日益稀缺，使得信道之间的互相干扰问题变得越来越突出，这对调制信号提出了很高的要求，希望信号有尽可能小的频带占用、尽可能高的频带利用率，以及快速高频滚降的频谱特性，从而使经过带限和非线性处理的调制信号的频谱扩散尽可能小。

　　(2) 评价各种调制/解调技术的优劣，除了需要满足以上各种要求以外，还需要重点考虑技术实现的复杂性、频带利用率以及功率效率。具体实现过程中，应尽可能地采用已经反复实践过的成熟技术和高效率的解调技术, 来减少接收机的损耗以及设备的体积质量, 确保技术实现安全可靠。

下面简要介绍一下协同网络通信系统工程实践中常用的两类调制方式和三种编码方式。

1) 相移键控调制方式

数字调相或相移键控方式, 是恒包络调制的一种, 主要采用数字基带信号对载波相位施加控制作用, 在基带码元变化时, 会产生相位突变。相移键控调制技术可以节省频谱资源, 从而实现对频谱的高效利用。已调波的频谱特性是和相位路径密切相关的, 如果希望实现对已调波频谱特性的控制, 就需要首先控制它的相位路径, 因此, 相移键控调制技术的发展, 也促进了已调波相位路径的完善和发展, 相移键控调制技术如图 3.3 所示。二相相移键控 (BPSK)、四相相移键控 (QPSK) 和偏移四相相移键控 (OQPSK) 等调制方式的提出, 目的都是增强信道频带利用率, 实现频谱高频快速滚降, 从而降低带外辐射[6]。

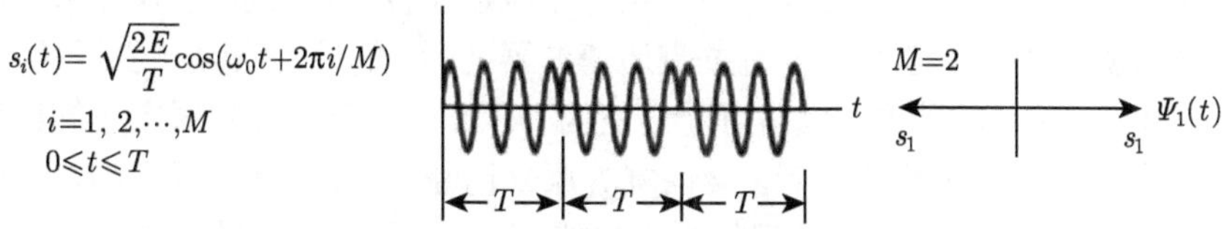

$$s_i(t) = \sqrt{\frac{2E}{T}} \cos(\omega_0 t + 2\pi i/M)$$
$$i = 1, 2, \cdots, M$$
$$0 \leqslant t \leqslant T$$

图 3.3 相移键控调制技术

BPSK 是相移键控中一种最简单的形式, 它于 20 世纪 50 年代末提出。对于 BPSK 来说, 就是采用载波的相位 0 和 π 或 π/2 和 −π/2 来分别表示二进制的数字信号 0 和 1。其表达式为

$$s_i(t) = \sqrt{\frac{2E}{T}} \cos\left[\omega_0 t + \phi_i(t)\right], \quad 0 \leqslant t \leqslant T, \ i = 1, 2 \tag{3.1}$$

其中, $\phi_i(t)$ 可以表示为

$$\phi_i(t) = \frac{2\pi i}{2}, \quad i = 1, 2 \tag{3.2}$$

其中, E 是码元能量; T 是码元持续时间, $0 \leqslant t \leqslant T$。在 BPSK 中, 已调数据信号波形 $s_i(t)$ 的相位有两种状态, 0 或者 π(180°)。0 相位状态下的波形就是典型的 BPSK 波形图。在码元的变化处有一个相位的突变。如果调制的数据流不断在 1 和 0 之间变化, 则每个变化点都会有这样的突变。信号波形可以看作极坐标图中的矢量和相量, 相量的长度对应于信号幅度, 矢量方向则与其信号相位有关。在 BPSK 中, 矢量图表示相差 180° 的两个反相矢量, 描述这种反相矢量的信号集称为对极信号集。

为了在 BPSK 调制的基础上进一步增强信道的频带利用率，研究者设计了 QPSK 技术。QPSK 正交相移键控是多相相移键控 (MPSK) 中常用的一种技术。QPSK 技术具有很多独特的优势，比如抗干扰性能强、误码性能好、频谱利用率高等，这使其在数字微波系统或数字卫星通信系统中得到了大量的应用。QPSK 是一种恒包络调制技术，它所携带的信息全部在相位上，只要相位不发生错误，无论调制信号幅度上的衰减和干扰多么严重，都不会丢失信息，因此 QPSK 调制技术适用于卫星信道衰减和噪声十分严重的情况。大量研究表明，和频移键控、BPSK、幅移键控调制技术相比，恒参信道下的 QPSK 调制技术，抗干扰性能强，且可以实现对频带更加经济有效的利用，更能够满足回传通道的技术要求，因此 QPSK 调制技术更多地被研究者所使用[7]。但是，QPSK 调制技术也有以下不足之处。

(1) 带外辐射强。QPSK 调制技术所产生的已调波，在码元转换时刻 (即码元转换点) 上可能产生 180° 的相位突变，致使频谱的高频滚降缓慢，带外辐射很强，并不能满足某些通信系统对带外辐射的要求。

(2) 不能使用非线性放大器。QPSK 信号中载波相位变化可以是 0°、90°、180°、270° 中的任意一个，这样的信号通过带通滤波器之后，信号包络会产生振荡，尤其是相位变化为 180° 的地方，包络可能会变为 0。对于一个有着非恒定包络的带限线性调制载波经过非线性放大后，会恢复其原来已经被过滤掉的或不存在的旁瓣，并且可能会生成同相、正交信号间的带内串扰，这些会引发严重的邻道和同信道干扰，并且会降低系统的误码性能，这样会使得线性调制得到的频谱效率经过非线性放大后完全丢失了。

(3) 不能使用非相干解调。QPSK 是依赖相干载波的绝对相位来进行信息的传输的，只能通过相干检测来进行解调，而不能使用非相干检测 (差分或鉴频器)，因为使用非相干检测会使得系统很难快速获得同步，抗衰落能力较弱，也会增加系统设备的复杂性，提高系统的成本。

QPSK 的表达式为

$$s_i(t) = \sqrt{\frac{2E}{T}} \cos\left[\omega_0 t + \phi_i(t)\right], \quad 0 \leqslant t \leqslant T, \ i = 1, 2, 3, 4 \tag{3.3}$$

其中，$\phi_i(t)$ 可以表示为

$$\phi_i(t) = \frac{2\pi i}{4}, \quad i = 1, 2, 3, 4 \tag{3.4}$$

为了消除 180° 的相位突变，学者们设计了一种改进的 QPSK 技术，称为 OQPSK，又叫作交错正交相移键控技术。它和 QPSK 技术的相位关系是相同的，也是将输入码流分成两路，再进行正交调制。不同之处在于 QPSK 技术的 I、Q 两个数据流在时间上是同步的，OQPSK 技术在时间上将同相和正交两条路的数据流

错开了半个码元周期。两个数据流半个码元周期的偏移,使得每次可能只有一路输入码流发生极性翻转,不会再出现两路输入码流极性同时发生翻转的现象。因此,每当一个新的输入比特进入调制器的 I 或 Q 信道时,OQPSK 调制信号相位只能发生 0° 或 90° 的相位突变,不会产生 180° 的相位突变,因此频带受限的 OQPSK 调制信号包络起伏比同种形式下的 QPSK 调制信号低,经限幅放大后,OQPSK 调制信号频带展宽得少,因此与 QPSK 调制相比,OQPSK 技术具有更优的性能[7]。因 OQPSK 调制具有恒包络特性,所以不易受到系统的非线性影响。OQPSK 调制虽然不会产生 180° 的相位突变,但仍然存在 90° 的相位突变,因此 OQPSK 调制的频谱高频依旧不能很快地滚降。

2) 频移键控调制方式

频移键控也称为数字频率调制,如图 3.4 所示,其基本原理可以描述为:通过对数字信号进行离散取值来实现对载波频率的键控调制。与其他两种数字通信的调制方式 (幅移键控、相移键控) 相比,频移键控调制因为具有较好的抗噪性能、低误码率、对信道变化的低敏感性以及解调无须恢复本地载波等优势,成为数字通信中应用较多的调制方式,对于低、中速数据传输,尤其是在衰落信道中进行数据传送时,频移键控调制具有其独特的优势。但是频移键控调制也有不足之处,比如占用频带宽、不能对频带进行合理利用等。图 3.4 所示的频移键控波形在码元跳变处频率发生明显的改变,图中描述了在码元变化处一个频率到另一个频率的平稳变化。如在图 3.4 所示的例子中,M 选为 3 是为了强调坐标轴之间的相互垂直关系,实际上 M 通常选为 2 的非零整数次幂 (2,4,8 等)。

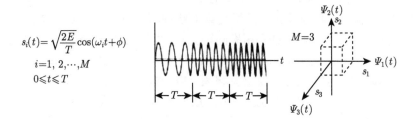

$$s_i(t) = \sqrt{\frac{2E}{T}} \cos(\omega_i t + \phi)$$
$$i = 1, 2, \cdots, M$$
$$0 \leqslant t \leqslant T$$

图 3.4 频移键控

采用频移键控法能够实现频移键控调制。频移键控法指的是利用待传输数据控制的矩形脉冲序列控制开关电路实现对两个不同的独立频率源的选通,其原理如下:

$$s_i(t) = \sqrt{\frac{2E}{T}} \cos(\omega_i t + \phi), \quad 0 \leqslant t \leqslant T, \ i = 1, 2 \tag{3.5}$$

其中,频率项 ω_i 有 2 个离散值;相位项 ϕ 是任意变量。

简单来说,频移键控的含义就是用频率不同的载波来表示 1 和 0。当频率 (或数据) 发生改变时，正常情况下频移键控信号的相位 (波形) 是间断的，因此具有较多的高频分量。如果频率 (或数据) 发生改变时频移键控信号的相位 (波形) 是连续的，则称为连续相位的频移键控信号 (CPFSK)。与普通的频移键控信号相比，CPFSK 信号的有效带宽较小。快速频移键控调制就是一种特殊的 CPFSK 调制[7]。

快速频移键控调制，又称为最小频移键控 (MSK) 调制，它同样归属于恒包络调制方式。MSK 调制可以产生包络恒定、相位连续的调制信号。MSK 调制具有带宽窄、频谱主瓣能量集中、旁瓣滚降衰减快、频带利用率高等优势，因此被广泛用于现代通信技术中。MSK 调制是一类比较特别的二元频移键控。MSK 中 "最小" 二字的含义是指 MSK 调制可以以最小的调制指数 $h=0.5$ 得到正交的调制信号。除了波形为连续的以外，MSK 调制还必须满足 1 和 0 的波形正交且频带最小。波形正交有助于减小误码率，频带小可以降低信号带宽，增加对信道的频带利用率。

早期提出的 MSK 调制具有振幅恒定、信号的功率谱在主瓣以外衰减得较快等优点。MSK 调制使频率转换位置附近的相位变得连续，可是相位虽然连续但是不平滑，因此仍旧会产生很大的带外辐射。有些特殊的通信场合会严格限制信号的带外辐射功率，要求信号在邻近信号所辐射的功率和所需信道的信号功率相比，必须衰减 70~80dB，因此，MSK 调制依然存在应用的局限性。

为了使频率转换位置附近的相位变得平滑，并使 MSK 调制技术的频谱性能得到改善，人们在它的基础上又提出了一种高斯最小频移键控 (GMSK) 调制方式，简单来说，这种调制方式就是在 MSK 调制技术中，采用高斯型低通滤波器完成对数据的处理。如果高斯低通滤波器的带宽选择的合适，那么信号的带外辐射功率就能够满足上文中提到的对带外辐射功率的要求。

GMSK 调制是一种连续相位的恒包络非线性调制方式，其带外辐射小、频率转换位置附近相位平滑、对频谱利用率高等优势，使其在全球移动通信系统 (global system for mobile communications, GSM)、码分多址 (code division multiple access, CDMA)、卫星通信、数字电视、无线局域网、航空数据链、软件无线电等方面得到了广泛的应用。GMSK 调制是通过使用高斯型函数的频谱形成的编码序列，实现调制指数为 0.5 的调频。GMSK 调制和 MSK 调制一样，都可以进行同步检波，实现高效率的解调，并在解调的同时实现对较 MSK 调制更窄的频谱区域和频谱扩展边缘的宽度的控制[7]。

3) 卷积编码

为了满足纠错能力和编码效率的需求，分组码的码组长度 n 一般选择较大，而编译码时对整个信息码组进行存储，存储时造成的延时与 n 的大小是线性正相关的。为了缩短这个延时时间，学者们提出了多种不同的方法，卷积码是其中较为理想的信道编码方式。卷积码是 1955 年由 Elias 提出的一类线性纠错码，它是通过连续输入信息序列来获得连续输出的已编码序列。(n, k, m) 卷积编码器 (k 为编码器输入数据的位数，n 为编码器输出数据的位数，m 表示约束长度，$R = k/n$ 表示编码速率 (码率)) 是计算卷积码传输信息有效性的一个重要参数。编码方式是将 k 个信息比特编成 n 个比特，但 k 和 n 的值一般很小，延时也很小，编码后的 n 个码元既和当前段的 k 个信息有关，也和之前的 m 段的信息有关。卷积码适用于以串行形式进行信息的传递，这样可以减小编码延时。卷积码在进行编码时，充分考虑了各码段之间的相关性，理论研究和实际应用已经证明，在相同码率、相同译码的复杂性条件下，卷积码的性能要好于分组码，且更容易完成最佳译码和准最佳译码。在卷积码编码的过程中，本组的校验元与本组的信息元以及之前若干时刻输入编码器的信息组都有着密切的关系。这些相关性的存在，使得对于卷积码的分析，至今仍未发现可以将卷积码的纠错性能和码的结构联系在一起的合适的数学工具和完整的理论。正常情况下，卷积码的约束长度越大，自由距离越大，纠错性能越好，然而，卷积码的约束长度和搜索复杂度呈指数正相关关系。因此，在实际应用时，学者们选择的卷积码约束长度一般小于 9。卷积码在数字通信中已经得到了较多的应用，卫星通信中信道部分也大量采用卷积码[8]。

倘若已知一个卷积码的生成多项式，按照所给的多项式，就能够对相应时刻对应的输入数据进行异或 (模 2 加) 运算，得到新的编码进行输出。图 3.5 给出了 (2,1,8) 卷积码编码器的基本结构[9,10]。

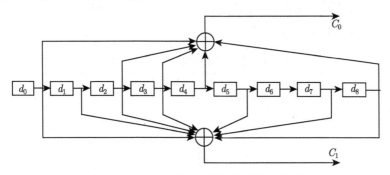

图 3.5 (2,1,8) 卷积码编码器的基本结构

图中的寄存器 $d_0, d_1, d_2, d_3, d_4, d_5, d_6, d_7, d_8$ 分别存储不同时刻的输入数据，当增加一个新的输入数据时，这 8 个寄存器中的数据就会依次向右移动一位。编码输出 C_0, C_1 都是按照已知的多项式，对相应时刻对应的输入数据进行异或运算而获得的。编码输出 C_0, C_1 与 $d_0, d_1, d_2, d_3, d_4, d_5, d_6, d_7, d_8$ 的关系是

$$C_0 = d_0 \oplus d_2 \oplus d_3 \oplus d_4 \oplus d_8 \tag{3.6}$$

$$C_1 = d_0 \oplus d_1 \oplus d_2 \oplus d_3 \oplus d_5 \oplus d_7 \oplus d_8 \tag{3.7}$$

如果将参与表达式 (3.6) 和式 (3.7) 中进行计算的位用 1 表示，不参与计算的

位用 0 表示，那么根据式 (3.6)，C_0 代表了二进制码字 101110001，C_1 代表了二进制码字 111101011，利用八进制可表示为 561 和 753，它们就是卷积码的生成码字，确定了生成码字，也就等于确定了卷积码的码型。

卷积码的距离特性可以用来判别它的纠错能力，而纠错能力又和卷积码采用的译码方法息息相关，因此用不同的译码方法就有不同的距离量度。在编解码理论中，距离是指两个码字中，对应位取值不同的个数。

Viterbi 译码是译码方式的一种，它是一种概率译码，它的纠错能力可以通过自由距离 d_f 来描述。(n, k, m) 卷积码的自由距离 d_f 是定义在整个码树上的，所有无限长码序列之间的最小汉明距离。若自由距离为 d_f，则能在 $m+1$ 连续段内纠正 $t \leqslant (d_f - 1)/2$ 个随机错误。

编码增益 G_c(单位是分贝) 指的是当调制方法以及信道特性都一样的情况下，为了满足规定的差错概率，编码系统所需信噪比 E_b/N_0 较之未编码系统的减小量。编码增益上下界的表达式如式 (3.8) 所示

$$\frac{1}{2} \cdot R \cdot d_f \leqslant G_c \leqslant R \cdot d_f \tag{3.8}$$

其中，R 为编码效率；d_f 是自由距离。

表 3.1 给出了编码效率为 $\frac{1}{2}$，约束长度 m 为 3~9，具有最大自由距离的卷积码，经高斯信道传输和硬判决译码后，相对于未编码相干 BPSK 的编码增益。实际编码增益将随要求的误码率而变化。

表 3.1   部分卷积码编码增益的上界

编码效率 1/2 的编码					
m	d_f	上界/dB	m	d_f	上界/dB
3	5	3.97	3	8	4.26
4	6	4.76	4	10	5.23
5	7	5.43	5	12	6.02
6	8	6.00	6	13	6.37
7	10	6.99	7	15	6.99
8	10	6.99	8	16	7.72
9	12	7.78	9	18	7.78

表 3.2 列出了经高斯信道传输、采用软判决译码、硬件实现或计算机仿真的编码，与未编码的相干 BPSK 相比的编码增益。未编码的 E_b/N_0 列在表的最左边。由表可知，编码增益随误码率的减小而增大，但不会无限上升，其上界如表 3.2 中所示。

4) Turbo 码

Turbo 码又称为并行级联卷积码，是由两个或两个以上的分量卷积码通过交织器级联而成的。Turbo 码是最大后验概率 (MAP) 译码算法和迭代译码思想的一种结合，它可以近似满足香农定理随机编译码条件，获得了接近香农极限的性能。

未编码	误码率	1/3		1/2		
E_b/N_0		7	8	5	6	7
6.8	10^{-3}	4.2	4.4	3.3	3.5	3.8
9.6	10^{-5}	5.7	5.9	4.3	4.6	5.1
11.3	10^{-7}	6.2	6.5	4.9	5.3	5.8
	上界	7.0	7.3	5.4	6.0	7.0

表 3.2 软判决 Viterbi 译码的基本编码增益 (单位: dB)

Turbo 码编译器通常采用短约束长度的递归系统卷积码 (RSC) 作为分量码,信息序列 u 首先经过分量编码器 1 输出编码比特序列 x,同时分量编码器 2 对交织后的信息序列 u_1 进行编码得到 x'',并与 x 经过并/串转换和删除后合成编码比特流,编码比特序列经过信道传输后由 Turbo 码译码器接收并通过串/并转换分别得到信息序列、校验序列 1 和校验序列 2。Turbo 码译码器采用迭代译码的软判决软输入软输出 (soft-input-soft-output, SISO) 算法,分量码译码器输出的外部信息作为另一个译码器的先验信息在两个译码器之间反复传递,并通过一定的收敛性和迭代译码停止准则控制译码过程的结束,由分量译码器 2 输出的硬判决结果得到信息序列的估计值。典型的 Turbo 码编译器结构如图 3.6 所示[11]。

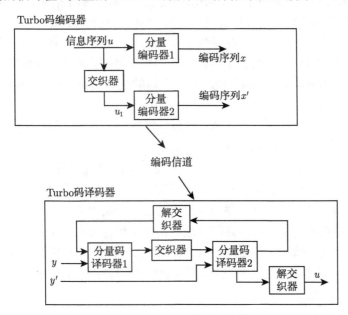

图 3.6 Turbo 码编译器结构图

5) LDPC 码

20 世纪 60 年代,Gallager 就提出了低密度奇偶校验 (low density parity check, LDPC 码),近几年,LDPC 码重新成为学者们的研究热点。LDPC 码与 Turbo 码

一样，都是一种高速的信道编码方式。不同之处在于，LDPC 码是一类线性分组码，它是由 $M \times N$ 的稀疏奇偶校验矩阵生成的。因为 LDPC 码是通过一个稀疏图定义它的约束，因此与 Turbo 码相比，它更容易实现译码，并且可以逼近香农信道容量极限，在码长较长的情况下，它具有更优的性能。LDPC 码自身所具备的这些优势使其在深空通信、卫星通信中的地位越来越高。

随着 LDPC 码在通信中发挥的作用越来越大，学者们开始计划将 LDPC 码用于通信系统的链路差错控制中，来得到理想的传输性能。LDPC 码在各种信道条件下，都比相同的目前已知的编码形式有更高的性能。在早期卫星通信中，人们比较喜欢采用级联卷积码，但级联卷积码在信道特性恶劣的情况下会发生突发错误的传输，从而会引起一连串的错误，造成通信失败，同时卷积码还会产生误码平台现象，因此并不适用于对实时性要求高且 QoS 级别高的业务。研究者们一直觉得 20 世纪 90 年代提出的 Turbo 码性能最为理想，因为理论和实际应用都证明，Turbo 码很接近香农极限，发挥了极好的性能。通过对 Turbo 码和 LDPC 码进行对比研究，学者们发现两者在编码和译码运算上都具有线性复杂度，但在性能上，在码长较短时，相同条件下 (编码速率、码长、信道及调制方式)LDPC 码的性能更优，因此短码的 LDPC 码更适用于实时性要求高的业务 (如实时语音等)。对于 QoS 级别高的业务，使用 LDPC 码的优势就更加明显。当码长较长时，LDPC 码性能更加优于 Turbo 码，而且 Turbo 码存在误码平台现象，也就是说，增加信噪比提高信号功率，Turbo 码的误码率特性并不能向预想的水平降低，这对系统性能造成了一定的影响。所以，当所有条件都相同时，LDPC 码的性能比卷积码和 Turbo 码优异很多[12]。

尽管 LDPC 码具有很好的性能，但是它仍有一些不足之处，这些不足之处会对 LDPC 码的性能产生影响，这些问题包括如下。

(1) LDPC 码校验矩阵的构造。尽管学者们对如何构造最优的 LDPC 码的研究已经获得了一些成果，但仍旧没有一套完整的方法构造一个合适的好码，尤其是在码字长度、码率限定的情况下，很难构造出性能理想的好码。

(2) 寻找适合硬件实现的编译码方法也是一个值得研究的课题，软件实现可以利用已知的算法进行编程，但是对于网络协同通信系统中要传输各种高速、实时的数据流的特点，必将要求其具有能够处理高速、实时数据流的硬件能力。

3.1.2 网络拓扑结构

协同网络通信系统的网络拓扑结构代表了网络的连通性和覆盖性，关系到节点间的通信干扰、路由选择以及转发效率等方面，如果拓扑结构过于松散，就容易产生网络分区，使网络失去连通性，相反，过于稠密的拓扑易导致不必要的网内干扰，也不利于频谱空间利用[13]。

拓扑控制作为协同网络通信系统的核心技术，其基本思想就是，以确保网络连通为前提，剔除冗余通信链路，优化网络拓扑结构，建立一个高效的协同网络传输系统。因此，协同网络通信系统需要进行拓扑控制，对部署形成的拓扑结构进行裁剪和优化。拓扑控制支撑着整个网络的高效运行，良好的网络拓扑能为数据融合、定位技术以及时间同步奠定基础，能够使网络层路由协议和链路层协议的工作效率得到提高。

在协同网络通信系统中，拓扑控制与优化的意义主要体现在：①在确保网络连通性的前提下，尽量减小并均衡利用网络节点的功率；②优化节点间通信干扰，摒弃低效率的通信链路，提高网络通信效率；③为路由协议确定数据的转发节点以及其相邻节点提供支持；④弥补失效节点的影响，增强网络的强壮性。

弹群协同组网是一种用于多弹及平台数据共享的无线网络，网络拓扑结构会影响系统的顽存性、健壮性，影响网络的数据传输时延及吞吐量，因此弹群动态组网的网络拓扑结构的设计非常关键。典型的适用于弹群协同网络的拓扑结构有：无中心的分布对等方式、有中心的集中控制方式，以及上述方式的混合方式。

1. 分布式拓扑结构

分布式拓扑结构如图 3.7 所示。在分布式对等方式下，网络中的任意两个节点之间不需要中心转接站就可以直接进行通信。这时，网络控制功能由各站分布管理。分布对等方式和 IEEE802.3 局域网类似，网络中各节点共用一个无线通道，通常使用 CSMA/CA 作为链路接入协议。分布对等方式的特点是：组网灵活、迅速，网络中各节点功能相同，某个节点的故障不会对网络整体的运行产生影响；设计思想简单，且生产、替换和维修也比较方便；适用于网络拓扑的动态变化，网络

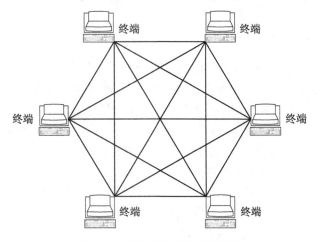

图 3.7 无中心的分布对等方式

坚固性和抗毁性强；便于进行网络的自动管理等。但是分布式网络中每个节点都需要对和全网有关的信息进行保存和处理，如果增加了网络节点数，各节点对附加信息的保存和处理的能力就会被约束，所以对于节点数较多的网络很少采用分布式拓扑结构。

2. 集中式拓扑结构

集中式拓扑结构如图 3.8 所示。集中式拓扑结构存在一个中心节点，中心节点主要用于接入控制和信道分配，并协调网络中的节点和其他节点之间的通信。集中式拓扑结构可以提高对信道的利用率，具有比分布对等方式网络更优的吞吐性能。但是集中式拓扑结构的中心节点在整个网络中有着举足轻重的地位，且任务量大，如果中心节点出现故障，就会造成整个网络的瘫痪。

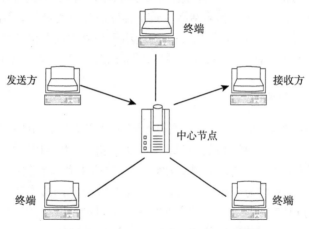

图 3.8　有中心的集中控制方式

3. 混合式拓扑结构

第三种方式则是前两种方式的组合：即分布式与集中式的混合方式，如图 3.9所示。混合式拓扑结构有三种类型不同的节点，分别称为普通节点、群首节点和中继节点。混合式拓扑结构的网络有多层结构，第一层称为群，它是由普通节点组成的，每个群中都有一个群首节点；第二层称为超群，是由各个群的群首组成的，每个超群中都有一个超群首；第三层网络是由超群首组成的，依此类推，能够构造出任意层数的网络。当网络中节点数很多时，采用混合式拓扑结构有利于减少每个节点需要传输和保存的信息量，减轻节点负担。倘若想完成不同群中两个节点之间的双向通信，每个节点只需知道它们所属群中的各节点，它们的超群中的其他群和它们的超超群中的其他超群的有关信息[14]。

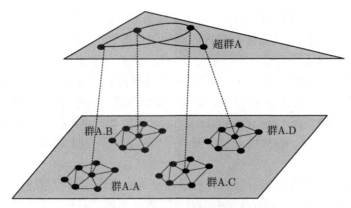

图 3.9 分层分布式网络体系结构

对于弹群协同网络系统应用来说,如果采取集中式网络拓扑结构,则网络的健壮性和抗毁性将较差,一旦中心节点被摧毁,整个网络将会瘫痪,即便采取中心节点替换策略,也无法保证节点的切换能够无缝连接,另外,弹群无线传输信道工作于复杂的战场电磁环境下,链路的状态十分复杂,可能导致备份节点在切换过程中由于被干扰而出现错误,可靠性较低。目前在战术目标指向网络技术 (tactical targeting network technology, TTNT) 数据链中,采取的是分布式的网络拓扑结构,网络内各节点地位平等,整个网络的健壮性和灵活性较好,但是正如前面的分析所说,在网络规模扩大,网内节点增多,网内各节点如果需要维护整个网络的路由信息的情况下,其维护的开销将变得很大,对于宝贵的无线信道资源来说,十分浪费。而未来通用弹群动态协同组网需要考虑多弹群多子网联合通信进行协同打击的作战场景,因此,可能存在大规模数据链网络的情况,因此,初步考虑采取分层分布式网络拓扑结构。在该种拓扑结构中,通过对同一平台或同一打击任务的导弹划分为 1 个子网而形成多个子网,同一子网内的导弹采取分布式的拓扑结构,多个子网间通过网关进行互联,将有效地降低网络拓扑及路由的实现和维护难度。

在实际的应用过程中,可以通过地面发射、舰载发射、飞机投放后在平台部署区形成密集型网状拓扑结构,进行自组网和编队飞行,对战场区域进行协同侦察搜索,各导弹可以通过弹群协同网络通信系统共享自身态势信息,将弹群网状拓扑区域控制在一定范围内。当导弹分波次打击时,形成多个相距一定距离的弹群子网,可通过远程数据链的卫星 (飞机) 中继链路建立星形或树形拓扑,将多个网状子网连接起来,以形成大范围的异构网络。

3.2 链路层接入控制

在弹群协同网络通信系统中,为了完成弹群间的信息交换功能,需要多枚导弹组成无线网络进行信息的相互传输。由于无线信道具有广播特性，网络中任意节点发送的无线信号都能被其通信范围内的其他节点接收，如果邻近范围内有两个以上的节点同时发送无线信号，就有可能在接收节点处发生信号碰撞，导致接收节点无法正确接收发送信息。为此，协同网络通信系统需要引入链路层接入协议，目的是协调和控制多个节点对共享信道的访问，减少和避免信号冲突，公平、高效地利用有限的信道频谱资源，提高网络的性能。因此采取哪种链路接入协议需要综合考虑以下因素：① 公平、有效地分享宝贵的带宽资源；② 获得尽可能高的吞吐量；③ 时延尽可能小。

　　一般来说，一个系统选用什么样的链路接入协议还取决于系统中传送业务的特征。按照时间特性的不同，系统中的业务可以分为稳态业务、慢变业务和突发性业务三类。

　　(1) 稳态业务。由于每个节点的业务量近似保持恒定，可以将接入信道划分为多个小的正交信道，然后按业务量大小将这些小信道固定分配给接入终端，每个终端可以单独使用分配给自己的信道资源。对接入信道的划分可以是时间上的，如时分多址 (TDMA)；或是频段上的，如频分多址 (FDMA)；也可以是时分和频分的组合等。

　　(2) 慢变业务。由于每个节点的业务量随时间缓慢变化，采用按需分配的方式对信道资源的利用比较充分，称其为请求指定多重存取 (demand assigned multiple access，DAMA)。在这种接入方式中，系统从接入信道中划分出一部分专门作为 "请求" 信道 (request channel)。若用户节点需要发送数据，则先通过请求信道向中心控制站发出申请，中心控制站收到该申请后做出响应，按照某种法则给该节点分配一定的接入信道资源。由于采用请求–响应方式，要求中心控制站与节点之间显式或隐式地交换请求控制信息，DAMA 不可避免地引入了信道容量的额外开销，因此不适用于突发性的短消息传输业务。

　　(3) 突发性业务。由于单个节点的业务量和业务速率随时间变化比较大，通信时间短而峰值速率很高，采用前面两种接入方式很难提高信道利用率。这种系统多采用随机接入的方式，例如，完全随机多址接入方式 (ALOHA)、载波检测随机接入方式 (CSMA) 和统计优先级多址接入技术 (SPMA) 等。在随机接入中，连接在公共信道上的节点都处于平等地位，不存在起中央控制作用的中心控制站，各节点在一定的限度内可以独立随机地向公共信道发送数据包，各自都分担一定的控制和管理信道的任务。该方式控制和实现都比较简单，但由于存在随机因素，因此避免不了发送数据包之间的碰撞现象，这是随机方式固有的竞争性造成的系统特性。

　　根据弹群协同网络通信特点以及每发导弹的通信业务量较稳定的情况，可以选择固定分配类链路层接入协议。从原理上讲，TDMA、FDMA、CDMA、SDMA(空分复用接入)、SPMA 等多址接入协议都可以作为弹群协同网络通信的链路层接入协议,然而,在实际选择链路层接入协议时,需要结合弹群协同网络通信的特点,对一系列因素进行综合考虑,以选择一个最佳的链路层接入协议。本书主要介绍 TDMA 以及 SPMA 两种典型协议。

3.2.1 TDMA 协议

1. TDMA 简介

TDMA 协议是针对自组织网络的分布式资源分配协议,考虑了多信道设计以及多频率空分复用,可以充分利用无线信道资源。即适用于单频率、单信道,也适用于多频率、多信道。通过握手预约的机制,有效避免资源分配冲突,并可使通信网络中的各个节点及时获取冲突域内相关邻居节点对资源的使用情况。在本节点进行数据通信时,根据本地无线资源相关结构保留的资源使用情况选择相应的接口、信道、扇区内的相应帧及时隙进行通信,提高资源使用效率,使全网资源得到合理分配与使用,提高整个通信网络的系统吞吐量。

2. TDMA 帧结构

动态 TDMA 协议用于解决用户节点在大规模通信组网下信道资源利用率低的问题。系统采用固定 TDMA 加动态预约结合方式,固定分配方式可以使系统具有最低业务保障,保证数据发送的稳定性;动态预约方式使系统可以多个节点并发,提高信道资源利用率,帧结构如图 3.10 所示:一个超帧包括多个复帧,一个复帧包括控制帧和数据帧,一个复帧包含若干时隙,其中的前 N 个时隙为控制时隙,使用固定 TDMA 方式,按照节点号先后分配。控制帧可以发送控制信息及数据,控制信息包括调度信息、建链信息、链路状态、反馈信息和路由信息等,其中调度信

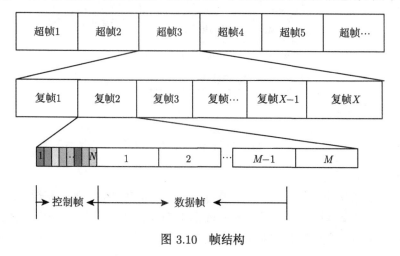

图 3.10 帧结构

息用于预约数据时隙,建链信息用于链路 QoS 标识,链路状态反馈信息用于自适应编码调制及自动功率调整,路由信息用于路由建立和维护[15]。

控制帧优先发送控制信息,在剩余的时隙空间中发送广播、单播数据。控制帧使用低阶调制编码发送,单播数据根据链路质量情况使用自适应调制编码发送。数据帧用于发送数据,为发往特定节点的单播数据。

3. 接入流程

当节点开机后,需在一个时间 T 内等待接收其他节点的 MSH-NCFG(网状网络配置) 信息 (MSH-NCFG 信息主要完成对邻居节点信息的搜集和对网络的配置等功能),如果未收到 MSH-NCFG 信息,则主动向外广播 MSH-NCFG 信息,并设置自身为中心节点,其他节点收到这个 MSH-NCFG 信息后与该节点建立同步。同步后,进行入网流程,建立网络连接,如图 3.11 所示。

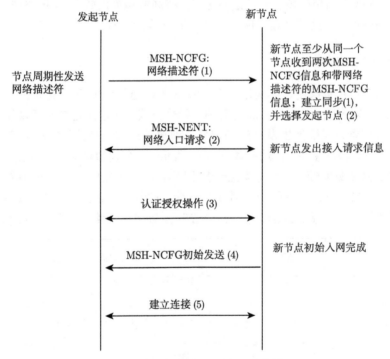

图 3.11   新节点入网流程示意图

1) 扫描和同步

在节点初始化或者信号丢失后,节点搜寻 MSH-NCFG 信息来获得同步。如果新节点在扫描 T 时间之后,仍然没有接收到 MSH-NCFG 信息,则新节点就被当作网络的初始节点。初始节点将读取静态配置信息,构造并发送 MSH-NCFG 信息。

2) 选择发起 (sponsor) 节点

新节点至少从同一个节点收到两次 MSH-NCFG 信息,并且至少要收到一个网络描述符 (Network Descriptor) 的 MSH-NCFG 信息后,建立和这个节点的同步。然后,新节点根据获得的信息来建立物理邻居列表。

新节点从物理邻居列表里面选择一个邻居节点作为发起节点,然后发送 MSH-NENT(网络接入): 网络入口请求 (NetEntryRequest) 信息来请求入网,信息包含发起节点的节点编号 (NodeID)。

3) 认证授权 AUTH

认证授权过程完成对新节点的身份认证。

4) MSH-NCFG 初始发送

新节点准备好并发送 MSH-NCFG 消息。

5) 建立用户数据连接

通过业务特性,建立用户承载,标识业务 QoS,根据 QoS 参数进行动态资源预约及数据调度。

3.2.2 SPMA 协议

1. SPMA 简介

统计优先级多址接入 (statistical priority multiple access, SPMA) 技术是一种基于广义 CSMA 的多址接入技术。与传统 CSMA 不同,信道不仅仅是忙、闲两种状态,而是通过脉冲计数统计,获得信道占用状态的指标,它具有分布性、移动性以及对等性等特点,可以根据统计特性随机进行信道接入,能够满足平台灵活适应、动态组网的需求。主要特点为[15]:①提供 QoS 支持,支持多种业务优先级;②优先级业务提供极低接入时延;③保证 99%的报文成功递交率;④支持节点数量多。

2. SPMA 物理层

每个节点具备一套半双工收发设备,其中包含一个发射机和多个接收机。发射机在不同信道上轮询,而每个接收机在各个信道上进行侦听。物理层数据帧采用 1/3 速率 Turbo 码编码,包含 27 个数据脉冲,且以相应高速率进行发送。在干扰信道条件下,只需要接收 27 个数据脉冲中的 14 个就可以将数据帧译码。

图 3.12 显示了 SPMA 的脉冲传输原理,在时隙 ALOHA 接入方式下,要达到 99%的报文成功递交率,系统只能有 1%的信道负载。而 SPMA 系统采用了跳时与跳频方式。每个节点具有一个半双工收发信机,能够在多个频点上发送和接收。收发信机只要不在发送状态,就切换到接收状态。每个数据帧被拆分为多个分片,每个分片用一个脉冲进行传输。每个脉冲传输时,随机地选择一个延迟和频率进行发

送。于是，多个脉冲的传输就分散在不同的时、频点上。在每个脉冲中，还嵌入了同步信息，用于标识脉冲。

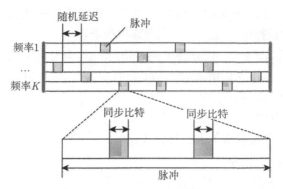

图 3.12 SPMA 的脉冲传输原理

不同节点的脉冲可能发生重叠干扰，例如，在时间和频率上重叠的脉冲，或者时间上重叠而频率上相邻的脉冲。为了避免处理错误的脉冲，每个脉冲均采用了纠错编码。一旦接收到的脉冲出现错误，就将该脉冲被干扰的部分删除掉，而不参与解码。

由于节点采用半双工收发信机，在发射时不能接收，因而在发射时可能丢失来自其他节点的数据脉冲 (可视为删除信道)。只要保证节点的发射时间不超过 15%，节点在剩下的 85% 的时间内接收，那么每个数据脉冲平均就有 85% 的接收概率，平均可以接收 27 个数据脉冲中的 14 个。

$$P_{\text{succ}} = \sum_{n=1}^{14} C_{27}^n \times 0.85^n \times 0.15^{27-n} \tag{3.9}$$

节点在 85% 的时间内进行接收，每个数据帧的成功率为 P_{succ}，同时接收 N 个数据帧且都成功的概率为 P_{succ}^N，且要求 $P_{\text{succ}}^N \geqslant 99\%$。根据式 (3.9) 可以得到，$N=4$ 是合理的选择。

当 $N=4$ 时，系统具有 4 个接收通道。采用 4 组脉冲缓存队列，对最先到达的 4 组脉冲进行缓存。只要脉冲的同步比特相同或相关，就放入相同的缓存队列中。当接收到足够多的脉冲后，将同一缓存队列中的脉冲合并解码为物理层数据帧，并向链路层递交，且将对应的缓存清空，以接收后续的脉冲。脉冲无论是否进行缓存，都应该进行计数，并向链路层报告。

3. SPMA 链路层

1) 链路层状态机

SPMA 链路层协议主要包括 3 个状态：空闲、发送和退避。其中，空闲状态表示节点数据队列为空，没有数据帧需要发送。此时，节点处于接收状态。发送状态表示节点正在发送数据帧。退避状态表示尽管节点数据队列中存在数据帧,但由于信道太过繁忙而不能发送,需要等待一段时间后再作判断。

图 3.13 显示了 SPMA 状态机图。当上层报文到达时,首先将报文插入数据队列中,然后,对数据队列进行处理。如果没有报文需要发送,队列空,那么回到空闲状态;如果需要发送报文,但由于信道占用率太高,需要退避,那么进入退避过程;如果需要发送报文,且信道占用率低于阈值,那么进入发送过程,将报文发出。退避过程和发送过程结束后,依然按照上述方式进行判断,处理数据队列。

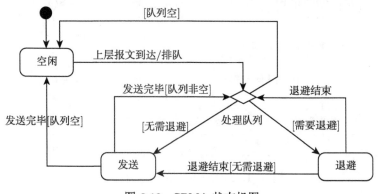

图 3.13 SPMA 状态机图

2) 队列的处理流程

SPMA 队列的处理流程如图 3.14 所示。首先,检查队列中最高优先级的报文,如果该报文超期,那么丢弃该报文,并继续检查队列中下一个最高优先级的报文。如果队列变空,那么返回队列空。

如果报文没有超期,那么检查当前信道占用率。如果信道占用率低于阈值,那么可以发送报文,返回无需退避。如果信道占用率高于阈值,那么暂时不能发送报文,返回需要退避。

3) 优先级队列的处理

如图 3.15 所示,共有 n 个队列,每个队列具有一个优先级。其中,优先级 1 最高,依次降低。上层数据帧递交给 SPMA 协议后,插入相应优先级的队列。

在需要发送数据帧时,首先检查最高优先队列中的报文,如果信道占用率低于对应的优先级阈值,那么发送报文;否则,进行退避。

4) 信道占用率的统计

每个节点具备一套半双工收发设备,其中包含一个发射机和多个接收机。发射机在不同信道上轮询,而每个接收机在每个信道上进行侦听。

每个数据脉冲嵌入了 TSEC 同步图案,用于识别数据脉冲。接收机对所收到的

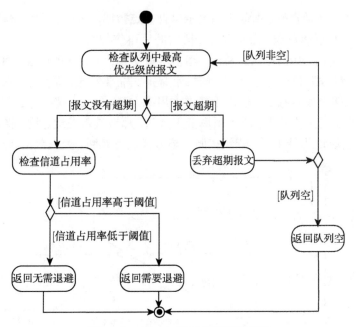

图 3.14   SPMA 队列的处理流程图

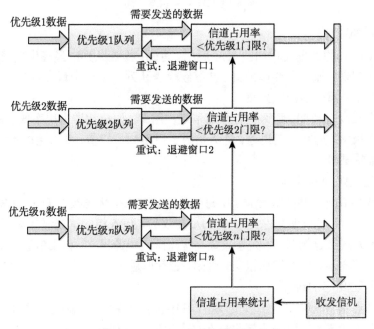

图 3.15   SPMA 优先级队列的处理

数据脉冲进行统计，计算出一段时间内的数据脉冲数量。该段时间被称为信道占用窗口 (channel occupancy window)，所统计出的数据脉冲数量称为信道占用率 (channel occupancy)。

3.3 网络层路由协议

路由是由网络层向链路层提供的选择传输路径的服务，它是通过路由协议来实现的。路由协议包括两个方面的功能：寻找源节点和目的节点的优化路径；将数据分组沿着优化路径正确转发。

弹群协同网络通信具有节点间自组织通信、无线通信链路不稳定的特征，网络内的数据传输可以发生在任意节点对之间，因此弹群协同网络通信路由协议需要结合自身特点进行设计，首先，网络传输的时间、空间特性是不同的；其次，弹群网络节点数目一般都很大，节点只能获取局部拓扑结构信息，路由协议需要在局部信息的基础上选择合理的路径；另外，弹群网络拓扑变化频繁，网络的拓扑维护性能也需要重点关注。本节介绍适用于弹群网络通信的三种经典路由协议。

3.3.1 AODV 协议

1. 协议概述

Ao Hoc 按需距离矢量 (Ad Hoc on-demand distance vector, AODV) 路由协议是一种按需路由协议。倘若网络拓扑结构改变，AODV 路由协议可以快速收敛，具有断路的自我修复功能，以及计算量小、存储资源消耗小、对网络带宽占用小的特点。AODV 路由协议通过使用目的节点序列，可以实现无环路由，并且避免了无穷计数的问题。为了避免单向链路引起的错误操作，AODV 路由协议中增加了一个黑名单选项，用来保存和自己是单向链路的邻居节点[16,17]。

AODV 中存在三类不同的协议帧，分别是路由请求 (route request, RREQ) 帧、路由应答 (route reply, RREP) 帧和路由错误 (route error, RERR) 帧，其广播的目的节点地址是受限的广播地址 255. 255.255.255，广播帧通过采用 IP(internet protocol) 头部的 TTL(time to live) 域可以实现对自身传播距离的约束。

路由查找建立过程如图 3.16 所示。N_1 为网络数据分组的源节点，N_7 为网络数据分组的目的节点，若 N_1 节点和 N_7 节点之间已经建立了可以使用的路由，则 AODV 进程便不会运行。如果 N_1 和 N_7 之间没有建立可以使用的路由，则 AODV 进程会开始进行路由查找和构造过程。首先 N_1 节点广播一个包含源节点地址、源节点序列号、目的节点地址、目的节点序列号和跳数等参数的 RREQ 消息，当中间节点 N_2、N_3 和 N_4 收到 RREQ 时，产生或更新至 N_1 节点的反向路由，如果构造的反向路由中包含 RREQ 所搜寻的可以使用的路由，并且 RREQ 帧没有设置

D 标志，则向上一跳节点回复包含源节点地址、目的节点地址、目的节点序列号、跳数和生存时间等参数的 RREQ 消息，RREP 通过中间节点转发后传送至 N_1 节点，否则中间节点继续广播 RREQ 消息，直至 N_7 节点接收了 RREQ 消息为止。接收了 RREQ 消息的 N_7 节点会回发 RREP，并以中间节点为媒介，将 RREP 传送至源节点 N_1，这就是完整的路由构建过程。RREQ 有多条传播路径，但 RREP 始终沿着中间节点最少的路径 (N_1、N_2 和 N_7) 从目的节点回传给源节点，也就是说，RREP 通常选取经过中间节点最少的路由。

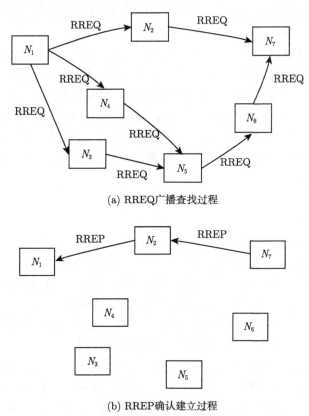

(a) RREQ广播查找过程

(b) RREP确认建立过程

图 3.16　AODV 路由查找建立过程

　　路由中的每个节点在构建完路由表项后，都肩负着路由维持、管理路由表的任务。进行路由表的管理时，如果路由不需要继续使用，路由中相对应的项就会被节点删除。同时，节点会对一个活动路由中下一跳节点的情况进行监测，如果有链路断开的突发情况，节点就会向其余节点发出 RERR 的信号以便进行路由修复。RERR 消息中明确指出了因为链路断开而无法到达的目的节点。每个节点中都有一个 "先驱列表"(precursor list) 来帮助完成错误报告，先驱列表中存储了把自己作为到当前不可达节点的下一跳的相邻节点。

AODV 路由表必须包含短期有效的临时路由,比如接收 RREQ 帧的时候建立的临时路由。协议中规定了一个 AODV 路由表表项的结构,对各个结构的作用也做了详细说明。

2. 路由建立

如果网络中某个节点的路由表中不存在去另一个节点的有效路径但是仍要实现和另一个节点之间的通信,就需要将该节点和另一个节点分别当作源节点和目的节点,然后开始进行路由的建立。源节点会通过洪泛 RREQ 分组的形式来建立路由,所有接收到 RREQ 分组的节点都会对该分组节点进行转发,直到找出一条可以去往目的节点的可以使用的路由或者发现目的节点为止。当 RREQ 到达目的节点以后,目的节点会发出一个 RREP 信号;而当 RREQ 传送至某个中间节点,且这个中间节点有去往目的节点的路径时,该中间节点会同时发送一个 RREP 信号给源节点和目的节点。在 AODV 协议中,每个节点都会存在一个序列号,来避免数据的循环传输。构造正向路由和反向路由是 AODV 路由建立过程中的两个很重要的工作。反向路由是在 RREQ 进行分组传播的同时建立起来的。当 RREQ 到达目的节点时,目的节点顺着反向路由向源节点发出 RREP,RREP 传送到源节点的过程就是建立正向路由的过程。如图 3.17 所示,S 为源节点地址,D 为目的节点地址[18]。

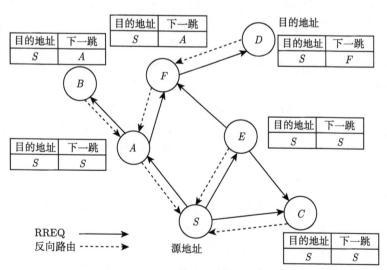

图 3.17 RREQ 广播与反向路由建立

当 S 的本地路由表中没有去往 D 的路径但是 S 有数据需要传送给 D 时,S 就会通过路由发现来搜索路由。S 会发出一个 RREQ,与 S 相距一跳距离的节点

A、E、C 接收到该 RREQ，之后，A、E、C 会在各自的路由表中记录自己的目的节点的下一跳是 S，并对自身是否为 RREQ 的目的端进行判断，如果是 RREQ 的目的端或自己的路由表中包含通往目的端的路由，则会成功建立一条反向路由，否则，继续对 RREQ 进行转发。假设 A、B、C、E、F 的路由表中没有通往目的地址的路由，节点 B 和 F 就会收到节点 A 通过广播传送的 RREQ 消息，B 和 F 同样会在各自的路由表中记下目的地址为 S 的下一跳是 A，并对自身是否为 RREQ 消息的目的节点进行判断，显然 B 和 F 都不是 RREQ 消息的目的节点。接着 B 和 F 会继续上述过程，也向自己的邻居节点广播 RREQ 消息，D 收到 F 传输过来的 RREQ，同样首先记下自己目的节点 S 的下一跳为 F，并对自己是否是目的节点进行判断，图 3.17 显示 D 是 RREQ 消息正要寻找的目的节点，由此，反向路由成功建立。在建立反向路由时，E 也会对 RREQ 消息进行广播，但是这个 RREQ 消息已经被节点 F 和 C 处理了，所以 E 广播的 RREQ 消息不会被处理，E 也不会存在指向自身的一条反向路由。

传输 RREQ 消息时，如果中间节点中存储了可以去往目的节点的有效路由，同时 RREQ 中字段 "D" 没有设为 1，则该中间节点就会发出一个 RREP 消息并通过反向路由传送给源节点。倘若此时 RREQ 中的字段 "G" 被设为 1，那么中间节点会发出一个无请求的 RREP 消息给目的节点，这个无请求的 RREP 分组可以使得目的端不在启动一个去往源端的路由发现过程。

当 D 接收到 RREQ 消息之后，会发送一个 RREP 消息，并沿着反向路由回传给源节点，RREP 采用单播的方式回传给 S 的过程就是构造正向路由的过程，如图 3.18 所示。首先 D 沿着反向路由单播一个 RREP 消息，F 接收到 RREP 消息之后，会记录到正向路由的目的节点 D 的下一跳是 D，并接着沿反向路由对 RREP 消息进行单播。A 接收到 F 发送的 RREP 消息同样记录下通向 D 的下一跳节点是 F，接着继续沿着反向路由对 RREP 消息进行单播，此时反向路由的目的节点 S 接收到 F 发送的消息，S 记录下到正向路由的目的节点 D 的下一跳节点是 A，此时，正向路由也成功建立，可以用于发送和接收数据分组。

3. 路由维护过程

AODV 只需要对正在使用的路径上的路由进行维护就可以，倘若节点和正在使用的路由无关，那么就不会对已经创建的路由造成影响。AODV 协议有两种路由维护机制：局部修复和源节点重建路由。

局部修复如图 3.19 所示。活动路径上的各节点会周期性地传送一个 HELLO 消息给自己的邻居节点。如果某个节点很久没有收到其他邻居节点发送的 HELLO 消息，说明该节点和其邻居节点之间的路径断开了，就需要启动路由维护进行修复。如图 3.19 所示，当节点 C 和节点 E 之间的路径突然断开时，因为断裂处更接近目的节点,会对断裂处进行局部修复。首先 C 节点会对数据进行缓存,然后将目的节点序列号加 1,并启动一个以 C 为源节点,D 为目的节点的路由发现过程。D 收到 RREQ 消息后,会发出一个 RREP 消息,并回传给 C,这就是整个路由修复过程;倘若 C 很久都没有接收到 D 发送的 RREP 消息,会向源节点传送一个 RERR 消息,请求源节点帮助进行路由修复。

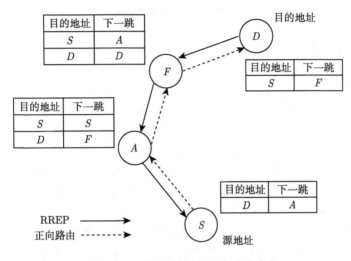

图 3.18 RREP 传播与正向路由建立

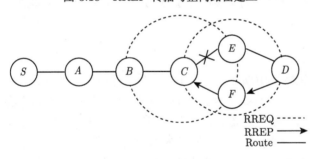

图 3.19 局部修复

如图 3.20 所示,给出了源节点重建路由的过程。如果 A、B 之间的路径出现断裂,此时断裂处更接近源节点,可以利用源节点对路由进行重建来完成路径修复。首先节点 A 会向源节点单播一个包含不能到达的目的端的 IP 地址的 RERR 消息,各个节点接收到源节点发送的 RERR 消息并发现自己的路由表中含有不能到达的目的端的 IP 地址,就将包含该 IP 的路由设为无效并向上游节点广播 RERR,这样便于对所有被影响的节点进行处理,处理完成后再利用源节点通过新的路由发现构建路由。

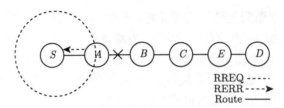

图 3.20　源节点重建路由

3.3.2　DSDV 协议

1. 协议概述

协议–目的节点序列距离矢量协议 (destination sequenced distance vector routing, DSDV) 是在经典 Bellman-Ford 路由选择算法基础上提出的一种改进算法，它既保留了距离矢量 (distance vector，DV) 路由算法思想简单、对拓扑变化反应灵敏的优点，也解决了 DV 算法中存在的循环和无限计数等不足[18]。总体来讲，DSDV 算法可以看成一种拓展的 DV 算法。它的拓展体现在：对每条路径设置了一个序列号；各目的节点会周期性地发出一个偶数且单调递增的序列号；当一个节点发现它到某个目的节点的路径断开时，它把到这个节点的距离设为 ∞，并使断裂路径的序列号加 1 使得序列号成为奇数，接着向全网络广播这个更新包。如果断裂的路径得到修复，该路径的序列号会继续加 1 使序列号重新变为偶数，然后在向全网络进行广播。

2. 路由建立

组网阶段如果网络中增加了新的节点，新节点通过广播宣告自己的存在，邻居节点接收到广播包后会将新节点的信息插入路由表中来构造一个新的路由表，并立即向全网发送这个新的路由表，这样，一段时间过后，每个节点都能够建立一个完整的路由表，路由表中存储了到网络内部所有可能的目的节点的路由。

路由表中包含如下信息：目的地址、下一跳地址、路由跳数 (metric)、目的节点的序列号以及路由建立时间、路由稳定时间和稳定数据指针[19]。

3. 路由维护

DSDV 的路由维护是 DSDV 协议中一个重点被关注的问题。DSDV 协议中各节点维护路由的方式主要是通过传播路由的更新分组。网络中各节点定期在全网广播路由更新分组，并将完整的路由信息传送给邻居节点。即使网络的拓扑结构出现变化，这种定期广播仍旧会发生，这是 DSDV 路由和按需路由之间最不同的地方。除了定期广播之外，网络结构的改变也必须及时进行路由维护，此时各节点必须立刻对路由更新分组进行广播，当其他节点收到路由更新分组之后，需要对信息进行判断，如果是新的信息就将自身的跳数加 1 后再发送，该过程一直进行，直到每个节点都收到路由更新分组的一个拷贝 (跳数不一定相同)。

为了避免节点收到过期的信息，在目的节点端，每个路由表项都设置了一个序列号 (sequence number，SN)。当节点发送路由更新分组时，需要在自己序列号的基础上加上一个偶数 (如加 2) 之后再进行发送更新分组信息给邻居节点。接收到更新分组信息的邻居节点，会首先对序列号进行判断，如果大于路由表中相应目的节点的序列号，则说明邻居节点收到的信息不是过期的，节点会将旧的信息删除并将这条新的信息添加进来，如果序列号相同，就对跳数值进行比较，选择跳数小的，如果序列号和跳数值都不满足要求，则说明邻居节点收到的信息是过期的，邻居节点会忽略此路由更新分组，保留原路由表。新的路由广播包括目的节点的地址、到目的节点的跳数、请求信息包的序列号和新的发送序列号。

学者们研究了两种路由更新分组形式。第一种是完整数据包 (full dump)，它包含该节点的所有路由表项，在节点移动速度不高的网络中，这种数据包很少被发送。另一种是较小的增量 (incremental) 数据包，用来对上次完整数据包有变化的信息进行转发，即两次广播之间，如果信息发生变化就采用小的增量数据包进行信息传送。

即使链路发生中断也需要进行路由表维护。判断链路是否中断有两种检测方法，一种是通信硬件检测，另一种是通过时间进行推断，也就是说如果经过很长时间节点都没有收到来自前一个节点的信息，就说明该节点和前一个节点之间发生了链路中断，用跳数为无限大来对断开的链路进行描述。此时，检测出链路断开的节点就广播一个更新分组，发送的更新分组信息包含一个新的序列号，这个序列号是在原不可达节点的序列号上加上一个奇数 (如加 1)，跳数设成无限大，这样做会刷新路由表，只有当前节点重新接收到丢失节点发送的信息后才会建立新的路由。

DSDV 中，数据包转发时根据路由表选择路由。每个节点的路由表包括了自组网中每个其他节点的地址和对应于目的节点的下一跳地址。例如，节点 1 和 5 之间要实现通信，通过对路由表进行查询，节点 1 发现自己的下一跳为节点 2，就会向节点 2 传送数据包，收到数据包后，节点 2 首先会查询自己的路由表，表上显示：目的节点 5 的下一跳是节点 4，节点 2 就会向节点 4 传送数据包。收到数据包后，节点 4 同样会对自己的路由表进行查询，节点 4 查询后得知下一跳是节点 5，这样数据包最终就被发送给目的节点 5。

3.3.3 OLSR 协议

1. 协议概述

最优链路状态路由 (optimized link state routing, OLSR) 协议是一种表驱动式优化链路状态的路由协议。它主要采用两种控制消息分组：HELLO 分组和 TC(topology control) 分组。这两种控制消息分组中都包含序列号，节点通过对序列号进行比较，就能够轻易判断控制消息分组是否是最新的，不会受到分组重传的影响[20]。

HELLO 分组主要用来构造一个节点的邻居表，报文中可以包括邻居节点的地址以及本节点到邻居节点的延迟或开销，OLSR 通过周期性地广播 HELLO 分组来实现对邻居节点状态的监测。其中，节点之间的无线链路状态包括非对称链路、对称链路、一般链路和失效链路；邻居状态有对称邻居、MPR 邻居和非邻居。HELLO 分组不能被转发，它只可以在一跳的范围内进行广播。

如图 3.21 所示，在初始化阶段，A 的邻居节点 B 向 A 发送了一个 HELLO 分组，当接收了这个分组后，A 会将 B 纳入邻居集中，并将 A、B 之间的链路状态设置为非对称状态，然后，A 也会向 B 传输一个 HELLO 分组，这个传输的 HELLO 分组中包括了 B 是 A 的非对称状态的邻居节点的信息，接收了这个 HELLO 分组后，B 在自己的邻居集设置 A 的邻居状态为对称状态，紧接着，如果 B 继续向 A 发送 HELLO 分组，HELLO 分组中就包含了 A 是 B 的对称状态的邻居节点的信息，收到该 HELLO 分组后，A 会将自己邻居集合中 B 的状态设置为对称状态。HELLO 分组同时也用于各节点向自己的邻居节点广播本节点的多点中继节点 (multi point relays, MPR) 的选择。因此，完成邻居通告以后，A、B 节点会对自身的多点中继节点进行计算，计算之后交互的 HELLO 分组中就会含有 A、B 各自的多点中继节点信息。

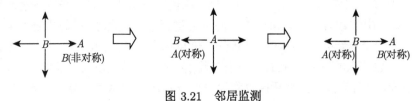

图 3.21 邻居监测

与 HELLO 消息相反，TC 分组必须对全网进行广播。当每个多点中继节点使用 TC 控制消息进行链路状态信息的声明时，只需要对其自身和 MPR 选择节点 (MS) 之间的链路状态信息进行声明即可，而无须对它和所有一跳邻居节点之间的链路状态信息进行声明。采用这种声明方式可以极大地减少 TC 控制分组的长度。各节点按照接收到的 TC 分组以及自己的邻居信息对网络的拓扑图进行计算。但是只有多点中继节点的邻居节点才有资格对 TC 控制消息进行转发。为了将网络中的所有节点串成一张完整的网络拓扑图，必须将包含网络拓扑消息的 TC 分组洪泛到全网，并且还需要考虑无线链路带宽的局限性，对广播分组的数量进行限制，OLSR 协议抛弃了传统的链路状态路由协议中的方法 (各节点的邻居节点必须要对 TC 分组进行转发)，只在节点的所有邻居节点中选择一些邻居节点用来对 TC 分组进行转发，我们将选中的邻居节点叫作多点中继站 (MPR)。每个节点只会选择一部分自己的一跳邻居节点来当作 MPR，但是被选为 MPR 的邻居节点，必须要和节点自身之间是双向对称链路，节点所发送的分组在经过多点中继站转发之后，可以传送到节点所有的对称的两条邻居节点，如果可以达到这些条件，MPR 就能够对 TC 分组进行转发。OLSR 协议还要求 MPR 的数量尽量少。通过双向对称链路策略形成的路由避免了数据分组在单向链路上传送时如何获得分组接收确认的问题。

如图 3.22 所示，节点 1 周期性地发送 TC 分组，在 TC 分组中就包含了将该节点 1 选为 MPR 的邻居节点地址 (称为 MPR 选择节点)，当节点 2、3 收到了来自节点 1 的 TC 分组时，会首先确认一下自己是否能作为节点 1 的 MPR，如果两个节点都能作为节点 1 的多点中继站，会再根据 TC 分组的序列号，确认所收到的 TC 分组是不是最新的，MPR 只对最新的 TC 分组进行转发，对过期的 MPR 分组会进行抛弃；如果节点 1 的邻居节点发现自己并不是节点 1 的 MPR，就不会对 TC 分组进行转发。

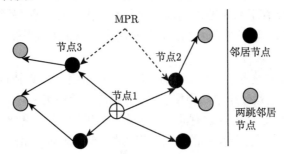

图 3.22　节点的两跳邻居节点和 MPR

OLSR 利用 MPR 节点进行选择性洪泛，可以使得控制信息洪泛的规模明显减少，所以使用 MPR 节点是为了减少网络中控制信息的转发而采用的一种优化方法，如图 3.23 所示，采用 MPR 机制对路由控制消息进行选择性的洪泛可以使得全网中路由控制消息数量显著减少，而网络规模的扩大会更加凸显出 MPR 机制的优势。利用 MPR 的思想可以对 TC 分组在全网的传播规模进行合理的控制，降低了控制分组带给全网的负荷，从而可以有效地防止广播风暴的形成。

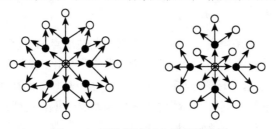

图 3.23　无选择洪泛和选择性洪泛

OLSR 协议中一个或多个控制消息被封装成数据分组，利用用户数据报协议 (user datagram protocol, UDP) 的端口 698 进行通信。根据控制消息，OLSR 协议可以获得路由计算必须采用的邻居表和拓扑表，根据自身的邻居表以及 TC 消息形成的拓扑表，能够了解当前网络的拓扑结构，但是由于 MPR 节点转发的 TC 消息并没有包含所有一跳邻居信息，使得这种了解是大致的。在这个拓扑认识上，利用有向图上的 Dijkstra 最短路径算法，节点能够完成对自身本时刻路由表的计算。

2. 路由建立

和很多基于表驱动的路由协议一样，在路由表结构上面，OLSR 路由协议同样包括三个部分的内容：目的地址、下一跳地址和到目的地的距离。

路由表中目的节点地址域保存所要到达的目的节点地址，每个表项都存储了不同的目的地址来实现对路由关键字的区别和查找。下一跳节点地址域存储了去往目的节点的路径上的下一跳节点的地址，作为转发数据时生成报文的报头信息。跳数值域 R_dist 保存了从本节点到达目的节点所需要的跳数 (每经过一个中间无线节点则计算一跳)，除跳数值域以外，对距离也可以根据实际要求选用不同的测量方法，如带宽或时延等。

为了改善协议的兼容以及可扩展性，对所有的分组 OLSR 协议都采用包格式，而分组类型的确定依赖分组中的类型字段。分组内部能够实现对消息的封装，如果封装的是多个消息，这些消息都有同一个包头，分组可以在全网或者一定的范围内洪泛，节点可以通过对分组头部的 TTL 字段进行设定来对分组的洪泛范围进行约束。每个节点应该有选择地对于需要转发的分组进行重传，尽量减少对已转发过的分组的第二次转发，以此来防止广播风暴的形成，并且通过检查分组头部，节点可以得到发送该分组的节点的一些附加消息。

OLSR 路由协议按照逐跳转发的形式实现对数据的分组，逐条转发形式是指通过分布式计算，各节点建立各自的路由表，对于收到的待转发的数据分组，按照分组的目的地址，在路由表中搜索相应的表项，获得下一跳节点，之后再向下一跳节点发送数据分组，并重复上述过程，直到到达目的节点。

3. 路由维护

每个节点都有一张路由表，来实现对网络中其他节点的寻路，路由表是按照本地邻居表和拓扑表计算得到的，如果这两个表发生了变化，我们都需要对路由表进行重新计算，详细地说，如果链路集、邻居节点集、两跳邻居节点集、拓扑表中任意一个发生改变，即使改变很小，路由表都必须重算一遍，更细致地说，邻居节点或两跳邻居节点的数量发生变化、拓扑表中的记录发生改变，路由表都需要进行新一轮的计算。

OLSR 协议采用 Dijkstra 的最短路径优先算法来完成对路由表的计算，根据计算目的的不同，可以对链路带宽、时延、队列长度等因素选取合适的权重因子来表示路径的长短，具体按照如下的步骤进行：

(1) 从对称的邻居节点开始，将它们作为距离为一跳的目的节点 (h=1)，加入路由表；

(2) 如果在上面的记录中，没有邻居节点地址，则需要增加一条新的记录；

(3) 对每个两跳邻居节点，将它们作为距离为两跳的目的节点 (h=2)，增加路由表项；

(4) 向路由表中添加距离为 $h+1$ 的目的节点的路由表项，从 $h=2$ 开始，对于本地节点拓扑表中的每个表项，如果在路由表中没有任何一条表项的地址，同时在路由表中存在两个地址，那么需要为路由表增加一条新的表项。

3.4 网络管理

网络管理是指通过对网络运行状态的实时监控，保证网络在提供服务时的有效性、安全性、可靠性和经济性，即监督、组织和控制网络通信服务和信息处理所必需的各种活动的总称。

网络管理是用来确保网络的正常运行的，它是协同网络通信的关键组成成分。协同网络通信规模的增加和业务的多样化，增加了网络的复杂性，提高了网络管理的困难度。而对于弹群协同网络，同样需要一个高效的网络管理系统，按照不同的任务和业务，实现对网络的规划和管理。

3.4.1 网络管理系统的功能、组成和特性

1. 系统功能

弹群协同网络管理系统负责弹群协同网络的操作与维护，确保弹群协同数据交换的连续可靠运行。网络运行管理工作包括：动态建立、维护和中止网络参与成员间的链路通信，以及根据战场环境的变化及时做出响应。网络控制与协调任务包括：监视网络弹群的位置、状态，分配网络成员频率资源与时隙资源，维护正确的网络结构，满足多链路要求和管理链路。网络管理的操作范围包括：为弹群中具体节点指定其在网络中的作用，启动或停止中继，改变网络参数设置，改变工作状态等。网络管理系统的主要功能总结如下：①系统网络的规划以及网络的初始化；②监视网络运行情况，适时动态调整网络；③监控系统频率的使用；④时隙分配、重分配以及时隙使用情况的监控；⑤对网络成员的请求进行监控并及时做出响应；⑥对节点和网络的操作数据进行记录，并对节点工作状态进行控制；⑦控制与管理

节点网络成员之间的相互关系;⑧控制与管理网络参与节点成员的中继能力;⑨加密与认证管理,根据通信需求及时改变密钥,实时保持网络稳健性和一致性。

2. 系统组成和特性

弹群协同网络通信管理系统由网络管理系统工作站、终端节点和相关辅助设备组成。下面以 Link-16 网络管理系统 (LMS-16) 为例,说明网络管理系统的组成和特性。LMS-16 系统组成示意图如图 3.24 所示。

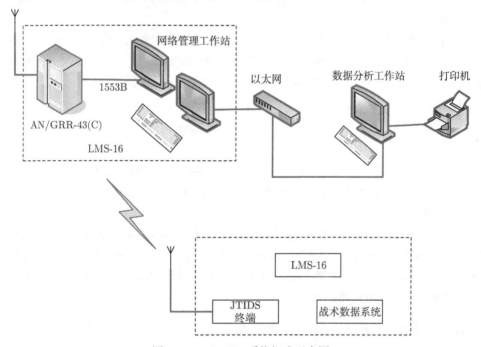

图 3.24　LMS-16 系统组成示意图

LMS-16 是美国诺斯洛普·格鲁门公司研发的网络管理系统,它在科索沃、阿富汗以及伊拉克战争中投入使用,并发挥了很大作用。LMS-16 主要部件包括网络管理工作站和 AN/GRR-43(C) 接收机,可选部件有数据分析工作站。

在网络管理系统中,网络管理工作站是核心部件,它实现系统的网络管理功能,负责监视各网络节点的工作状态,同时管理和控制各网络节点工作。LMS-16 的网络工作站配备了两个高分辨率大屏幕彩色显示器,其中一个为终端状态监视显示器,另一个为系统管理控制显示器。其操作系统为 Windows NT 实时操作系统,网路管理软件采用图形操作界面;装有全球地图和图形处理软件,可实时合成战场图像;具有 MIL-SID-1553 接口。

LMS-16 的 AN/GRR-43(C) 是一个特殊的联合战术信息分配系统 (joint tactical

information distribution system, JTIDS) 接收机，它在不影响 Link-16 网络正常运行和网络性能的基础上接收 Link-16 网络所传输的数据，逐时隙地获取 Link-16 报文，解析后通过 1553B 接口传递给网络管理工作站。

LMS-16 能够使用网络管理员，如联合接口控制军官 (JICO)，实时管理 Link-16 网络，检测出妨碍战术姿态生成的问题并实时解决问题。LMS-16 自动提醒操作员存在的问题以及潜在的问题，并自动记录数据用于后期分析。LMS-16 还可以实时显示当前的战术态势，实时描绘网络中每一个参与者的状态更新，并用不同的色彩加以标注。另外，在演习或行动结束后，可利用一部独立的 LMS-16 数据分析工作站对记录下来的数据进行分析。

3.4.2 网络管理系统操作流程

弹群协同网络通信管理系统的操作可以分为网络通信规划、系统初始化以及系统工作状态监控。网络管理系统的功能模块如图 3.25 所示。

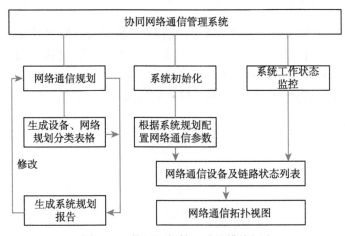

图 3.25 协同网络管理功能模块组成

1. 协同网络通信规划

协同网络通信系统规划是指给定参与节点预计的地理坐标，在满足协同网络通信的约束条件下，设计出一个数据链网络的连接和互通关系，使所有参与节点都可以直接或通过作为中继节点、网关的参与节点与其他通信节点相互通信。

1) 网络通信规划约束

协同网络通信的规划典型约束有：视距传输约束、组网约束、传输时延约束、可靠性约束、频率约束、电磁兼容约束、组织关系和装备约束。在所有约束条件都满足以后，按照协同网络通信的作战任务和需求实现对协同网络的设计，保证网络具有足够的传输容量来满足作战需求以及节点的连通性要求。而为了确保协同网络各频段工作节点正常运行，网络的使用需要满足所有的操作约束条件。

2) 网络通信规划建模

较多的网络规划实践证明，约束条件越多，规划问题有解的概率就越低。实现协同网络通信的规划，需要我们满足两个条件：在满足约束的条件下，规划出系统组网开销最小的网络拓扑；在满足约束的条件下，规划出可靠性最强的网络拓扑，在两个问题中，约束指的都是视距传输约束、组网约束和传输时延约束。

3) 网络通信规划操作流程

协同网络通信规划是协同网络通信系统管理的关键，有效、稳定的网络环境需要成功的网络规划软件。网络通信规划操作流程包括三步，首先按照系统的作战流程完成对系统网络资源库的构建及维护，其次按照作战任务以及通信保障资源完成对协同网络参数的设置，最后完成对规划分类表格的输出并撰写规划报告。

2. 协同网络通信初始化

结束了对协同网络通信的规划以后，就需要实现对协同网络通信的初始化，使通信网络结束非工作状态，调整至工作状态。协同网络通信初始化工作流程如图 3.26 所示。根据规划结果对协同通信网络进行初始化操作，包括时隙分配、频率分配、通信网络运行参数的加载和设置、相关地图载入、工作方式的设置、加密设置等操作。

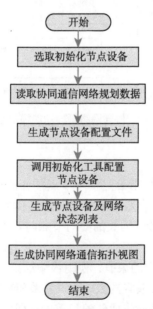

图 3.26　协同通信网络初始化操作流程

3. 协同网络工作状态监控

协同通信网络投入运行后，需要实时对网络的运行情况进行监测，及时发现并隔离和排除网络故障，来确保网络高效可靠地运行，即对协同通信网络进行网络运行管理。协同通信网络运行管理的主要操作流程如图 3.27 所示。网络运行管理提供网络拓扑视图、事件告警和动态配置网络等功能；按网络管理功能划分，可将其分为 4 大管理功能域，即故障管理、配置管理、性能管理和安全管理。

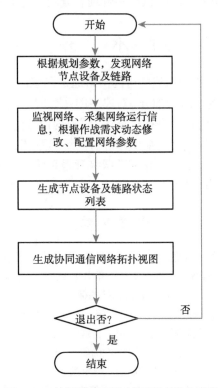

图 3.27　协同通信网络运行管理操作流程

1) 故障管理

即对协同通信网络中的各种故障或现象进行检测、定位、隔离、诊断和纠正。其主要任务为：建立差错记录；跟踪故障；执行一系列诊断测试；排除故障，使系统恢复正常。

2) 配置管理

即收集或设定被管对象节点的参数值，对被管理节点进行布局。其主要任务是：为被管理节点分配标识符；收集被管理节点的状态等参数；设定被管理节点的状态等参数；启用或停用被管理节点；改变被管理节点之间的相互关系。

3) 性能管理

即分析和评价被管理节点的行为和效果，规划和改善系统的性能。其主要任务为收集被管理节点的统计数据；根据统计数据进行全面分析；对被管理节点的性能予以客观评价；采取措施，规划和改善被管理节点的性能。

4) 安全管理

即保护被管理节点。其主要任务是：对节点用户身份进行鉴别；控制用户节点对系统的使用；提供授权机制；提供密钥管理和分配；建立和检查安全日志。

3.5 小 结

本章介绍了适应弹群协同作战的协同网络通信系统。首先，介绍了协同网络通信系统的体系结构及其主要组成部分，对典型的几种网络拓扑结构进行了描述；其次，对协同网络通信系统链路层进行了描述，重点对能够适应弹群组网协同通信的两种接入体制进行了介绍；然后，基于弹群协同组网系统自组织的特点，介绍了三种典型的网络层路由协议；最后，介绍了网络管理系统的主要功能、组成、系统特性以及网络管理系统操作流程。

参 考 文 献

[1] 傅婧. Ad Hoc 网络中的协同通信研究 [D]. 西安：西安电子科技大学, 2009.
[2] 蒲刚. 大规模 Ad Hoc 网络协同路由技术研究 [D]. 西安：西安电子科技大学, 2009.
[3] 骆光明. 数据链 —— 信息系统连接武器系统的捷径 [M]. 北京：国防工业出版社, 2008.
[4] 张福滨. 无人机数据链射频通道设计 [D]. 天津：天津大学, 2011.
[5] 杨学志. 通信之道 —— 从微积分到 5G[M]. 北京：电子工业出版社, 2016.
[6] 张清斌. Ka 频段宽带卫星通信信道雨衰特性的研究 [D]. 长春：吉林大学, 2014.
[7] 焦健. 深空通信中调制技术分析与研究 [D]. 哈尔滨：哈尔滨工业大学, 2009.
[8] 刘少敏. 卷积码的性能研究及其在 MIMO 系统中的应用 [D]. 武汉：华中师范大学, 2008.
[9] 张慎. 卷积码编码器及 Viterbi 译码器的设计 [D]. 成都：电子科技大学, 2008.
[10] 韩俊博, 王锋, 焦国太, 等. 基于 FPGA 的卫星导航信号 viterbi 译码方法研究 [J]. 机电技术, 2012(6): 26, 27.
[11] 杜超. 深空通信中喷泉码编译码性能研究 [D]. 哈尔滨：哈尔滨工业大学, 2009.
[12] 王昌怀. 基于 DVB-S2 标准的宽带卫星通信系统 ACM 应用研究 [D]. 北京：北京邮电大学, 2012.
[13] 孙利民, 张书钦, 李志, 等. 无线传感器网络理论及应用 [M]. 北京：清华大学出版社, 2018.
[14] 谭齐. 分组无线网的介质访问控制分析及 220B 的 MAC 协议仿真 [D]. 成都：西南交通大学, 2003.
[15] 孙义明, 杨丽萍. 信息化战争中的战术数据链 [M]. 北京：北京邮电大学出版社, 2008.

[16] 谢世欢. Linux 系统上 AODV 路由协议的实现 [D]. 成都: 电子科技大学, 2004.

[17] 孙继银. 数据链技术与系统 [M]. 北京: 国防工业出版社, 2008.

[18] 殷一玮. 移动 Ad Hoc 网络 QoS 路由研究 [J]. 电脑与电信, 2008(8):46-48.

[19] 张远, 郭虹, 刘洛琨. DSDV 算法实现及其性能分析 [J]. 移动通信, 2004(S2):17-19.

[20] 毛坤. 移动 Ad Hoc 网络 OLSR 路由协议扩展研究 [D]. 成都: 电子科技大学, 2006.

第4章　协同自主决策

4.1　协同自主决策技术

4.1.1　弹群协同自主决策问题

基于目标态势评估的自主决策目的是基于敌我双方在战场上的位置来确定敌方对我方的威胁、我方的弱点和可能采取的最佳行动，并为我方提供决策支持和指挥支持。作战计划制订时应充分考虑目标的打击效果和我方损失两方面，取效费比 $F(F = 效益\ V/花费\ W)$ 最大的作战计划方案。在确定了我方攻击力量的情况下，敌方攻击目标的选择与我方弹群协同航迹的确定是紧密相关的，且攻击目标的改变会影响航迹的确定[1]。

4.1.2　弹群协同自主决策系统

针对集群协同作战任务中的特定环节，基于领域知识，建立静态先验决策模型；根据战场环境的变化情况和任务需求，实现对决策模型的动态推理调整，以及策略组合的快速优化决策。

研究任务调度架构设计、威胁评估技术、协同任务分配技术、协同航迹决策技术等，将结构化的任务转换与不确定性的任务评估统一于模块化的决策框架之下。通过在线全局/分布式优化对完成任务所需要的集群协同载荷使用情况及飞行航迹进行动态规划决策，使集群作战模式由依靠预先规划任务序列的程序化作战，逐渐提升到经验知识与数据相结合、作战使命驱动任务规划的智能化作战。建立自主决策环节的技术体系[2]，如图 4.1 所示。

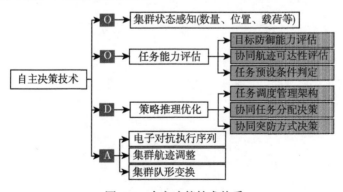

图 4.1　自主决策技术体系

4.2 协同态势评估

4.2.1 协同态势评估问题描述

现代战争中，复杂又庞大的战场态势信息是现代战争的常态。充分利用态势信息来制订有效的作战计划并进行高效的指挥行动并不容易。面对复杂的作战系统，指挥员制订出正确作战计划的基础是准确评估战场态势[3]。

那么什么是战场态势呢？战场态势主要是对当前的战斗状态及其发展趋势进行描述。其中，环境、事件和有形的战场实体为"态"，通过理解和分析获得的敌方作战意图、未来的作战趋势、主要的进攻或防御方向和作战方法等为"势"，即既要描述当前战场环境的静态信息又要描述作战实体的动态信息。在现代战争中，获取态势信息的手段随着军事科学技术的不断发展也越来越丰富。战场态势已经从过去的信息量少、简单关系和单一情况，演变为融合多军种、相互关系比较复杂、信息量超大的综合情况。战场态势评估是指根据获取的战场态势信息进行的态势分析和判断活动，这是将信息优势转化为决策优势的关键因素，也是指挥员做出决定的重要条件。态势信息的相对缺乏不再是阻碍战场态势研究的难题，研究重点转变为从庞大的态势信息中准确且高效地理解和评估战场情况，以提高决策的准确能力。

1. 态势评估的定义

统一的态势评估[4]定义目前还没有，而根据美国国防部著名的信息融合系统 (JDL) 处理模型，可以给出态势评估的定义：态势评估是一张多重视图，图中建立了兵力要素、事件、位置、时间和作战活动等组织形式，同时给出敌方行动方向与路线的估计、兵力结构与部署，识别已发生的事件和计划，给出敌方的行为模式，推断出敌方的意图，并对当前战场情景做出较为合理的解释[5]。

根据定义我们可以知道，推断敌方意图、预测未来活动，以及对战场中战斗力量动态变化及其部署情况进行解释，并支持资源分配与提供最优决策依据的过程，就是态势评估。态势评估功能如图 4.2 所示[6]。

整个战场的态势评估可以根据评估层次的不同，分为以下几个不同部分。

(1) 作战环境的评估：进行态势分析时，可以利用各种环境要素的上下文来进行解释，如气候、地形等，评估环境对敌我双方武器和军事活动的影响；

(2) 战场实体估计，包括对人员、武器、作战平台和传感器等的状态估计，即对感知到的各种物理作战资源的估计，还包括对各种物理作战资源产生的估计，如平台机动、拍照等的估计；

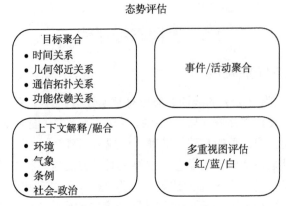

图 4.2   态势评估功能图

(3) 估计敌方兵力，指出战斗实体构成的各作战组织分别在哪些指挥层次，以及这些作战组织部署方位和当前的行为状态，形成敌方兵力组织评估；

(4) 估计敌方作战意图，评估各种潜在可行的作战计划，估计它们的作战目标以及计划的可行性等；

(5) 根据评估结果，形成多重态势视图，如电磁态势视图、敌方态势视图、我方态势视图等。

如图 4.2 所示，为了确定聚合结构组织的作用与企图，在态势分析时，尤其强调关系信息，譬如，实体间的时间关系、几何近邻关系、通讯拓扑关系、功能依赖关系等。同时，还要利用关于地形、气候、条例和其他环境信息的上下文解释来完成态势分析。为指挥员提供多重战场态势视图的处理过程就是态势评估，多重战场态势视图包括描述地理、天气等战场态势的白色视图，描述敌方态势的蓝色视图，描述我方态势的红色视图。理想地看，态势评估的结果为：反映真实的战场态势，提供事件、活动的预测，并由此提供最优决策的依据。所以应用领域内的行为模式是态势评估的重点，态势评估处理的是正在发生的事件或者活动。

2. 态势评估的功能模型

对动态变化的对象进行感知，并进行认识、理解和预测动态对象的态势元素的处理过程就是态势评估，态势评估的对象在真实环境下是作战区域内随时间变化的动态作战实体。态势评估分为三级，即态势感知、态势理解和态势预测，如图 4.3 所示。

(1) 态势感知：为态势评估的第一步。在该阶段主要提供战场环境中相关目标和要素的属性、状态信息，并进一步根据目标信息对目标进行聚类，形成具有军事意义的群体和模块。

(2) 态势理解：是态势评估的重要内容。这一阶段根据态势感知所获得的信息，

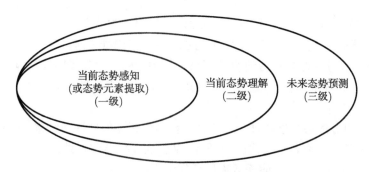

图 4.3 态势评估三级功能模型

结合领域专家的军事知识对当前态势进行解释，判断敌方的兵力部署情况 (进攻、防御、行军、欺骗、集结等) 和作战意图 (穿插、迂回、逃跑等)，并给出目标活动、战场事件和兵力结构等内容的态势图。由于态势为一个动态发展的过程，态势理解阶段需要结合新的态势信息和已发生的态势，描述出战场态势的发展演变过程。

(3) 态势预测：基于已获得的当前态势，对未来可能出现的态势进行预测，可以是对某作战实体的未来状态进行预测，也可以是对高层全局态势的演变进行预测。实体级的预测可以在状态和属性融合阶段完成；对高层态势的演变，可基于事例模板，建立完整的军事例库，形成军事例模板，基于模板匹配完成对态势的预测。

3. 态势评估的主要内容和特点

根据数据融合功能模型中态势评估的地位，从总体上来说态势评估可以看作是对当前作战环境中目标和事件相互关系的描述和解释，其处理的结果是对战场和作战态势的抽象和评估。它的主要内容包括：

(1) 目标聚合。

指建立目标 (主要指敌方目标) 之间的相互关系，包括时间关系、空间关系、通信连接和功能依赖关系，形成对态势实体的属性判断，如态势实体的类型 (如攻击群、掩护群等)、态势实体的位置、态势实体的编成。

(2) 事件/行动聚合。

建立对应于时间的有意义事件和行动的不同实体之间的关系，形成了对态势实体行动的判别及相关实体之间行动的联系。

(3) 相关关系解释/融合。

分析与态势相关的数据，包括天气、地形、海况或水下环境、敌方的政策和社会政治因素。

(4) 多视图评估。

从三方面视图分析数据，一是蓝方 (敌方) 部队，二是红方 (我方) 部队，三是

白方 (中立方)，根据环境因素对红方和蓝方的影响进行分析。

在态势评估中，要涉及多层次、多方面、多格式的处于时间序列上的数据，包括环境要素、敌方目标与兵力使用及其有关行为，从上一级数据处理输出的知识，以及与之相关的背景和社会政治环境因素等。因此，态势评估有以下几个主要特点[7]。

(1) 具有明显的层次性特征，是分层假设描述和评估处理的结果。根据态势评估的需求，将任务分为若干层次的子任务，从低层子任务通过抽象与推理向高层子任务逼近，并最终为态势评估任务提供证据信息。

(2) 具有最小不确定性的评估为最优态势评估。在态势评估过程中，由于支持信息和知识的不确定性和不完全性，评估结果就具有一定的不确定性和置信度，最小不确定性和最高置信度的评估结果为最优解。

(3) 在态势评估中，用认为最好的态势要素的当前值来描述态势。

(4) 态势评估是一个动态的、按时序的处理过程，其中融合和抽象的水平一般随时间的增长而提高。

4.2.2 协同态势感知一致性评估

在日益复杂的作战环境和作战任务下，弹群自主协同作战的重要性日趋凸显。弹群协同态势感知是弹群协同决策控制的基础，弹群协同态势感知一致性是影响弹群协同决策的重要因素[8,9]，对弹群协同态势感知及其一致性的研究尚不充分。

弹群协同态势感知一致性是弹群基于个体态势感知，通过多层次态势信息交互以弱化对抗环境引起的信息不确定性的不良影响，对任务相关态势形成一致的认知[10,11]，并解决协同决策过程中存在的一致性形成、度量与评价问题，涉及信息域、认知域、社会域等多个作战子域。信息域层次的弹群协同态势感知一致性，对应于态势评估的态势感知阶段，即弹群协同态势感知一致性。

信息质量评估方法[12-14] 以统计的形式研究复杂系统在信息域的表现，无须关注信息的获取过程。对弹群协同这一复杂系统，可借助信息质量评估方法对弹群协同态势感知一致性进行研究。基于此，首先对弹群协同态势感知一致性进行分析，建立弹群协同态势感知一致性评估指标；考虑战场环境带来的不确定性、指标的关联性等因素，设计协同态势感知一致性评估方法；通过算例分析对比评估方法的合理有效性。

导弹分布式集群将实现作战模式由传统的大型单一平台多功能集中式向小型多平台功能分布式的转变，不失一般性，下文均以同构导弹集群为例进行分析。在弹群协同作战过程中，个体均能独立完成 "观察--判断--决策--行动" 环。弹群协同决策是集群优势的核心，集群协同态势感知一致性是实现群体一致性决策的前提。

从理论上分析，集群协同态势感知一致性是集群协同态势评估的要求，共享态势感知是提高一致性的重要途径[15,16];从作战需求上分析,集群获取的态势信息与真实态势信息的一致性、集群中的个体对任务相关态势理解的一致性等,直接影响集群协同作战效果;从态势信息的不确定处理上分析,由于环境的对抗性,个体获取的态势信息存在不确定性,对态势的认知存在差异,甚至谬误,集群通过个体间多层次的态势信息交互,尽量消除不确定性对集群协同决策的不良影响,得到符合作战任务需求的一致决策。

集群协同态势感知一致性是集群获取的态势要素信息和真实态势的一致性。个体态势感知过程如图 4.4 所示,个体经过有效任务载荷中的 (多) 传感数据融合得到目标的态势要素信息,由于战场环境的对抗性等因素,单机获取的态势要素信息具有不完整性、不确定性,通过集群内部各机的态势信息交互,对态势信息进行融合,得到较为 "完整" "可靠" 的态势要素信息。

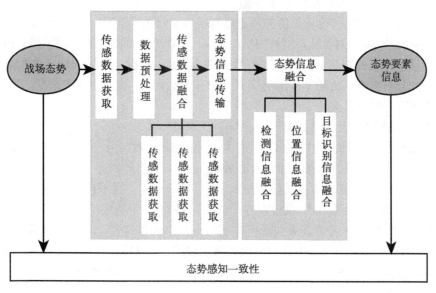

图 4.4 个体态势感知一致性

4.2.3 协同态势评估方法

贝叶斯网络 (Bayesian network,BN) 是一种进行不确定性推理和数据分析的有效工具,在战场态势估计中已经得到一定应用[17,18]。但是该方法未考虑连续时间因素,系统参数不能得到及时调整,有可能出现对未来态势的错误预测。而动态贝叶斯网络 (dynamic Bayesian network,DBN) 将贝叶斯网络扩展到对时间演化的过程进行表示,能够根据多个时刻的观测值对系统的各个时刻或某一时刻的状态进行估计和预测。

1. 贝叶斯网络

1) 贝叶斯网络定义

所谓的贝叶斯网络[19] 是指基于概率分析、图论的一种不确定性知识的表达和推理的模型。从直观上讲，贝叶斯网络表现为一个赋值的复杂因果关系网络图，网络中的每一个节点表示一个变量，即一个事件，各变量之间的弧表示事件发生的直接因果关系。一个贝叶斯网络可以看成一个二元组 $B = \langle G, P \rangle$，其中：网络结构 $G, G = \langle X, A \rangle$ 是一个有向无环图 (DAG)，其节点为随机变量 $X = \langle X_1, X_2, \cdots, X_n \rangle (n \geqslant 1)$，$A$ 是弧的集合。网络参数为 P, P 中的每一个元素代表节点 X_i 的条件概率密度，由概率的链规则得

$$P(X) = P(X_1, X_2, \cdots, X_n) = \Pi P(X_i | X_1, X_2, \cdots, X_{n-1}) \tag{4.1}$$

2) 用于态势估计的贝叶斯网络模型

贝叶斯网络在态势估计上的应用已经有很多文献进行了研究[20]，下面以战争中一个简单场景为例，对贝叶斯网络的结构建模、参数学习和概率推理分别进行介绍。

假设我方直升机超低空飞行突袭敌方重要设施，欲对突袭的成功率进行估计。军事专家分析出影响成功率的态势因素为敌方部队组成、我方直升机情况、天气状况，详细包括如下因素。

(1) 环境因素：天气 TQ(好、中、差)；

(2) 敌方部队因素：攻击力 GJ(强、弱)、侦察能力 ZC (强、弱)、电子干扰强度 DG(强、弱)，它们受敌方部队组成 DZ 和天气 TQ 的影响；

(3) 我方部队因素：驾驶员技术等级 JS(特级、一级)、抗干扰设备等级 KG (一级、二级)，其中 KG 与 DG 决定双方干扰的结果 GR (干扰成功、干扰失败)。

根据态势因素之间的因果关系确定贝叶斯网络的结构[21]，建立贝叶斯网络模型，如图 4.5 所示。图 4.5 中圆形代表态势因素节点，其中，成功率 CG 为目标节点，DZ、TQ、KG、JS 为输入节点，ZC、GJ、DG、GR 为过渡节点；有向线段代表节点间的因果关联。

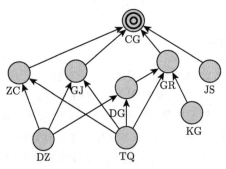

图 4.5 贝叶斯网络模型

确定各节点概率参数，方法主要有领域专家经验法、历史数据学习法，以及两者相结合的知识和数据融合法。经验法是指依靠领域专家，对节点直接给出影响概率分布，这种方法简单但是误差较大。学习法指利用大量观测数据，对节点概率进行估计，该方法较复杂但是在数据量大的情况下准确性高。融合法是指先用经验法进行估计，然后再用学习法提高精确度，其中领域专家的置信权值设定是关键。

为战场态势估计建立贝叶斯网络的主要目的就是利用观测数据对目标节点进行概率推理，将结果用于战场辅助决策。贝叶斯网络推理算法可分为精确算法 (包括全局联合推理、图规约法、团树传播法、组合优化方法等) 和近似算法 (基于搜索的方法、仿真方法、变换方法、参数近似方法等)。

由于贝叶斯网络未考虑时间因素，无法对变量节点进行解释，如图 4.5 中 TQ 和 DZ 都是随着时间而变化的节点。而战场态势估计中的数据往往是时间序列数据，若能对其进行分析，不仅可以预测未来时间目标节点的概率取值，而且能对最大概率进行最优求解。这对战场态势估计的应用是非常重要的。

2. 动态贝叶斯网络

在现代化战争中，战场态势瞬息万变，随着时间因素的引入，在不同时刻的状态所形成的数据，反映了所代表的变量的发展变化规律。要分析这种变化规律就必须建立相适应的动态模型。动态贝叶斯网络将贝叶斯网络扩展到对时间演化的过程，反映变量的发展变化规律，可以用来解释动态的数据并对未来态势进行分析和预测。

1) 动态贝叶斯网络定义

为使动态贝叶斯网络[22] 能够对复杂系统进行研究并建立相应的模型，首先需要做一些假设，即引入马尔可夫 (Markov) 假设和转移概率时不变假设。马尔可夫假设是指每一时刻的状态变量集合只与前一个时刻状态变量的取值有关。转移概率时不变假设是指在一个有限的时间内条件概率变化过程对所有 t 是一致平稳的，不随时间的变化而变化。

动态贝叶斯网络可定义为 $\langle B_0, B_\rightarrow \rangle$，其中 B_0 表示最开始的贝叶斯网络，$B_\rightarrow$ 表示由两个以上时间片段的贝叶斯网络组成的图形。用 $P(X_t|X_{t-1})$ 表示已知任一变量前一个时刻状态时当前状态发生的概率；X_t^i 表示第 i 个变量 t 时刻取值，$Pa(X_t^i)$ 表示其父节点；N 表示变量数。动态贝叶斯网络中任一节点的联合分布概率为

$$P(X_{1:T}^{1:N}) = \prod_{i=1}^{N} P_{B_0}(X_1^i|Pa(X_1^i)) \times \prod_{t=2}^{T}\prod_{i=1}^{N} P_{B_\rightarrow}(X_t^i|Pa(X_t^i)) \tag{4.2}$$

2) 将贝叶斯网络转变为动态贝叶斯网络

图 4.5 为贝叶斯网络模型中，敌方部队组成 DZ 和天气 TQ 是不断变化的，为了能表示出这种变化，并能对未来的场景进行预测，将贝叶斯网络沿时间轴变化构

建动态贝叶斯网络，图 4.6 为动态贝叶斯网络模型示意图。

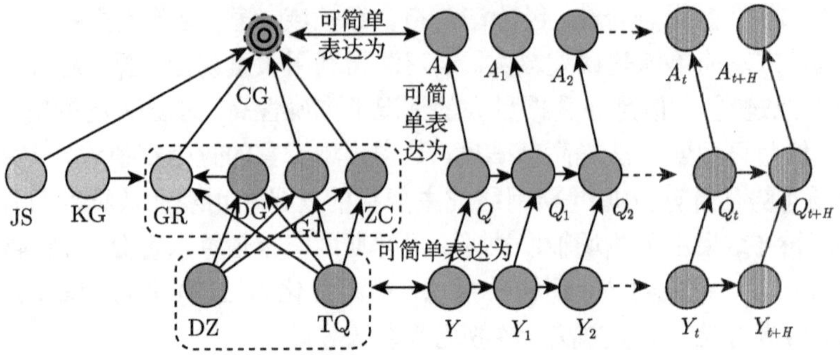

图 4.6　动态贝叶斯网络模型示意图

图 4.6 分为左右两部分。左半部为贝叶斯网络的结构，与图 4.5 类似；右半部中，Y 表示变化的观测量，包括 DZ 和 TQ 两个变量节点；Q 表示受 Y 影响的隐变量，包括 ZC、GJ、DG、GR 4 个与 Y 相关的过渡变量；A 为目标变量，即成功率 CG。

动态贝叶斯网络对应的场景与贝叶斯网络相同，态势因素的确定方法也相同。但是动态贝叶斯网络的结构需要表达出时间相关性，为了能够利用数据 D 中的时间信息，通过借鉴战争领域丰富的模型知识，将贝叶斯网络与卡尔曼滤波图模型 (Kalman filter model，KFM) 或隐马尔可夫模型 (hidden Markov model，HMM) 相结合，沿时间轴变化来构建动态贝叶斯网络。其难点在于如何确定观测量 Y 与隐变量 Q 的相关性。

和贝叶斯网络相比，动态贝叶斯网络的结构发生变换，其条件概率分布不可能像贝叶斯网络那样直接获得。首先要对数据 D 进行数据分析，得到贝叶斯网络的概率分布 P，然后再根据 D 的时间序列获取观测量、隐变量相互关系，构建关系模型并学习得到影响参数 r。最后将 P 与 r 代入动态贝叶斯网络结构中，生成与时间 t 相关的条件概率分布函数。

利用 DBN 模型可以很好地表达成功率 CG 随时间变化的情况，可以根据大量观测数据推理变量可能取到的最大值，对未来态势进行推测。它不仅具有静态贝叶斯网络的优势，如易于理解、建模快捷等，而且可以处理动态问题，极大地扩展了使用范围。

对动态贝叶斯网络进行推理，最容易理解的方法是将动态贝叶斯网络展开成为贝叶斯网络，然后从时间的起点开始逐个片段地推算。但是在时间长片段多的情况下，该网络模型将会非常巨大，推算起来非常困难。文献 [23] 提出了用 HMM 模型解决动态贝叶斯网络推理，然而图 4.6 中天气因素 TQ 为连续型随机变量，因此考虑用 KFM 进行推理。

3. KFM 推理算法

对于隐变量连续的 KFM，可以应用经典的激光雷达 (LDS) 滤波或光滑算法进行学习和推理。对于所有随机变量的条件概率分布 (conditional probability distribution，CPD) 都服从线性高斯分布的动态贝叶斯网络，可以把它转化成 KFM，用前向返回算法 (front back，FB) 对某一节点进行推理。用 $(x_{x|t}, V_{t|t})$ 来分别定义 $P(X_t|y_{1:t})$ 的均值和协方差，则前向算法可表示为

$$(x_{t|t}, V_{t|t}, L_t) = \mathrm{Fwd}(x_{t-1|t-1}, V_{t-1|t-1}, y_t; A, C, Q, R) \tag{4.3}$$

随后计算预计的误差及预测协方差矩阵、增益矩阵：

$$\begin{cases} e_t = y_t - Cx_{t|t-1} \\ s_t = CV_{t|t}C^{\mathrm{T}} + R \\ K_t = s_{t|t}C^{\mathrm{T}}s_t^{-1} \\ L_t = \lg N(e_t; 0, s_t) \end{cases} \tag{4.4}$$

利用得到的数据更新估计数值的期望与协方差矩阵：

$$\begin{cases} x_{t|t} = x_{t|t-1} + K_t e_t \\ V_{t|t} = (I - K_t C)V_{t|t-1} = V_{t|t-1} - K_t s_t K_t^{\mathrm{T}} \end{cases} \tag{4.5}$$

后向算法与其类似，先计算预测值：

$$\begin{cases} x_{t+1|t} = A_{t+1}K_{t|t} \\ V_{t+1|t} = A_{t+1}V_{t|t}A_{t+1}^{\mathrm{T}} + Q_{t+1} \end{cases} \tag{4.6}$$

随后计算得到一个比较光滑的矩阵：

$$J_t = s_{t|t}A'_{t+1}V_{t+1|t}^{-1} \tag{4.7}$$

最后计算后向估计的期望，协方差矩阵：

$$\begin{cases} \boldsymbol{V}_{t,t-1|T} = \mathrm{cov}\left[\boldsymbol{x}_{t-1}, \boldsymbol{x}_t|y_{1:T}\right] \\ \boldsymbol{x}_{t|T} = \boldsymbol{x}_{t|t} + \boldsymbol{J}_t\left(\boldsymbol{x}_{t+1|T} - \boldsymbol{x}_{t+1|t}\right) \\ \boldsymbol{V}_{t|T} = \boldsymbol{V}_{t|t} + \boldsymbol{J}_t\left(\boldsymbol{V}_{t+1|T} - \boldsymbol{V}_{t+1|t}\right)\boldsymbol{J}_t^{\mathrm{T}} \\ \boldsymbol{V}_{t-1,t|T} = \boldsymbol{J}_{t-1}\boldsymbol{V}_{t|T} \end{cases} \tag{4.8}$$

在光滑的基础上，较准确地估计出 x_t 后，应用预测公式：$\boldsymbol{x}_{t+H|t} = \boldsymbol{A}(t, t+H)\boldsymbol{x}_{t|t}$，可预测 $\boldsymbol{x}_{t+H}$ 的值，$A(t, t+H)$ 为 t 时刻到 $t+H$ 时刻系统的转移矩阵。

为了验证图 4.6 所示动态贝叶斯网络模型的正确性与有效性，采用 Matlab 及贝叶斯网络工具 BNT 进行仿真验证。首先应用 $mk\_$KFM( ) 函数建立与动态贝叶斯网络对应的 KFM 网络，采用经典的 LDS 推理方式利用 BayesiaLab 生成的

1000 组数据进行学习，引入各节点概率分布，最后应用 FB 算法对 CG 从时间上进行推理，得到 20 组 CG 的预测概率取值。推理结果和实际数据的误差比较见图 4.7，其中横坐标为预测时间，纵坐标为平均相对误差。

由图 4.7 可知，在预测的初期误差较小，而后期误差逐渐增大，这是因为在预测时没有对新样本进行更新，得到的结果必然会随时间推移而出现大的偏移。因此采用 KFM 算法对动态贝叶斯网络模型的推理预测可用于短时推理，通过仿真实验，说明了采用 KFM 算法的有效性，在动态贝叶斯网络推理研究中具有很好的推广性。

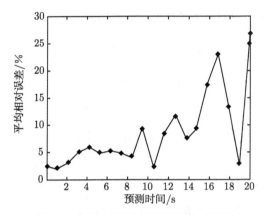

图 4.7　不同时间片断的预测概率误差

4.3　协同任务规划

4.3.1　协同任务规划问题描述

任务规划是指，在飞行器执行任务之前，利用先进的计算机技术，采集战争需要的目标、地形、气象等各类信息进行大规模分析，结合飞行战术方案计算、评估，为飞行器制订出满足飞行性能等约束条件并使任务效能最优的任务实施计划。

自 20 世纪 80 年代以来，世界各国纷纷开展了飞行器任务规划技术的研究工作，任务规划问题已逐步在控制科学、航空科学、信息科学等领域受到重视。研究人员在研究各种规划方法的基础上，通过多学科的交叉并结合人工智能、决策理论以及建模与优化技术，解决了一系列具有代表性的任务规划问题，并研制出多种任务规划系统。

1. 任务规划系统

在任务规划领域，最早提出需求的是美国军方，为了使巡航导弹能够规避威胁实现突防，先后研制了第一代和第二代任务规划系统，规划时间从最初的 22h 缩小到 19min, 而到了第三代任务规划系统, 不仅离线规划时间缩小到 10min, 而且还具备在线规划能力 [24]。

飞行器任务规划系统从作战目标确定到作战任务完成的整个过程中, 对安排飞行器执行何种飞行任务以及如何实施这些任务起到了决定性作用, 目的是使飞行器的生存概率和作战效能达到最佳。根据所要完成的任务的飞行器数量及任务载荷的不同, 系统所完成的任务也会有所不同。一般来说, 规划系统由威胁源建模、威胁评估、任务分配、航迹规划、战术决策等子系统组成 [24]。在地面站的协调和配置作用下, 实现对飞行器的任务规划。

飞行器任务规划系统的各模块框图如图 4.8 所示。

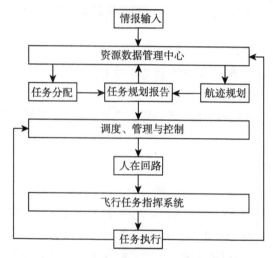

图 4.8 飞行器任务规划系统的各模块框图

(1) 情报输入。

情报输入主要是指对战场目标如敌方雷达、高炮、导弹阵地的分布进行输入与分析, 以便规划系统据此确定飞行路线和制订、选择飞行方案。

(2) 资源数据管理中心。

制订、接受、储存和管理与任务规划相关的各类信息, 包括战场及战况信息、任务规划的最终结果及飞行器执行情况。

(3) 任务分配。

将全部作战任务分配给各飞行器单元, 充分考虑其性能的不同, 合理选择配置侦察、攻击、评估飞行器等不同类型的飞行器资源。

(4) 航迹规划。

规划出从起始点到目标点满足相关限制条件的航迹, 实现威胁代价最小化和收益最大化。

(5) 任务规划报告。

规划报告是指系统最终输出的规划航迹与任务分配的结果、执行时序和载荷执行计划。

(6) 调度、管理与控制。

飞行器载荷及空间数据链路可以实时、动态地监控飞行器各模块的执行状态及任务规划的实施情况,并用动态更新后的信息调整各模块的决策,协调各模块的冲突。

(7) 人在回路。

在飞行器的任务制订和攻击目标的最后确认阶段,必须有人参与,目的是防止敌方目标通过伪装、虚假诱饵或电子干扰等手段欺骗飞行器,同时也能避免对平民或者民用目标的错误攻击 [24]。

(8) 飞行任务指挥系统。

具有飞行指挥功能,通过指令控制飞行器飞行与打击。

(9) 任务执行。

飞行器任务指挥系统控制飞行器载荷完成相应任务,包括目标捕获、武器投放等。

2. 任务规划的影响因素 [24]

1) 航迹的隐蔽性

航迹的隐蔽性是现代作战中首要考虑的因素,高隐蔽性意味着高生存率和高成功率。飞行器自身隐身技术的应用虽然能够在一定程度上提高其隐蔽性,但飞行器飞行在高空时仍然易被雷达探测,从而影响任务的完成。因此,如何规划一条隐蔽性较强的航迹就显得十分关键。

2) 飞行器自身的性能

任务规划时,必须考虑飞行器自身性能方面的约束,否则其将不能准确沿生成的航迹进行飞行。飞行器自身性能对航迹有如下的约束。

(1) 最小转弯半径。

航迹的转弯半径只能大于或等于预先确定的最小转弯半径范围。该约束条件取决于具体飞行器的性能和飞行任务的需要。

(2) 最大爬升和俯冲角。

最大爬升和俯冲角由飞行器自身的机动性能决定,它限制了航迹在垂直平面内爬升和俯冲的最大角度。

(3) 最小航迹段长度。

最小航迹段长度限制飞行器在开始改变飞行姿态之前必须直飞的最短距离。为减小导航误差,飞行器在远距离飞行时一般不希望迂回行进和频繁的转弯。

(4) 最低飞行高度。

通过敌方防御区时，需要在尽可能低的高度上飞行，以减小被敌防御系统探测到并摧毁的概率。但是飞得过低往往会使得与地面相撞的概率增加。一般在保证离地高度大于或等于某一给定安全高度的前提下，使飞行高度尽量降低。

3) 飞行器的协作要求

对于多弹协同作战，各导弹之间的任务协调也是必须考虑的约束，而且应当是关键约束。例如，在导弹齐射攻击的任务要求中，需要使得从不同方向发起攻击的导弹能够在相同的时间内到达目标点并且实施攻击，在此种形势下如何为每一枚导弹生成一条有效的航迹并保证其同时到达是完成攻击任务的关键。

4) 任务规划实时性要求

当预先具备完整精确的环境信息时，通常可以一次性规划出一条自起点到终点的最优航迹，但是由于战场态势瞬息万变，很难保证获得的各项信息不发生变化。另外，由于任务的不确定性，常常需要临时改变飞行器所担负的飞行任务。因此，良好的实时性能能够保证航迹始终是最优的、目标的选择始终是最好的，同时能够更好地避开威胁，提高飞行器的生存率与成功率。

4.3.2 弹群协同任务规划建模

任务规划的数学建模常采用的方法有参量法和非参量法。参量法需知道目标的特征分布，利用如贝叶斯等方法进行弹目优势评估[25-27]。非参量法主要根据弹目之间的战术几何关系，包括弹目之间的角度、距离、速度等参数构造弹目综合优势函数。由于非参量法便于实时计算，故在实际工程中被广泛采用[28-29]。这里我们利用非参量法，根据弹目间角度、距离、速度，以及导弹对目标的捕获概率、辐射源等参数构造弹目综合优势函数 [30]。

1) 任务载荷优化配置

任务载荷的优化配置是为了提高导弹自主编队的综合作战效能，针对具体的作战任务类别、战术方案、目标信息 (种类、特性、数量、位置、战损状态等)、威胁信息 (种类、特性、数量、位置、威胁等级等状态)、飞行环境 (气象、地形、禁飞区等) 等信息，在发射前实施导引头、战斗部、引信、电子对抗等任务载荷的优化匹配，以便为导弹在自主编队遂行任务过程中进行在线任务规划以及交班区的目标动态分配创造有利条件 [30]。

2) 捕获概率

导弹自主编队的协同攻击作战依赖编队支撑网络，虽然每个导弹成员探测的范围有限，只能探测部分区域或跟踪部分目标，但是通过支撑网络可以实现信息交换和共享，能使编队中每个导弹成员获得更广范围内的战场态势。编队探测是由 n 个动态分布式的导引头组成一个功能扩展的"复眼式导引头"，通过它可以探测到更远更广的范围；同样也存在导弹编队支撑网络存在延迟和丢包问题[30]，导致当导弹成员自身无法探测到目标而需要通过支撑网络获得目标信息时，其捕获目标的概率会比假设自身传感器能够捕获目标的概率低。将上述情况进行适当简化，构造捕获概率模型为

$$S_c = \begin{cases} p_{sc} & \text{(通过自身导引头探测到目标)} \\ p_{nc} & \text{(通过支撑网络获得目标信息)} \end{cases} \tag{4.9}$$

3) 角度优势

假设平面内弹目相对运动关系如图 4.9 所示，其中 M 为导弹，其速度为 V；T 为目标，其速度为 V_T；弹目之间距离为 r；LOS 为弹目视线，V 与弹目视线的夹角为 η；V_T 与弹目视线的夹角为 η_T。

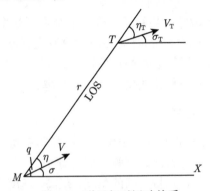

图 4.9　弹目相对运动关系

导弹的速度方向越接近弹目视线方向，导弹就越容易攻击目标，也就是说，当 $\eta = 0$ 时，导弹对目标的角度优势最大。因此，可以构造角度优势函数为 $S_\varphi = \mathrm{e}^{-\left(\frac{\eta}{a\pi}\right)^2}$，其中 a 为可变参数，可随着弹目之间的距离 r 的改变而改变。因为 r 越大，η 对 S_φ 的影响越小，所以通常假设 a 与 r 成正比。

4) 距离优势

假设导弹导引头探测距离的范围为 $R_{\min} \sim R_{\max}$，其中 $R_{\min}$ 和 $R_{\max}$ 分别为导引头近界和远界，当弹目距离 $r \gg R_{\max}$ 或者 $r \ll R_{\min}$ 时，认为距离优势很小，而在 $r = (R_{\min} + R_{\max})/2$ 时，距离优势最大。因此也可以构造距离优势函数为 $S_r = \mathrm{e}^{-\left(\frac{r - R_0}{\sigma_R}\right)^2}$，式中：$R_0 = (R_{\min} + R_{\max})/2$；$\sigma_R$ 为一个由导引头探测距离的范围所决定的变量。对于不能通过探测得知弹目距离的被动导引头，可以通过自身导引头滤波算法和通过支撑网络获得的信息得到距离 r 的估计值。

5) 速度优势

在多数情况下，只有当导弹的速度比目标速度大时，导弹才能攻击到目标，因此可以按下式来构造弹目之间的速度优势函数：$S_v = 1.0 - V_T/V$。

6) 导引头与目标辐射源间的匹配优势

在导弹自主编队的导引头优化配置中, 不仅要考虑导弹对目标的毁伤能力、目标类型、到达时间等因素, 同时也要考虑多导引头的协同组合配置, 以更好地发挥导弹编队导引头的协同探测和干扰对抗能力[30]。

面对目标施加的各种软、硬防御措施, 导弹编队导引头对目标群的探测和干扰对抗效能, 与导引头制导体制、目标对抗措施类型有关, 同时也与导弹编队能否通过支撑网络进行信息有效协同, 以提高导弹编队的整体作战效能密切相关。

(1) 导引头优化配置建模。

导弹集合 $\{M_n[N_s][N_T]\}$：编码方式采用整数编码方式, 编码序列 S 长度等于导弹编队的规模 n, 其元素用 M_i 表示 $(1 \leqslant i \leqslant n)$。每个元素 M_i 有两个属性值, 分别代表导引头的类型与所攻击的目标序号, 导引头类型总数为 N_s, 目标总数为 N_T。

$M_n[N_s][N_T]$：表示第 i 枚导弹的导引头类型为 j, 攻击第 k 个目标, 其中 $1 \leqslant i \leqslant n$, $1 \leqslant j \leqslant N_s$, $1 \leqslant k \leqslant N_T$, 即 n 枚导弹攻击 N_T 个目标 (攻击同一个目标为同一个小编队)。例如, $n = 10$, $N_s = 3$, $N_T = 5$, j 有以下的取值：

$$j = \begin{cases} 1 & (\text{主动雷达导引头}) \\ 2 & (\text{被动雷达导引头}) \\ 3 & (\text{光电导引头}) \end{cases}$$

导引头优化配置的编码方式如图 4.10 所示。

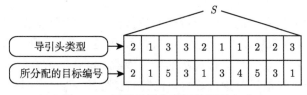

图 4.10 导引头优化配置的编码方式

目标防御对抗措施集合 $\{D[N_D]\}$：根据时间先后次序列出目标的各种软、硬防御措施, $1 \leqslant l \leqslant N_D$。常见典型的目标防御对抗措施如表 4.1 所示。

效能矩阵 E'：各类导引头对各类防御措施的效能矩阵的元素 $E'_{k,l}$ 表示第 k 种导引头对第 l 种防御对抗措施的基础效能, 例如, 主动雷达导引头对红外/烟幕弹干扰的基础效能为 1, 即 $E'_{1,7} = E'_{1,8} = 1$。

据此建立导弹编队的弹目辐射特性匹配效能矩阵为

$$E'[N_T][N_D] = \begin{bmatrix} E'_{1,1} & \cdots & E'_{1,N_D} \\ \vdots & & \vdots \\ E'_{N_T,1} & \cdots & E'_{N_T,N_D} \end{bmatrix}$$

导弹编队的弹目辐射特性匹配优势矩阵为

$$S_{\mathrm{s}} = \sum_{k=1}^{N_{\mathrm{T}}} w_i \left(\prod_{l=1}^{N_{\mathrm{D}}} E'_{k,l} \right)$$

其中, 加权系数 $0 \leqslant w_i \leqslant 1$ 满足关系式 $\sum w_k = 1$。

表 4.1 目标防御对抗措施

序号	目标对抗措施	措施针对对象
1	有源诱饵	被动雷达导引头
2	远程防空弹	弹体
3	箔条/角反冲淡干扰	主动雷达导引头
4	舰载有源干扰机	主动雷达导引头
5	中程防空弹	弹体
6	舷外有源干扰	被动雷达导引头
7	红外诱饵弹	红外成像导引头
8	烟幕弹	可见光导引头
9	密集阵近防系统	弹体

(2) 优化算法。

导弹编队导引头优化配置本质上是一个多约束、强耦合的复杂多目标整数优化问题, 其明显特征是, 决策变量的取值是离散的。针对粒子群算法不适用于离散域和早熟的缺点, 将禁忌搜索引入离散粒子群算法中, 充分利用粒子群优化算法的全局搜索能力, 同时利用禁忌搜索算法的局部搜索能力, 在提高计算精度的同时减小计算时间以满足实时性要求 [30]。

导弹编队导引头混合优化分配策略的总体框架仍然以离散粒子群算法为主框架, 不同之处在于离散粒子群算法迭代一次后, 不是直接进入下一次迭代过程, 而是对 $\boldsymbol{P}_{\mathrm{g}}(t)$ 向量的一定邻域进行局部的禁忌搜索。如果在 $\boldsymbol{P}_{\mathrm{g}}(t)$ 向量的一定邻域内能找到更好的全局最优位置, 则用该位置向量替换 $\boldsymbol{P}_{\mathrm{g}}(t)$ 向量; 如果在 $\boldsymbol{P}_{\mathrm{g}}(t)$ 向量的一定邻域内未找到更好的全局最优位置, 则不对 $\boldsymbol{P}_{\mathrm{g}}(t)$ 向量进行更新, 也就是说, 在粒子群算法的每一次迭代之后增加了一项对全局最优 $\boldsymbol{P}_{\mathrm{g}}(t)$ 向量的禁忌搜索操作, 以增加算法的局部搜索能力。导弹编队导引头混合优化分配算法的流程如图 4.11 所示。

7) 综合优势函数

根据以上所得各个优势函数, 就可以构造弹目之间的综合优势函数 [30]。在具有较大距离优势或速度优势的情况下, 如果角度偏离很大 (角度优势很小), 则综合优势并不会大, 因此将角度优势、距离优势及导弹与速度优势的关系都处理为相乘的关系, 由此可以得到综合优势的表达式为

$$S = S_c \cdot (C_1 \cdot S_\varphi \cdot S_R + C_2 \cdot S_\varphi \cdot S_v + C_3 \cdot S_{\mathrm{s}}) \tag{4.10}$$

式中，C_1，C_2，C_3 分别为权系数，其值由各优势对综合优势的影响大小决定，$0 \leqslant C_i \leqslant 1$ 且 $\sum_{i=1}^{3} C_i = 1$。

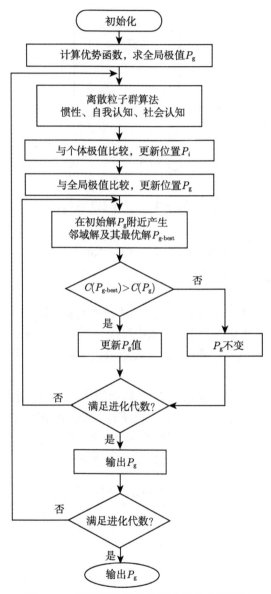

图 4.11 导弹编队导引头混合优化分配算法

8) 优势矩阵

设有 n 枚导弹，N_T 个目标，这两个值是根据战场态势和网络连通状态而随机动态变化的。通过式 (4.10) 可以得到我方第 i 枚导弹对敌方第 j 个目标的动态优势函数值 S_{ij}, 从而可建立弹目优势矩阵, 即

$$
\boldsymbol{S} = \begin{bmatrix} S_{11} & \cdots & S_{1N_{\mathrm{T}}} \\ \vdots & \vdots & \vdots \\ & S_{ij} & \\ \vdots & \vdots & \vdots \\ S_{n1} & \cdots & S_{nN_{\mathrm{T}}} \end{bmatrix}
$$

则目标分配问题可描述如下:

$$
J_{\max} = \sum_{i=1}^{n}\sum_{j=1}^{N_{\mathrm{T}}} S_{ij}X_{ij}
$$

$$
\mathrm{s.t.} \begin{cases} \sum_{j=1}^{N_{\mathrm{T}}} X_{ij} = 1 & (i=1,2,\cdots,n) \\ \sum_{i=1}^{n} X_{ij} \leqslant T_j & (j=1,2,\cdots,N_{\mathrm{T}}) \\ X_{ij} = \{0,1\} \end{cases}
$$

式中, 第一个约束条件表示一枚导弹只能攻击一个目标; 第二个约束条件表示目标 j 最多只能被我方 T_j 枚导弹攻击, 也就是目标 j 所需弹量为 T_j, 它可由目标有关特性得到; X_{ij} 为决策变量, 其在 $\{0,1\}$ 之中取值, 表示第 i 枚导弹是否被分配给第 j 个目标。

　　以规模 $n=5$ 的导弹编队攻击 3 个目标的情况为例。这种情况下时间约束规定为, 算法最大迭代次数为 50 次。假设某时刻编队所有导弹成员的飞行高度为 2000m, 飞行速度为 200m/s, 弹道偏角均为 0°; 所有目标的运动高度为 0m, 运动速度为 20m/s。仿真中导引头视场参数如表 4.2 所示。

表 4.2　仿真中导引头视场参数

导弹编号	$\eta_u/(°)$	$\eta_1/(°)$	$q_1/(°)$	$q_r/(°)$	$R_{\max}/\mathrm{km}$	$R_{\min}/\mathrm{km}$
1	5	−25	−30	30	40	0.5
2	10	−30	−45	45	50	0.5
3	10	−20	−25	25	35	0.2
4	5	−20	−40	40	60	0.2
5	5	−20	−20	20	60	0.2

　　表中: η_u, η_1 为导引头高低角的上下界; q_1, q_r 为导引头方位角的左右界; $R_{\max}$, $R_{\min}$ 为导引头视距的远近界。其坐标系及方向的定义见文献 [31]。目标 1 弹量为

1，目标 2 和 3 所需弹量都为 2。假设 $p_{nc} = 0.7$，$p_{sc} = 0.95$，$a = 0.003 \cdot r$，$\sigma_R = (R_{max} + R_{min})/25$，$n_c = 1.0$，$n_d = 0.5$，$C_1 = C_2 = 0.35$，$C_3 = 0.3$，$w = 0.3$。根据前述数学模型可得到弹目优势矩阵为

$$\boldsymbol{S} = \begin{bmatrix} 0.5538 & 0.9205 & 0.7692 \\ 0.9001 & 0.8410 & 0.8601 \\ 0.5250 & 0.7803 & 0.6801 \\ 0.9503 & 0.5799 & 0.7597 \\ 0.9361 & 0.5301 & 0.7203 \end{bmatrix}$$

图 4.12 给出了在主频为 3.6GHz 的计算机上，利用一轮拍卖改进算法以及基于服从多数原则综合后所得的协同分配结果，图中用 □ 表示红外型导引头和红外热辐射源，用 ● 表示雷达导引头和电磁辐射源。图 4.13 为分配算法的搜索过程。由仿真结果可见，分配结果合理。导弹成员 ε_1 和 ε_2 导引头类型互补，这有利于提高随后的协同打击精度，另外它们在几何关系上也非常适合攻击目标 2。同样，利用其他导弹成员与所分配目标的几何关系及其导引头搭配和辐射源匹配关系验证了所得结果的合理性。

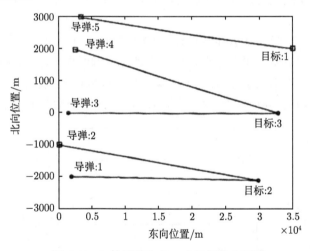

图 4.12　5 枚导弹攻击 3 个目标的分配图

仿真实验中，单弹分配算法耗时 0.011s，综合网络信息得到最终分配结果总耗时为 0.182s。考虑每次迭代中优势矩阵元素更新后，算法所得最优解的目标函数值为 3.4996，与利用穷举法所得理想目标函数值相同。从图 4.13 可以看到第 10 次迭代就能得到最优解。经多次仿真结果表明，取得最优解的平均迭代次数为 7，算法所得最优解的目标函数值与理想目标函数值的比值 (优化比) 大于 95% 的概率为 98.58%。如果不采用一轮拍卖改进算法产生的初始解而采用随机初始解，则求得最

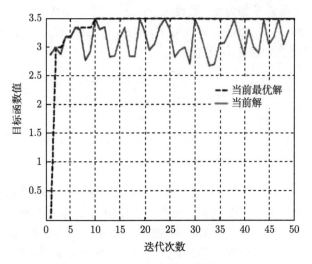

图 4.13　搜索过程示意图

优解的平均迭代次数为 68，将超过时间约束规定的最大迭代次数。由此可见，采用一轮拍卖改进算法的分配速度能够满足战场实时性要求且具有良好的寻优性能 [30]。

当导弹成员 ε_5 换装雷达导引头时，分配结果如图 4.14 所示。从图中可见，由于导弹成员 ε_5 的导引头类型不再与目标 1 的辐射源匹配，而导弹成员 ε_4 的导引头类型与目标 1 辐射源匹配，故分配方案改由导弹成员 ε_4 攻击目标 1，而目标 3 由导弹成员 ε_3 和 ε_5 遂行攻击，可见该算法对于传感器优化配置是有效的。

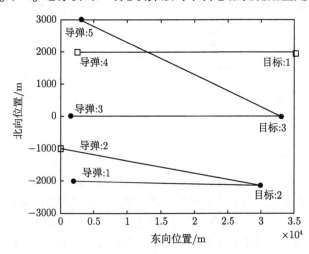

图 4.14　ε_5 换装雷达导引头时的分配图

在图 4.15 中给出了 10 枚导弹攻击 8 个目标的情况, 其算法的时间约束条件是最大迭代次数为 35。其中目标 3 和 7 的需弹量为 2, 其他目标需弹量都为 1。由图可见, 无论从几何关系还是从传感器的搭配及匹配关系看, 分配结果都是合理的。经多次仿真结果表明, 取得最优解的平均迭代次数为 28, 优化比大于 95% 的概率为 92.25%。可见, 算法对较大规模分配问题同样是有效的。

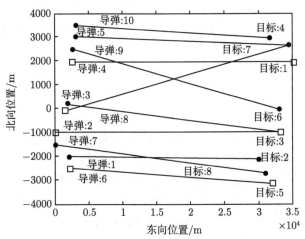

图 4.15 10 枚导弹攻击 8 个目标的分配图

利用支撑网络提供共享信息, 综合考虑导弹性能、目标特性以及导引头与目标的辐射源匹配及态势关系, 建立弹目之间的优势矩阵模型; 采用有效的一轮拍卖及其基于禁忌搜索的改进算法, 以在规定时间内得到单弹的次优目标动态分配方案; 再通过信息共享综合所有单弹的分配方案, 以少数服从多数原则表决得到整个导弹编队的分配结果 [30]。经仿真验证, 此方法的分配结果合理实用且满足实时性要求。

4.3.3 弹群协同任务规划方法

1. 基于遗传算法的无人系统多目标协同任务规划方法

1) 无人系统群协同作战任务规划模型

A. 基本符号定义

无人系统: $V = \{v_1, \cdots, v_n\}$ 表示无人系统平台集合, 其中 n 为平台的个数。

任务载荷: 无人系统搭载的任务载荷按是否可重复使用分为两类。例如, 武器载荷 (导弹、鱼雷等) 属于消耗型载荷, 而传感器载荷在任务过程中可重复使用, 属于非消耗型; 每个无人系统可以搭载若干种任务载荷。任务载荷集合统一表示为 $S = \{s_1, \cdots, s_j\}$。

作战任务: $\text{TASK} = \{t_1, \cdots, t_z\}$, 表示作战任务 TASK 由 z 个子任务构成。

作战任务载荷需求：子任务 $task_i$ 的任务载荷需求 $LTYPE^i = \{ltype_1^i, \cdots,$ $ltype_r^i\}$，其中任一元素 $ltype \in S$。

任务联盟：任务联盟 (task coalition，TC) 是一个能够满足给定任务 TASK 载荷需求的无人系统集合；最小任务联盟 (simplest task coalition) 是指能满足任务 TASK 载荷需求，且种类数量最少的无人系统集合；满足 TASK 所有子任务要求的任务联盟称为可行联盟。

无人系统任务序列：对无人系统 $v_c \in V$，需完成的子任务集合，符号表示为 $tl_c\,(tl_c \subseteq \text{TASK})$。

B. 作战任务模型

a. 模型输入参数

(1) 任务协同关系。

作战任务 TASK 由一系列的子任务构成，子任务之间存在复杂的时序和逻辑约束关系，采用有向无环图 $TRG = (T, E)$ 来表示任务协同关系。节点 T 表示各项子任务，有向边 E 表示任务之间的约束关系。根据战场环境，还应构建任务节点之间的路径图 PG，描述任务之间的可行路径。两两任务之间的代价 (距离) 构成有向图 $PG = (T, E')$，有向边 e'_{ij} (i, j表示节点编号) 的权值 $c_{ij} = c(T_i, T_j)$ 表示任务间的空间路径距离。对于无人飞行器 (unmanned aerial vehicle, UAV)、无人水下航行器 (unmanned underwater vehicle, UUV)、水面无人艇 (unmanned surface vessel, USV)，在没有障碍物、禁航区等约束情况下，可以简化为两点间直线距离，而无人驾驶汽车 (unmanned ground vehicle, UGV) 受地形、道路等条件约束影响较大，应采用相关的路径规划算法计算。考虑到任务开始前和结束时，无人系统有集结的需求，因此在 TRG 中增加任务起点 ST 和终点 ET。TRG 中节点 i 的拓扑顺序表示为 $\text{TOPOSORT}(i)$。图 4.16 示例构建了含 8 个节点 (包括起点 ST 和终点 ET)，10

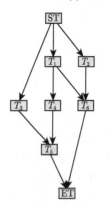
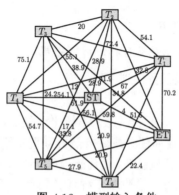

节点编号	X 坐标	Y 坐标
ST	56	53
T_1	3	12
T_2	28	60
T_3	28	80
T_4	31	5
T_5	40	59
T_6	50	33
ET	56	53

图 4.16　模型输入条件

条边的 TRG，PG 示例图只考虑了两个任务位置的直线距离，可根据实际战场空间条件进行调整。

(2) 任务需求矩阵 REQ。

矩阵 $\text{REQ} = [\text{req}_{ij}]\,(i = 1,2,\cdots,m; j = 1,2,\cdots n)$，描述各项任务对应功能需求映射，矩阵的行表示子任务，列表示任务载荷需求；矩阵元素 $\text{req}_{ij} \in \{0,1\}$，1 代表任务 task_i 需要第 j 种任务载荷，反之为 0。

(3) 无人系统能力矩阵 VLOAD。

矩阵 $\text{VLOAD} = [\text{vload}_{ij}]\,(i = 1,2,\cdots,m; j = 1,2,\cdots,n)$，描述每个平台对应能力映射，矩阵的行表示无人系统，列表示任务载荷，矩阵元素定义与 REQ 矩阵相同。

图 4.17 为任务需求矩阵 REQ 和无人系统能力矩阵 VLOAD 示例。

			REQ								VLOAD			
	S_1	S_2	S_3	S_4	S_5	S_6		S_1	S_2	S_3	S_4	S_5	S_6
T_1	0	1	1	1	1	0	V_1	1	1	1	1	0	0
T_2	0	1	0	0	1	0	V_2	1	0	1	1	1	0
T_3	1	1	1	0	0	1	V_3	1	0	0	1	0	1
T_4	0	1	0	0	1	0	V_4	1	1	0	0	1	1
T_5	0	0	0	1	1	1							
T_6	1	0	0	1	0	0							

图 4.17 任务需求矩阵 REQ 和无人系统能力矩阵 VLOAD 示例

定义：VLOAD 组合运算。VLOAD 矩阵第 i 个行向量符号表示为 $\text{vload}_i(i = 1,2,\cdots,m)$，行运算为行向量之间对应元素的逻辑或计算，用符号 "+" 表示，目的是得到满足任务能力需求的无人系统任务联盟。任务联盟 TC 满足某个任务 T 的能力需求，当且仅当 vload_{tc} 中的各个元素均不小于 req_t。例如，$\text{VLOAD}_1 + \text{VLOAD}_3 = (1\quad1\quad1\quad1\quad0\quad1) \geqslant \text{req}_3$ 和 req_6，即 V_1 和 V_3 组成的任务联盟可以完成任务 T_3 和 T_6。

b. 数学模型

无人系统群任务规划问题描述为：基于给定的 TRG 和约束条件下，将无人系统集合中的个体或子集分配给各个子任务，目标是使得任务整体效益最大化。任务效益有多种优化目标：如任务总完成时间最短，系统资源 (使用的无人系统种类、数量，或航行总里程) 消耗最小等。这些目标往往是相互关联的，多目标优化的解是非劣解集合 (Pateto 解集)，如任务联盟 $\{V_1, V_4\}$、$\{V_2, V_4\}$、$\{V_1, V_3, V_4\}$ 都可以完成所有的任务，不同的任务联盟完成任务所需的最小航程和无人系统数量等指标也不同。优化目标可根据实际作战需要选择，采用总航程作为分析对象时，模型如下所示。

$$\text{NC} = \min \sum_{c \in \text{TC}} \text{path}_c \left(\text{TC} \subseteq V, \text{path}_c = \sum_{i \in \text{tl}_c \cup \text{ST}, j \in \text{tl}_c \cup \text{ET}} c_{ij} x_{ij} \right) \tag{4.11}$$

$$\sum_{i\in \text{tl}_c} \text{vload}_c x_{ij} \geqslant \text{REQ}_j, \quad \forall j \in \text{tl}_c \tag{4.12}$$

$$\sum_{i\in \text{tl}_c \cup \text{ET}} x_{ij} = 0, \quad j = \text{ST} \tag{4.13}$$

$$\sum_{j\in \text{tl}_c \cup \text{ST}} x_{ij} = 0, \quad i = \text{ET} \tag{4.14}$$

$$\sum_{i\in \text{tl}_c \cup \text{ST}, j\in \text{tl}_c} x_{ij} \leqslant |Q| - 1 \; \forall Q \subseteq \text{tl}_c, \quad |Q| \geqslant 2 \tag{4.15}$$

$$\sum_{i\in \text{tl}_c \cup \text{ST}} x_{ij} \geqslant 1, \quad \forall j \in \text{tl}_c \tag{4.16}$$

$$x_{ij} = 0, \quad i, j \in \text{tl}_c, \quad \forall \text{TOPOSORT}(i) > \text{TOPOSORT}(j) \tag{4.17}$$

式 (4.11) 表示优化目标，即任务联盟 TC 完成所有任务的总航程最短；式 (4.12) 表示每个子任务应满足 REQ 需求；式 (4.13)、式 (4.14) 分别表示 ST 为任务起点、ET 为任务终点；式 (4.15) 表示任务路径是无环的；式 (4.16) 表示每个子任务都须完成；式 (4.17) 表示任务序列应满足拓扑顺序要求。

2) 无人系统弹群协同作战任务规划方法

遗传算法是通用的优化方法，但不同的问题应用领域，约束条件与优化目标不同，需要针对问题域的特点对遗传算法 (genetic algorithm, GA) 进行改进，设计合理的染色体 (解的编码)、遗传算子和遗传进化策略。

A. 染色体

遗传算法染色体代表问题域的可行解。对任务规划问题 P，解空间为所有满足约束条件的无人系统任务分配方案。其中，每个无人系统相应都有一个任务序列，无人系统群的任务序列就构成了任务解矩阵，但直接使用矩阵无法实现选择、交叉、变异等遗传操作，需要根据问题域的特点研究解矩阵的编码方法。根据解矩阵的组成结构，染色体编码由任务联盟和任务序列两个部分构成，如图 4.18 所示。

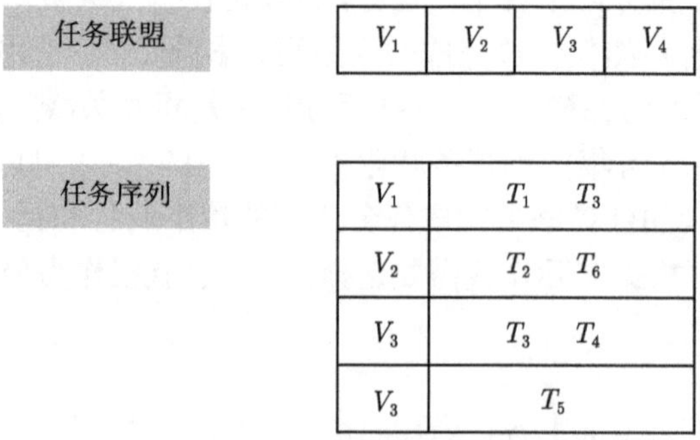

任务联盟	V_1	V_2	V_3	V_4

任务序列		
V_1	T_1	T_3
V_2	T_2	T_6
V_3	T_3	T_4
V_3	T_5	

图 4.18　染色体构成示例

a. 任务联盟

通过对 VLOAD 矩阵组合运算定义, 得到满足任务需求的任务联盟。任务联盟求解方法 TCCS(task coalitions configuration solver) 伪代码如图 4.19 所示。

算法 1 中, 首先确定满足给定数量要求的无人系统任务联盟所有可能组合, 在各种组合方式中, 选择可行任务联盟存入 C, 将满足各子任务需求的任务联盟存入 D。行 13~18 在所有满足任务需求条件的任务联盟中, 通过合并子集计算最小任务联盟 E。最小任务联盟和可行任务联盟示例如图 4.20 所示。

```
算法1 TCCS(VLOAD,REQ,SIZE)
输入: 任务需求矩阵VLOAD,无人系统能力矩阵REQ,任务联盟数量SIZE。
输出: 满足各子任务需求的任务联盟D, 最小任务联盟E。
1:A←所有SIZE数量的无人系统组合方式;
2:while A中存在未遍历的组合方式
3:        a←A中取一个未遍历的组合方式;
4:        VLOAD(a)←以a为任务联盟组合运算的结果;
5:        B←VLOAD(a)分别减REQ各行;
6:        if ∀Bᵢ∈B≥0%Bᵢ为矩阵B第i行
7:                C←a%该组合方式可以满足所有子任务需求, 存入C中;
8: end if
9:        if ∀b∈Bᵢ≥0
10:                D←a%该组合方式可以满足第i个子任务需求, 存入D中;
11:        end if
12:end while
13:while C中存在未遍历的组合方式
14:        c←C中取一个未遍历的组合方式;
15:        if C-c中存在组合方式c'⊇c
16:                E←C-c';
17:        end if
18:end while
19:return D,E;
```

图 4.19 任务联盟求解方法流程

任务编号	最小任务联盟	编号	可行任务联盟
T_1	$\{V_1,V_2\}\{V_1,V_4\}\{V_2,V_4\}$	1	$\{V_1,V_4\}$
T_2	$\{V_4\}\{V_1,V_2,V_3\}$	2	$\{V_2,V_4\}$
T_3	$\{V_1\}\{V_2,V_4\}$	3	$\{V_1,V_2,V_3\}$
T_4	$\{V_4\}\{V_1,V_2\}$	4	$\{V_1,V_2,V_4\}$
T_5	$\{V_1,V_4\}\{V_2,V_3\}\{V_2,V_4\}\{V_3,V_4\}$	5	$\{V_1,V_3,V_4\}$
T_6	$\{V_1\}\{V_2\}\{V_3\}$	6	$\{V_2,V_3,V_4\}$
		7	$\{V_1,V_2,V_3,V_4\}$

图 4.20 最小任务联盟和可行任务联盟示例

b. 任务序列

确定任务联盟集合后, 在各个任务联盟中, 将子任务分配给无人系统, 分别生成各无人系统需要执行的任务序列。无人系统任务序列生成方法 VTLS(vehicle tasks list slover) 伪代码如图 4.21 所示。

由行 1~4 得到分别完成各个子任务的任务联盟 A, 任务联盟是 TC 的子集。行 5~14 在 A 中寻找 TC 中各个无人系统所参与的子任务并放入任务序列中, 最终形成 TC 中各无人系统任务序列 B。表 4.3 为任务联盟 $\{V_1, V_2, V_4\}$ 随机生成的任务序列示例。

```
算法2 VTLS(TC,D)
输入: 任务联盟TC,满足各子任务需求的任务联盟D。
输出: TC的任务序列B。
1: while D中存在未遍历的子任务
2:         d←D中取一个未遍历的子任务所对应的任务联盟集合;
3:         A←随机选取di⊆TC; %di∈d;
4: end while
5: while TC中存在未遍历的无人系统
6:         a←TC中取一个未遍历的无人系统;
7:         while A中存在未遍历的子任务
8:             b←A中取一个未遍历的子任务taski所对应的无人系统任务联盟;
9:             if a⊆b
10:                   tasklist{a}←taski;
11:             end if
12:         end while
13:         B←tasklist{a};
14: end while
15: return B;
```

图 4.21　无人系统任务序列生成流程

表 4.3　任务联盟 $\{V_1, V_2, V_4\}$ 的任务序列

编号	ST	T_1	T_2	T_3	T_4	T_5	T_6	ET
V_1	1	1	0	0	1	0	1	1
V_2	1	0	0	1	1	1	0	1
V_4	1	1	1	1	0	1	0	1

c. 任务序列最短路径

任务具有空间属性, 为了实现优化目标, 需要计算每个无人系统完成其所负担的任务集合的最短路径。在不考虑任务执行顺序的情况下, 该问题即单旅行商 (TSP) 问题, 但子任务之间存在着时序和逻辑约束关系, 因此需要根据 TRG 约束求满足拓扑顺序条件的最短路径。对一个无人系统 v, 其执行长度为 tl_v 的 M 任

务序列时, 最短路径表达式为

$$\text{routecost}_v = \min\left(\bigcup_{i=1}^{N} \text{MIN\_ROUTE}(\text{tp}_i)\right) \tag{4.18}$$

$$(i = 1, \cdots, N; \text{tp}_i \in \text{alltoposort}(B))$$

$$\text{MIN\_ROUTE}(\text{tp}_i) = \sum_{j=1}^{M-1} \text{MIN\_PATH}(\text{task}_j, \text{task}_{j+1}) \tag{4.19}$$

$$(j = 1, \cdots, M; \text{task}_j \in \text{tl}_v)$$

式 (4.18) 中, B 为 TC 中各无人系统任务序列, $\text{alltoposort}(B)$ 为基于 TRG 对任务序列 B 拓扑排序后的所有任务序列排列结果, N 为排列个数, tp_i 为第 i 种拓扑排列, routecost_v 为无人系统执行任务序列所经过的路径代价, $\text{MIN\_ROUTE}(\text{tp}_i)$ 表示任务序列 tp_i 的最短路径。式 (4.19) 为 $\text{MIN\_ROUTE}(\text{tp}_i)$ 的表达式, 其中, MIN_PATH 为两个任务之间的最短空间路径。

由于 B 中可能存在对 TRG 为偏序的任务集, 因此必须考虑所有的拓扑排序结果。式 (4.18) 的含义是: 在 B 的所有拓扑排序结果中的最短路径, 是无人系统执行任务序列 B 的最短路径。式 (4.19) 表示给定拓扑排序的任务序列最短路径, 是前后相邻两个任务之间的最短路径之和。按式 (4.18), 式 (4.19) 依次计算得到任务联盟中每个无人系统执行任务的最短路径, 以及对应的任务执行顺序。对任务序列 $\{\text{ST}, T_1, T_2, T_3, T_4, \text{ET}\}$ 拓扑排序的结果以及相应的路径代价示例如表 4.4 所示。最短路径代价是 197.9, 对应任务序列为 $\{\text{ST}, T_3, T_2, T_1, T_4, \text{ET}\}$。

表 4.4 拓扑排序结果以及相应路径代价

编号	任务序列拓扑排序	路径代价
1	$\{\text{ST}, T_1, T_2, T_3, T_4, \text{ET}\}$	272.2
2	$\{\text{ST}, T_1, T_2, T_4, T_3, \text{ET}\}$	293.1
3	$\{\text{ST}, T_1, T_3, T_2, T_4, \text{ET}\}$	270.6
4	$\{\text{ST}, T_1, T_3, T_4, T_2, \text{ET}\}$	302.3
5	$\{\text{ST}, T_1, T_4, T_2, T_3, \text{ET}\}$	212.8
6	$\{\text{ST}, T_1, T_4, T_3, T_2, \text{ET}\}$	223.7
7	$\{\text{ST}, T_2, T_1, T_3, T_4, \text{ET}\}$	286.6
8	$\{\text{ST}, T_2, T_1, T_4, T_3, \text{ET}\}$	228.8
9	$\{\text{ST}, T_2, T_3, T_1, T_4, \text{ET}\}$	206.3
10	$\{\text{ST}, T_3, T_1, T_2, T_4, \text{ET}\}$	276.6
11	$\{\text{ST}, T_3, T_1, T_4, T_2, \text{ET}\}$	228.0
12	$\{\text{ST}, T_3, T_2, T_1, T_4, \text{ET}\}$	197.9

B. 遗传算子

a. 选择算子

适应度函数表达式为

$$\mathrm{Fit}nV = \sum_{v=1}^{n} \mathrm{routecost}_v \tag{4.20}$$

选择算子设计的基本原则是以大概率将适应度强的个体遗传到下一代中。为避免交叉、变异操作对较高适应度染色体个体的破坏，采用最优保存策略，复制一定比例的较高适应度个体到下一代。

b. 交叉算子

交叉算子通过两个同源染色体重组产生新的个体。同源染色体是指满足所有子任务需求的任务联盟中，无人系统种类数相同的两个染色体。对于无人系统数量为 SIZE 的任务联盟 $\mathrm{TC}_{\mathrm{size}}$，交叉算子表达式如下：

$$\mathrm{CROSS}\,(\mathrm{tc}_i, \mathrm{tc}_j) = (\mathrm{ntc}_1, \mathrm{ntc}_2) \tag{4.21}$$

其中，ntc_1，$\mathrm{ntc}_2 \in \mathrm{NTC}$，$\mathrm{tc}_i, \mathrm{tc}_j \in \mathrm{TC}_{\mathrm{size}}$，NTC 是满足 $\{\mathrm{tc}_i \cup \mathrm{tc}_j \cap \{\mathrm{TC}_{\mathrm{size}} - \mathrm{tc}_i - \mathrm{tc}_j\}\} \in \{\mathrm{TC}_{\mathrm{size}} - \mathrm{tc}_i - \mathrm{tc}_j\}$ 的任务联盟集合。交叉算子 CROSS 首先对两个待交叉的同源染色体任务联盟 tc_i 和 tc_j 求并集，之后取除上述两个染色体外所有同源染色体集合 $\{\mathrm{TC}_{\mathrm{size}} - \mathrm{tc}_i - \mathrm{tc}_j\}$ 的交集，将计算结果为集合 $\{\mathrm{TC}_{\mathrm{size}} - \mathrm{tc}_i - \mathrm{tc}_j\}$ 元素的两个任务联盟 ntc_1 和 ntc_2，作为交叉后的新任务联盟，并相应产生新的任务序列。交叉算子计算示例如图 4.22 所示。

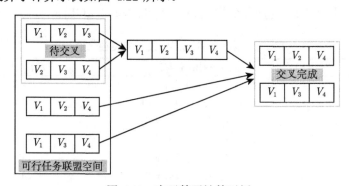

图 4.22   交叉算子计算示例

c. 变异算子

变异的目的是产生新的个体，提高种群的多样性。根据染色体的结构特点，设计两种变异算子。

(1) 任务联盟变异算子。

每个任务联盟对应一组任务序列可行解。在随机产生初始种群阶段，以及在迭代进化过程中，可能会发生部分任务联盟组合缺失，或在同源染色体中所占比例较小的情况，从而导致可行解的搜索空间变小，影响最终优化效果。通过任务联盟变异，可以改善不同任务联盟之间的比例结构，优化搜索空间。设种群中各同源任务联盟的个数为 $N_i(i=1,2,\cdots,k,k$ 为任务联盟种类数)，任务联盟变异概率表达式为

$$
q_i = \begin{cases} \dfrac{1}{\dfrac{1}{N_1}+\cdots+\dfrac{1}{N_k}} \times \dfrac{1}{N_1} \times N_i & (\forall N_i \neq 0) \\ 1 & (\exists N_i = 0) \end{cases} \qquad (i=1,2,\cdots,k) \qquad (4.22)
$$

式 (4.22) 是种群中各同源染色体任务联盟之间的反比例计算方法，即一种任务联盟在种群中所占比例越小，则变异成该任务联盟的概率越大。如果种群中缺少某种任务联盟类型，则变异为该类型任务联盟的概率为 1；如果存在多个缺失的任务联盟类型，则随机选取一种任务联盟。表 4.5 为任务联盟变异概率示例。

表 4.5 任务联盟变异概率示例

任务联盟	个数	比例	变异概率
V_1, V_2, V_3	7	0.2592	0.0979
V_1, V_2, V_4	1	0.037	0.6852
V_1, V_3, V_4	15	0.0556	0.0457
V_2, V_3, V_4	4	0.1481	0.1713

(2) 任务序列变异算子。

对于同一任务联盟，执行不同的任务序列组合，路径代价差别可能较大。另外，每个无人系统所分配的任务量可能存在不均的现象，导致有的无人系统工作负载相对较大。任务序列变异算子的作用是在不同无人系统之间进行任务调配，将承担较大任务负载的无人系统任务序列中的任务，部分分配给其他无人系统，以期获得相对较小的路径代价以及相对均衡的任务负载。任务调配方法 TAAS(task allocations adjustment solver) 伪代码描述如图 4.23 所示。

行 4~9 在任务负载最大的无人系统 v 的任务序列中，随机选一个待删除的任务 a，如果在不包含 v 的 TC 子集任务联盟中，存在可以完成任务 a 的任务联盟 t_1，则在完成任务 a 的原任务联盟任务序列中删除 a，并在无人系统任务序列 t_1 中增加任务 a。任务序列变异示例见表 4.6、表 4.7。在表 4.6 所示的染色体中，V_1 任务序列路径代价最大，因此选择一个可删除的任务 T_5，原 T_5 由 V_1 和 V_4 完成，变异后由 V_2 和 V_4 完成，变异前总路径代价为 487，变异后减小为 480。

```
算法3: Procedure TAAS(TL,TC,D)
输入: 各无人系统最短任务序列集合TL,任务联盟TC,满足各子任务需求的任务联盟D。
输出: 变异后的任务联盟t1, 变异后的任务序列TL1。
1: v←最短任务序列中最大值对应的无人系统;
2: T←无人系统v的任务序列;
3: while T中存在未遍历的任务
4:     a←随机选取T中的一个未遍历任务;
5:     if D中存在不含v的a对应任务联盟t, 且t⊆TC
6:         t1←t;
7:         TL1←任务联盟t1中各个无人系统任务序列中增加任务a, 同时删除a对应的原任务联盟的任务序列;
8:         break;
9:     end if
10: end while
11: return t1,TL1;
```

图 4.23　任务调配方法流程

表 4.6　变异前任务序列及路径代价

无人系统编号	原任务序列	路径代价
V_1	$T_1\ T_3\ T_4\ T_5\ T_6$	222.8
V_2	T_4	110.2
V_4	$T_1\ T_2\ T_5$	154.1

表 4.7　变异后任务序列及路径代价

无人系统编号	原任务序列	路径代价
V_1	$T_1\ T_3\ T_4\ T_6$	128.9
V_2	$T_4\ T_5$	58.1
V_4	$T_1\ T_2\ T_5$	87.2

d. 基于遗传算法的无人系统多目标协同任务规划方法流程

为了得到非劣解集合，HMMOGA 方法从无人系统最小任务联盟开始，在不同规模的任务联盟条件下，计算无人系统依次执行任务的最小路径代价 (见图 4.24 行 1)。HMMOGA 首先产生初始种群，生成规定数量的染色体。根据算法 1 和算法 2，为每个染色体个体的 TC 和 TL 赋随机初值，并计算最短任务路径、总任务路径。种群初始化后，HMMOGA 开始迭代进化过程 (行 9)。在每代种群进化过程中，使用最优保存策略，将一定比例的最高适应度个体直接复制到下一代[32]。

行 13~15 对当前种群中未被复制的染色体个体按一定的概率进行交叉、变异操作，首先在种群中以随机的方式组成配对个体组，根据设定的交叉概率根据算法 3 产生新的 TC，并根据 TC 随机更新 TL 及其他值。交叉操作完成后，在种群中按设定的变异概率对染色体的 TC 和 TL 进行变异操作。HMMOGA 方法伪代码流程如图 4.24 所示。

```
算法4: Procedure HMMOGA(TRG,PG,VLOAD,REQ,SIZE)
输入条件: 任务需求矩阵VLOAD, 无人系统能力矩阵REQ, 任务联盟数量SIZE,
任务协调关系TRG,任务距离PG。
输出: 最小任务路径代价。
1: for i=1 to SIZE
2:       for k=1 to PN%PN是种群数量
3:             chrom(k)←随机产生一个TC;
4:             chrom(k)←生成TC的任务序列;
5:             chrom(k)←计算任务序列的最短路径
6:             CURPOP←chrom(k)
7:             k←k+1
8:       end for
9:       for j=1 to GEN%GEN是代数
10:            从CURPOP中复制一定比例的最优个体到下一代NEXTPOP;
11:            CURPOP中两两随机成对, 按个体按概率pc交叉;
12:            while |NEXTPOP|<|POP|
13:                  a←从CURPOP取下一个个体;
14:                  TC变异;
15:                  TL变异;
16:                  NEXTPOP←NEXTPOP ∪ a;
17:            end while
18:            j←j+1;
19:       end for
20:       i←i+1;
21: end for
```

图 4.24 异构无人系统群多目标任务规划流程

e. 仿真结果

模型及输入参数同上文实例。遗传算法控制参数设定为: 种群个体数目为 20, 代沟为 0.9, 最大遗传代数为 100, 交叉概率为 0.1, 任务联盟变异概率为 0.2, 任务序列变异概率为 0.2。不同种类数量的可行任务联盟执行任务的优化结果见表 4.8。

表 4.8 不同种类数量的可行任务联盟执行任务的优化结果

	SIZE=2	SIZE=3	SIZE=4
路径代价	395	407	429
任务联盟	$\{V_1, V_4\}$	$\{V_1, V_2, V_4\}$	$\{V_1, V_2, V_3, V_4\}$
任务序列	$V_1 : \{T_1, T_2, T_5, T_6\}$ $V_4 : \{T_1, T_2, T_4, T_5\}$	$V_1 : \{T_3, T_1, T_6\}$ $V_2 : \{T_5\}$ $V_4 : \{T_1, T_4, T_2, T_5\}$	$V_1 : \{T_3, T_1, T_6\}$ $V_1 : \{T_5\}$ $V_1 : \{T_5\}$ $V_1 : \{T_2, T_1, T_4\}$

遗传算法迭代计算过程如图 4.25 所示, HMMOGA 算法能够较快地收敛到最

优解。当 SIZE = 2 时，有两种可行任务联盟 $\{V_1, V_4\}$ 和 $\{V_2, V_4\}$，且约束条件下各自只有一种任务序列组合方式 (任务联盟 $\{V_2, V_4\}$ 的任务序列为 $V_2 : \{T_1, T_3, T_5, T_6\}$，$V_4 : \{T_1, T_2, T_3, T_4, T_5\}$ 的路径代价为 428)，而在种群初始化时有 20 个个体，因此最优解在种群随机初始化时就已出现。在本例中，随着无人系统可行任务联盟类型数量的增加，最小路径代价也随之增加，主要原因是增加的无人系统在起始点、终点和任务区之间的累积航行距离有所增加，但更多的无人系统也能使得任务并行执行情况增多 (见 SIZE 为 3、4 时 T_5 的执行)，从而进一步减少总任务执行时间。

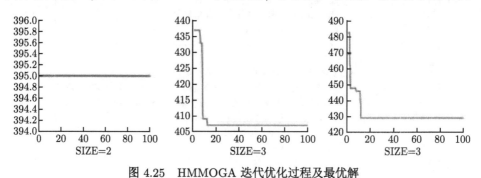

图 4.25　HMMOGA 迭代优化过程及最优解

2. 基于动态权重粒子群算法的协同任务规划方法

1) 问题描述

针对多枚来袭弹头，目标分配的主要任务是：将可使用的有限枚拦截弹进行合理的分配，形成最佳的拦截效果。假设有 m 个来袭弹道导弹，n 个拦截弹，每个拦截弹仅能拦截一枚弹道导弹，而单枚弹道导弹可以同时被一个或多个拦截弹拦截，同时要保证任意一枚弹道导弹都至少有一枚拦截弹对其进行拦截，假设拦截弹数量 n 一直大于等于弹道导弹数量 m，同时将 n 枚拦截弹按照 m 枚弹道导弹进行均分。则目标分配任务描述如下：

$$K_{ij} = \begin{cases} 0, & \text{第 } i \text{ 个导弹不拦截第 } j \text{ 个目标,} \quad i = 1, 2, 3, \cdots, n \\ 1, & \text{第 } i \text{ 个导弹拦截第 } j \text{ 个目标,} \qquad j = 1, 2, 3, \cdots, m \end{cases} \quad (4.23)$$

式中，K_{ij} 判断拦截弹与目标的关系 (拦截，不拦截)。

建立最优目标分配的数学模型：

$$\min f(X) = \sum_{j=1}^{m} \prod_{i=1}^{n} K_{ij}(1 - p_{ij}) T_j \quad (4.24)$$

式中，T_j 表示第 j 个目标的威胁度，$0 < T_j < 1$；p_{ij} 为第 i 个拦截弹拦截第 j 个目标的成功率；$f(X)$ 为性能函数，具体的物理意义是在考虑目标威胁度的情况下，

拦截弹对目标的整体拦截失败率最小，如果 $f(X) \to f(X)_{\min}$，则实现目标分配的最优方案。

弹道导弹威胁度是指：来袭目标对防区内保卫目标进行侵袭成功的可能性及侵袭成功可能造成的破坏程度。根据目标突防我方防御系统的成功概率和破坏程度，来划分威胁度。因此，建立目标威胁度函数：

$$T(t) = f(\Omega_1(t), M_1(t), M_2(t) \cdots) \tag{4.25}$$

式中，$T(t)$ 为目标威胁度随时间变化的函数，目标分配时优先对威胁度大的进行处理；$\Omega_1(t)$ 为目标的飞行状态，包括目标位置、速度、轨迹角等飞行状态信息；$M_1(t)$ 为目标可能采取的进攻策略，包括机动类型和突防手段，如正弦机动、圆圈机动、子母弹、抛洒诱饵等；$M_2(t)$ 为目标的毁伤能力，包括目标的质量、目标的预测落点、目标所打击目标的重要性等；假设在拦截时，预警系统已经对目标威胁度进行了评估。

单枚拦截弹拦截成功概率是影响分配方案的重要因素之一。根据文献 [33] 对拦截弹动态射后可拦截区的研究表明，拦截弹的可拦截区与不可逃逸区受其飞行状态的影响而不断变化，准确判定目标处于可拦截区或不可逃逸区的状态，是影响拦截弹的拦截成功概率的重要因素。在多枚拦截弹对多个目标进行拦截时，存在拦截弹 i 的分配目标已被毁伤，需要对其进行重新分配目标；或者存在拦截弹 j 任务失败，需要对其拦截目标重新分配拦截弹等情况。要考虑实时变化的目标状态与拦截弹状态，根据具体情况进行动态任务分配。拦截成功概率 P_{ij} 描述如下：

$$p_{ij} = \begin{cases} 0, & \Omega \notin R \\ P, & \Omega \in R, \Omega \notin E \\ 1, & \Omega \in E \end{cases} \tag{4.26}$$

式 (4.26) 中，Ω 为目标状态，R 为拦截弹动态可拦截区，E 为拦截弹动态不可逃逸区。

2) 动态权重粒子群算法

粒子群优化 (particle swarm optimization, PSO) 算法作为一种并行进化算法，起初是由 Kennedy[34] 和 Eherhart[35] 受著名的鸟群模型 ——Brid 模型启发而提出的一种群智能算法。在粒子群算法模型中，每个粒子的状态都可以由一组位置和速度向量来描述，可以表示问题的可行解和它在搜索空间中的运动。粒子通过不断学习群体最优解和邻居最优解，来实现全局最优搜索。PSO 算法在运行时首先初始化一群具有一定种群规模的粒子，并根据适应度函数计算每个粒子的适应度值。之后粒子通过迭代更新位置和速度，并与当前状态进行比较，如果优于自身位置，则进行替换。PSO 算法具有简单易实现、收敛速度快且可调参数较少等优点。作为一种基于种群优化的群智能算法，PSO 算法可以对多个问题同时搜索多个解，其并行性求解多目标问题具有很大优势。本小节采用一种动态权重的 PSO，解决拦截弹道导弹的目标分配问题。给出动态权重 PSO 流程图，如 4.26 所示。

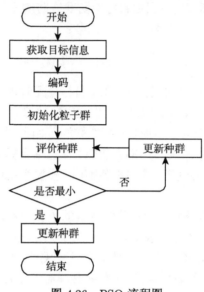

图 4.26　PSO 流程图

采用动态权重 PSO 解决目标分配的基本流程如下。

(1) 解的编码与解码方式。

拦截弹的发射总数量 n 用粒子的长度表示，目标分配的编号用粒子的编号表示。假设有 5 枚拦截弹和 3 个目标：

$$M_{\text{code}} = [3, 2, 3, 1, 1] \tag{4.27}$$

式中，M_{code} 表示对拦截弹进行编码；对 3 枚来袭导弹编号为 1、2、3，并携带其威胁度信息，上述编码的具体意思为第 1 枚和第 3 枚拦截弹拦截 3 号目标，第 2 枚拦截 2 号目标，第 4 枚和第 5 枚拦截弹拦截 1 号目标。

(2) 粒子群初始化。

对于粒子种群的初始化非常重要，由于具体问题的每一个解都有一个粒子与其对应，粒子种群中包含多个粒子，因此优化问题可行解的分配方案受粒子种群数量影响，后者越大，前者越多。考虑到 PSO 计算速度，若种群数量太大，会造成计算量太大，运行效率低；若种群数量太少，又会容易过早收敛，陷入局部最优解。因此对解决不同的问题选择合适的种群数量至为关键，一般情况下种群数量取 30~60 比较合适，迭代次数由弹目数量来决定。

(3) 评价种群。

首先选取适应度函数,由式 (4.24) 可以知道目标函数为极小值问题,因此直接选取适应度函数式 (4.28),对种群中的每个粒子进行适应度计算,完成种群评价。

$$F(X) = f(X) \tag{4.28}$$

(4) 更新种群

假设粒子群算法中的每个粒子在 n 维空间中以一定速度飞行,粒子 i 当前的位置可以描述为 $X_{ij}=(x_{i1}, x_{i2}, x_{i3}, \ldots, x_{in})$,粒子 i 当前的速度可以描述为 $V_{ij}=(v_{i1}, v_{i2}, v_{i3}, \ldots, v_{in})$,个体最优位置即粒子 i 经历的最优位置为 $p_i=(p_{i1}, p_{i2}, p_{i3}, \ldots, p_{in})$。由 (3) 可知最小优化函数为 $f(X)$,则粒子当前最优位置可由下式确定:

$$p_i(t+1) = \begin{cases} p_i(t), & \text{若} f(X_i(t+1)) \geqslant f(p_i(t)) \\ X_i(t+1), & \text{若} f(X_i(t+1)) < f(p_i(t)) \end{cases} \tag{4.29}$$

假设群体中粒子数为 N,群体中所有粒子经历过的最好的位置为全局最优位置 $g_i(t)$:

$$g_i(t) = \min\{f(p_1(t)), f(p_2(t)), f(p_3(t)), \cdots, f(p_N(t))\} \tag{4.30}$$

在对粒子进行更新时,建立寻优能力更优的完全模型粒子群算法,即在粒子群算法中包含粒子个体认知能力和社会相互作用的影响,并在速度相中加入惯性权重系数来平衡全局搜索和局部搜索性能,则粒子群的更新速度可描述为

$$u_{ij}(t+1) = wv_{ij}(t) + c_1 k_1(p_{ij}(t) - x_{ij}(t)) + c_2 k_2(g_j(t) - x_{ij}(t)) \tag{4.31}$$

位置更新可描述为

$$x_{ij}(t+1) = x_{ij}(t) + rv_{ij}(t+1) \tag{4.32}$$

其中,i 表示第 i 个粒子;j 表示粒子的第 j 维;$v_{ij}(t)$ 表示粒子 i 进化到 t 代时的第 j 维飞行速度分量;$x_{ij}(t)$ 表示粒子 i 进化到 t 代时的第 j 维位置分量;$p_{ij}(t)$ 表示粒子 i 在进化到 t 代时第 j 维个体最优位置;$g_j(t)$ 表示粒子 i 在进化到 t 代时整个粒子群最优位置 g 的第 j 维分量;c_1 为认知因子,c_2 为社会因子,为保证认知部分和社会部分协调一致,将其取值设为 2;k_1、k_2 是 $[0,1]$ 内均匀分布的随机数;r 为约束因子系数;w 为惯性权重,为了使算法初期能在较大范围搜索,并不断搜索新区域,而且在后期逐渐收敛到较好区域并进行更精细的搜索,以加快收敛速度,对 w 进行线性调整:

$$w = w_f + \frac{w_0 + w_f}{D}(D - d) \tag{4.33}$$

式中,w_0 和 w_f 分别为权重系数起始值和终端值,d 为当前迭代次数,D 为最大迭代次数。

(5) 若达到最大迭代数，或者满足了误差要求，则结束，否则转到步骤③。

3) 仿真分析

(1) $m = n$ 时

设计如下的仿真算例：有 4 枚拦截弹和 4 个再入弹头，目标的威胁度如表 4.9 所示，命中率如表 4.10 所示：

表 4.9　目标威胁度

名称	目标 1	目标 2	目标 3	目标 4
威胁度	0.6	0.3	0.5	0.8

表 4.10　目标命中率

名称	目标 1	目标 2	目标 3	目标 4
拦截弹 1	0.75	0.25	0.55	0.45
拦截弹 2	0.45	0.95	0.7	0.85
拦截弹 3	0.5	0.8	0.25	0.7
拦截弹 4	0.75	0.7	0.9	0.93

采用动态权重 PSO，得到适应度随迭代次数的仿真图如图 4.27 所示，以及最终的结果如表 4.11 所示：

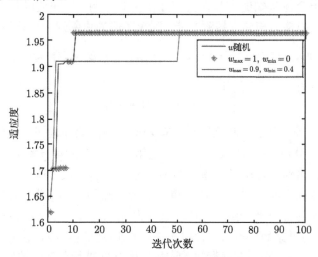

图 4.27　$m = n$ 时的目标适应度图

对仿真结果进行分析：对于拦截弹和再入弹头数量相等的情况，每个拦截弹分别拦截一个目标。每个拦截弹随机选择初始的拦截目标，并不是每个拦截弹拦截自身命中率最大的目标，而是考虑整体威胁度和整体命中概率的情况下，合理的分配目标。不同权重的仿真最终结果都相同，适应度值为 1.965，可以看出采用动态权重的 PSO 比随机权重的 PSO 有更快的收敛速度；权重系数的不同，会对收敛速度造成影响，对于本算例，$w_{\max}=1$，$w_{\min}=0$ 实现了最快的收敛。

表 4.11　目标分配表

名称	目标 1	目标 2	目标 3	目标 4
拦截弹 1	√			
拦截弹 2				√
拦截弹 3		√		
拦截弹 4			√	

(2) $m > n$ 时

设计如下的仿真算例：有 8 枚拦截弹和 3 个再入弹头，目标的威胁度如表 4.12 所示，命中率如表 4.13 所示：

表 4.12　目标威胁度

名称	目标 1	目标 2	目标 3
威胁度	0.7	0.8	0.5

表 4.13　目标命中率

名称	目标 1	目标 2	目标 3
拦截弹 1	0.55	0.2	0.25
拦截弹 2	0.7	0.45	0.4
拦截弹 3	0.25	0.5	0.48
拦截弹 4	0.9	0.75	0.7
拦截弹 5	0.85	0.85	0.7
拦截弹 6	0.65	0.85	0.87
拦截弹 7	0.45	0.9	0.95
拦截弹 8	0.8	0.93	0.94

采用动态权重 PSO，得到适应度随迭代次数的仿真图如图 4.28 所示，得到最终的目标分配结果如表 4.14 所示。

对仿真结果进行分析：对于拦截弹数量比再入弹头器数量多的情况，威胁度高的目标分配的拦截弹数目较多，目标 1 和目标 2 的威胁度较高，分配了 3 枚拦截弹，目标 3 的威胁度较低，分配了 2 枚拦截弹。不同权重的仿真最终结果都相同，最终适应度值为 3.838，针对该算例，采用了动态权重 PSO 收敛的速度要明显快于随机权重 PSO 的收敛速度，并且采用 $w_{\max}=1$，$w_{\min}=0$ 保证了目标分配问题不会限于局部最优，且收敛速度最快。

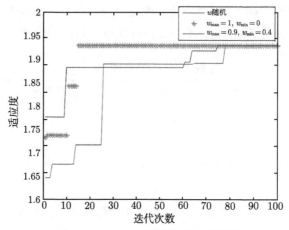

图 4.28 $m > n$ 时的目标适应度图

表 4.14   目标分配表

名称	目标 1	目标 2	目标 3
拦截弹 1	√		
拦截弹 2			√
拦截弹 3			√
拦截弹 4	√		
拦截弹 5		√	
拦截弹 6		√	
拦截弹 7		√	
拦截弹 8	√		

4.4   协同航迹规划

4.4.1   协同航迹规划问题描述

导弹协同攻击航迹规划研究的目的是最大限度地利用地形、天气、威胁、禁飞区、情报等环境信息,利用导弹间相互通信的数据链,以及集识别、通信、导航于一体的战术信息分配系统,实现在飞行航迹上相互配合,协同有效地组织多枚导弹以完成共同任务为目标,为导弹设计出从出发点到目标点满足各项机动性能的飞行航迹,并通过获得更高的作战效能和对资源的充分利用,达到比单枚导弹更优的战术效果。

多导弹协同航迹规划是复杂战场环境下的多弹航迹规划问题,是指任务控制站基于战术数据链,为多枚导弹在发射点和目标之间规划出多条飞行代价最优或次优的飞行航迹,使导弹能够同时或按照一定的时间间隔到达各自的目标点,协同航迹规划要充分考虑威胁回避、禁飞区绕行、燃料消耗、避免导弹间的相互碰撞、按指定攻击角进入目标以及导弹相关飞行性能等因素。

多导弹的航迹规划需要处理非结构化、大范围、复杂的规划环境，这对许多传统的航迹规划算法提出了挑战，因为过分冗长的时间往往失去了实际的可行性。任务控制站基于战术数据链实现预先规划与在线规划的结合，导弹起飞前，通过离线规划器规划出部分航迹并装定到导弹上；导弹起飞后，需要适应作战过程中战场态势的变化，当出现突发威胁时，在线规划器基于数据链的支持将实时规划的航迹点传给导弹，导弹实时规划出回避威胁的航迹；当增加新的任务或更改任务时，需要快速规划出相应的新航迹，因此航迹规划算法是否具有稳健而有效的计算属性就显得非常重要。

1. 航迹规划作战使用要求和制订航迹规划基本原则

本节以导弹航迹规划的需求和战术价值为牵引，首先介绍航迹规划的作战使用要求，然后制订与其相对应的航迹规划基本原则。

1) 航迹规划的作战使用要求

导弹航迹规划的出现，使得导弹攻击战术由传统的 "直航" 向按战术需求实施的 "火力机动航迹设计" 转变，从根本上改变了传统导弹攻防战术运用，使得编队作战使用方法和组织实施过程都发生了新的变化，从而也对导弹攻击过程中的相关信息保障、辅助决策、指挥控制等提出了新的要求 [36]。

A. 对信息保障要求高

(1) 提高了对信息保障的要求。航迹规划的设置，有赖于提高了对信息保障的要求。航迹规划的设置，有赖于对战场环境的实时掌握，比如敌我态势数据、目标参数、敌防御部署、潮汐、水文气象、海图数据信息的精确掌握。尤其对目标信息、障碍物信息、禁危区信息数据要及时、准确地掌握，这些信息都是在航迹规划设置过程中必须提供的数据，也是航迹规划设置的基本条件。

(2) 提高了对目标指示精度的要求。航迹规划增加了导弹转向飞行的次数，增加了导弹的飞行距离，扩大了导弹自控终点散布。特别是导弹的转向，会显著地影响自控陀螺的跟踪精度，增加导弹到达自控终点时的散布误差。因此，导弹对远距离目标指示精度的要求相对提高了。

(3) 提高了对发射舰艇导航保障的要求。为了可靠地发射导弹，发射舰艇的定位和指向黏度都会直接影响导弹对目标的命中精度。尤其是对于无中继制导和中途定位校正能力的航迹规划导弹，导航保障已成为导弹顺利使用的一个关键环节。在复杂电磁环境下，无线电导航系统 (包括 BDS(北斗卫星导航系统)、GPS、GLONASS (全球卫星导航系统)、劳兰 -C 等) 可能无法使用，如何保证编队的导航精度是摆在我们面前必须解决的首要问题。

B. 对辅助决策要求高

航迹规划，特别是编队导弹航迹规划的实现，是一个复杂的运筹决策过程。涉及的决策要素非常庞大,一是要考虑规划的航迹能否满足导弹自身各项技术参数的要求;二是要考虑规划的航迹能否有效地避开障碍物、己方兵力和敌防御火力区域;三是要考虑规划的航迹能否满足多枚导弹的火力协同要求,特别是在编队或与其他兵力协同使用时,规划的约束条件和规划目标的解算都非常复杂庞大;四是规划的航迹对目标的打击效果是否最佳,尤其是对目标的突击方向、突击时间的控制要科学合理。以上几点都是攻击一方在短时间内必须决策的,如果没有辅助决策系统的支持,几乎不可能完成以上工作,也就无法发挥导弹航迹规划功能的特长。

C. 对指挥控制要求高

导弹射程的增加,使得编队打击区域扩大,覆盖的范围更广,目标更多。对宽阔海域范围目标的掌控,更有赖于海上侦察情报体系。

航迹规划导弹攻击有赖于编队、突击群的协调控制。使用航迹规划功能多方向协同打击同一个目标、同时打击多个目标等,不同的战法,都依赖指挥控制系统的协同;编队、群协同射击的难度大大增加。

协同、合同攻击时指挥控制难度大大增加。航迹规划的运用,一方面为舰艇编队和其他兵力的协同、合同攻击创造了条件;另一方面,导弹航迹点的复杂化、禁危区的变化,特别是意外情况的变化,又对参加协同、合同攻击的兵力构成了新的危险,使舰艇编队和其他兵力之间协同、合同指挥的控制难度提高。

D. 对规划时效要求高

导弹的航迹规划不仅仅是实现武器平台导弹攻击多种战术需求的一种技术手段,它更是一个根据敌我作战态势和海战场作战环境而实时进行的一种作战规划行动,这对导弹航迹规划有着实时性的要求。实时的信息交互、协同信息的共享是实现舰艇,尤其是舰艇编队导弹航迹规划的重要前提。同时,现代海战场瞬息万变的特点要求舰艇或舰艇编队能够在海上迅速地完成导弹航迹规划任务,实施导弹攻击,这又对舰艇或编队导弹航迹规划提出了快速性的要求。因此,航迹规划应方便导弹攻击的实施,要尽量简化决策过程、指挥控制程序和操作界面,优化航迹规划数学模型,缩短航迹规划时间,提高系统的作战反应能力,确保指挥员在战时能够灵活方便地使用此项功能。

E. 对精确用兵要求高

现代海战要求在兵力使用上更加精确,这也是与现代海战作战观念和装备使用要求密切相关的。确定舰艇导弹攻击数量应根据舰艇编队舰艇载弹量、航迹规划导弹的性能、目标特性和对目标的毁伤要求,合理确定舰艇数量。舰艇的数量太多,不仅会增加编队统一指挥的难度,而且会使得导弹航迹规划空间拥挤,不利于编队导弹航迹规划的实现,降低航迹规划的可操作性。因此,要在能够满足任务需要的情况下合理确定导弹齐射舰艇数量。由于受到导弹入射方向范围的限制,编队齐射导弹数量越多,相邻导弹入射方向的夹角就越小,同时,受到敌方同一电子干扰装备干扰的可能性就越大，而且导弹之间相互干扰 (甚至出现航迹交叉现象) 的可能性也越大，还会增加编队进行统一导弹航迹规划的难度；数量也不应太少，应至少使齐射导弹达到指定的攻击效果。尽量以最小的导弹消耗量获取最大的攻击效果。

2) 制订航迹规划的基本原则

导弹航迹规划的根本目的就是最大限度地挖掘武器的作战效能，提高导弹对战场的适应能力，提升导弹的战术使用灵活性。要科学、合理地规划导弹的飞行弹道，除了要为导弹末段能够迅速捕捉目标创造条件，还必须综合考虑作战使用的其他要素要求。根据导弹作战特性和未来海战战场环境特点，导弹航迹规划应遵循以下基本原则[36]。

A. 战术稳妥原则

战术稳妥是指导导航路线规划以适应导弹目标跟踪搜索的基本战术要求。规划导弹路线时，必须确保导弹可以根据指定方向进入所需的搜索起点。换句话说，根据战术需要，应该首先考虑导弹的自控终点和导弹初始搜索的方向，并将其用作弹道计划的基本目标。接下来，找到指定终端制导系统的起点、导弹方向和旋转性能、制导系统的周期稳定时间，以及在起点之前给定一定稳定距离的导弹飞行速度并找到最后一个转向点的位置。导弹在此转向点转入搜索航向，并在到达预定开机点位置前使导弹稳定于该航向上，这段稳定的时间和最后一个转向点的选择应根据导弹性能来决定。路线规划的首要原则是根据战场条件、战场环境和目标分布区域，全面确定导弹终端制导系统的起点和搜索方向。

B. 航迹安全原则

规划导弹路线的基本要求是确保导弹飞行路线的安全。导弹路线安全主要包括：

(1) 确保导弹设计安全。选定能够有效避开自己或友方有效区域的导弹航线，确保自己或友方的目标不会进入正在被导弹打击的危险区，以确保导弹射击的安全。

(2) 确保导弹安全发射。选择的导弹飞行必须确保导弹有效避开飞行中的岛屿和其他自然障碍。但是，在计划多枚导弹的飞行方向时，重要的是要确保这些导弹不会相互影响和发生冲突。

(3) 确保导弹飞行隐蔽。尝试选择敌人无法检测到的、不太可能被敌人抓住并隐藏行动意图的飞行路线，从而使敌人瘫痪。

(4) 确保导弹牢牢抓住目标并选择目标以分配火力。在规划路线时，导弹必须根据预定的搜索方向到达预定的终端控制雷达点，以便导弹可以安全地捕获目标并选择目标以分配预定的火力。

C. 航程最短原则

　　由于中型和远程导弹飞行时间较长，控制系统的误差会随着导弹飞行的累积而增加，这会在导弹自控结束时增加误差，因此距离应尽可能减小。在设计自行飞行路径时，有必要优化每个路径转折点的设计，并尝试最小化导弹自行飞行的总距离，使导弹能够在最短时间内到达自控终点，并且能够以较高的概率搜索和捕捉到预定目标。

　　D. 转向最少原则

　　操纵导弹时，由于路线规划而需要进行快速和水平的操纵，这不仅对导弹的运行性能提出了很高的要求，而且更重要的是，增加了误差。因此，当航线规划的路线不超过可设置的航迹转向点最大点数时，有必要使导弹自控飞行航迹转向点数最少。减少自导飞行点的数量，不仅降低了导弹路线规划的难度，而且有效地降低了自导飞行的弹道导弹误差，提高了导弹的精度。

　　E. 易于实现原则

　　航迹规划应有利于导弹的作战使用，一方面应该要简化指挥和控制程序以及操作界面，以使指挥官在战争期间可以灵活、舒适地使用导弹，另一方面可以进行弹道规划时间和系统响应时间的改进。导弹的使用不应局限于弹道规划。

　　导弹航迹规划决策是一件十分复杂的工作，需要综合导弹武器系统、作战指挥系统、目标信息、作战海域地理环境信息和战场态势等各个方面的信息，例如，导弹发射点和末制导雷达开锁点位置、导弹搜捕航向或导弹火力分配基准方向、导弹控制系统性能、导弹可用过载和转向半径、导弹最大可用转向角、导弹最大有效航程、导弹飞行速度、导弹航迹距离判别、导弹有效捕捉概率要求、目标位置及其散布、导弹需要规避或绕过障碍区域的位置及其大小、目标反导作战区域、我方或友方舰船的位置等，而且各因素间相互制约、同时存在，决策过程中伴随着大量的计算和判别。

　　因此，进行导弹航迹规划决策时应遵循"易于实现"的原则，必须合理、科学地规划导弹飞行航迹，尽量简化决策过程和操作页面，优化航迹规划数学模型，缩短航迹规划时间，确保指挥员能够方便、灵活地使用，不能因为航迹规划而限制了导弹的战斗使用。

　　F. 整体协同原则

　　当进行导弹编队作战时，导弹航迹规划由单枚导弹航迹规划合成，它与单枚导弹航迹规划的最大区别在于合成后的整体"涌现性"，这种合成是系统的合成而不是简单地相加。

　　导弹路线规划是编队级的系统工作，是导弹之间协调与互动的综合过程，主要任务是提高编队的整体作战能力，协调导弹路线规划。因此，导弹路线计划是一种合作路线计划，与规划单枚导弹路线并满足任务要求不同。如果编队中每枚导弹的航迹协调良好，则编队中每枚导弹的效能都会加倍，否则会引起内部摩擦，甚至影响整个战斗过程。规划导弹路线应该旨在最大限度地提高总体作战能力,制订统一的协同计划,把握各枚导弹在空间上相对位置的相关性和作战时间上的关联性,对编队导弹航迹规划进行全局性、全方位和全过程的整体协同。由于作战情况的变化和作战程序的发展,每枚导弹都必须积极配合基于预计划的编制和适时调整协调方式,以动态协调航迹规划。

最可能从导弹路线规划中幸存下来的航线是此过程中每条导弹路线的参考,并不是航迹的必然选择。每个导弹航迹规划均由一个共同的导弹航迹规划提供服务和编制,该规划在单个索引命令下实施。有可能为满足某些战术要求,某些导弹选择更危险的飞行路线,以实现特定的战术目标。

G. 机动服务原则

传统的海上机动战强调通过兵力机动达到火力运用的目的,而机动战的关键因素是机动的速度,舰艇的运动速度远低于导弹的火力机动速度,导弹具备航迹规划功能后,远程高效的火力机动逐渐成为火力运用的主要趋势。在作战行动以火力机动为主的背景下,兵力是否机动就成为一个值得研究的问题。

为适应现代海战的需要,兵力机动应服务及服从于编队整体航迹规划的需要。应侧重于兵力的隐蔽部署及导弹的航迹规划协同等内容。同时,兵力机动仍然是编队导弹攻击的基本要素。如果经过综合分析,确定通过适当的兵力机动可以得到战术价值更大的航迹进而提高攻击效果,则应该迅速实施合理的兵力机动。而且,当目标探测在导弹最大射程之外时,兵力机动也是不可少的,在某些情况下,只有通过兵力机动才能形成有利的攻击态势。

一般情况下,由于兵力机动的复杂性和耗时性,应慎用兵力机动,兵力机动应紧紧围绕编队整体导弹航迹规划而进行,是否继续进行兵力机动的衡量标准是能否不影响攻击行动,并且制订出更优的编队导弹航迹规划方案以提高编队导弹攻击效果。

2. 导弹弹群航迹规划的步骤

导弹弹群航迹规划有广义和狭义之分。广义的航迹规划指对导弹整个飞行弹道的规划,包括发射、中制导、末制导等各个阶段。狭义的航迹规划仅指对导弹弹道中段的规划。通常根据预定的攻击方案,发射前给每枚导弹装定飞行航迹特征点和 (或) 转向角,导弹发射后经过数个航迹特征点转入末端机动突防飞行。

导弹弹群的航迹规划过程,一般分为以下几步 [37]:

(1) 给出航迹规划的任务,确定目标信息、威胁区分布的状况以及导弹的性能参数等限制条件。

(2) 采用航迹规划算法,按任务要求对目标进行分配及对导弹的航迹进行规划,在限制条件下生成导弹的参考航迹。

(3) 对航迹进行优化,满足导弹的最小转弯半径、飞行高度、飞行速度等约束条件。还应有较小的雷达发现概率,形成可供导弹飞行的航迹。

航迹规划的关键在于目标和威胁区信息的获取与处理,对导弹进行航迹规划时,通过侦察得到关于目标、雷达的分布位置、防空火力范围等信息,利用这些信息对导弹进行航迹规划,装载航迹点,保证导弹成功突防,攻击目标。导弹航迹规划的流程如图 4.29 所示。

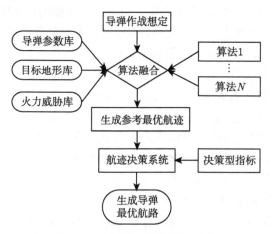

图 4.29　导弹航迹规划的流程图

4.4.2　弹群协同航迹规划建模

1. 相关概念及其定义

导弹航迹规划是航迹规划领域中的一类新问题,它给航迹规划领域的相关研究提出了新要求。从目前已有的研究工作来看,有关有/无人飞行器航迹规划的研究已有不少,并且无论是从背景需求还是从技术途径的角度来说,其概念及其定义都基本一致,但针对导弹航迹规划概念及其定义的研究还少有出现。而明确的概念和定义是阐明研究内容、解决技术问题的指南,本书以下内容将对导弹航迹规划的相关概念及其定义进行分析阐述。

1) 导弹的航迹模型

从军事问题背景角度来说,导弹航迹规划是指在导弹发射以前,根据实际的战场态势、作战需要和导弹飞行性能,对导弹在自控段的飞行航迹进行设定,使得导弹在发射后按照预设的航迹飞行。由于导弹在自控飞行段大多在海平面上采用定高等速的掠海飞行方式,因此可以进行必要的纵向简化,本节的研究对象均为狭义上的导弹侧向航迹规划,其航迹规划在二维平面上展开。

为了简化描述,首先作如下定义:

定义 4.1 发射点 (launch point)：平台发射导弹的位置点，记为 A。

定义 4.2 目标点 (target point)：根据导弹射击方式 (现在点射击或前置点射击) 的不同，所指为相应的目标位置点，即对目标的现在点或前置点，记为 P_1。

在侧向二维平面 (即水平面) 上，考虑到实际任务需求、规划环境和计算复杂度，本书将航迹连续曲线进行离散化抽象建模，采用分段直线模型来表示导弹飞行航迹。离散化抽象建模过程如图 4.30 所示。

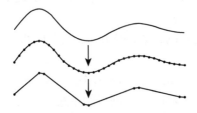

图 4.30　航迹连续曲线的离散化过程示意图

2) 航迹规划的相关定义

从图 4.30 中可以看出，离散化以后的航迹由曲线上若干关键点和它们之间的连线组成，可以被表示成一个点序列，这样就可以用少量的参数描述导弹的飞行航迹，这也恰好是适合计算机程序解算的形式。但是，随着离散化精度的降低，分段直线模型与曲线模型的差距 (这里主要指长度) 越来越大，模型失真度就越来越高。为了减小失真程度，根据导弹的飞行转向原理，将这些转向关键点从曲线的弧顶部位移至弧顶之外，并将其定义如下。

定义 4.3 航迹转向点 (path turning points)：导弹转向前主航向的延长线与转向后稳定航向的反向延长线的交点，记为 P_i，$i \in N$ 且 $1 < i \leqslant n_{\max}$。其中，$n_{\max}$ 为最大航迹转向点的个数，如图 4.31 所示。

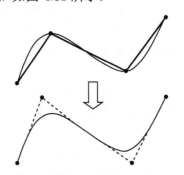

图 4.31　航迹关键点的转移示意图

为了统一描述，可继续作如下定义。

定义 4.4 航迹点 (path points)：发射点、目标点和所有航迹转向点的集合，

记为 P，则有

$$P = \{A, P_i\} \tag{4.34}$$

式中，$i \in N$ 且 $1 \leqslant i \leqslant n_{\max}$。

定义 4.5　航迹 (path)：任意一个从发射点开始到目标点结束的有序的航迹点集合，即航迹点序列，记为 $\{\overline{P}\}$。

定义 4.6　可行航迹 (feasible path)：任意一个满足给定约束条件的航迹点序列，也称非劣航迹、备选航迹。

定义 4.7　最优航迹 (optimal path)：从所有可行航迹中找出的一条能使某一航迹评价指标达到最优的航迹。

定义 4.8　规划空间 (planning space)：规划空间有广义和狭义之分。广义的规划空间是指包含所有航迹所对应的航迹点的全集的一个封闭的有界二维区域；狭义的规划空间是指所有可行航迹所对应的航迹点的全集所构成的一个封闭的有界二维区域，又可称为最小规划空间。

从定义 4.5 到定义 4.8，两两之间的关系大多为包含关系，相互之间的具体关系如图 4.32 所示。

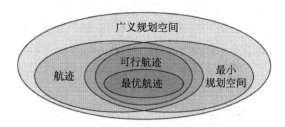

图 4.32　几个相关定义之间的关系示意图

从图 4.32 中可以看出，最小规划空间是广义规划空间的子集，相对于其他规划空间而言，它的航迹规划效率是最高的，因此，它也是最理想的规划空间。然而，最小规划空间并不是显而易见的，需要进行分析研究，它是建立规划空间模型的最终目标。

定义 4.9　航迹规划 (path planning)：导弹航迹规划是在规划空间内，寻找一条从发射点到目标点 (或末制导雷达开机点) 满足给定约束条件的最优或可行的飞行航迹。

在 4.4.2 节导弹的航迹模型中采用的是分段直线航迹模型，使用这种模型通常不考虑运动学和动力学约束。因此，导弹航迹规划应被处理成一类空间搜索问题，那么，首先就必须构造一个航迹搜索空间 (即规划空间)。导弹航迹规划本质上就是在规划空间内，寻找一条从发射点到目标点满足给定约束条件的最优或可行的飞行航迹，通常可抽象为一个多约束的多目标非线性优化问题，需要采用基于几何学的搜索算法进行求解。针对这个问题，国内外各领域的学者根据各自的学科背景和专业领域，提出了多种航迹规划算法，一般可以分为确定型搜索算法和随机型搜索算法，通常的做法都是将位形空间内的寻优问题转化为拓扑空间的搜索问题，其算法效率与规划空间的复杂度紧密相关。可见，规划空间既是航迹规划的前提基础，又是影响航迹规划效率的重要因素。下面将从几何学的角度建立导弹航迹规划的规划空间模型。

2. 导弹的航迹特征

导弹的航迹特征主要包括以下四个方面：

(1) 导弹航迹由航迹点间的直线航段和转弯时的弧线航段组成；

(2) 总航程存在约束条件；

(3) 相邻两个航迹点间距存在约束条件；

(4) 航迹转向角存在约束条件。

根据导弹的航迹特征可知，其规划空间应是一块封闭的有界二维区域，其本身是有一定的规律可循的。下面试图从几何学原理出发，对导弹的航迹规划空间进行研究。

1) 航迹规划功能区域

为了简化描述，先作如下约定：如图 4.33 所示，设 s 为导弹的最大有效射程，发射点为 A，目标点为 P_1，d 为 A 点与 P_1 点之间的距离 (即发射距离)，并且 P_1 点位于发射舰所载导弹的最大有效射程之内，即 $d \leqslant s$，导弹的第 $i(i \in N)$ 个航迹点为 P_i。

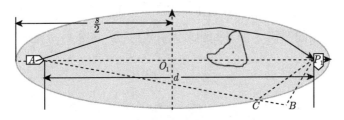

图 4.33　航迹规划功能区域示意图

目标舰进入发射舰所载导弹的最大有效射程后，当只为导弹设定一个航迹转向点 (导弹航向发生改变的航迹点)，并且所规划航迹的航程为导弹的最大有效射程 s 时，根据平面解析几何知识，如果不考虑导弹航迹转向角的限制，则所有满足条件的航迹点的轨迹为以发射舰和目标舰为焦点的椭圆。因此，可作如下定义。

定义 4.10　以发射点 A 和目标点 P_1 分别为两个焦点 (则 d 为焦距)，以导弹的最大有效射程 s 为长轴，作椭圆 O_1，称 O_1 所围成的区域为航迹规划功能区域，简称功能区域 (operational area, OA)，记为 $\Omega(O_1)$。

由于受导弹最大有效射程 s 的限制，满足导弹航迹距离约束条件的所有航迹转向点必然在功能区域之内，则可以得到引理 4.1。

引理 4.1 导弹航迹满足航迹距离约束的必要条件为

$$P_i\,(i \in N) \in \Omega\,(O_1) \tag{4.35}$$

证明 反证法。取椭圆 O_1 外任意一点 B，连接 BA 和 BP_1，$BA \cap O_1 = C$。根据两点之间线段最短，可知 $|BA| + |BP_1|$ 在经过 B 点的所有航迹中总航迹距离最短。假设点 B 满足导弹航迹距离约束，则有

$$|BA| + |BP_1| \leqslant s \tag{4.36}$$

$\because |BC| + |BP_1| > |CP_1|$

$\therefore |BA| + |BP_1| > |CA| + |CP_1|$

而 $|CA| + |CP_1| = s$，即

$$|BA| + |BP_1| > s \tag{4.37}$$

与式 (4.36) 矛盾，即与假设矛盾。证毕。

图 4.33 中功能区域椭圆 O_1 的各参数如下。

长半轴：$a = \dfrac{s}{2}$；半焦距：$c = \dfrac{d}{2}$；离心率：$e = \dfrac{c}{a} = \dfrac{d}{s}$；焦准距：$p = \dfrac{b^2}{c} = \dfrac{a^2 - c^2}{c} = \dfrac{s^2}{2d} - \dfrac{d}{2}$。

可见，此椭圆基本参数由导弹的最大有效射程 s 和发射距离 d 确定。此外，其面积为

$$S = \pi ab = \frac{\pi s \sqrt{s^2 - d^2}}{4} \tag{4.38}$$

功能区域椭圆的面积 S 随导弹的最大有效射程 s 和发射距离 d 变化的曲面如图 4.34 所示。

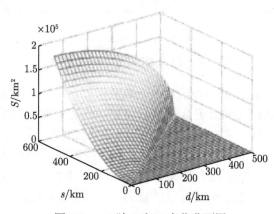

图 4.34 S 随 s 和 d 变化曲面图

当发射距离 d 确定时, 功能区域椭圆的面积 S 为导弹的最大有效射程 s 的单调递增函数。最大有效射程 s 越大, 椭圆的离心率就越小, 其面积就越大, 椭圆就越接近于圆。这样一来, 可规划的区域就越大, 航迹规划的可操作性也就越强; 反之, 则相反。

当导弹的最大有效射程 s 确定时, 功能区域椭圆的面积 S 为发射距离 d 的单调递减函数。发射距离 d 越大, 椭圆的离心率就越大, 其面积就越小, 椭圆就越接近于线段。这样一来, 可规划的区域就越小, 航迹规划的可操作性也就越弱; 反之, 则相反。

发现这个规律以后, 运用航迹规划功能区域的概念, 可以将我们从以往求解航迹规划优化问题时的航迹距离约束条件中解脱出来, 极大地降低问题的复杂度, 提高航迹规划的效率。

2) 航迹规划形式化定义

为了理解、把握航迹规划问题的本质, 下面基于功能区域的概念从集合论的角度给出航迹规划的形式化定义。

定义 4.11 航迹规划的集合论定义

$$\text{PP} ::= \langle \{\overline{P}\}, \{D\}, \{I\}, \{\text{st}\} \rangle \tag{4.39}$$

式中, PP 表示航迹规划问题; $\{\overline{P}\}$ 表示有序的航迹点集合; $\{D\}$ 表示功能区域中的通行障碍集合; $\{I\}$ 表示航迹规划中的航迹评价指标集合; $\{\text{st}\}$ 表示航迹规划中必须满足的约束条件。

基于以上定义, 运用功能区域的概念可以将航迹规划问题转化为如下。

定义 4.12 航迹规划是一个在有界、无序的航迹点集合中寻找满足约束条件的最优或次优的有序航迹点集合的问题。

如图 4.35 所示, $\Omega(O_1)$ 为航迹规划功能区域, 其实质为一个有界、无序的航迹点集合; $\{\{P_1\}, \{P_2\}, \cdots, \{P_n\}\}$ 是一个包含 $n(n \in N)$ 个有序航迹点集合的集合, 一个有序航迹点集合代表一条满足约束条件的航迹, $\{P_i\}(i \leqslant n)$ 为其中最优或次优的一个航迹点序列。

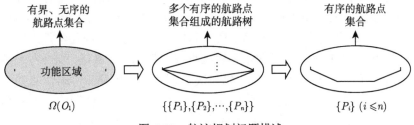

图 4.35 航迹规划问题描述

4.4.3　弹群协同航迹规划方法

1. 基于混合遗传算法的多弹航迹规划

1) 多弹航迹规划

A. 多弹航迹规划问题描述

多枚导弹组成的团队进行联合作战时，每枚导弹自己进行战术决策，并作为团队的一分子与团队成员协同达到高水平任务指标。除了要能自动规避威胁和障碍物外，还要避开团队中其他导弹以免发生碰撞，满足团队的其他要求。整个团队的航迹规划目标是在使团队付出代价最小的前提下，满足每枚导弹威胁规避、不可飞区、燃料限制、团队要求 (例如时间)、力学约束等条件，安全地飞到目标点。此时的航迹规划就更复杂了，不仅要考虑单枚导弹的航迹规划，更重要的是要考虑整个团队的航迹规划和目标要求 [37]。多枚导弹的航迹需要保证整个多枚导弹系统可以获得最小的被探测概率，同时满足航时/航程限制和协同时间限制。那么，求解这一问题就是选择具有最小被探测概率的飞行航迹，使得多枚导弹的目标函数值，即总的代价最小: $\min\left(J_1, J_2, \cdots, J_n\right)$，同时要严格保证 $J_{i,l}/V_i\,(i=1,2,\cdots,n)$ 都相等。这里，J_i 表示导弹 i 的航迹代价；$J_{i,l}$ 表示导弹 i 的航迹总长；V_i 表示导弹 i 的速度。不难看出，该问题是典型的多目标规划问题，只是比单枚导弹的航迹规划要更复杂。

目前，国内外研究较多的是多机器人协同和无人机多机协同问题。由于导弹固有的特点，它的多弹航迹规划问题可分为以下四个模式。

(1) 从同一起始点发射的多枚导弹攻击同一目标；

(2) 从不同起始点发射的多枚导弹攻击同一目标；

(3) 从同一起始点发射的多枚导弹攻击不同目标；

(4) 从不同起始点发射的多枚导弹攻击不同目标。

前两个模式实际上是饱和攻击问题，关键是让多枚导弹同时到达指定目标点；后两个模式是目标分配，关键是目标分配的准则以及目标的属性 (例如，是否存在通信等)。多目标的协同航迹规划的主要研究内容包括多枚导弹发射平台协同系统资源分配与调度、航迹规划等问题。资源分配与调度问题研究如何为多枚导弹发射平台协同系统中的资源进行有效的任务分配与调度，充分发挥多枚导弹协同作战的效能，包括编队构成、任务指派、调度和协调等内容。协同任务规划以多枚导弹协同任务为输入，以与任务相关的各种数据或数据模型为基础，综合考虑各种约束条件，通过任务规划指标，引导优化和决策朝着使多枚导弹协同作战整体效能优于各枚导弹单独作战效能总和的方向进行，为导弹设计出协同的任务计划 [37]。图 4.36 所示为多枚导弹协同任务规划的输入控制、输出保持 (input control output maintain, ICOM) 描述。

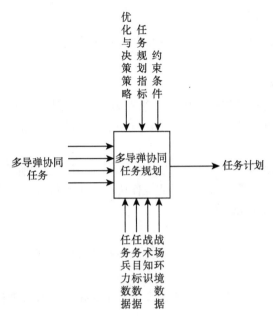

图 4.36 多枚导弹协同任务规划的 ICOM 描述

(1) 任务规划输入 (input)。

多枚导弹协同任务规划的输入为按照一定格式描述的多枚导弹任务的概括性信息，包括任务占用的时间资源、空间资源以及待攻击的目标集合信息。

(2) 任务规划输出 (output)。

多枚导弹协同任务规划的输出为对各导弹活动序列的描述信息。

(3) 任务规划支持 (maintain)。

任务规划支持是任务规划的信息来源和进行任务规划的前提。它是按照一定形式组织的待攻击子目标数据、战术知识数据、威胁数据、禁 / 避飞区数据、地理环境数据、气象环境数据等，通常以数据库的形式为多枚导弹协同任务规划提供数据支撑[37]。其中，战术知识是对以前作战经验的积累 (如目标攻击时序知识、导弹–目标匹配知识)，通常以约束条件的形式对任务规划起到引导和控制作用。本书将禁 / 避飞区、威胁、地理环境 (包括地形起伏和高程信息)、气象环境以及电磁环境等影响多枚导弹任务的因素 (除任务目标和兵力之外) 统称为战场环境。

(4) 任务规划控制 (control) 条件。

任务规划控制条件包括所采用的优化与决策策略、任务规划指标和约束条件，它们是任务规划能否产生满意任务计划的关键，并决定了任务计划的产生效率。任务规划指标的多样性，以及任务规划约束条件的复杂性与强耦合性，使得多枚导弹协同任务规划成为一个复杂的多目标优化与决策问题[37]。

B. 多弹航迹规划的关键

多弹航迹规划问题中，除了考虑时间的协同问题外，还存在着下面两个关键的技术问题。

(1) 导弹的相撞。

导弹的相撞是协同航迹规划中不容忽视的问题，在协同规划过程中，出现导弹相撞，不仅会使攻击目标失败，还将使我方失去最佳攻击目标的时机，遭受重大的损失。

解决方案：在遗传算法中，当产生初始种群时，将相撞的航迹设定为不可行解，从而避免导弹的相撞问题，以后的遗传操作中若出现不可行解将进行去除，重新生成可行解对种群进行补充 [37]。

(2) 不同攻击进入角。

在某一特定的任务下，要求多枚导弹从不同的方向对同一目标实施攻击，以使摧毁目标的概率达到最大。

解决方案：设计一个子目标，对攻击进入角度相差很大的进行奖励，设计函数为

$$\max f_{\text{Last}} = \sum_{j=i+1}^{n} \sum_{i=1}^{n-1} \mathrm{e}^{|D_i - D_j|} \tag{4.40}$$

式中，D_i 表示导弹 i 的攻击进入角。

2) 单目标航迹规划

A. 基于遗传算法的单目标协同航迹规划

最短路径算法只能寻找一条最短的航迹，将最短航迹的第一段或其他某一段附加一个较大的值，再用最短路径算法搜索，可得到另一条最短路径 (除第一条外，即次短航迹)，所得到的两条初始路径为同一起始点的两枚导弹的参考航迹。

在多弹航迹规划中，除了保持每条航迹最优外，还得保证多枚导弹同时到达指定目标点，因此时间协同就成为多弹航迹规划的关键。为了实现协同的目的，本节利用协同时间 (estimated time until arrival, ETA) 建立整个团队的航迹综合适应度函数，利用遗传算法的并行特点，各导弹在综合适应度函数的控制下自行优化，选择出合适的 ETA，且得出各自的最优航迹。该方法保证了系统在满足协同要求下，以总体航迹代价最小的方案最快到达目标点。ETA 的选择和采用可以使得多枚导弹协同攻击目标点成为可能 [37]。

(1) 多弹航迹适应度函数设计。

遗传算法作为一种有指导性的搜索算法，其适应度函数的设计直接决定了结果的好坏。在多弹航迹 (两枚导弹或更多枚导弹) 优化时，航迹个体的适应度不仅要考虑个体自身的特性，更重要的是要考虑个体航迹与其他航迹的协同性，考虑多

航迹的协同性。设计协同函数如下:

$$f = \sum_{i=1}^{n} |J_{li}/V_i - \text{ETA}| \tag{4.41}$$

式中, $J_{li} = \sum_{j=0}^{li} |p_{j+1} - p_j|$, 表示导弹 i 的航迹总长; V_i 表示导弹 i 的速度; ETA 表示协同时间; n 表示导弹的数量。有的时候, 指挥员对 ETA 的选取很难抉择, 此时可以设计协同函数如下:

$$f = \sum_{i=1}^{n} |J_{li}/V_i - \bar{t}|^2 \tag{4.42}$$

式中, $\bar{t} = \dfrac{1}{n} \sum_{i=1}^{n} J_{li}/V_i$, 表示平均时间。

如果是两枚以上导弹, 也可以设计协同函数如下:

$$f = |J_{l1}/V_1 - J_{l2}/V_2| \tag{4.43}$$

多弹航迹适应度函数必须包含协同因素, 故多弹航迹适应度函数可设计为

$$\min J = w_1 f + w_2 \sum_{i=1}^{n} J_{\text{threat}}^i + w_3 \sum_{i=1}^{n} J_h^i + w_4 \sum_{i=1}^{n} J_{\text{angle}}^i \tag{4.44}$$

式中, J_{threat}^i、J_{angle}^i 表示航迹的性能; w_i $(i=1,2,3,4)$ 表示权值。在多弹航迹适应度函数中, 协同函数的权值 w_1 较其他权值应该大些。

(2) 多弹航迹的编码设计。

航迹编码为

$$\underbrace{t_1, t_2, \cdots, t_n}_{\text{航迹1}}, \cdots, \underbrace{t_{(n-1)m+1}, t_{(n-1)m+2}, \cdots, t_{nm}}_{\text{航迹}n}$$
$$\underbrace{\qquad\qquad\qquad\qquad\qquad\qquad\qquad\qquad\qquad}_{n\text{条航迹}}$$

(3) 多弹航迹协同优化。

多弹航迹协同优化就是在协同函数控制的前提下, 每个航迹同时进行各自的优化, 其框架图如图 4.37 所示。

B. 仿真验证

设定仿真环境:

(1) 岛屿的位置坐标为 (15km, −20km), 其参数 $x_\delta = 6$km, $y_\delta = 6$km, $h = 500$m;

(2) 磁干扰的位置坐标为 (40km, −15km), 其作用半径为 $R = 4.6$km;

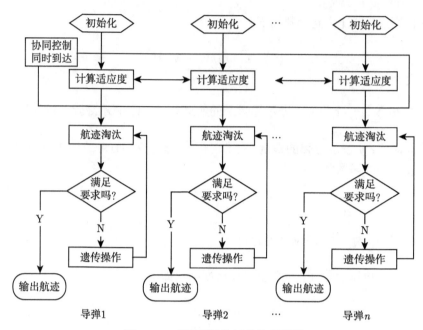

图 4.37   多弹航迹协同优化框架图

(3) 火炮系统的位置坐标为 (30km, −35km), 其作用半径为 $R = 4.6$km;

(4) 探测威胁的位置坐标为 (30km, −35km), 其作用半径为 $R = 10$km;

(5) 起始位置坐标为 (0,0), 终止位置坐标为 (50km, −50km)。

此时导弹的数量为两枚, 因此协同函数可选取式 (4.42), 假定导弹的速度相同以及导弹同时发射, 则协同函数可变为

$$f = |J_{l1} - J_{l2}| \tag{4.45}$$

式中, $J_{li} = \sum_{j=0}^{li} |p_{j+1} - p_j|(i = 1,2)$, 表示导弹 1、导弹 2 航迹的总长。式 (4.44) 中, $w_1 = 0.4$, $w_2 = w_3 = w_4 = 0.2$。种群规模设置为 100 个, 进化代数设置为 100。

情况 1: 从同一起始点发射的两枚导弹, 起始点为 (0,0), 且设定导弹 1 的攻击进入角为 80°, 导弹 2 的攻击进入角为 10°。

由图 4.38 可以知道, 航迹 1、航迹 2 显然不等长, 需要对初始航迹进行优化。图 4.39 是优化后的结果, 图 4.40 是两条航迹长度的进化过程, 图 4.41 是适应度函数 (即多弹航迹总代价) 的进化过程。从图 4.39 可以看出, 两枚导弹不仅躲避了威胁, 而且还可以以不同的攻击进入角同时到达指定目标点。表 4.15 是两枚导弹航迹的导航点以及性能参数。

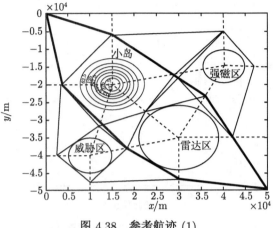

图 4.38 参考航迹 (1)

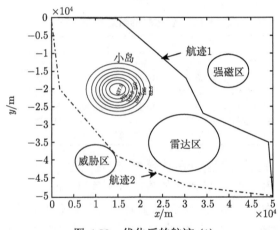

图 4.39 优化后的航迹 (1)

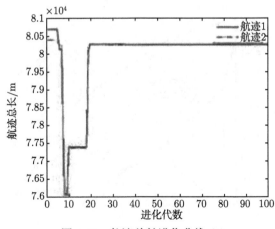

图 4.40 航迹总长进化曲线 (1)

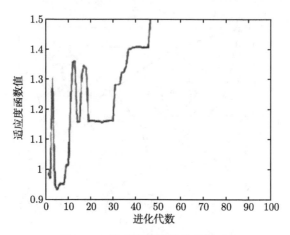

图 4.41 适应度函数进化曲线 (1)

表 4.15 优化后的航迹数据 (1)

航迹编号		导航点					威胁代价	总长/km
	i	$i=1$	$i=2$	$i=3$	$i=4$	$i=5$		
航迹 1	x_i/km	15.000	30.338	34.116	49.126	50.000	1.2805	80.253
	y_i/km	−0.37807	−16.932	−26.767	−35.000	−50.000		
航迹 2	x_i/km	1.9096	11.558	14.913	30.000	50.000	2.2069	80.253
	y_i/km	−20.000	−33.768	−38.772	−46.739	−50.000		
规划时间/s				9.734000				

情况 2：从不同起始点发射的两枚导弹，起始点为 (0,0) 和 (0,−5km)，且设定导弹 1 的攻击进入角为 60°，导弹 2 的攻击进入角为 15°。

由图 4.42 可以知道，两条参考航迹显然不等长，不能满足导弹协同攻击的要求，所以需要对初始航迹进行优化。图 4.43 是优化后的结果，图 4.44 是两条航迹

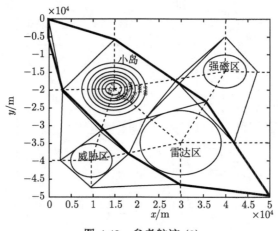

图 4.42 参考航迹 (2)

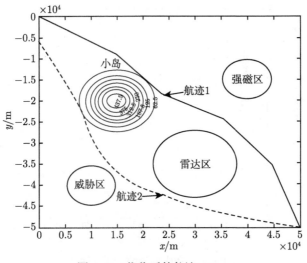

图 4.43 优化后的航迹 (2)

长度的进化过程, 图 4.45 是适应度函数 (即多弹航迹总代价) 的进化过程。从图 4.43 可以看出, 两枚导弹不仅躲避了威胁, 而且还可以以不同的攻击进入角同时到达指定目标点。表 4.16 是两枚导弹航迹的导航点以及性能参数。由情况 1 和情况 2 的仿真可以看出, 导弹会在指定的攻击进入角允许的范围内到达目标点, 得到了预期的结果。

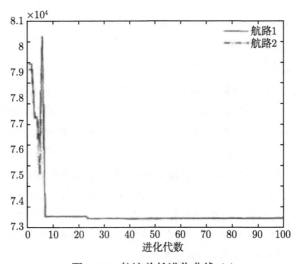

图 4.44 航迹总长进化曲线 (2)

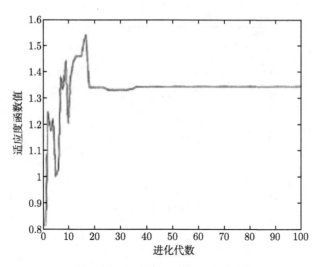

图 4.45　适应度函数进化曲线 (2)

表 4.16　优化后的航迹数据 (2)

航迹编号		导航点 i					威胁代价	总长/km
		$i=1$	$i=2$	$i=3$	$i=4$	$i=5$		
航迹 1	x_i/km	15.000	23.569	35.313	44.286	50.000	1.2123	73.339
	y_i/km	−8.8988	−18.286	−24.374	−35.000	−50		
航迹 2	x_i/km	7.2964	11.844	16.129	30.000	50.000	1.8445	73.339
	y_i/km	−20.000	−32.623	−38.468	−45.237	−50		
规划时间/s		9.734000						

3) 多目标协同航迹规划

A. 基于遗传算法的多目标协同航迹规划

协同任务规划是一个复杂的多目标优化与决策问题，具有众多且耦合的约束条件，直接对其求解几乎是不可能的。由于问题本身的复杂性，很多文献多采用了分层递阶的方式，将问题分解为面向任务层和面向路径层的两个优化问题 —— 任务分配和协同航迹规划，再针对这两个问题的特性进行建模和求解方法研究。

协同航迹规划问题在单目标航迹规划中已经作了详细的探讨，本部分主要研究复杂战场环境下的目标分配问题。对于复杂作战任务 (mission) 常按照一定的原则分解为一系列能由各导弹直接执行和完成的任务 (task)，任务分配 (task allocation) 就是研究如何将合适的任务在合适的时间分配给合适数量、型号的导弹，在满足各类约束的同时使得某种性能指标最优 [37]。

协同任务规划问题是一个复杂的、耦合的多目标规划问题，简单的分层思想虽然可以解决问题，但是它的总体效能很难达到最优。基于上述分析，利用遗传算法解决这个问题的关键是设计适应度函数和问题编码。

(1) 适应度函数设计。

合理的作战计划应该综合考虑各导弹航迹的选取及目标分配的相关影响。根据作战计划的目标, 适应度函数应该包含目标的因素以及航迹的性能指标, 因此适应度函数的形式可设计为

$$\max F = \frac{\sum_{i=1}^{m} K_i}{\sum_{j=1}^{n} C_j} \tag{4.46}$$

式中, C_j 为第 j 枚导弹航迹的性能代价 (如燃料代价、威胁代价、突防概率等), 为了使式 (4.46) 更有实际意义, C_j 只包含威胁代价和油耗代价, 从而式 (4.46) 可表示作战的效费比。式 (4.46) 中 K_i 表示对目标 i 进行攻击时所获得的毁伤权值。K_i 的表达式为

$$K_i = [t\eta_i + (1-t)\lambda_i] \left[1 - \prod_{j=1}^{n} (1 - P_{ij}) X_{ij} \right] \tag{4.47}$$

式中, 当第 j 枚导弹对第 m 个目标进行攻击时, X_{ij} 取 1, 否则取 0; P_{ij} 表示第 j 枚导弹对第 i 个目标进行攻击时的杀伤概率; η_i、λ_i 分别表示目标 i 的价值及对我方的威胁程度因子; t 表示目标价值与目标威胁程度的权重比。

(2) 编码设计。

每枚导弹航迹编码都包括目标分配编码, 形式如图 4.46 所示。

图 4.46 编码结构

其中目标分配编码采用二进制的编码方式, 表示分配给各导弹的攻击目标。二进制的位数 k 和目标数量 m 间的关系满足: $2^{k-1} < m < 2^k$, 解码时将每 k 个二进制位转化为十进制, 然后对 m 进行余运算 (mod), 得出的 $\left(\sum_{i=0}^{k} 2^i a_i \right) (\text{mod}) \, m + 1$ 表示分配给相应导弹的目标编号, 在目标分配编码的交叉过程中, 采用异或运算。航迹编码采用实数编码, 然后按每枚导弹的分配目标求解各导弹的航迹代价, 最后求得总的目标函数值。由于目标和初始点较多, 如果采用前面的分层思想, 则要先搜寻 $n \times m$ 条初始航迹, 并且利用遗传算法编码优化时也很烦琐。针对这个问题, 本书直接在规划空间内对航迹进行编码, 随机产生 n 个横坐标和纵坐标, 将横坐标按大小进行排列, 则这 n 个坐标就是航迹编码, 如图 4.47 所示。

图 4.47 中，S 表示初始点，T 表示目标点，$x_1, x_2, \cdots, x_n$ 以及 $y_1, y_2, \cdots, y_n$ 是随机产生的值，黑色连线为生成的随机航迹。

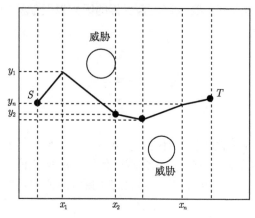

图 4.47   航迹编码方式

B. 仿真验证

以 $50\text{km} \times 50\text{km}$ 的作战区域为例，作如下设定：

(1) 目标点 1 坐标为 $(50\text{km}, -50\text{km})$，$\eta_1 = 1.8$，$\lambda_1 = 8.2$，$P_{k1} = 0.21$；目标点 2 坐标为 $(48\text{km}, -40\text{km})$，$\eta_2 = 3.5$，$\lambda_2 = 6.4$，$P_{k2} = 0.26$，$t = 0.7$。

(2) 导弹 1 的位置为 $(0,0)$；导弹 2 的位置为 $(9\text{km}, -2\text{km})$；导弹 3 的位置为 $(5\text{km}, -13\text{km})$；导弹 4 的位置为 $(1\text{km}, -19\text{km})$。

(3) 各导弹对同一目标的攻击能力相同，杀伤率为某一定值，且攻击是独立的。

(4) 遗传算法代数设置为 100，种群大小设置为 100，$A = 9.0903438$，$P_{c\max} = 0.9$，$P_{c\min} = 0.2$，$P_{m\max} = 0.12$，$P_{m\min} = 0.009$。

仿真得到优化后的航迹如图 4.48 所示，航迹的导航点及威胁代价如表 4.17 所示。图中航迹有交叉点，但是导弹经过这些交叉点的时间不同，所以不存在相碰撞的问题。这 4 枚导弹在满足时间协同的同时，也使编队整体的威胁最小化了，从仿真结果来看，该方法收到了预期的效果。图 4.49 是航迹总长的进化曲线，图中表明该方法在 50 代左右就已基本满足协同的要求；图 4.50 是费效比的进化曲线。

2. 基于扩展 Voronoi 图的多弹协同航迹规划算法

1) Voronoi 图的性质及生成方法

A. Voronoi 图的定义

Voronoi 图 (简称 V 图) 是一种表示点或实体集合近似信息的重要的几何结构，又称为 Dirichlet 铺盖或泰森多边形，它是关于空间邻近关系的一种基础数据结构，可广泛应用在流体动力学、计算机图形学、统计学和数学规划等方面[38,39]。

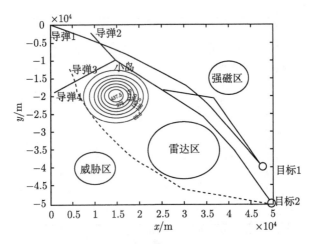

图 4.48 航迹规划所得航迹

表 4.17 规划所得航迹的数据

航迹编号		导航点 i					威胁代价	总长/km
		$i=1$	$i=2$	$i=3$	$i=4$	$i=5$		
航迹 1	x_i/km	15.000	30.583	36.056	48.000		0.8521	64
	y_i/km	−7.2965	−16.883	−22.889	−40.000			
航迹 2	x_i/km	15.000	24.842	34.626	41.428	50.000	1.9496	64
	y_i/km	−10.487	−18.032	−25.748	−35.000	−50.000		
航迹 3	x_i/km	6.503	12.530	19.310	30.000	50.000	2.1422	64
	y_i/km	−20.000	−29.860	−37.670	−46.030	−50.000		
航迹 4	x_i/km	15.000	24.501	37.055	48.000		0.8213	64
	y_i/km	−10.009	−18.100	−20.890	−40.000			
规划时间/s		24.87000						

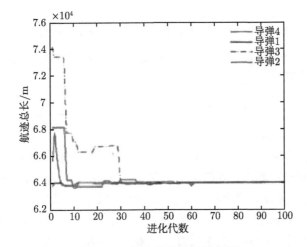

图 4.49 航迹总长的进化曲线

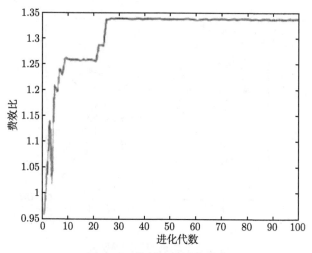

图 4.50　费效比的进化曲线

现设有二维欧几里得 (Euclid) 平面上离散生长点集合的 P, $P = \{p_1, p_2, \cdots, p_n\}(3 \leqslant n < \infty)$, p_i 的平面坐标 (x_i, y_i) 的向量表示为 x_i, 这些离散点互不相同, 即 $x_i \neq x_j (i \neq j, i, j \in I_n = \{1, \cdots, n\})$。对欧几里得平面上的任意一点 $p(x_p, y_p)$, 与生长点 $p_i(x_i, y_i)$ 的欧几里得距离为 $d(p, p_i) = |x - x_i| = \sqrt{(x_p - x_i)^2 + (y_p - y_i)^2}$, 其中, x 是 p 的坐标向量。如果 P 距生长点 p_i 最近, 则有 $\|x - x_i\| \leqslant \|x - x_j\| (i \neq j, j \in I_n)$。据此可给出普通 Voronoi 图的定义。

定义 4.13(平面普通 Voronoi 图[40,41])　对

$$P = \{p_1, p_2, \cdots, p_i, p_j, \cdots, p_n\}, \quad 3 \leqslant n < \infty, \quad x_i \neq x_j, \quad i \neq j, i, j \in I_n$$

由

$$V(p_i) = \{p \mid d(p, p_i) \leqslant d(p, p_j), \ j \neq i, j \in I_n\} \tag{4.48}$$

给出的区域称为生长点 p_i 的 Voronoi 多边形, 而所有生长点 $p_1, p_2, \cdots, p_n$ 的 Voronoi 多边形的集合

$$V = \{V(p_1), V(p_2), V(p_3), \cdots, V(p_n)\} \tag{4.49}$$

构成了 P 的 Voronoi 图。

Voronoi 图若形象比喻, 可看作是这组生长点以等同速度向四周扩张, 直到相遇为止, 扩张过程全部结束, 就形成了如图 4.51 所示的平面 Voronoi 图。

从图 4.52 不难看出, 两个相邻生长点 (如 p_i 和 p_k, 以及 p_j 和 p_k) 具有公共的 Voronoi 边, 反之亦然; Voronoi 节点与至少三个生长点等距离, 说明其是一个同心圆的圆心; 每个 Voronoi 节点恰好是三条 Voronoi 边的交点。

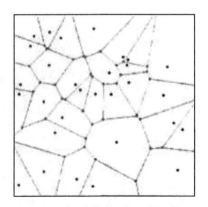

图 4.51 平面 Voronoi 图

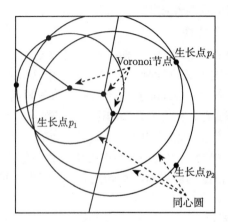

图 4.52 点状生长目标 Voronoi 图及基本元素

定义 4.14 (普通 m 维 Voronoi 图[42]) 设

$$P = \{p_1, p_2, \cdots, p_i, p_j, \cdots, p_n\} \in R^m, \quad 3 \leqslant n < \infty, \quad x_i \neq x_j, \quad i \neq j, i, j \in I_n$$

由

$$V(p_i) = \{x | \|x - x_i\| \leqslant \|x - x_j\|, j \neq i, j \in I_n\} = \bigcap_{i \neq j \in \ell_n} \mathrm{dom}(p_i, p_j) \tag{4.50}$$

给出的区域称为生长点 p_i 的 m 维 Voronoi 多面体,而 $V = \{V(p_1), V(p_2), V(p_3), \cdots, V(p_n)\}$ 构成 p 的 m 维普通 Voronoi 图。

如图 4.53 可见,左边的平面普通 Voronoi 图向三维扩展,生成了右边的三维普通 Voronoi 图。如果采用不同距离、权重、阶数,则可以生成其他 Voronoi 图,如加权 Voronoi 图、高阶 Voronoi 图、Possion Voronoi 图等广义 Voronoi 图。

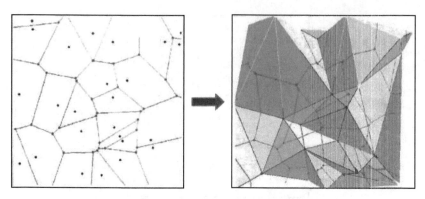

图 4.53　由平面 Voronoi 图生成的三维普通 Voronoi 图

B. Voronoi 图的若干重要性质 [37]

性质 4.1　势力范围特性。

对由 R^2 中一组离散生长点 $P = \{p_1, \cdots, p_n\}\,(2 \leqslant n < \infty)$ 所生成的 Voronoi 图来说，其中每一个空间生长目标唯一地对应于一个 Voronoi 多边形。对一个空间生长目标而言，凡落在其 Voronoi 多边形范围内的空间点均距其最近。因此，该 Voronoi 多边形在一定程度上反映了其影响范围，或称势力范围。而对于二维空间中任意一点来说，除非其位于公共边上，否则必然落在一个 Voronoi 多边形之内，即处于一个生长目标的势力范围之中。其中各生长目标的 Voronoi 多边形的形状是不规则的，即其势力范围的分布是不均匀的。若空间生长目标被删除，则相应的势力范围也会随之消失。

性质 4.2　线性特性。

对有 n 个生长点 (n 个多边形) 的 Voronoi 图，至多有 $2n - 5$ 个 Voronoi 节点和 $3n - 6$ 条 Voronoi 边。这表明 Voronoi 图的尺寸随空间生长目标个数 n 呈线性比例增加，具有并不复杂的结构。

性质 4.3　局域动态特性。

每一个 Voronoi 多边形的平均边数不超过 6。这表明删除或增加一个空间生长目标，一般只影响 6 个左右相邻空间生长目标。换言之，对 Voronoi 图的修改只影响局部范围。这一特性使得 Voronoi 图的构建具有局域动态特性。

Voronoi 图的局域动态特性具有较好的实际应用价值，如威胁环境发生变化，只需要局部重构 Voronoi 图即可，大大缩短了运算时间。

C. 矢量 Voronoi 图的生成方法

采用间接法生成矢量 Voronoi 图。

步骤 1　首先生成离散点集的 Delaunay 三角网。

若一个 Voronoi 图的 $n\,(3 \leqslant n < \infty)$ 个空间生长目标满足非共线条件，将其中

具有公共 Voronoi 边的生长点相连, 则可得到一种新的铺盖; 如果全是三角形, 则称之为 Delaunay 三角网, 否则需要对非三角形的多边形进一步进行三角剖分, 得到 Delaunay 三角网, 如图 4.54 所示。不难看出 Delaunay 三角形与 Voronoi 节点是一一对应的。

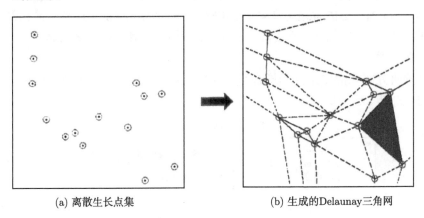

(a) 离散生长点集   (b) 生成的Delaunay三角网

图 4.54   Delaunay 三角网

步骤 2   根据 Delaunay 三角网与 Voronoi 图的直线对偶性质, 作每一条三角边的垂直平分线, 所有垂直平分线的交点就构成了该点集的 Voronoi 图, 如图 4.55 所示。

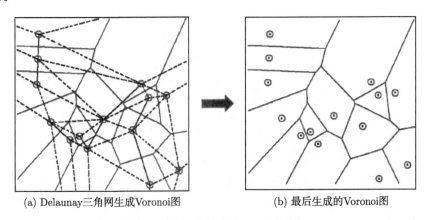

(a) Delaunay三角网生成Voronoi图   (b) 最后生成的Voronoi图

图 4.55   间接法生成 Voronoi 图

Delaunay 三角网构造是间接法生成 Voronoi 图的核心。Voronoi 图具有以下特性。

性质 4.4   每个 Voronoi 多边形内仅含一个威胁点 (生长点)。

性质 4.5   Voronoi 图中的每条边是相邻威胁点的垂直平分线, 位于 Voronoi

多边形边上的点到两边威胁点 (母点) 的距离相等。若导弹沿着该多边形飞行，不偏向任何一方，则此时导弹受到这两个威胁点的威胁最小，相对来说其飞行是最安全的。

　　基于 Voronoi 图的航迹规划结果具有固有的威胁回避能力，导弹的航迹规划就是在 Voronoi 图构造的备选航迹集合中进行的，由此将无限的空间搜索简化到有限的空间上来。因此，上述性质使得 Voronoi 图应用于导弹航迹规划问题中是一种可行的选择[43,44]。

　　根据研究问题的复杂性和耦合性，对多导弹协同航迹规划系统采用分层的控制结构，如图 4.56 所示。

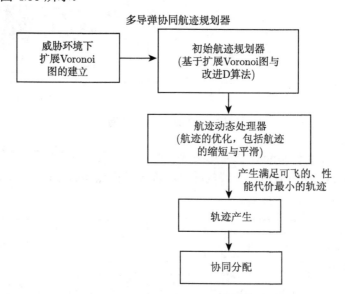

图 4.56　多导弹协同航迹规划器的分层结构

2) 威胁环境下扩展 Voronoi 图的建立

A. 不同强度威胁的扩展 Voronoi 图的建立

　　已研究的基于 Voronoi 图的算法通常只考虑了点状的生长目标 (威胁点)，但在实际作战环境中，威胁区和禁飞区有具体的威胁源位置以及杀伤距离、作用距离，各种不同类型的威胁对导弹的影响也不同，因此如果只简单将威胁体作为点状目标研究，或只是考虑具有相同的威胁体的面状目标，都与实际战场环境存在较大的差异，只有研究具有不同杀伤距离和不同威胁度的威胁体的航迹规划，才更有实际意义 [39]。

　　因此，由于威胁的存在类型和强度的差别，在构造环境约束下 Voronoi 图的形式化表达时，必须建立任意两个威胁体之间的等价关系，此时建立的 Voronoi

图已不是传统意义上基于欧氏距离的 Voronoi 图，称之为扩展 Voronoi(expanded Voronoi，EV)[37] 图。

设局部空域内具有两个威胁体 W_i、W_j，且 W_j 的威胁度是 W_i 的 k 倍，若 $k = 1$，则 $W_i = W_j$，导弹的飞行航迹自然选择 W_i、W_j 连线的垂直平分线；若 $k \neq 1$ 即 W_i、W_j 威胁度不相等，那么局部空域内导弹的飞行航迹如何选择呢？基于扩展 Voronoi 图的基本原理和性质如下 [37]。

性质 4.6   设 W_i、W_j 平面内的两个威胁点，且 W_j 的威胁值是 W_i 的 k 倍，假设 $k > 1$，则到 W_j 的距离是到 W_i 距离的 k 倍的点的轨迹是圆，局部规划示意图如图 4.57(a) 所示。

性质 4.7   在局部空域内，若 W_i、W_j、W_k 是平面内的三个威胁点，并且 W_i 的威胁值是 W_j、W_k 的 k 倍，且 $k > 1$，而 W_j、W_k 的威胁值相等，则在此局部空域内导弹的飞行航迹应按照图 4.57(b) 中的弧形实线进行规划，以减小威胁。

性质 4.8   在局部空域内，若 W_i、W_j、W_k 是平面内的三个威胁点，W_j、W_k 的威胁值是 W_i 的 k 倍，且 $k > 1$，而 W_j、W_k 的威胁值相等，则在此局部空域内导弹的飞行航迹应按照图 4.57(c) 中的弧形实线进行规划，以减小威胁。

上述性质的具体证明可参见文献 [45],[46]。

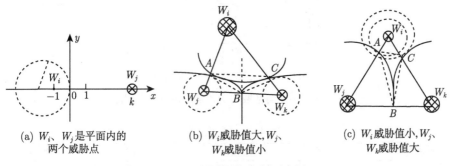

(a) W_i、W_j 是平面内的
两个威胁点

(b) W_i 威胁值大，W_j、
W_k 威胁值小

(c) W_i 威胁值小，W_j、
W_k 威胁值大

图 4.57   导弹局部规划示意图

遵循扩展 Voronoi 图的性质，建立基于不同威胁的扩展 Voronoi 图，如图 4.58 所示。

通过威胁相同的 Voronoi 图与威胁不同的扩展 Voronoi 图仿真结果比较可知，在同等强度的威胁情况下，导弹的初始可选航迹由相邻两个威胁点的垂直平分线得到，而对于不同强度的威胁，初始航迹应尽可能偏向威胁小的一方。

本部分考虑的典型威胁主要有四种，如表 4.18 所示。

B. 有禁飞区的扩展 Voronoi 图的建立

在构造扩展 Voronoi 图时，禁飞区作为面状生长目标处理，所生成的 Voronoi 图，其边很可能非直线，而存在曲线的情形。本部分仅考虑禁飞区的作用距离均为

10000m 的情况，如图 4.59 所示。

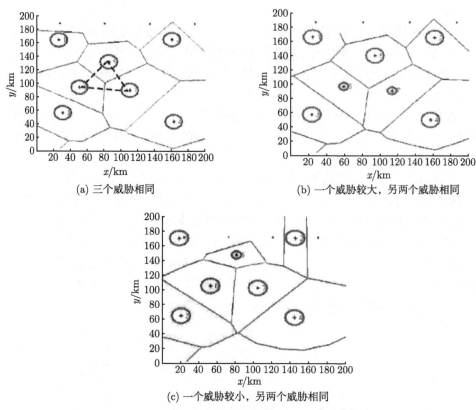

(a) 三个威胁相同

(b) 一个威胁较大，另两个威胁相同

(c) 一个威胁较小，另两个威胁相同

图 4.58　不同类型威胁的扩展 Voronoi 图构造

表 4.18　典型威胁

威胁源	防空导弹 1	防空导弹 2	防空导弹 3	防空高炮
杀伤距离/m	5000	10000	30000	4000
威胁度/%	50	80	90	40

C. 初始环境下扩展 Voronoi 图的建立

进一步建立初始环境下的扩展 Voronoi 图，如图 4.60 所示。以 200km × 200km 的作战海区为例，假设共有 4 枚导弹（"钻石"形状）参与作战，分别攻击敌方的 4 个目标（"×"号），需要有效绕过 6 个不同的威胁体（虚线区域）和 6 个禁飞区（填充黑色的实体区域）。需要注意的是，本书研究的攻击目标其战术价值各不相同，从 10~100 取值，目标战术价值越小，表明此目标的重要性越低；目标战术价值越大，表明此目标越重要或对我方安全构成的威胁越大，需要优先攻击。

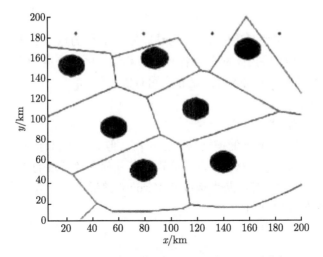

图 4.59 仅包括禁飞区的扩展 Voronoi 图

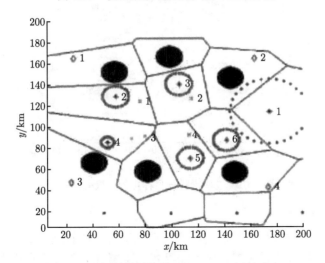

图 4.60 初始环境下扩展 Voronoi 图的建立

建立扩展 Voronoi 图的思想, 具有如下性质 [37]:

性质 4.9 在扩展 Voronoi 图中, 如果一个威胁体的威胁度发生变化, 则只影响邻近威胁体所组成的多边形内扩展 Voronoi 图的构造, 不影响该多边形以外扩展 Voronoi 图的重新构造。

性质 4.10 在扩展 Voronoi 图中, 任意加入一个新威胁, 则只影响邻近威胁体所组成的多边形内扩展 Voronoi 图的构造, 不影响该多边形以外扩展 Voronoi 图的重新构造。

性质 4.11 最坏情况下, 生成算法构造 n 个点的 Voronoi 图要进行 $O(n \lg n)$

次运算。

这说明 Voronoi 图所耗费的空间代价与 Voronoi 图的点呈多项式比例关系,具体到多导弹协同航迹规划中,对包含各种威胁和禁飞区的环境,建立 Voronoi 图的形式化表达在运算量与空间代价上是完全可行的 [37]。

3) 初始航迹的产生

A. 构造赋权有向图

前面构造了初始环境下的扩展 Voronoi 图,但导弹和目标不在生长目标的范围之内,为简化起见,将导弹和目标点分别与其几何距离最近的 3 个 Voronoi 点相连,这样将导弹、目标点与威胁点构成的 Voronoi 图形成一个从起始点到目标点的赋权有向图,如图 4.61 所示。

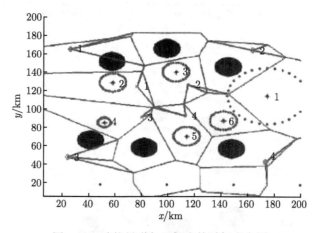

图 4.61　连接导弹与目标点的赋权有向图

B. 航迹代价计算

多导弹的协同航迹规划就是要寻找飞行代价最小的航迹。要满足多导弹的生存概率和杀伤概率最大,就需要尽可能寻找到距离目标点最短的航迹并且能有效规避威胁。因此,对于处在作战环境中的多导弹航迹规划,由于禁飞区和威胁区的存在,既要考虑航迹点之间的距离代价,还要考虑威胁代价。距离代价表现为导弹在航迹点之间的航段上飞行的燃油消耗,既与航段的长度有关,也与飞行速度有关。导弹在此航段的距离代价[47] 为

$$\text{Len cost}_{i,j} = \alpha \times f(v_i, L_j) \tag{4.51}$$

式中,导弹速度设为 v_i;两个航迹点之间的航段长度为 L_j;$f(v_i, L_j)$ 为相应导弹的燃油消耗曲线函数。

威胁代价是导弹在航迹点之间航段上飞行时暴露在敌方威胁下的程度,对威

胁模型进行简化处理, 则导弹受到的威胁与导弹到雷达的距离的四次方分之一成正比。另一种更精确的算法是将沿着 Voronoi 图上飞行的每一航段划分为三段, 进行计算[48], 如图 4.62 所示, 则在每个航段的 $L_j/6$、$L_j/2$、$5L_j/6$ 点处分别计算某一雷达对该航段的威胁值。对第 l_j 航段, 其风险代价的计算公式为

$$\text{Risk cost}_{i,j} = \beta L_j \sum_{i=1}^{n} \left(\frac{1}{d_{1/6,i,j}^4} + \frac{1}{d_{1/2,i,j}^4} + \frac{1}{d_{5/6,i,j}^4} \right) \tag{4.52}$$

式中, n 是威胁的个数; $d_{1/6,i,j}$ 是第 i 个雷达距第 l_j 条边的 $1/6$ 处的距离; $d_{1/2,i,j}$ 是第 i 个雷达距第 l_j 条边的 $1/2$ 处的距离; $d_{5/6,i,j}$ 是第 i 个雷达距第 l_j 条边的 $5/6$ 处的距离; $1/d^4$ 是雷达信号的强度; β 与式 (4.40) 中的 α 都是归一化因子。

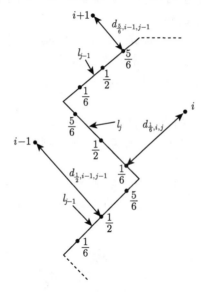

图 4.62 威胁代价计算

距离代价和风险代价分别趋于最短航迹和最小可探测性航迹, 可通过加权积分方法转换成单目标决策问题来计算, 航迹总代价为

$$J_{i,j} = \int_0^{t_f} [k\text{Len cost}_{i,j} + 1\,(1-k)\,\text{Risk cost}_{i,j}]\mathrm{d}t, \quad 0 \leqslant k \leqslant 1 \tag{4.53}$$

式中, $J_{i,j}$ 为广义代价函数, 系数 k 表示在制订航迹过程中根据任务安排决策者所做的倾向选择。如果 $k = 1$, 则表明决策者不考虑安全因素, 仅追求燃油消耗量最小; 如果 $k = 0$, 则意味着决策者不惜燃油代价, 只追求航迹的安全性。因此对 k 的选择取决于在距离代价和威胁代价之间寻求合理的平衡。另外, 假设导弹在飞行

中速度保持恒定，令 L 为航迹的长度，则式 (4.53) 可改为

$$J_{i,j} = \int_0^L [k\text{Len cost}_{i,j} + (1-k)\text{Risk cost}_{i,j}]\text{d}s, \quad 0 \leqslant k \leqslant 1 \tag{4.54}$$

取 $k = 0.1$，着重考虑的是导弹的飞行安全。航迹搜索的优化指标即由搜索起点到终点距离最短的路径，转化为搜索航迹代价最小的路径。

C. 寻找最短航迹的算法

由于中远程导弹的飞行时间较长，制导系统自身误差会随时间的积累而增大，从而使导弹的自控终点散布误差增大，因此，应尽可能减小导弹的自控飞行距离。当对导弹的自控飞行航迹进行规划时，应力争使导弹总的自控飞行距离达到最小，使导弹能在最短的时间到达自控终点，这就需要寻找最短航迹的算法[37]。

(1) 经典 Dijkstra 算法的实现。

研究最短航迹问题已有几十种算法，其中 Dijkstra 算法 (简称 D 算法) 是解决这种问题的最有效算法之一[49]。其基本思路是若点序列 $(v_s, v_1, v_2, \cdots, v_{t-1}, v_t)$ 是从 v_s 到 v_t 的最短航迹，则序列 $(v_s, v_1, v_2, \cdots, v_{t-1})$ 必为从 v_s 到 v_{t-1} 的最短航迹。

具体做法是对图中所有的点进行编号，如图 4.63 所示，并将每个节点 i 赋以非负实数 $l(i)$，称为标记。标记通常分为两种，一种是临时性标记 (temporary label)，记为 $T(v_i)$；另一种是永久性标记 (permanent label)，记为 $P(v_i)$。算法的每一步是将某一点 T 标号改为 P 标号，当终点得到 P 标号时，全部计算结束。对于有 P 个顶点的图，最多经过 $P-1$ 步计算，就可得到起始点到各点的最短航迹。

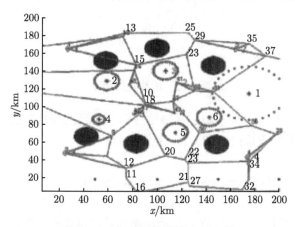

图 4.63　标号的扩展 Voronoi 图

算法步骤如下。

步骤 1　给起始点 v_1 以 P 标号，$P(v_1) = 0$，其余各点给以 T 标号，令

$T(v_i) = \infty (i \neq 1)$。

步骤 2 从上次 P 标号的点 v_i 出发，考虑与之相邻的所有 T 标号点 v_j，对 v_j 的 T 标号做以下计算比较：$T(v_j) = \min[T(v_j), P(v_i) + \omega_{ij}]$（$j$ 为与 i 相邻且为 T 标点的点)。如果 $T(v_j) > P(v_j) + \omega_{ij}$，则把 $T(v_j)$ 的值修改为 $P(v_i) + \omega_{ij}$。

步骤 3 比较以前过程中剩余的所有具有 T 标号的点，把最小的 T 括号中对应点 v_j 的标号改为 P 标号：$P(v_j) = \min[T(v_j)]$。

步骤 4 若全部的点均已为 P 标号，则计算停止，否则转回步骤 2。

具体算法的流程如图 4.64 所示。

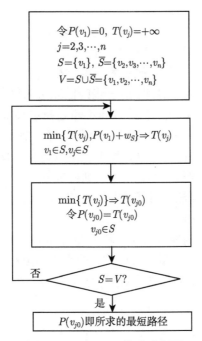

图 4.64 Dijkstra 算法流程图

(2) 经典 Dijkstra 算法改进及实现。

经典的 Dijkstra 算法适用于求解从连通图中的一个顶点出发到图中其他所有顶点的最短航迹，并且也只给出了从起始点到其他各点的最短航迹的长度，而没有给出源点到其他各点的最短航迹所经过的中间点。本部分求解的问题要求给出中间节点，因此对 Dijkstra 算法做了适当的修改。

第一点修改 Dijkstra 算法的结束条件。

经典 Dijkstra 算法中，按航迹长度递增产生各顶点的最短航迹，当求得从源点到所有顶点的最短航迹时，算法自动结束。而在修改后的 Dijkstra 算法中，每当求得一个顶点的航迹后，就判断该顶点是否为规划目标点，若是规划目标点就结束，否则继续。

　　第二点修改把 Dijkstra 算法用于记录起始点到每一顶点的航迹长度的数组进行了扩充。

　　在经典 Dijkstra 算法中，算法结束时只给出源点到各顶点的最短航迹长度，具体源点到各顶点的最短航迹途中经过了哪些中间点，由于数据结构的原因，算法并没有保存。而对算法修改后，当搜索到目标点后，就可以利用前驱信息，向前追踪到规划的起始点，求得最短航迹的全部顶点编号，从而可以绘制出规划所得的航迹。通过上述思想改进的 Dijkstra 算法，结果得到一系列航迹控制点，可将它们保存在一个矩阵中 [37]。

　　实际上 Dijkstra 算法在执行过程中产生了以初始点 s 为根节点的一棵树，随着算法的执行，该树向四面八方延伸，直到达到节点为止，算法的时间复杂性为 $O(n^2)$。显然有些分支无益于最短航迹的求得，需要及早删去某些多余的分支，从而减少计算最短航迹所需要的时间，进一步降低算法的复杂性。假设在 Voronoi 图中任意给定两点 s 和 t，则需沿着 $\overline{st}$ 方向不断寻找边和节点加入航迹队列。首先找出航迹长度的限定值，然后利用该限定值降低算法执行过程中产生的二叉树的规模，最后由二叉树节点的标记可以计算出最短航迹及其长度。如果将此算法对与 s 关联的未考虑的边重新执行常数次运算，则可求得 s 和 t 之间更短的航迹。具体算法可参见文献 [39]，此算法的时间复杂性为 $O(n)$。

　　D. 航迹代价最小的初始航迹

　　考虑导弹飞行过程中的航迹代价，将扩展 Voronoi 图与改进 Dijkstra 算法相结合，共规划了 16 条 (导弹数量与目标数量的乘积) 最优航迹，依次经过的航迹点顺序可由下式表示，矩阵中的元素为对应 Voronoi 节点的编号。由此矩阵可知，最长的航迹由 10 个航迹点组成。

$$
\begin{bmatrix}
1 & 1 & 1 & 1 & 2 & 2 & 2 & 2 & 3 & 3 & 3 & 3 & 4 & 4 & 4 & 4 \\
13 & 13 & 13 & 13 & 29 & 29 & 29 & 29 & 8 & 8 & 8 & 8 & 38 & 38 & 38 & 38 \\
26 & 26 & 26 & 26 & 23 & 23 & 23 & 23 & 9 & 9 & 9 & 9 & 36 & 36 & 36 & 36 \\
29 & 29 & 29 & 29 & 15 & 15 & 15 & 15 & 17 & 17 & 17 & 17 & 30 & 30 & 30 & 30 \\
23 & 23 & 23 & 23 & 40 & 40 & 40 & 40 & 42 & 42 & 42 & 42 & 21 & 21 & 21 & 21 \\
15 & 15 & 15 & 15 & 19 & 19 & 19 & 0 & 18 & 0 & 19 & 19 & 43 & 19 & 41 & 19 \\
40 & 40 & 40 & 40 & 43 & 42 & 21 & 0 & 43 & 0 & 21 & 40 & 0 & 42 & 0 & 40 \\
19 & 19 & 19 & 0 & 0 & 0 & 41 & 0 & 0 & 0 & 41 & 0 & 0 & 0 & 0 & 0 \\
43 & 42 & 21 & 0 & 0 & 0 & 0 & 0 & 0 & 0 & 0 & 0 & 0 & 0 & 0 & 0 \\
0 & 0 & 41 & 0 & 0 & 0 & 0 & 0 & 0 & 0 & 0 & 0 & 0 & 0 & 0 & 0
\end{bmatrix}^{\mathrm{T}}
\tag{4.45}
$$

其中，矩阵的 1~4 行表示第一枚导弹分别攻击 4 个目标所经过的一系列最短的航迹点，生成的初始航迹如图 4.65 所示；5~8 行表示第二枚导弹分别攻击 4 个目标所经过的航迹点，初始航迹如图 4.66 所示；9~12 行表示第三枚导弹分别攻击 4 个目标所经过的航迹点，初始航迹如图 4.67 所示；13~16 行表示第四枚导弹分别攻击 4 个目标所经过的航迹点，初始航迹如图 4.68 所示。

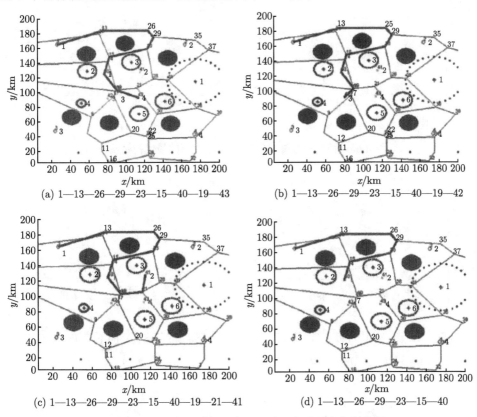

(a) 1—13—26—29—23—15—40—19—43 (b) 1—13—26—29—23—15—40—19—42

(c) 1—13—26—29—23—15—40—19—21—41 (d) 1—13—26—29—23—15—40

图 4.65 第一枚导弹分别攻击 4 个目标的最优初始航迹

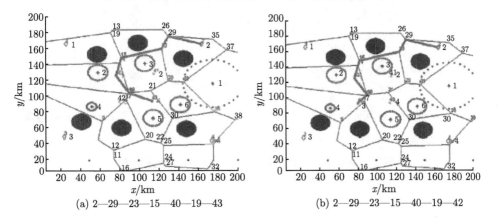

(a) 2—29—23—15—40—19—43 (b) 2—29—23—15—40—19—42

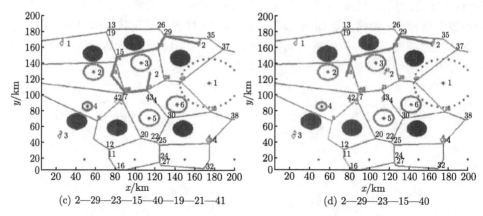

(c) 2—29—23—15—40—19—21—41

(d) 2—29—23—15—40

图 4.66　第二枚导弹分别攻击 4 个目标的最优初始航迹

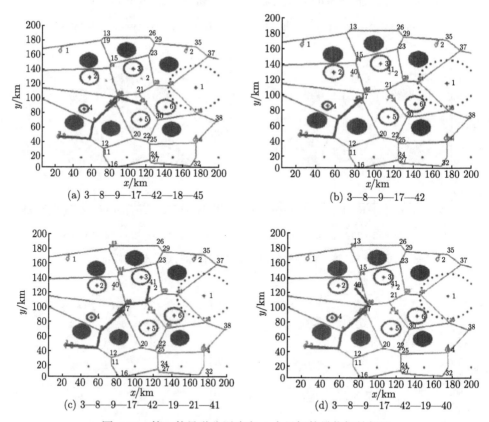

(a) 3—8—9—17—42—18—45

(b) 3—8—9—17—42

(c) 3—8—9—17—42—19—21—41

(d) 3—8—9—17—42—19—40

图 4.67　第三枚导弹分别攻击 4 个目标的最优初始航迹

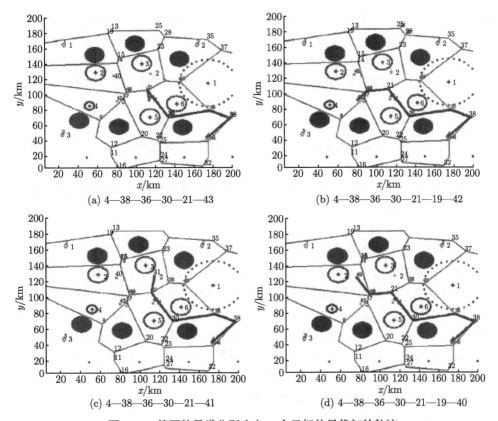

图 4.68 第四枚导弹分别攻击 4 个目标的最优初始航迹

其中第 $i\,(i=1,2,3,4)$ 枚导弹攻击第 $j\,(j=1,2,3,4)$ 个目标所付出的航迹性能代价 (包括威胁代价和距离代价) 矩阵由下式表示,虚线框中标注的分别是 4 枚导弹的最小性能代价。

$$
\begin{bmatrix}
676.4 & 665.6 & 701.3 & \boxed{625.3} \\
532.7 & 521.9 & 557.6 & \boxed{481.6} \\
1383.7 & \boxed{1343.9} & 1409.6 & 1384.3 \\
\boxed{1554.7} & 1585.7 & 1563.1 & 1596.1
\end{bmatrix}
\tag{4.56}
$$

结合式 (4.55) 得到具有最小航迹性能代价的 4 枚导弹的航迹控制点顺序分别为

$$
\begin{bmatrix}
1 & 13 & 26 & 29 & 23 & 15 & 40 \\
2 & 29 & 23 & 15 & 40 & 0 & 0 \\
3 & 8 & 9 & 17 & 42 & 0 & 0 \\
4 & 38 & 36 & 30 & 21 & 43 & 0
\end{bmatrix}
\tag{4.57}
$$

分别对应图 4.65(d)、图 4.66(d)、图 4.67(b) 和图 4.68(a),可知第一枚导弹和第二枚导弹同时攻击第四个目标，第三枚导弹攻击第二个目标，第四枚导弹攻击第一个目标。虽然这种分配会使每枚导弹的航迹代价最小，但这会造成第三个目标没有被攻击的失误，与实际作战情况不符。因此在研究多导弹协同控制时，为有效提高作战效能，追求的是导弹总体性能代价最小，而不仅仅是某枚导弹的性能代价最小。

4) 航迹动态优化处理

前面内容基于扩展 Voronoi 图法和改进的 Dijkstra 算法产生了威胁环境下基于不同威胁体的初始航迹，但由于导弹飞行性能的约束，实战中导弹无法沿着 Voronoi 图给出的折线航迹段飞行。这里采用基于视线的航迹缩短算法与航迹平滑算法对初始航迹进行动态优化处理。

A. 基于视线的航迹缩短算法

若导弹的初始航迹经过的航迹点过多 (如前述的例子中，最多经过 10 个航迹点)，则导弹需要过度频繁地转弯，这将会增大导弹的自控终点散布误差，因此，应尽可能减少导弹自控飞行航迹转向点的数量。我军现役的具有舰迹规划功能的导弹，其规划航迹点个数通常为 5~6 个 (包含目标点)，因此在导弹机动性能的限制条件下，需要进一步优化导弹飞行航迹，沿着初始航迹的方向缩短航迹长度，消除不必要的转弯点。这样不仅可以降低导弹航迹规划的难度，更主要的是能够有效减小导弹自控飞行的弹道散布误差，提高导弹的射击精度。

本部分提出了基于视线的航迹缩短算法 (line of sight for path shortening, LOS-PS)，具体算法原理如下。

(1) 在初始航迹的每个航迹段 (Voronoi 边) 上增加若干个新的节点 (节点的数量可以变化)，这里假定每条 Voronoi 边被分成 10 段，这些节点替代了之前围绕着威胁区和禁飞区的点，以此提供缩短航迹所需的更多节点。

(2) 将导弹的位置点作为优化航迹的第一个节点，目标的位置点作为最后一个节点，直接将导弹节点与目标节点相连，连线称为视线 (line of sight, LOS)。

(3) 检查产生的视线是否与威胁区或禁飞区有相交点，如果没有相交点，则此视线即成为一条新的航迹段；如果有相交点，则将导弹节点与目标点的前一个节点相连，再次判断是否与威胁区或禁飞区有相交点。

(4) 上述过程不断重复，直到产生的视线不与威胁区或禁飞区有任何相交，则此视线相对应的最后一个节点又成为新的开始点。将新的开始点与目标点相连，遵循相同的原则重新进行判断，直到开始点与目标点重合，则新的经过缩短的优化航迹产生。

判断航迹段是否与威胁区或禁飞区相交可通过图 4.69 来表示，其中虚线圆形区域代表威胁区，SF 是与威胁相切的视线。

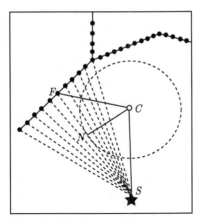

图 4.69 判断航迹段与威胁区相交示意图

算法流程如下。

步骤 1 初始点坐标 $S(x_s, y_s)$，终止点坐标 $F(x_f, y_f)$，威胁中心坐标 $C(x_c, y_c)$。

步骤 2 分别求出与威胁中心点有关的距离：

初始点 S 到威胁中心 C 的距离为 $d_{S,C} = \sqrt{(x_c - x_s)^2 + (y_c - y_s)^2}$

终止点 F 到威胁中心 C 的距离为 $d_{F,C} = \sqrt{(x_f - x_c)^2 + (y_f - y_c)^2}$

初始点 S 到终止点 F 的距离为 $d_{S,F} = \sqrt{(x_s - x_f)^2 + (y_s - y_f)^2}$

初始点 S 到切点 N 的距离为 $d_{S,N} = \dfrac{d_{S,C}^2 + d_{S,F}^2 - d_{F,C}^2}{2 d_{S,F}}$

步骤 3 如果 $d_{S,N} \leqslant d_{S,F}$，$d_{S,N} \geqslant 0$，则 $d_{C,N} = \sqrt{d_{S,C}^2 - d_{S,N}^2}$。

步骤 4 否则，$d_{S,N} > d_{S,F}$。

若 $d_{S,C} \leqslant d_{F,C}$，则 $d_{C,N} = d_{S,C}$；若 $d_{S,C} > d_{F,C}$，则 $d_{C,N} = d_{F,C}$。

步骤 5 不断重复步骤 2~4，直到初始点与目标点重合。

航迹缩短算法流程图如图 4.70 所示。

以图 4.68(d) 第四枚导弹攻击第一个目标为例，航迹缩短前后的仿真结果如图 4.71 所示。此时的飞行航迹既能有效回避威胁，又能通过取消一些不必要的航迹点使飞行航迹长度大大缩短，总的航迹代价也由最初的 1596.1 减小到 499.7566。但由于缩短后的航迹仍然存在拐弯角急剧变化的情况，不能满足导弹最小转弯半径的要求，因此需要进一步研究航迹平滑的问题。

B. 航迹平滑算法

文献 [50] 提出一种光顺方法，把规划好的航迹视为由质点和弹簧链组成的动力学系统进行动力学仿真，得到光顺的航迹，以供无人机飞行；文献 [51] 在得到航迹点的基础之上，提出一种动态轨迹平滑算法，主要采用了一种基于时间最短的开

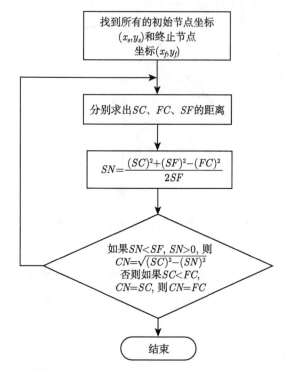

图 4.70　航迹缩短算法流程图

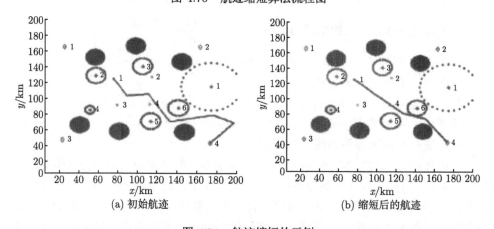

图 4.71　航迹缩短的示例

关最优控制法，使无人机能够经过离航迹点较近的点，满足飞行性能的约束，并且可以保持飞行航迹长度不变；文献 [52] 采用 Dubin 路径进行航迹规划，航迹由圆弧和切线串联而成，其特点是路径表示简单，导数易于求出，长度易于计算和改变；文献 [53],[54] 分别采用三次 B 样条法对航迹进行平滑，以产生动态平滑的可飞行航迹，虽然具体应用的细节不同，但根本思想都是采用局部光顺法或全局光顺法，离线或在线进行仿真，以得到平滑的曲线，并且不需要考虑飞行器的动力学特性。

下面采用一种更为简单的平滑算法 (smoothing algorithm，SA)，即在任意两条相交的直线段之间增加航迹转弯段，从而实现航迹的平稳切换。其转弯半径设定为导弹的最小转弯半径 R，具体取值与导弹的过载、速度等侧向机动能力是密切相关的。取不在同一条直线上的任意三个航迹点 A_{i-1}、A_i、A_{i+1}，航迹段 $\overline{A_iA_{i-1}}$、$\overline{A_iA_{i+1}}$ 之间的拐弯角为 ψ_i，如图 4.72 所示。

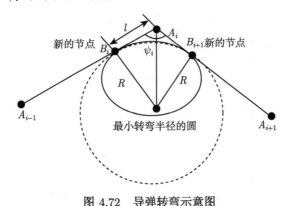

图 4.72 导弹转弯示意图

导弹初始航迹由线段 $\overline{A_iA_{i-1}}$ 切换到线段 $\overline{A_iA_{i+1}}$，增加了转弯段之后，最小转弯半径的圆与 $\overline{A_iA_{i-1}}$ 相切于 B_i 点，与 $\overline{A_iA_{i+1}}$ 相切于 B_{i+1} 点。如图 4.72 所示，半径 R 分别与 $\overline{A_iA_{i-1}}$、$\overline{A_iA_{i+1}}$ 垂直，则

$$\overline{A_iB_i} = \overline{A_iB_{i+1}} = l = R/\tan(\psi_i/2) \tag{4.58}$$

导弹沿着新的航迹 $\overline{A_{i-1}B_i}$、B_iB_{i+1}、$\overline{B_{i+1}A_{i+1}}$ 飞行，不再经过节点 A_i，从而有效地避免了急剧变化的拐弯角，中间航迹点 A_i 消除，新的航迹点 B_i、B_{i+1} 产生。导弹平滑的仿真结果如图 4.73 所示。

针对图 4.73 的初始威胁环境，对航迹动态进行优化处理，得到 4 枚导弹分别攻击 4 个目标的最优飞行轨迹，如图 4.74 所示。与图 4.65～ 图 4.68 仿真结果相比，飞行航迹更加平滑，避免了拐弯角的急剧变化，产生了导弹可飞的轨迹。

优化后导弹的航迹代价如下列矩阵所示：

$$\begin{bmatrix} 360.7806 & 491.0914 & 393.8030 & 458.9278 \\ 481.2241 & 297.5973 & 283.7816 & 265.3674 \\ 100.6072 & 74.4668 & 493.9243 & 473.5537 \\ 174.8177 & 190.9400 & 430.0744 & 499.6730 \end{bmatrix} \tag{4.59}$$

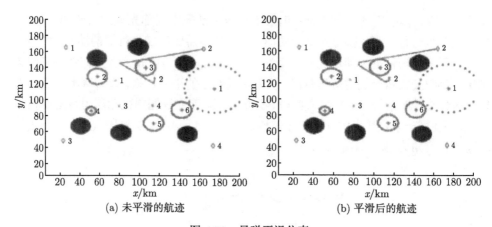

(a) 未平滑的航迹　　　　　　　　　　(b) 平滑后的航迹

图 4.73　导弹平滑仿真

　　这与式 (4.56) 所示的航迹代价相比较, 数值明显减小, 表明经过动态优化处理后, 导弹的航迹性能得到了很大的优化。

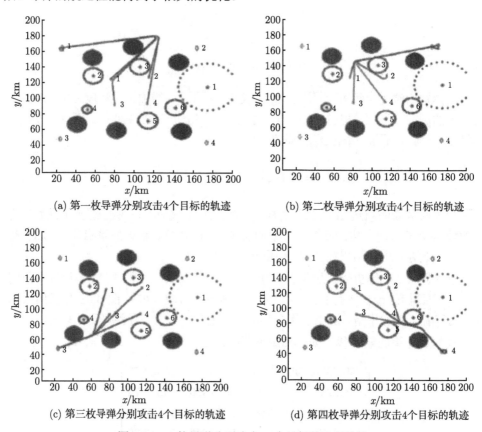

(a) 第一枚导弹分别攻击4个目标的轨迹　　　(b) 第二枚导弹分别攻击4个目标的轨迹

(c) 第三枚导弹分别攻击4个目标的轨迹　　　(d) 第四枚导弹分别攻击4个目标的轨迹

图 4.74　4 枚导弹分别攻击 4 个目标的飞行轨迹

5) 仿真验证

应用基于扩展 Voronoi 图的多导弹协同航迹规划算法进行计算, 规划环境大小为 $200\text{km} \times 200\text{km}$。

A. 4 枚导弹攻击 4 个目标

将某型号导弹考虑为一个质心, 不考虑重力影响, 不考虑地球曲率影响。导弹速度 $v = 340\text{m/s}$, 最大法向 (合成) 过载为 $n_{\max} \leqslant 2g$, 最大滚转角限制 $|\gamma_{\text{cm}}| \leqslant 45°$, 导弹最小转弯半径取 $R = 1.08v^2/(g \cdot \tan\gamma_{\text{cm}}) = 12.74\text{km}$, 平飞高度为 200m, 导弹转向结束后为稳定航向所需走的最短距离为 1km, 导弹最大拐弯角度为 90°, 假设目标静止。导弹数据如表 4.19 所示, 待攻击目标数据如表 4.20 所示, 禁飞区数据如表 4.21 所示, 威胁区数据如表 4.22 所示。

表 4.19 导弹数据

类别	横坐标/km	纵坐标/km	飞行高度/m	初始速度/(m/s)	初始航向角/(°)
导弹 1	15.1094	135.2851	200	340	0
导弹 2	26.7915	92.5219	200	340	30
导弹 3	41.6187	52.0395	200	340	60
导弹 4	73.0703	32.6535	200	340	−15

表 4.20 待攻击目标数据

类别	横坐标/km	纵坐标/km	目标战术价值
目标 1	113.5081	188.3114	60
目标 2	143.6118	160.3728	80
目标 3	171.9182	74.8465	90
目标 4	160.6855	127.8728	80

表 4.21 禁飞区数据

类别	中心横坐标/km	中心纵坐标/km	区域半径/km
禁飞区 1	66.3306	150.1096	10
禁飞区 2	104.9712	123.8816	10
禁飞区 3	82.9551	82.8289	10
禁飞区 4	135.5242	60.0219	10

表 4.22 威胁区数据

类别	中心横坐标/km	中心纵坐标/km	区域半径/km	威胁度
威胁区 1	122.9435	86.8202	30	0.8
威胁区 2	68.8940	111.9883	10	0.8
威胁区 3	87.7880	151.1696	5	0.5
威胁区 4	105.2995	35.9649	10	0.8

4 枚导弹协同攻击 4 个目标一共可规划出 16 条代价最小的航迹, 如图 4.75(a) 所示, 经过协同目标分配后, 规划出 4 条综合代价最小的最优航迹, 如图 4.75(b) 所示, 其终端航迹角度分别为 −156°、132°、−66° 和 −114°, 每条航迹所经过的航迹点 (包括目标点) 如表 4.23 所示。

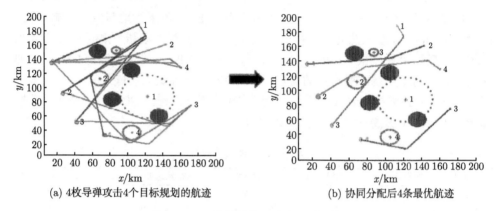

(a) 4枚导弹攻击4个目标规划的航迹   (b) 协同分配后4条最优航迹

图 4.75   4 枚导弹协同攻击 4 个目标

表 4.23   4 枚导弹的航迹点数据

航迹点	航迹坐标/km	1	2	3
航迹 1	x_{1i}	105.8523	143.6118	
	y_{1i}	143.6670	160.3728	
航迹 2	x_{2i}	77.5560	147.1345	160.6855
	y_{2i}	131.4125	139.8786	127.8728
航迹 3	x_{3i}	120.6863	113.5081	
	y_{3i}	172.2576	188.3114	
航迹 4	x_{4i}	122.6543	124.6507	171.9182
	y_{4i}	20.1161	20.7393	74.8465

具体实验结果如表 4.24 所示。

表 4.24   4 枚导弹攻击 4 个目标协同规划实验结果

类别	航迹代价	航迹代价差别	飞行时间/s	飞行时间间隔/s
导弹 1 攻击目标 2	132.4276	−20.2264	396.3586	21.822
导弹 2 攻击目标 4	165.1964	12.5424	493.701	119.1644
导弹 3 攻击目标 1	285.0816	132.4276	483.3822	108.8456
导弹 4 攻击目标 3	152.654	0	374.5366	0

总体最小航迹代价为 735.3596, 并以导弹 4 为基准, 计算了其他导弹与导弹 4 的航迹代价差别以及飞行时间间隔。表 4.24 中的数据表明, 由于威胁的影响, 导弹

的航迹代价值最小，但飞行时间不一定最小。导弹之间的飞行时间间隔差异较大，既可以通过调整发射时间间隔或飞行速度，使从不同地点发射的多发导弹同时攻击目标，也可以采用基于时间约束的协同航迹控制方法调整航迹长度，达到同时攻击目标的目的，具体算法可参见前文基于混合遗传算法的多弹航迹规划。仿真规划时间如表 4.25 所示。

表 4.25　4 枚导弹攻击 4 个目标仿真规划时间

名称	生成 Voronoi 图	求代价最小航迹	航迹动态处理	协同目标分配	总和
规划时间/ms	187	156	578	62	983
百分比/%	19	15.9	58.8	6.3	100

B. 6 枚导弹攻击 6 个目标

本实验中导弹与目标的数据与实验 A 相同，具体数据略，需要回避 6 个禁飞区和 6 个威胁区。6 枚导弹的初始航迹角分别为 45°、75°、60°、70°、60°、135°，6 枚导弹攻击 6 个目标一共可规划 36 条代价最小的航迹，如图 4.76(a) 所示。经过协同目标分配后规划的 6 条最优航迹所经过的航迹点 (包括目标点) 如表 4.26 所示。

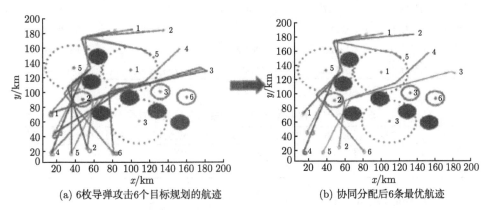

(a) 6枚导弹攻击6个目标规划的航迹　　(b) 协同分配后6条最优航迹

图 4.76　6 枚导弹协同攻击 6 个目标

规划的 6 条最优航迹如图 4.76(b) 所示，6 条航迹的终端航迹角分别为 −174°、−154°、−167°、−161°、−130°、142°，具体实验结果如表 4.27 所示。以导弹 3 的飞行时间为基准，导弹 6 与导弹 3 的飞行时间间隔最大为 209.4207s，导弹 5 与导弹 3 的飞行时间间隔最小，为 12.4206s。导弹 6 的航迹代价远高于其他导弹，究其原因，除了飞行的航迹较长以外，所受的威胁代价也要远高于其他导弹。具体的仿真规划时间如表 4.28 所示。

表 4.26 6 枚导弹的航迹点数据

航迹点	航迹坐标/km	1	2	3	4	5
航迹 1	x_{1j}	56.4514	47.6878	49.4227	136.4228	
	y_{1j}	131.4868	171.9980	174.4413	183.7500	
航迹 2	x_{2j}	59.8025	61.1479	178.0657	182.2523	
	y_{2j}	88.9892	90.6831	130.4891	128.4430	
航迹 3	x_{3j}	54.5376	54.6714	51.5997	101.8260	
	y_{3j}	135.6239	136.5258	17.6052	184.8904	
航迹 4	x_{4j}	47.8344	56.1871	47.6085	77.1141	
	y_{4j}	122.7636	131.4355	172.3378	182.6096	
航迹 5	x_{5j}	65.3459	115.6660	153.0472		
	y_{5j}	91.7915	114.8382	157.5219		
航迹 6	x_{6j}	29.2190	56.3249	50.3685	112.4102	121.5956
	y_{6j}	97.1717	131.4544	173.3804	157.2779	150.1096

表 4.27 6 枚导弹攻击 6 个目标协同规划实验结果

类别	航迹代价	航迹代价差别	飞行时间/s	飞行时间间隔/s
导弹 1 攻击目标 2	365	−63.7	612.0696	48.4069
导弹 2 攻击目标 3	915.7	487	584.2494	20.5867
导弹 3 攻击目标 1	428.7	0	563.6627	0
导弹 4 攻击目标 6	689.1	260.4	623.9899	60.3272
导弹 5 攻击目标 4	1392.9	964.2	576.0833	12.4206
导弹 6 攻击目标 5	6259.2	5830.5	773.0834	209.4207

表 4.28 6 枚导弹攻击 6 个目标仿真规划时间

名称	生成 Voronoi 图	求代价最小航迹	航迹动态处理	协同目标分配	总和
规划时间/ms	203	203	1907	63	2376
百分比/%	8.5	8.5	80.3	2.7	100

C. 9 枚导弹攻击 9 个目标

本实验主要是为了验证较大规模的多导弹协同攻击的情况。本实验中导弹与目标的数据与实验 A 相同,具体的数据略。本实验中共有 15 个禁飞区和 15 个威胁区,9 枚导弹的初始航向角分别为 30°、0°、45°、0°、−45°、−45°、−30°、0°、−45°。

9 枚导弹攻击 9 个目标一共可以规划 81 条航迹,如图 4.77(a) 所示,经过协同分配后,可规划出 9 条最优航迹,如图 4.77(b) 所示,其终端航向角分别为 169°、−88°、164°、−84°、−94°、−85°、−76°、178°、−91°,航迹点数据如表 4.29 所示。

总体最小航迹代价为 14267.7,具体实验结果如表 4.30 所示。

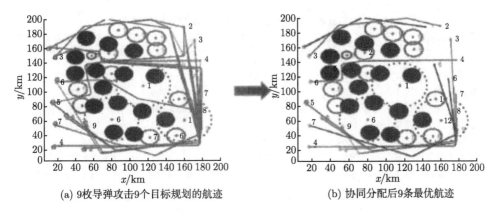

(a) 9枚导弹攻击9个目标规划的航迹　　　　　(b) 协同分配后9条最优航迹

图 4.77　9 枚导弹协同攻击 9 个目标

表 4.29　9 枚导弹的航迹点数据

航迹点	航迹坐标/km	1	2	3	4
航迹 1	x_{1i}	74.3945	75.8502	144.6976	
	y_{1i}	200.1657	200.4380	186.8895	
航迹 2	x_{2i}	175.4153	177.2969	171.2567	
	y_{2i}	28.5365	30.6193	170.6144	
航迹 3	x_{3i}	49.2266	123.1044	160.7728	
	y_{3i}	189.1217	199.3791	188.3964	
航迹 4	x_{4i}	176.9795	168.8105		
	y_{4i}	27.6577	116.3640		
航迹 5	x_{5i}	83.7507	175.7056	177.4893	178.5954
	y_{5i}	19.3409	28.4724	30.3336	47.6468
航迹 6	x_{6i}	83.7640	175.4351	177.2155	173.5282
	y_{6i}	19.2790	28.4435	30.6020	73.8679
航迹 7	x_{7i}	127.3325	176.9084	152.9099	
	y_{7i}	11.3931	40.5375	135.9544	
航迹 8	x_{8i}	51.9325	52.8456	54.4666	178.2460
	y_{8i}	115.4297	135.5139	137.5824	141.9822
航迹 9	x_{9i}	70.1953	72.3074	175.8792	177.0228
	y_{9i}	16.3945	15.2867	31.5495	95.5680

　　本实验中由于涉及的导弹数目较多, 规划的航迹较多, 各导弹的航迹代价和飞行时间也各不相同, 有些甚至差距较大, 主要是导弹和目标的分布比较分散, 故可采用分组方式将飞行时间相近的导弹 2、导弹 4 和导弹 7 分为一组, 导弹 5、导弹 6 和导弹 9 分为一组, 导弹 1、导弹 3 和导弹 8 分为一组, 分别对目标实施分波攻击, 或者在导弹间采用较大的发射时间间隔。具体的仿真结果如表 4.30 和表 4.31 所示。

表 4.30　9 枚导弹攻击 9 个目标协同规划实验结果

类别	航迹代价	航迹代价差别	飞行时间/s	飞行时间间隔/s
导弹 1 攻击目标 1	385	0	433.6989	0
导弹 2 攻击目标 3	1388	1003	798.9549	365.256
导弹 3 攻击目标 1	1312	327	494.2765	60.5776
导弹 4 攻击目标 5	570.1	185.1	745.9844	312.2855
导弹 5 攻击目标 9	1099.6	714.6	655.4273	221.7284
导弹 6 攻击目标 8	6607.8	6222.8	620.1819	186.483
导弹 7 攻击目标 6	1474	1089	816.8341	383.1352
导弹 8 攻击目标 4	180.4	−204.6	538.8238	105.1249
导弹 9 攻击目标 7	1250.8	865.8	629.1648	195.4659

表 4.31　9 枚导弹攻击 9 个目标仿真规划时间

名称	生成 Voronoi 图	求代价最小航迹	航迹动态处理	协同目标分配	总和
规划时间/ms	203	344	8672	578	9797
百分比/%	2.1	3.5	88.5	5.9	100

D. 不同威胁环境下仿真时间的比较与分析

由表 4.23, 表 4.26 和表 4.29 可知, 规划的导弹的航迹点 (包括目标点) 最多不超过 5 个, 从而避免了导弹的频繁转弯, 以适应导弹的机动性能的需求; 由图 4.75~ 图 4.77 可以看到, 有些导弹的飞行航迹出现了重合或交叉, 但由于在会合之前导弹飞行航迹的长度并不相同, 而导弹飞行速度相同, 因此导弹之间并不会同时经过航迹重合点或交叉点, 从而能有效避免发生导弹间的相互碰撞。

针对不同威胁环境, 由表 4.25 可知, 4 枚导弹协同攻击 4 个目标的仿真共耗时 0.983s; 由表 4.28 可知, 6 枚导弹协同攻击 6 个目标的仿真共耗时 2.376s; 由表 4.31 可知, 9 枚导弹协同攻击 9 个目标的仿真共耗时 9.797s, 仿真时间成倍增长, 具体如图 4.78 所示。

造成仿真时间迅速增长的主要原因有两点。

(1) 仿真中导弹和目标数量越多, 仿真所消耗的时间就越长。4 枚导弹执行协同攻击任务仅仅有 24 种不同的组合, 而对 5 枚导弹执行不同的分配则有 120 种组合, 7 枚导弹有 5040 种组合, 8 枚导弹有 40320 种组合, 9 枚导弹有 362880 种组合, 10 枚导弹有 3628800 种组合, 11 枚导弹有 39916800 种组合, 12 枚导弹则有 479001600 种组合, 即随着参战导弹数量的增多, 其分配组合的数量以阶乘增长, 仿真时间也成倍递增, 因此为了保证仿真的实时性, 本部分将导弹和目标的数量限制为不超过 10 个。

(2) 对大量航迹进行动态优化处理, 占用了大量的时间。例如, 4 枚导弹和 4 个目标参与仿真, 仅需对 16 条航迹进行优化; 5 枚导弹和 5 个目标参与仿真, 需对

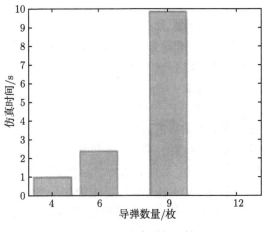

图 4.78 仿真时间比较

25 条航迹进行优化;而 9 枚导弹和 9 个目标参与仿真,则需对 81 条航迹进行优化,使之生成缩短的、平滑的、可飞行的航迹。航迹动态处理的时间取决于系统的复杂性,如果有大量的导弹参与仿真,而仅有较少数量的禁飞区和威胁区,则航迹能迅速优化;反之,仿真环境中存在大量的禁飞区和威胁区,则仿真时间迅速增长。如表 4.25 所示,在有 4 个禁飞区和 4 个威胁区的仿真环境中,航迹动态处理的仿真时间占了总耗时的 58.8%;如表 4.28 所示,在有 6 个禁/避区和 6 个威胁区的仿真环境中,航迹动态处理的仿真时间占了总耗时的 80.3%;如表 4.31 所示,有 9 个禁/避区和 9 个威胁区的仿真环境中,航迹动态处理的仿真时间占了总耗时的 88.5%。同样为了保证仿真的实时性,本节将禁飞区与威胁区的数量限制为不超过 20 个。

在参与仿真的导弹或目标数量有限 (假设为 5~6 个) 的情况下,即使是用在实际的导弹仿真系统中,规划也仅需几秒至十几秒的时间;但如果参与仿真的导弹、目标、禁飞区和威胁区的数量迅速增多,则仿真的时间也急剧增加,这时候主要采用两种解决方法。

方法一 可将参与作战的大的导弹编队分成由 5~6 枚导弹组成的、航迹长度相近的几个小的编队,以多方向、多波次的方式对目标实施攻击,这种小编队的攻击方式既可以达到一定的突防强度,又比较灵活,具有较强的生存能力,从而极大地缩短了仿真的时间。

方法二 由于航迹动态处理占用了大量的仿真时间,可考虑执行多导弹协同分配后再进行航迹的缩短和平滑处理,此时需要处理的航迹数量大大减小,从而可将仿真时间减少 50%左右。另外,在实际仿真中,多导弹的协同规划需要在航迹的最优性和仿真时间之间进行平衡,必要时需要牺牲最优性,选择次优航迹,以满足仿真的实时性。

E. 导弹数量与目标数量不一致

前面三个实验研究的都是导弹数量与目标数量一致的情况, 但在实际作战过程中, 两者数量通常是不一致的。

(1) 目标数量多于导弹的数量。

由于假定一枚导弹最多只能攻击一个目标, 在此种情况下, 根据协同目标分配的原则, 导弹会优先选择攻击价值高的目标; 对于多出的低价值目标则会暂时不攻击或改用第二波次编队导弹予以攻击。例如, 4 枚导弹攻击 5 个目标, 目标 1 战术价值为 60, 目标 2 战术价值为 70, 目标 3 战术价值为 90, 目标 4 战术价值为 100, 目标 5 战术价值为 50, 结合基于改进匈牙利算法的非平衡指派算法, 导弹的协同航迹规划如图 4.79 所示, 由于目标 5 的战术价值最小, 所以导弹优先攻击其余 4 个目标, 目标 5 暂时未被攻击。

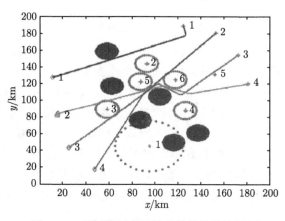

图 4.79　目标数量多于导弹数量的航迹规划

(2) 导弹数量多于目标的数量。

此时需具体结合协同火力分配优化算法, 充分考虑目标的战术价值 (重要性系数)、易损性系数与目标分配原则, 考虑多枚导弹同时优先攻击战术价值大、易损性低的目标, 从而确保对我方威胁大的目标能及时被摧毁。

假设有 5 枚导弹攻击 4 个目标, 目标 1 的战术价值为 80, 目标 2 的战术价值为 70, 目标 3 的战术价值为 100, 目标 4 的战术价值为 90, 暂不考虑目标的易损性, 结合基于改进匈牙利算法的非平衡指派算法, 多导弹协同航迹规划示意图如图 4.80 所示, 导弹 2 和导弹 3 同时攻击战术价值最大的目标 3。如果有两个目标, 其战术价值均相同, 则此时先攻击航迹捷径大的目标, 后攻击航迹捷径小的目标。

F. 威胁突然变化和目标突然变化

由于战场环境是在动态变化的, 导弹在飞行过程中经常会遇到突发的威胁、任

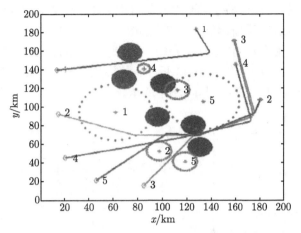

图 4.80 导弹数量多于目标数量的航迹规划

务突然变化、编队成员掉队或被击落等情况，因此要求协同航迹规划算法具有实时重规划的能力。

(1) 威胁突变。

禁飞区通常是指保持静止的特定区域或岛屿，在导弹预先规划时就已经获知，不存在发生突变的情况，所以这里只研究威胁突变的情况。

每枚导弹通常都装有传感器，可以及时探测到敌方雷达信号，由于多导弹之间采用多级分布式控制体系结构，彼此存在信息交互，因此一旦编队中的一枚导弹探测到突发威胁，编队中的其他成员也会近实时地获知突发威胁的信息。此时针对导弹生成的航迹面临两种情况：一种是导弹的航迹受到突发威胁的影响，另一种是导弹的航迹不受突发威胁的影响。当第一种情况发生时，就需要局部修改当前的航迹，如图 4.81 所示。

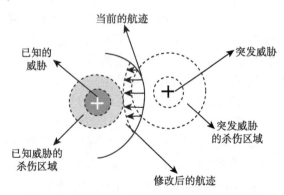

图 4.81 针对突发威胁的局部航迹修改示意图

突发威胁出现后，通过检测判断哪些航迹因穿越新威胁而需要更新，对受到突发威胁影响的航迹进行重新调整。本书所提出的基于扩展 Voronoi 图的协同航迹规划算法与协同分配算法对突发威胁具有实时重规划能力，此功能主要通过建立突发威胁管理器来实现，如图 4.82(a) 所示；如果某个原来的威胁突然消失，那么此时处理威胁消失的管理器如图 4.82(b) 所示。

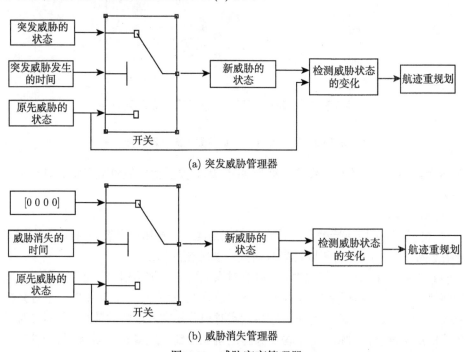

(a) 突发威胁管理器

(b) 威胁消失管理器

图 4.82　威胁突变管理器

假设初始环境中有 5 枚导弹、5 个目标、6 个禁飞区和 5 个威胁区，共规划 25 条代价最小的初始航迹，如图 4.83(a) 所示；协同目标分配后的综合最优航迹规划如图 4.83(b) 所示，规划时间为 1203ms；当出现突发威胁 6 时，有 9 条初始航迹进行了更新，规划时间为 1297ms，综合最优航迹的重规划的结果如图 4.83(c) 所示，其中导弹 1、导弹 2 和导弹 3 的航迹都没有发生变化，导弹 4 的航迹仅做了局部修改，导弹 5 的航迹则完全改变；当出现第二个突发威胁 7 时，重规划结果如图 4.83(d) 所示，其中有 19 条初始航迹进行了更新，规划时间为 1314ms；假设威胁 1 突然消失，以前需要回避此威胁的航迹可以直接穿越其作用范围以缩短飞行距离，规划时间为 985ms，有 6 条初始航迹进行了更新，重规划结果如图 4.83(e) 所示。

仿真结果表明，突发威胁出现或威胁突然消失的重规划结果，只是对与突变威胁有关的航迹做了局部动态调整，而不是对所有的航迹做全局调整，从而有效节省了仿真的时间，保证了算法的实时性。

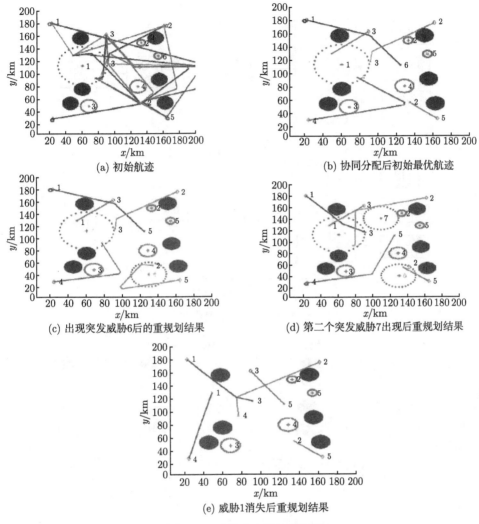

(a) 初始航迹

(b) 协同分配后初始最优航迹

(c) 出现突发威胁6后的重规划结果

(d) 第二个突发威胁7出现后重规划结果

(e) 威胁1消失后重规划结果

图 4.83 威胁突变的仿真结果

(2) 目标突变。

导弹在飞行过程中,会遇到原计划攻击的目标突然消失或者有新的目标突然出现的情况,这时也需要对飞行航迹进行实时重规划,使导弹能够重新选择航迹攻击备选目标,从而显著提高作战效能。此功能主要通过建立目标管理器来实现,具体实现形式与威胁管理器相同,如图 4.84 所示。

综合最优航迹规划如图 4.85(a) 所示;目标 5 突然消失,重规划的航迹如图 4.85(b) 所示,原先计划攻击目标 5 的导弹 4 转而攻击目标 2,计划攻击目标 2 的导弹 5 转而攻击目标 3,而导弹 1、导弹 2 和导弹 3 的攻击对象没有发生变化,此

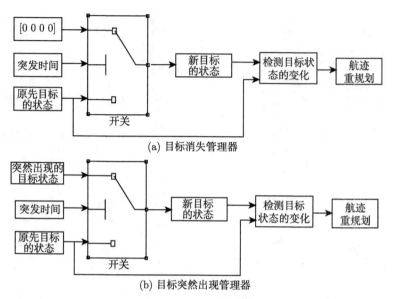

(a) 目标消失管理器

(b) 目标突然出现管理器

图 4.84　目标突变管理器

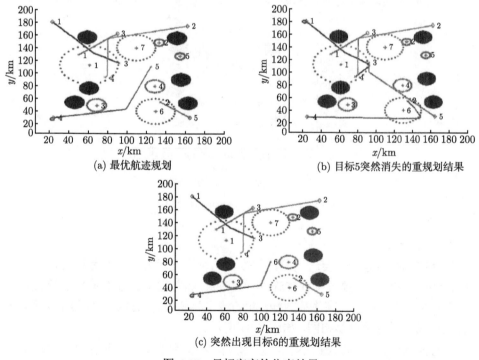

(a) 最优航迹规划

(b) 目标5突然消失的重规划结果

(c) 突然出现目标6的重规划结果

图 4.85　目标突变的仿真结果

时导弹 1 和导弹 5 同时攻击战术价值最高的目标 3，规划时间也由原来的 1314ms 变为 1251ms；假设导弹在飞行过程中突然又出现新的目标 6，此时航迹重规划结果如图 4.85(c) 所示，原先计划攻击目标 2 的导弹 4 转而攻击目标 6，导弹 5 转而攻击目标 2，而导弹 1、导弹 2 和导弹 3 攻击的目标对象保持不变，飞行航迹也不变，规划的时间为 1235ms。

另外，导弹在飞行过程中也会遇到由于传感器失效而误飞入禁飞区被撞毁或遇到敌方防空导弹防御系统的拦截而被摧毁的突发情况，在实际仿真中需要进一步建立导弹突变管理器，予以及时处置。暂不考虑此种情况，假定发射的导弹都能安全抵达敌方区域并对目标予以攻击。

4.5 协同自主决策效能指标

4.5.1 弹群协同态势评估效能指标

弹群协同作战时，与作战任务相关的态势信息需要在一定的作战时间内尽可能准确而完备地获取，同时进行作战目标弹群信息共享，从时效性、完备性、相关性、准确性、共享度、连续性六个方面进行弹群协同态势感知一致性分析，态势感知一致性指标体系如图 4.86 所示。在实际操作中，我方态势信息经常假设是一致的，敌方的目标相关态势为主要考虑。

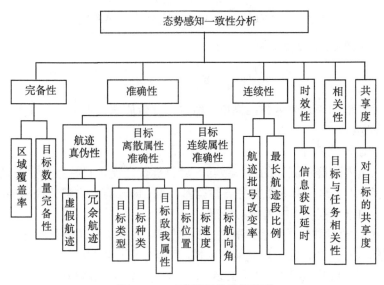

图 4.86 一致性评估指标体系

1. **完备性**

1) 区域覆盖率

弹群侦测范围与作战任务相关区域在安全通信距离下的范围比即区域覆盖率。Wu[55] 基于集群安全通信协同控制方法，提出了弹群的通信半径和集群半径等概念。区域覆盖率可以通过弹群通信半径和集群半径表征的集群侦测范围得到。

假设 M 枚导弹组成一个作战弹群，二维任务相关作战区域范围为 S 或三维任务相关作战区域范围为 V，第 k 次态势更新时刻为 t_k，弹群中某一导弹 m 的位置为 $P_m(t_k) \in \mathbf{R}^l (m \in [1,M]$，$l \in \{2,3\})$，各枚导弹的通信半径为 r_m，$O(t_k)$ 为弹群的虚拟中心，各导弹的通信半径为 r_m，t_k 时刻的集群半径 $R_1(t_k)$、集群通信半径 $R_2(t_k)$ 为

$$R_1(t_k) = \min\{r|r \geqslant \|P_m(t_k) - O(t_k)\|_2 ,$$
$$\forall m \in [1,M], \exists O(t_k) \in \mathbf{R}^l, l \in \{2,3\}\} \tag{4.60}$$

$$R_2(t_k) = \min\{r|r \geqslant \|A_m(t_k) - O(t_k)\|_2,$$
$$\exists O(t_k) \in \mathbf{R}^t, A_m(t_k) \in \{A_m(t_k) \in$$
$$\mathbf{R}'|r_m \geqslant \|A_m(t_k) - P_m(t_k)\|_2\}, \forall m \in [1,M]\} \tag{4.61}$$

取集群在安全通信机理下的侦测半径 $R_3(t_k)$ 为

$$R_3(t_k) = \lambda R_1(t_k) + (1 - \lambda) R_2(t_k), \quad \lambda \in (0,1) \tag{4.62}$$

则 t_k 时刻的集群区域覆盖率为

$$C_1(t_k) = \frac{\pi [R_3(t_k)]^2}{S} \quad \text{或} \quad C_1(t_k) = \frac{\pi [R_3(t_k)]^2 \cdot H}{V} \tag{4.63}$$

其中，H 为集群的平均有效作战高度；约定当有效侦测范围不小于任务区域范围时，区域覆盖率为 1。

2) 目标数量完备性

任务区域内弹群侦测到的目标数与区域目标数之比为目标数量完备性。现有研究大多存在不合理的目标数量完备性衡量标准，即没有从态势特征的层面考虑，也存在目标的重要程度未被考虑的情况。

假设由 M 枚导弹组成作战弹群进行协同侦测，在第 k 次态势更新时刻 t_k，发现 N 个级别的 $O(t_k)$ 个目标出现在侦测区域，各级分别有 $O_1(t_k), \cdots, O_i(t_k), \cdots,$ $O_N(t_k)$ 个目标，重要程度为 $a_i(i \in [1,N])$，$\sum a_i = 1$，需要侦测目标 j 的 $D_j(t_k)$ 个态势特征。其中，$J_m(t_k)$ 个目标的信息被导弹 m 获取，各级目标分别有 $J_m^1(t_k), \cdots,$ $J_m^i(t_k), \cdots, J_m^N(t_k)$ 个，且侦测到目标 j 的 $G_{m,j}(t_k)$ 个态势特征，则 t_k 时刻集群目标数量完备性为

$$C_2(t_k) = \frac{1}{M} \sum_{m=1}^{M} \sum_{i=1}^{N} \frac{a_i \sum_{j=1}^{J_m^i(t_i)} G_{m,j}(t_k)}{\sum_{j=1}^{O_i(t_k)} D_j(t_k)} \tag{4.64}$$

3) 完备性计算

完备性可选 $C_1(t_k)$ 或 $C_2(t_k)$ 进行表征，也可将二者集成为

$$C(t_k) = C_1(t_k) \times C_2(t_k) \tag{4.65}$$

2. 准确性

1) 航迹真伪性

冗余航迹、虚假航迹与目标总航迹的比值为航迹真伪性。假设由 M 枚导弹组成的作战弹群，在第 k 次态势更新时刻 t_k，至少有一条航迹的目标被导弹 m 所获悉的数量为 $J_m(t_k)$，指向第 j 个目标被导弹 m 所获悉的不相关航迹数量为 $N_{m,j}(t_k)$，导弹 m 所获悉的总航迹数为 $N_m(t_k)$，则 t_k 时刻集群的虚假航迹真伪性 $F_1(t_k)$ 和冗余航迹真伪性 $F_2(t_k)$ 为

$$F_1(t_k) = 1 - \frac{\sum_{m=1}^{M} \left(N_m(t_k) - \sum_{j=1}^{J_m(t_k)} N_{m,j}(t_k) \right)}{\sum_{m=1}^{M} N_m(t_k)} \tag{4.66}$$

$$F_2(t_k) = \frac{\sum_{m=1}^{M} J_m(t_k)}{\sum_{m=1}^{M} \sum_{j=1}^{J_m(t_k)} N_{m,j}(t_k)} \tag{4.67}$$

其中，$F_1(t_k)$，$F_2(t_k) \in [0,1]$。航迹真伪性可表示为

$$F(t_k) = w \times F_1(t_k) + (1-w) \times F_2(t_k), \quad w \in (0,1) \tag{4.68}$$

2) 连续属性准确性

弹群获取的三维目标速度、三维目标位置和二维目标航向角等连续态势特征与连续真实态势特征的一致性为弹群的连续属性准确性。假设由 M 枚导弹组成的作战弹群，在第 k 次态势更新时刻 t_k，有 $J_m(t_k)$ 个目标被导弹 m 觉察，$J_m^N(t_k)$ 为每个目标的连续属性个数，$G_{i,j}^m(t_k)$ 和 $P_{i,j}^m(t_k)$ 分别表示第 i 个目标的第 j 个真实态势特征和觉察态势特征，记为

$$\boldsymbol{P}_{i,j}^{m}\left(t_{k}\right)\in\mathbf{R}^{l},\quad i\in\left\{1,2,\cdots,J_{m}\left(t_{k}\right)\right\},\ j\in\left\{1,2,\cdots,J_{m}^{N}\left(t_{k}\right)\right\},\ l\in\{2,3\}$$

$$\boldsymbol{G}_{i,j}^{m}\left(t_{k}\right)\in\mathbf{R}^{l},\quad i\in\left\{1,2,\cdots,J_{m}\left(t_{k}\right)\right\},\ j\in\left\{1,2,\cdots,J_{m}^{N}\left(t_{k}\right)\right\},\ l\in\{2,3\}$$

则 t_{k} 时刻集群连续属性准确性为

$$V_{c}\left(t_{k}\right)=\frac{1}{M}\sum_{n=1}^{M}\frac{\displaystyle\sum_{i=1}^{J_{m}(t_{k})}\left(1-\frac{1}{J_{m}^{N}\left(t_{k}\right)}\times\sum_{j=1}^{J_{m}^{N}(t_{k})}\frac{\left\|\boldsymbol{P}_{i,j}^{n}\left(t_{k}\right)-\boldsymbol{G}_{i,j}^{m}\left(t_{k}\right)\right\|_{2}}{\left\|\boldsymbol{P}_{i,j}^{m}\left(t_{k}\right)\right\|_{2}}\right)}{J_{m}\left(t_{k}\right)} \tag{4.69}$$

3) 离散属性准确性

弹群获取的目标敌我属性、目标种类和目标类型等离散态势特征与真实离散态势特征的一致性为弹群的离散属性准确性。假设由 M 枚导弹组成的作战弹群,在第 k 次态势更新时刻 t_{k},有 $J_{m}\left(t_{k}\right)$ 个目标被导弹 m 觉察,$J_{m}^{N}\left(t_{k}\right)$ 为每个目标的离散属性,$\delta_{i,j}^{m}\left(t_{k}\right)$ 表示第 i 个目标的第 j 个觉察态势特征和真实态势特征的一致情况:

$$\delta_{i,j}^{m}\left(t_{k}\right)=\begin{cases}1,&\text{特征一致}\\0,&\text{特征不一致}\end{cases} \tag{4.70}$$

则 t_{k} 时刻集群离散属性准确性为

$$V_{d}\left(t_{k}\right)=\frac{1}{M}\sum_{m=1}^{M}\frac{\displaystyle\sum_{i=1}^{J_{m}(t_{k})}\sum_{j=1}^{J_{m}^{N}(t_{k})}\delta_{i,j}^{m}\left(t_{k}\right)}{J_{m}\left(t_{k}\right)\times J_{m}^{N}\left(t_{k}\right)} \tag{4.71}$$

4) 准确性计算

准确性可以通过相对独立的目标离散属性准确性、目标连续属性准确性和航迹真伪性进行数学描述,即准确性可表示为

$$V\left(t_{k}\right)=w_{1}\times F\left(t_{k}\right)+w_{2}\times V_{c}\left(t_{k}\right)+w_{3}\times V_{d}\left(t_{k}\right),\quad\sum_{i}w_{i}=1 \tag{4.72}$$

3. 连续性

航迹批号改变率和最长航迹段比为连续性的两种表达方式,连续性是指获得稳定、连续态势的能力。

1) 航迹批号改变率

假设由 M 枚导弹组成的作战弹群,有 J_{m} 个目标被导弹 m 觉察,导弹 m 跟踪目标 j 的总时间为 $T_{j,m}$,$N_{j,m}$ 为 j 在时间 $T_{j,m}$ 内航迹号的最小数量,则弹群

航迹批号改变率在 t_k 时刻为

$$B\left(t_k\right) = \frac{\displaystyle\sum_{m=1}^{M}\sum_{j=1}^{J_m}\left(N_{j,m}-1\right)}{\displaystyle\sum_{m=1}^{M}\sum_{j=1}^{J_m}T_{j,m}} \tag{4.73}$$

2) 最长航迹段比

假设由 M 枚导弹组成的作战弹群，有 J_m 个目标被导弹 m 觉察，目标 j 的维持时间为 T_j，目标 j 同一航迹号中最长连续航迹段的持续时间为 $T_{j,m}$，则弹群最长航迹段比为

$$L\left(t_k\right) = \frac{\displaystyle\sum_{m=1}^{M}\sum_{j=1}^{J_m}T_{j,m}}{\displaystyle\sum_{m=1}^{M}\sum_{j=1}^{J_m}T_j} \tag{4.74}$$

4. 时效性

得到满足完备性的目标态势特征所花费的时间为信息获取时间，信息获取时间满足任务时间要求的程度为时效性。假设由 M 枚导弹组成的作战弹群，在第 k 次态势更新时刻 t_k，有 $J_m\left(t_k\right)$ 个目标被导弹 m 觉察，$\Delta t_{p,m}$ 为获取第 p 个目标的延时，获取目标的最小时间要求为 T，假设当态势更新时间超过 T 或 $\Delta t_{p,m}$ 超过态势更新时间时，时效性差，则导弹 m 在时刻 t_k 获取第 p 个目标的时效性为

$$\delta_{p,m}\left(t_k\right) = \begin{cases} 1 - \dfrac{\Delta t_{p,m}}{t_k - t_{k-1}}, & \Delta t_{p,m} < t_k - t_{k-1} < T \\ 0, & \Delta t_{p,m} > t_k - t_{k-1} \text{ 或 } t_k - t_{k-1} > T \end{cases} \tag{4.75}$$

则 t_k 时刻集群的时效性为

$$T\left(t_k\right) = \frac{1}{M}\sum_{m=1}^{M}\frac{\displaystyle\sum_{p=1}^{J_m(t_k)}\delta_{p,m}\left(t_k\right)}{J_m\left(t_k\right)} \tag{4.76}$$

5. 相关性

相关性是执行的多个任务和侦测目标间的相关性。假设由 M 枚导弹组成的作战弹群，在第 k 次态势更新时刻 t_k，有 $J_m\left(t_k\right)$ 个目标被导弹 m 觉察，此时导弹 m 正在执行 W 个任务，则导弹 m 在时刻 t_k 获取的目标 i 和任务的相关性为

$$\delta_{i,w}^m\left(t_k\right) = \begin{cases} 1, & \text{目标}i\text{与任务}w\text{相关} \\ 0, & \text{目标}i\text{与任务}w\text{无关} \end{cases} \tag{4.77}$$

则 t_k 时刻集群的相关性为

$$R(t_k) = \frac{1}{M} \sum_{m=1}^{M} \frac{\displaystyle\sum_{i=1}^{J_m(t_k)} \sum_{w=1}^{W} \delta_{i,w}^{m}(t_k)}{J_m(t_k) \times W} \tag{4.78}$$

6. 共享度

弹群中共享目标具有某些态势特征的节点数和可以共享目标的节点数的比为共享度,假设由 M 枚导弹组成的作战弹群,在第 k 次态势更新时刻 t_k,有 $J_m(t_k)$ 个目标被导弹 m 觉察,则目标 i 在 t_k 时刻被导弹 m 获取的共享度为

$$\delta_{i,m}(t_k) = \frac{\text{共享第}i\text{个目标的节点数}}{\text{可以共享第}i\text{个目标的节点数}} \tag{4.79}$$

则 t_k 时刻集群的共享度为

$$S(t_k) = \frac{1}{M} \sum_{m=1}^{M} \frac{\displaystyle\sum_{i=1}^{J_m(t_k)} \delta_{i,m}(t_k)}{J_m(t_k)} \tag{4.80}$$

4.5.2　弹群协同任务规划效能指标

基于毁伤效能最优的评价方法是指,对于以毁伤为最终目标的任务类型,在传统的任务分配或航迹规划评价之外,再增加一个更加宏观的、以整个任务的毁伤效果作为评价准则的多级评价方法。基于毁伤效能最优的评价方法与传统任务评价方法之间的关系如图 4.81 所示。其中,毁伤效能的评价是基于蒙特卡罗 (Monte Carlo) 模拟的方法。

为了应用蒙特卡罗方法完成从任务到航迹再到毁伤的全过程的模拟评价,除了需要知道已规划的任务及航迹外,还需要对与毁伤有关的基本要素进行必要的分析,对仿真评价的控制参数进行设定,从而确定优化所需的全部输入信息。这些要素包括:炸点位置、目标位置及空间分布、目标坐标、杀伤规律等。仿真评价的主要控制参数是样本容量 [25]。

导弹攻击目标时,其实际弹道具有随机性,这是由于制导误差具有随机分布的特点。导弹攻击目标时,弹体及其控制系统受到许多不同的干扰作用使得制导出现一定量的误差,且制导误差随机变量服从正态分布 [25]。

圆概率误差又称圆形公算误差 (CEP),可以和标准偏差共同来表示制导平面内的制导误差,圆概率误差的表达式为

$$\text{CEP} = 0.589(\sigma_x + \sigma_z) \tag{4.81}$$

对于特殊情况, 当 $\sigma_x = \sigma_z = \sigma_D$ 时, 有

$$\text{CEP} = 1.1774\sigma_D \tag{4.82}$$

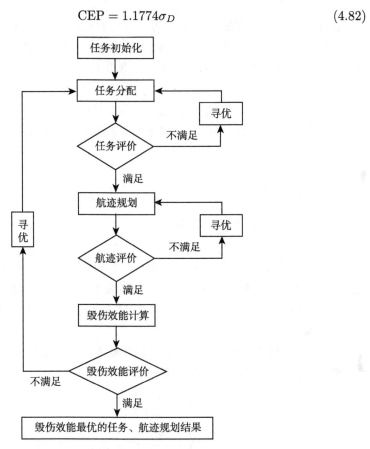

图 4.87 基于毁伤效能最优的评价方法与传统任务评价方法之间的关系

在制导平面内制导误差服从正态分布, 同时确定制导平面拦截点 Lt, 即制导平面上的弹道通过点, 可以根据相对于瞄准点的制导误差进行抽样, 从而可以确定一条子样弹道。

在目标坐标系中的弹道方程为

$$\frac{x_t - Lt_x}{\cos\omega \cdot \sin\lambda} = -\frac{y_t - Lt_y}{\cos\omega \cdot \cos\lambda} = \frac{z_t - Lt_z}{\sin\omega} \tag{4.83}$$

其中, Lt 的坐标由式 (4.84) 确定:

$$Lt = Gt + \begin{bmatrix} \cos\lambda & \sin\lambda & 0 \\ -\sin\lambda & \cos\lambda & 0 \\ 0 & 0 & 1 \end{bmatrix}^{-1} \cdot \begin{bmatrix} 1 & 0 & 0 \\ 0 & \cos\omega & -\sin\omega \\ 0 & \sin\omega & \cos\omega \end{bmatrix}^{-1} \cdot \begin{bmatrix} v_{s1} \cdot \sigma_x \\ 0 \\ v_{s2} \cdot \sigma_z \end{bmatrix} \tag{4.84}$$

式中，$Gt\,(Gt_x, Gt_y, Gt_z)$ 为瞄准点坐标；v_{s1}，v_{s2} 为标准正态分布随机数；σ_x，σ_z 为制导误差在制导平面对应方向上的标准偏差。

在弹道轨迹上可以根据所采用的引信类型和参数确定引爆点的位置，但是引信启动点受大量各种偶然因素的影响，使得启动点是随机散布的 [25]。一般认为启动点的随机散布服从正态分布。模拟时可采用以下引爆方式进行模拟。

1) 测高引爆

当导弹接近目标时，引信可以测定弹体距地面的高度，当距地高度达到给定高度时，引信启动。引信起爆高度可根据给定标准差和均值的正态分布来选取。

$$H_G = \mu_H + v_s \cdot \sigma_H \tag{4.85}$$

式中，H_G 为引信启动高度；μ_H 为引信启动高度的均值；v_s 为标准正态分布随机数；σ_H 为引信启动高度的标准差。

2) 触发引爆

备用引信可采用触发引信。当导弹与目标碰撞发生在近炸引信确定的引爆点之前，即直接命中的情况，以及导弹与地面碰撞，主引信启动失败的情况下时，使用触发引信确定引爆点，分别将与目标接触点和地面接触点作为引爆点坐标。

3) 目标描述

目标在空间的分布范围可以用方程的形式在目标坐标系中描述出来，如车辆等典型长方体目标类型，其方程可表示为

$$\begin{cases} -\dfrac{L_C}{2} \leqslant x_t \leqslant \dfrac{L_C}{2} \\[2mm] -\dfrac{W_C}{2} \leqslant y_t \leqslant \dfrac{W_C}{2} \\[2mm] 0 \leqslant z_t \leqslant H_C \end{cases} \tag{4.86}$$

式中，L_C，W_C，H_C 分别为车体的长、宽和高。

4) 目标坐标杀伤概率

当遭遇条件一定时，对应不同的炸点坐标，战斗部对目标的杀伤概率称为坐标杀伤概率。坐标杀伤概率为

$$G\,(x, y, z) = 1 - \prod_{i=1}^{k} \left[1 - P_i\,(x, y, z)\right] \tag{4.87}$$

$$P_i\,(x, y, z) = 1 - \prod_{j=1}^{m} \left[1 - P_{ij}\,(x, y, z)\right] \tag{4.88}$$

式中，$P_i(x, y, z)$ 为战斗部在 (x, y, z) 点爆炸时毁伤第 i 个部件的概率；$P_{ij}(x, y, z)$ 为战斗部在 (x, y, z) 点爆炸时各种不同毁伤方式对第 i 个部件的毁伤概率；k 和 m 分别为要害件数和战斗部毁伤方式种类。

单发毁伤概率的蒙特卡罗估值表示为

$$P_k = \frac{\sum_{i}^{n} P_k(i)}{n} \tag{4.89}$$

式中，n 为子样数；P_k 为各种毁伤作用的综合毁伤概率估值；$P_k(i)$ 为每个子样的综合毁伤概率。

当 $P_k(i)$ 代表每个子样的单一毁伤作用的毁伤概率时，P_k 代表单一毁伤作用的毁伤概率估值。

(1) 直接命中。

在由引信确定了引爆点后，需要检查战斗部到达该引爆点之前是否发生了目标被弹道贯穿的情况，如果发生此种情况，则认为直接命中了目标。此时应由触发引信确定其引爆点，同时计算直接命中毁伤概率。将弹道方程和目标的各平面方程联立，如果有解并且所得到的解在弹道线上位于引爆点之前，则认为能够直接命中目标 [25]。在本模型中，如果直接命中了目标，即认为目标完全被毁伤，即毁伤概率为 1。在此情况下，将不再单独计算破片和冲击波的毁伤概率。

(2) 破片作用毁伤概率。

通过实验归纳出的单枚破片击穿概率表示为

$$p_{1h} = \begin{cases} 0, & E_b \leqslant 4.7 \\ 1 + 2.65\mathrm{e}^{-0.34E_b} - 2.96\mathrm{e}^{-0.14E_b}, & E_b > 4.7 \end{cases} \tag{4.90}$$

其中，$E_b = \dfrac{m_f v_B^2}{2b_{\mathrm{Al}}S}\left(\mathrm{kg} \cdot \left(\mathrm{m/cm}^2\right) \cdot \mathrm{mm}\right)$；$S$ 为破片与目标遭遇面积的平均值 (cm^2)，即

$$S = \phi \cdot m_f \tag{4.91}$$

式中，ϕ 为破片形状系数；m_f 为破片质量 (kg)；v_B 为破片打击速度 $(\mathrm{m/s})$；b_{Al} 为等效硬铝靶板厚度 (mm)。

破片对目标的毁伤概率可表示为

$$p_m = 1 - \mathrm{e}^{-Np_{1h}} \tag{4.92}$$

式中，N 为落入易损面积上的破片数。

(3) 冲击波作用毁伤概率。

冲击波对目标的毁伤概率为

$$P_B = \begin{cases} 1, & \Delta P_m \geqslant \Delta P_f \\ \dfrac{\Delta P_m - \Delta P_{\mathrm{cr}}}{\Delta P_f - \Delta P_{\mathrm{cr}}}, & \Delta P_{\mathrm{cr}} < \Delta P_m < \Delta P_f \\ 0, & \Delta P_m < \Delta P_{\mathrm{cr}} \end{cases} \tag{4.93}$$

式中，ΔP_m 为入射冲击波峰值超压；ΔP_f 为目标被完全破坏时的冲击波峰值超压的最小临界值；ΔP_{cr} 为目标不被破坏的冲击波峰值超压的最大临界值。

5) 随机数的产生

首先产生均匀分布的随机数，目前主要采用数学方法产生的一系列能够通过局部随机性检验的伪随机数代替。

产生了均匀分布的随机数后，可以通过抽样变换得到服从标准正态分布的随机数。如果随机变量 x 和 y 服从 $[0,1]$ 上的均匀分布，引入一一对应的变换：

$$\begin{cases} u = \sqrt{-2\ln x}\cos 2\pi y \\ v = \sqrt{-2\ln x}\cos 2\pi y \end{cases} \tag{4.94}$$

则 u、v 服从二维标准正态分布：

$$f(u,v) = \frac{1}{2\pi}\mathrm{e}^{-\frac{1}{2}(u^2+v^2)} \tag{4.95}$$

再通过如下变换，可得到一般形式的正态分布，即

$$\begin{cases} U = \sigma_x u + m_x \\ V = \sigma_y v + m_y \end{cases} \tag{4.96}$$

式中，U、V 分别服从 $N(m_x,\sigma_x)$，$N(m_y,\sigma_y)$ 形式的正态分布。

6) 样本容量的确定

$$n = z_{\alpha/2}^2 \cdot \frac{\sigma^2}{\varepsilon^2} \tag{4.97}$$

上式即在给定精度 ε 和置信度 $1-\alpha$ 下所需的实验次数。在计算时，可用统计估值代替方差 σ^2。先做 n_0 次实验，以样本方差 s^2 作为方差 σ^2 的估值，按式 (4.99) 算出 n 的数值，若 $n > n_0$ 则需补做实验。

$$S^2 = \frac{1}{n_0-1}\sum_{i=1}^{n_0}(x_i-\overline{x})^2 \tag{4.98}$$

$$n = z_{\alpha/2}^2 \cdot \frac{s^2}{\varepsilon^2} \tag{4.99}$$

式中，$z_{\alpha/2}$ 根据给定的 α 值由标准正态分布表中查得。

4.5.3 弹群协同航迹规划效能指标

航迹规划是具有多个约束的多用途非线性优化问题，它的数学模型包含两个内容，分别是目标功能和约束条件，这两者是不可分割的。4.4.2 小节中的约束可以用来确定解空间的范围 (较优或非劣)，但在解空间中一般存在无数条可行航迹，而目标函数是评价航迹优劣的标准，这就需要设计目标函数来确定最优航迹。而航迹评价指标又是设计目标函数的主要依据，那么首先就需要选取合适的航迹评价指标。在本小节中，将对航迹评价指标的选取和目标函数的建立分别进行分析阐述。

1. 航迹评价指标

要评估航迹规划和规划算法的规划结果，需要确定用于评估每个航迹的相应度量。从导弹的路径性能的允许范围内减小导弹的自控终点的分散误差的观点出发，路径评价指标是针对主要影响因素而提出的性能指标。在选择指标时，本小节考虑了四个主要方面。

(1) 如果频繁操纵导弹，则自控终点的分散误差会增加，因此必须尽可能减少航迹上的转向角数。减少导弹自控飞行路径转向角的数量，不仅降低了导弹路径规划的复杂性，更重要的是，有效降低了导弹自控飞行的弹道扩散误差，可以提高导弹的发射精度。

(2) 受导弹自控终点散布、目标机动及其散布、射击方式、射击通道误差、风以及导弹搜捕扇面大小等因素的影响，导弹对目标的捕捉概率与导弹自控飞行距离有着密切的关系。首先，对于同一枚导弹，导弹射程越长，飞行时间越长，导航系统的累积误差越大，自控终点的误差越大，目标运动偏差也增加。从理论上讲，随着导弹的自控飞行距离的增加，自控终点的传播范围增大，导弹捕获目标的可能性也随之降低。因此，导弹的自控区间必须确保导弹能够有效地捕获目标。在这种假设下，必须使导弹自控飞行的总路径距离最小，以便导弹可以在最短的时间内到达自动控制终点。

(3) 导弹的大角度旋回转向将产生两个影响飞行稳定性的误差：一个是导弹自身的惯性引起的水平漂移校正误差，另一个是陀螺仪自身的稳定性引起的陀螺漂移指向误差，并且两个误差都与转向角度正相关，即转向角越大，所产生的航迹偏差就越大。因此，应适当限制导弹舵角的大小。如果转向角的数量是恒定的，则转向角的总绝对值通常可以表示航迹的转向角的量，因此应该合理地限制转向角的总绝对值。

(4) 路径的转向角越大，产生的路径偏差越大。均方误差 (标准差) 表示数据的稳定性，即数据波动的幅度。如果航迹上的转弯点数恒定并且航迹的距离相同，则转向角绝对值的均方误差越小，航迹就越平滑。因此，应该合理地限制转向角绝对值的均方误差，并且应当在每个转向角处控制航迹的平滑度 (以控制航迹的平滑度, 转向角绝对值的标准偏差应合理限制)。

总而言之, 在假设航迹满足性能约束的情况下, 本小节考虑四个主要指标: 航程较短、航迹转向点数量较少、各转向角度绝对值的标准差较小、各转向角绝对值之和较小。

与其他优化问题不同, 航迹规划没有经典的数学目标函数。现有的航迹规划方法通常将目标函数表示为多个优化目标的加权总和, 并以 "加权" 方式调整各种优化目标的相对重要性。在本小节中, 我们使用多属性模糊优化技术为整个目标构建评估函数。首先, 根据航迹规划问题和指挥官意图的先验知识, 预先设定每个目标的优先权重因子, 得到优先权重向量 ω, 再将所有目标 I 加权求和 (即两个向量相乘) 成一个标量评价函数 T。即

$$T = \omega \cdot I$$

这样就把多目标优化问题转换为了单目标优化问题, 通过这种方式, 可以在非劣解集合中寻求当前优先权 (向量) 设置下最优或可行航迹解。

由于目标向量 I 中各个单目标函数值的数量级都是不相同的, 会有各单目标对总目标的贡献度相差大的情况出现, 为了避免出现这种情况, 首先建立单目标的模糊满意度函数 $\mu(f(x))$, 然后, 用目标的模糊满意度向量 μ 代替目标向量 I 与优先权重向量 ω 相乘, 得到

$$T = \omega \cdot \mu \tag{4.100}$$

而 $\omega = [\omega_n, \omega_s, \omega_\alpha, \omega_\sigma]$, $\mu = [\mu_n, \mu_s, \mu_\alpha, \mu_\sigma]^{\mathrm{T}}$。则总目标的评价函数如下:

$$T = \max(\omega_n \cdot \mu_n + \omega_s \cdot \mu_s + \omega_\alpha \cdot \mu_\alpha + \omega_\sigma \cdot \mu_\sigma) \tag{4.101}$$

式中, μ_n, μ_s, μ_α, μ_σ 分别为对某条航迹转向点个数 n、总航程 s、各航迹转向角的和 α, 以及各转向角度绝对值的均方差 σ 的满意度; ω_n, ω_s, ω_α, ω_σ 分别为对应的权重系数, 有 $\omega_n + \omega_s + \omega_\alpha + \omega_\sigma = 1$。

对于 μ_n, μ_s, μ_α, μ_σ 的单目标函数 $\min f(x)$, 存在一个最大的可接受值 $f_{\max}(x)$ 和一个理想的值 $f_{\min}(x)$, 满意度函数为

$$\mu(f(x)) = \begin{cases} 1, & f(x) \leqslant f_{\min}(x) \\ \dfrac{f_{\max}(x) - f(x)}{f_{\max}(x) - f_{\min}(x)}, & f_{\min}(x) < f(x) < f_{\max}(x) \\ 0, & f(x) \geqslant f_{\max}(x) \end{cases} \tag{4.102}$$

对于 n, $f_{\max}(x) = n_{\max}$, $f_{\min}(x) = 0$; 对于 s, $f_{\max}(x) = s_{\max}$, $f_{\min}(x) = d_1$; 对于 α, $f_{\max}(x) = n \cdot \alpha_{\max}$, $f_{\min}(x) = 0$; 对于 σ, $f_{\max}(x) = 45$, $f_{\min}(x) = 0$。

2. 航迹规划的数学优化模型

根据航迹性能约束条件和目标函数，我们可以得到导弹航迹规划的数学优化模型如下：

$$T = \max\left(\omega_n \cdot \mu_n + \omega_s \cdot \mu_s + \omega_\alpha \cdot \mu_\alpha + \omega_\sigma \cdot \mu_\sigma\right)$$

$$\text{s.t.} \begin{cases} l_0 \geqslant l + R_{\min} \cdot \tan\dfrac{\alpha_{n+1}}{2} + v_d \cdot t_w \\[2mm] l_1 \geqslant R_{\min} \cdot \tan\dfrac{\alpha_2}{2} + v_d \cdot t_w + d_z \\[2mm] l_i \geqslant R_{\min} \cdot \left(\tan\dfrac{\alpha_i}{2} + \tan\dfrac{\alpha_{i+1}}{2}\right) + v_d \cdot t_w \quad (i = 2, \cdots, n) \\[2mm] |\alpha_i| \leqslant \alpha_{\max} \quad (i = 2, \cdots, n+1) \\[2mm] s \leqslant s_{\max} \end{cases} \tag{4.103}$$

4.6 小　　结

本章将协同自主决策技术分为三部分，它们分别是协同任务规划、协同态势评估和协同航迹规划，每部分针对问题描述、约束条件、数学建模和具体应用方法进行了十分详细的阐述，最后给出了协同自主决策的效能指标。

参 考 文 献

[1] 龚松波, 张维昊, 马红亮, 等. 基于目标态势评估的无人机系统自主决策技术研究 [J]. 飞机设计, 2017, 37(03): 7-9.

[2] 程进, 卢昊, 宋闯. 精确打击武器集群作战技术发展研究 [J]. 导航定位与授时, 2019(05): 10-17.

[3] 朱兆全. 融合软人件的战场态势评估模型和方法研究 [D]. 南京：南京大学, 2019.

[4] Hall D L, Llinas J. An introduction to multisensor data fusion[J]. Proceedings of the IEEE, 1997, 85(1): 6-23.

[5] Hall D. Lectures in Multisensor Data Fusion and Target Tracking[M]. London: Artech House, Inc., 2001.

[6] 康耀红. 数据融合理论与应用 [M]. 西安：西安电子科技大学出版社, 1997.

[7] 雷英杰, 王宝树, 王毅. 基于直觉模糊决策的战场态势评估方法 [J]. 电子学报, 2006, 34(12): 2175-2179.

[8] Ramirez-Atencia C, Bello-Orgaz G, R-Moreno M D, et al. Solving complex multi-UAV mission planning problems using multi-objective genetic algorithms[J]. Soft Computing, 2017, 21(17): 4883-4900.

[9] 尹高扬, 周绍磊, 吴青坡. 基于改进 RRT 算法的无人机航迹规划 [J]. 电子学报, 2017, 45(7): 1764-1769.

[10] D'Aniello G, Gaeta A, Loia V, et al. A granular computing framework for approximate reasoning in situation awareness[J]. Granular Computing, 2017, 2(3): 141-158.

[11] 张东戈, 孟辉, 赵慧赟. 态势感知水平的解析化度量模型 [J]. 系统工程与电子技术, 2016, 38(8): 1808-1815.

[12] Alhussain T. Assessing information quality of blackboard system[J]. International Journal of Computer, 2017, 25(1): 1-7.

[13] Arazy O, Kopak R, Hadar I. Heuristic principles and differential judgments in the assessment of information quality[J]. Journal of the Association for Information Systems, 2017, 18(5): 403-432.

[14] 房坚, 王铖, 袁坚. 基于集合距离的信息优势度量方法 [J]. 系统工程与电子技术, 2017, 39(1): 114-119.

[15] Endsley M R. Situation awareness misconceptions and misunderstandings[J]. Journal of Cognitive Engineering and Decision Making, 2015, 9(1): 4-32.

[16] Stanton N A, Salmon P M, Walker G H, et al. State-of-science: situation awareness in individuals, teams and systems[J]. Ergonomics, 2017, 60(4): 449-466.

[17] 冀俊忠, 刘椿年, 沙志强. 贝叶斯网模型的学习、推理和应用 [J]. 计算机工程与应用, 2003(5): 24-27.

[18] 王三民, 王宝树. 贝叶斯网络在战术态势评估中的应用 [J]. 系统工程与电子技术, 2004, 26(11): 84-87,143.

[19] 张连文, 郭海鹏. 贝叶斯网引论 [M]. 北京: 科学出版社, 2006: 34, 35.

[20] Ivansson J. Situation assessment in a stochastic environment using Bayesian networks[D]. Sweden: Linkoping University, 2002.

[21] 苏畅, 宋亚兵, 王力军, 等. 考虑天气因素的飞机作战效能对数模型 [J]. 电光与控制, 2008, 15(1):26-30.

[22] Pearl J. Probabilistic Reasoning in Intelligent Systems: Networks of Plausible Inference[M]. San rancisco: Morgan Kaufmann, 2014.

[23] 樊红东, 胡昌华, 丁力, 等. 基于贝叶斯动态模型的某器件性能预测 [J]. 电光与控制, 2006, 13(1):70-72.

[24] 王明, 张克, 孙鑫, 等. 无人飞行器任务规划技术 [M]. 北京: 国防工业出版社, 2015: 6-10,168-174.

[25] 李裕梅, 连晓峰, 徐美萍, 等. 整数规划中割平面法的研究 [J]. 数学的实践与认识, 2011, 41(11):82-90.

[26] 吴森堂. 高动态自主编队协同末制导技术报告 [R]. 北京: 国家国防科技工业局, 2011.

[27] Alighanbari M. Task assignment algorithms for teams of UAVs in dynamic environments[D]. Boston: Massachusetts Institute of Technology, 2004.

[28] 张勇. 分支定界法在最优化问题中的应用 [J]. 科技创新导报, 2007(8):61.

[29] Jennings N R. Controlling cooperative problem solving in industrial multi-agent systems using joint intentions[J]. Artificial Intelligence, 1995, 75(2): 195-240.

[30] 吴森堂. 导弹自主编队协同制导控制技术 [M]. 北京: 国防工业出版社, 2015: 89-99.

[31] Manathara J G, Sujit P B, Beard R W. Multiple UAV coalition for a search and prose-cute mission[J]. Journal of International Robot System, 2010(7): 1-34.

[32] 汤可宗, 杨静宇. 群智能优化方法及应用 [M]. 北京: 科学出版社, 2015.

[33] 惠耀洛. 防空导弹制导律设计与仿真研究 [D]. 南京: 南京航空航天大学, 2016.

[34] Kennedy J, Eberhart R. Particle swarm optimization[C]. Proceedings of ICNN'95-International Conference on Neural Networks. IEEE, 1995, 4: 1942-1948.

[35] Eberhart R, Kennedy J. A new optimizer using particle swarm theory[C]. MHS'95 Pro-ceedings of the Sixth International Symposium on Micro Machine and Human Science, IEEE, 1995: 39-43.

[36] 周智超, 刘钢, 徐清华. 反舰导弹航迹规划理论与应用 [M]. 北京: 国防工业出版社, 2015: 18-23.

[37] 马培蓓, 纪军. 多无人飞行器协同航迹控制 [M]. 北京: 北京航空航天大学出版社, 2017: 56-57,85-95,112-147.

[38] 刘金义, 刘爽. Voronoi 图应用综述 [J]. 工程图学学报, 2004(2): 125-130.

[39] 周培德. 计算几何 —— 算法设计与分析 [M]. 3 版. 北京: 清华大学出版社, 2008: 126-130; 379-382.

[40] Beard R W, Lawton J, Hadaegh F Y. A feedback architecture for formation control[C]. Proceedings of the 2000 American Control Conference, ACC IEEE, 2000, 6: 4087-4091.

[41] Lawton J, Beard R W, Hadaegh F Y. A projection approach to spacecraft formation attitude control[J]. Guidance and Control 2000, 2000: 119-137.

[42] 陈军. Voronoi 动态空间数据模型 [M]. 北京: 测绘出版社, 2002: 24-47.

[43] Bortoff S A. Path-planning for Unmanned air vehicles[R]. Dayton, OH: AFRL/VAAD, 1999.

[44] McLain T W. Coordinated control of unmanned air vehicles[C]. Proceedings of the 2000 American Control Conference, and Visiting Scientist Summer, 1999: 1-10.

[45] 高晓光, 杨有龙. 基于不同威胁体的无人作战飞机初始路径规划 [J]. 航空学报, 2003, 24(5): 435-438.

[46] 杨有龙. 基于图形模型的智能优化 [D]. 西安: 西北工业大学, 2003: 94-100.

[47] 龙涛. 多 UCAV 协同任务控制中分布式任务分配与任务协调技术研究 [D]. 长沙: 国防科学技术大学, 2006: 30-38.

[48] McLain T, Beard R. Trajectory planning for coordinated rendezvous of unmanned air vehicles[C]. AIAA Guidance, Navigation, And Control Conference And Exhibit, 2000: 4369.

[49] 徐裕生, 张海英. 运筹学 [M]. 北京: 北京大学出版社, 2006.

[50] 喻学才, 张田文. 多维背包问题的一个蚁群优化算法 [J]. 计算机学报, 2008, 31(5): 810-819.

[51] Anderson E, Beard R, McLain T W. Real time dynamic trajectory smoothing for unin-

habited aerial vehicles[J]. IEEE Transactions on Control Systems Technology, 2003, 2: 1-28.

[52] Shanmugavel M, Tsourdos A, White B, et al. 3D Dubins sets based coordinated path planning for swarm of UAVs[C]. AIAA Guidance, Navigation, And Control Conference And Exhibit, Keystone,CO, AIAA-2006-6211, 2006: 1-20.

[53] Dyllong E, Visioli A. Planning and real-time modifications of a trajectory using spline techniques[J]. Robotica, 2003, 21(5): 475-482.

[54] Vazquez G B, Sossa A J H, Diaz-de-Leon J L. Auto Guided Vehicle Control Using Expanded Time B-splines[C]. IEEE International Conference on Systems, Man, and Cybernetics, 1994, 10(3): 2786-2791.

[55] Wu J, Cao Y, Shi X, et al. Research of cooperative control based on multiple UAVs secure communications[C]. Proceeding of IEEE International Conference on Instrumentation and Measurement, Computer, Communication and Control, 2015: 135-140.

第5章　协同自主制导

本章 5.1 节概述协同制导关键技术，5.2 节介绍协同制导交接相关知识，5.3 节介绍两种典型的协同制导架构，5.4 节给出几种不同约束下的协同制导方法。

5.1　协同制导关键技术概述

5.1.1　弹群协同制导交接技术

制导交接作为协同制导中的一个关键的环节，可以在导弹本身接收信号和制导平台发射信号都有一定空间作用范围的情况下，提高导弹在时域和空域下的飞行精度要想导弹沿期望的导引规律攻击目标，必须使导弹在合适的时域和空域进行制导交接，若时机或空域选取不合适，则有可能使目标偏出导弹导引视场，严重的会使导弹失控。采取不同的中末复合制导策略已成为现代战场上导弹的主流作战方式，且导弹目标跟踪、参数获取、发射控制、分段制导等均会基于不同的制导平台来实现，制导交接技术已成为协同制导的关键技术之一 [1-4]。

5.1.2　弹群分布式协同制导技术

在复杂的战场条件下，面对作战任务区域的环境复杂性、目标的不确定性、敌方干扰与伪装，以及传感器设备的不确定性和任务的时间紧迫性等因素，在传统的单枚导弹作战中，目标指示与定位、目标搜索以及动态目标跟踪问题显得十分复杂。弹群协同配合，可充分发挥各自的优势，通过任务分工，开展协同搜索，提高区域覆盖范围，保证时敏目标的探测窗口，利用多数据源信息融合完成复杂战场条件下目标的检测与定位，目标类型及特征点的有效识别，实现对动态目标的实时跟踪，综合应用多弹协同制导系统内射频、红外和多模导引头可降低末制导系统目标识别的难度，以及降低对末制导系统作用距离的要求。图 5.1 给出了多弹协同搜索探测示意图 [5]。

在末端攻击时，可采用多导弹联合搜索策略，应用数据率相对较低的中制导信息或精度不高的被动制导信息顺利完成多弹中末制导交班，保证对目标误差散布区域的有效覆盖；同时通过弹群中多个制导体制的导引头在不同弹目距离、不同攻击角下对目标的相关联合探测，实现比单枚导弹单一制导体制更优的目标识别、抗干扰能力，例如，射频导引头、红外导引头、多模导引头等构成分布式协同制导工作方

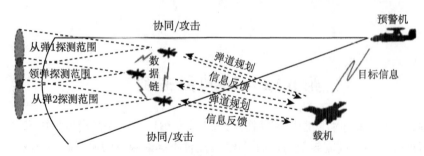

图 5.1　多弹协同搜索探测示意图

式,可实现隐身目标探测和高精度定位的双重目的,形成对隐身目标高杀伤概率的混合摧毁拦截模式;另外,在单枚导弹执行任务过程中,由于探测和抗干扰能力有限,其攻击高价值目标成功概率较低,而多弹协同攻击技术可通过多枚导弹组网的信息融合共享,以及多源信息融合识别技术,如特征识别、成像识别,提高自身的抗干扰性能,区分高价值目标和非高价值目标,实现目标搜索的精确定位,提高高价值目标打击成功概率[6]。

5.2　协同制导交接

导弹中末制导交接问题主要是研究如何在进行制导平台的切换或导弹制导律的切换时具有较好的性能。其中,制导平台的交接主要是制导权的移交策略,制导律的交接包括制导律和制导律参数改变[7]。

5.2.1　制导平台交接

弹群协同制导是在编队各平台间在共享火控级数据的基础上,将发射平台及制导平台逻辑分离,根据各平台的位置及弹群和制导雷达的性能参数合理选择发射平台及制导平台,并且适时交接变换,达到采用更为合适的制导平台对弹群进行精确制导的目的。

1) 制导交接方式选择

协同制导交接方式有两种:直接交接与间接交接。

直接交接方式是用交班平台对导弹的实时测量数据与接班平台进行交接。即在接班平台截获导弹前,交班平台实时跟踪导弹,并将导弹的实时数据传送给接班平台,确保接班平台对导弹的截获万无一失。根据交班平台所提供信息的精确程度,直接交接中接班平台可采用等待截获方式或搜索与等待相结合的截获方式[8]。交班平台对导弹的指示精度越高,接班平台需要搜索的范围就越小,甚至可以不搜索。一般来说,在两个制导平台距离相对较近或有足够的重叠区域时才可以使用直接交接方式，并且两平台制导工作区重叠区域的纵深 ΔR 需满足 $\Delta R > VT$（V 为导弹飞行速度，T 为交接所需的时间），如图 5.2 所示。

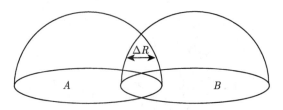

图 5.2　直接交接工作区

间接交接是用交班平台对导弹的测量数据进行外推的位置信息作为接班平台的指示信息。由于交班平台不能实时提供目标的准确位置信息，而是依靠导弹的理论弹道外推获得目标位置的理论值，因而信息精确度不会太高，为提高截获概率，接班平台一般应采用搜索的截获方式。间接交接只有在交、接班平台无制导重叠区或制导重叠区不足以满足直接交接时才使用，间接交接中两平台的制导工作区间隔 ΔR 应满足 $\Delta R < V_{\max}\left(t_{\mathrm{zh}} - t_{10}\right)$（$t_{\mathrm{zh}}$ 为导弹设定的自毁时间，t_{10} 为交接所需的时间），如图 5.3 所示。

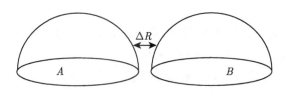

图 5.3　间接交接工作区

只有两制导平台工作区的相对位置满足以上两个条件才可以进行制导交接，否则不能进行制导交接。

2) 协同制导交接区分析

发射平台 A 和协同平台 B 能够以给定的成功概率完成制导交接时导弹所处的区域称为制导交接区。由上文可知导弹制导交接有两种方式，分别为直接交接和间接交接。直接交接时，两平台制导雷达作用范围必须有重叠区；间接交接时两平台制导雷达作用范围可以有间隔，间隔 ΔR 应满足 $\Delta R < V_{\max}\left(t_{\mathrm{zh}} - t_{10}\right)$，即导弹飞离发射平台 A 的制导作用范围后，只要导弹未接到制导指令的时间小于其设定的自毁时间，便可成功交接[9,10]。因此，制导交接区的大致范围为如图 5.4 所示的斜线部分。也就是发射平台 A 的制导工作区半径外延 $\Delta R = V_{\max}\left(t_{\mathrm{zh}} - t_{10}\right)$ 后与协同平台 B 制导工作区相交的部分。另外还需考虑制导交接所需的时间，即制导

交接区所需的纵深以及导弹的最大航路角^[11]。

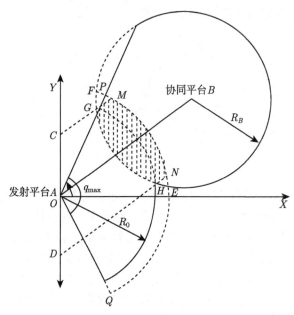

图 5.4　制导交接区示意图

3) 交接条件

由以上分析可见，要实现顺利的协同制导交接，必须满足以下条件。

(1) 交班与接班平台共享导弹与目标的运动态势信息；

(2) 两平台的相对位置满足两种制导交接方式的条件；

(3) 导弹处于制导交接区之内；

(4) 接班舰艇没有处在交班舰艇的射击禁区和危险区之内；

(5) 在交接过程中能够保证弹道的平滑，使导弹能够顺利过渡到接班平台的导引段飞行。

4) 协同制导航迹规划

由于协同制导过程中存在制导平台的交接变换，为了满足制导交接区的条件，协同制导的弹道也需要规划。

当目标的来袭方向及协同制导工作区域如图 5.5 所示时，若按单平台时的弹道进行解算，假设将在 M 点毁伤目标，则导弹的弹道如图 5.5 中 FM 之间的线所示。这样的话，导弹运行过程在制导工作区间隔中，将有如图 5.5 中 AB 所示的弹道。

若 AB 间的距离满足 $\Delta R < V_{\max}(t_{zh} - t_{10})$，则可按原计划弹道进行制导交接。如果 AB 间的距离不满足 $\Delta R < V_{\max}(t_{zh} - t_{10})$，则导弹就不能被接班平

台所引导[12]。但是预定命中点在协同制导平台的工作范围内，因此我们可以选择一条弹道，在满足制导交接的条件下，能够以最优的路径命中目标，如图 5.6 所示。

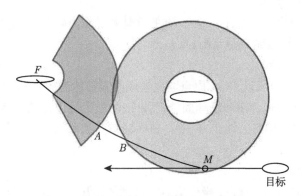

图 5.5 按一般航路不能满足制导交接条件

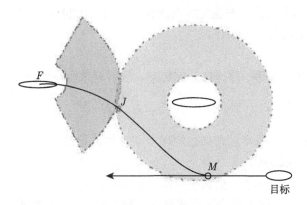

图 5.6 经规划后的航路满足制导交接条件

此弹道可分为两个部分。

(1) 从 F 点到 J 点，导弹运动的主要目的是进入接班平台的制导工作范围，并在交接完成后，能够在较合适的位置接受接班平台的制导，从而以较为良好的弹道在预定命中点与目标相遇；

(2) 从 J 点到 M 点，导弹的弹道与单平台从起控点到命中点的弹道相同。导弹运动的主要目的是尽可能以最优弹道命中目标。

在这种情况下的弹道设计当中，J 点的选择十分重要。J 点既是交班平台对导弹制导的终点，又是接班平台对导弹的起控点。因此 J 点的位置应该在满足制导交接的空域范围内，且能保证导弹整个航路中的弹道相对平滑，使导弹能以最优的航路尽快命中目标。

1. 协同制导相关坐标系及转换

1) 坐标系定义

(1) 平台直角坐标系 [13]。

取平台质心为坐标原点 O，Ox_p 轴在当地水平面内朝前，Oy_p 轴垂直于当地水平面朝上，Oz_p 轴遵循右手定则。

(2) 雷达直角坐标系。

又称 "北天东" 坐标系。坐标原点取在本地搜索雷达的放置点 O；Oy 轴与坐标原点的椭球面的法线重合指向椭球面外；Ox 轴为过坐标原点的大地子午面与垂直法线的平面的交线，指向大地北方。Oz 坐标轴与其余两轴构成右手系，指向大地东方。

(3) 雷达极坐标系。

坐标原点为雷达的放置点；坐标原点到目标的距离为斜距 R；高低角 ε 是目标视线与水平面的夹角，以水平面为基准，向上转动角度为正，变化范围为 $0° \sim 90°$；目标视线在水平面上的投影与正北方向的夹角即目标方位角 ϕ，以正北为基准，顺时针为正，变化范围为 $0° \sim 360°$。

(4) 地心直角坐标系。

该坐标系与地球固联，随地球一起转动。若不考虑地球自转，则地心直角坐标系为空间惯性坐标系。

(5) 大地坐标系。

用经度、纬度和海拔高度来描述地球上某点的位置信息。

2) 协同制导交接流程

协同制导交接的过程为：交班平台探测到目标；将目标的位置、速度等信息经过相应的格式转换，转化为适合的形式进行传输；通过高速数据链及其他通信链路进行数据传输 [14]；接收设备收到数据后进行格式变换，转化为接班平台可以直接利用的数据形式。

3) 坐标转换

协同制导交接的坐标转化过程为：交班平台探测到目标，由极坐标转换成目标的直角坐标信息，进一步转换到平台的直角坐标系和平台的地理坐标系。最后，统一到地心直角坐标系中 [15]。接班平台的坐标转换，为此过程的逆过程。协同制导坐标转化模型如图 5.7 所示 [16]。

(1) 交班雷达极坐标到直角坐标转换模型。

交班平台的制导雷达坐标系 $O_{p1}x_{xp1}y_{rp1}z_{rp1}$，是以制导雷达天线中心为原点的 "东北天" 坐标系。$r_{mrp1}, \phi_{mrp1}, \varepsilon_{mrp1}$ 分别为目标距离、方位角和俯仰角的值。

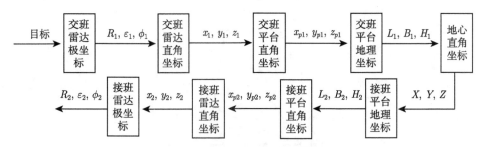

图 5.7 协同制导坐标转换模型

由极坐标到直角坐标之间的变换关系为

$$
\begin{bmatrix}
x_{mrp1} \\
y_{mrp1} \\
z_{mrp1}
\end{bmatrix}
=
\begin{bmatrix}
r_{mrp1}\cos\varepsilon_{mrp1}\cos\phi_{mrp1} \\
r_{mrp1}\cos\varepsilon_{mp1}\sin\phi_{mrp1} \\
r_{mrp1}\sin\varepsilon_{mrp1}
\end{bmatrix}
\tag{5.1}
$$

(2) 交班雷达坐标系到交班平台坐标系转换模型。

交班平台坐标系 $O_{p1}x_{p1}y_{p1}z_{p1}$ 的原点 O_{p1} 取在平台的质心处,$O_{rp1}x_{rp1}$ 指向弹头方向,$O_{rp1}y_{rp1}$ 垂直于 O_{p1} 所在的水平面,指向朝上,$O_{rp1}z_{rp1}$ 按右手定则确定。

雷达系 $O_{rp1}x_{rp1}y_{rp1}z_{rp1}$ 中的原点 O_{rp1} 与基本矢量 $e_{rp1}, e_{rp2}, e_{rp3}$ 在坐标系 $O_{p1}x_{p1}y_{p1}z_{p1}$ 中的坐标如下:

$$
O_{p1}O_{rp1} = a_1 e_{p1} + a_2 e_{p2} + a_3 e_{p3}
\tag{5.2}
$$

$$
\begin{bmatrix}
e_{rp1} \\
e_{rp2} \\
e_{rp3}
\end{bmatrix}
=
\begin{bmatrix}
a_{11}e_{p1} + a_{21}e_{p2} + a_{31}e_{p3} \\
a_{12}e_{p1} + a_{22}e_{p2} + a_{32}e_{p3} \\
a_{13}e_{p1} + a_{23}e_{p2} + a_{33}e_{p3}
\end{bmatrix}
\tag{5.3}
$$

其中,$a_{i1}, a_{i2}, a_{i3}\,(i=1,2,3)$ 分别是基本矢量 $e_{rp1}, e_{rp2}, e_{rp3}$ 的方向余弦;点 M 在坐标系 $O_{p1}x_{p1}y_{p1}z_{p1}$ 和 $O_{rp1}x_{rp1}y_{rp1}z_{rp1}$ 中的坐标分别为 $(x_{mp1}, y_{mp1}, z_{mp1})$, $(x_{mrp1},$ $y_{mrp1}, z_{mrp1})$,则两者之间的关系为

$$
\begin{bmatrix}
x_{mp1} \\
y_{mp1} \\
z_{mp1}
\end{bmatrix}
=
\begin{bmatrix}
a_{11}x_{mrp1} + a_{12}y_{mrp1} + a_{13}z_{mrp1} + a_1 \\
a_{21}x_{mrp1} + a_{22}y_{mrp1} + a_{23}z_{mrp1} + a_2 \\
a_{31}x_{mrp1} + a_{32}y_{mrp1} + a_{33}z_{mrp1} + a_3
\end{bmatrix}
\tag{5.4}
$$

图 5.8 为雷达坐标系与平台坐标系位置关系

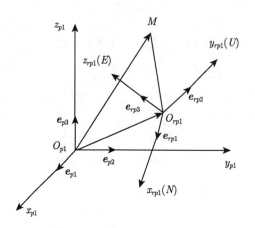

图 5.8   雷达坐标系与平台坐标系位置关系

(3) 数据传输模型。

导弹位置信息从交班平台传输到接班平台存在延时 T_c，由于传输时延 T_c 很小，可认为导弹在该时间段内做等速直线运动。

$$
\begin{bmatrix} x_{cmp1} \\ y_{cmp1} \\ z_{cmp1} \end{bmatrix} = \begin{bmatrix} x_{mp1} \\ y_{mp1} \\ z_{mp1} \end{bmatrix} + T_c \begin{bmatrix} a_{11} & a_{12} & a_{13} & a_1 \\ a_{21} & a_{22} & a_{23} & a_2 \\ a_{31} & a_{32} & a_{33} & a_3 \end{bmatrix} \begin{bmatrix} v_{xmrp1} \\ v_{ymrp1} \\ v_{zmrp1} \\ 1 \end{bmatrix} \tag{5.5}
$$

(4) 大地坐标到地心直角坐标转换模型。

由交班平台坐标系 $O_{p1}x_{p1}y_{p1}z_{p1}$ 到地心直角坐标 $O_d x_d y_d z_d$ 转换，须知道平台所在位置的大地坐标 (J_{p1}, W_{p1}, G_{p1})，则平台的地心直角坐标 $(x_{dp1}, y_{dp1}, z_{dp1})$ 可由下式得出

$$
\begin{bmatrix} x_{dp1} \\ y_{dp1} \\ z_{dp1} \end{bmatrix} = \begin{bmatrix} (N + G_{p1}) \cos J_{p1} \cos W_{p1} \\ (N + G_{p1}) \cos J_{p1} \sin W_{p1} \\ \left[N\left(1 - e^2\right) + G_{p1} \right] \sin J_{p1} \end{bmatrix} \tag{5.6}
$$

式中，$N = a/\sqrt{1 - e^2 \sin^2 J_{p1}}$ 为地球椭球的卯酉圈半径；$e = \sqrt{(a^2 - b^2)/a^2}$ 为椭球的第一偏心率。

(5) 交班平台直角坐标系到地心直角坐标系转换模型。

在交班平台坐标系中目标的坐标是 $(x_{cmp1}, y_{cmp1}, z_{cmp1})$，则该目标的地心直角

坐标为

$$
\begin{bmatrix} x_{dcmp1} \\ y_{dcmp1} \\ z_{dcmp1} \end{bmatrix} = \begin{bmatrix} x_{dp1} \\ y_{dp1} \\ z_{dp1} \end{bmatrix} + \begin{bmatrix} -\sin W_{p1} & -\sin J_{p1}\cos W_{p1} & \cos J_{p1}\cos W_{p1} \\ \cos W_{p1} & -\sin J_{p1}\sin W_{p1} & \cos J_{p1}\sin W_{p1} \\ 0 & \cos J_{p1} & \sin J_{p1} \end{bmatrix} \begin{bmatrix} x_{cmp1} \\ y_{cmp1} \\ z_{cmp1} \end{bmatrix}
\tag{5.7}
$$

(6) 地心直角坐标系到接班平台直角坐标系转换模型。

已知接班平台坐标原点的大地经纬度坐标 (J_{p2}, W_{p2}, G_{p2})，接班平台坐标原点的地心直角坐标为 $(x_{dp2}, y_{dp2}, z_{dp2})$，导弹的地心直角坐标为 $(x_{dcmp1}, y_{dcmp1}, z_{dcmp1})$，则导弹在接班平台直角坐标系中的坐标为 $(x_{mp2}, y_{mp2}, z_{mp2})$：

$$
\begin{bmatrix} x_{mp2} \\ y_{mp2} \\ z_{mp2} \end{bmatrix} = \begin{bmatrix} -\sin W_{p2} & \cos W_{p2} & 0 \\ -\sin J_{p2}\cos W_{p2} & -\sin J_{p2}\sin W_{p2} & \cos J_{p2} \\ \cos J_{p2}\cos W_{p2} & \cos J_{p2}\sin W_{p2} & \sin J_{p2} \end{bmatrix} \begin{bmatrix} x_{dcmp1} - x_{dp2} \\ y_{dcmp1} - y_{dp2} \\ z_{dcmp1} - z_{dp2} \end{bmatrix}
\tag{5.8}
$$

(7) 接班平台坐标系到接班雷达坐标系转换模型。

接班雷达系 $O_{rp2}x_{rp2}y_{rp2}z_{rp2}$ 中的原点 O_{rp2} 与基本矢量 $e_{rp21}, e_{rp22}, e_{rp23}$ 在接班平台坐标系 $O_{p2}x_{p2}y_{p2}z_{p2}$ 中的坐标如下：

$$
O_{p2}O_{rp2} = b_1 e_{p21} + b_2 e_{p22} + b_3 e_{p23}
\tag{5.9}
$$

$$
\begin{bmatrix} e_{p21} \\ e_{p22} \\ e_{p23} \end{bmatrix} = \begin{bmatrix} b_{11}e_{p21} + b_{21}e_{p22} + b_{31}e_{p23} \\ b_{12}e_{p21} + b_{22}e_{p22} + b_{32}e_{p23} \\ b_{13}e_{p21} + b_{23}e_{p22} + b_{33}e_{p23} \end{bmatrix}
\tag{5.10}
$$

其中，$b_{i1}, b_{i2}, b_{i3}\,(i \in 1,2,3)$ 分别是基本矢量 $e_{rp12}, e_{rp22}, e_{rp23}$ 的方向余弦；点 M 在接班平台坐标系 O_{p2}, x_{p2}, z_{p2} 的坐标为 $(x_{mp2}, y_{mp2}, z_{mp2})$。则在接班雷达坐标系 $O_{rp2}x_{rp2}y_{rp2}z_{rp2}$ 下的坐标 $(x_{mrp2}, y_{mrp2}, z_{mrp2})$ 为

$$
\begin{bmatrix} x_{mrp2} \\ y_{mrp2} \\ z_{mrp2} \end{bmatrix} = \begin{bmatrix} (x_{mp2}-b_1)b_{11} + (y_{mp2}-b_2)b_{21} + (z_{mp2}-b_3)b_{31} \\ (x_{mp2}-b_1)b_{12} + (y_{mp2}-b_2)b_{22} + (z_{mp2}-b_3)b_{32} \\ (x_{mp2}-b_1)b_{13} + (y_{mp2}-b_2)b_{23} + (z_{mp2}-b_3)b_{33} \end{bmatrix}
\tag{5.11}
$$

(8) 接班雷达坐标系模型。

接班平台的制导雷达坐标系 $O_{rp2}x_{rp2}y_{rp2}z_{rp2}$ 是以制导雷达天线中心为原点的"东兆天"坐标系。由于目标的位置习惯用方位角、高低角、距离来描述，在坐标系

$O_{rp2}x_{rp2}y_{rp2}z_{rp2}$ 下坐标为 $(x_{mrp2}, y_{mrp2}, z_{mrp2})$ 的目标的球面坐标为

$$
\begin{bmatrix} r_{mrp2} \\ \phi_{mrp2} \\ \varepsilon_{mrp2} \end{bmatrix} = \begin{bmatrix} \sqrt{x_{mrp2}^2 + y_{mrp2}^2 + z_{mrp2}^2} \\ \tan^{-1}(y_{mrp2}/x_{mrp2}) \\ \tan^{-1}\left(z_{mrp2}/\sqrt{x_{mrp2}^2 + y_{mrp2}^2}\right) \end{bmatrix} \tag{5.12}
$$

其中，$r_{mrp2}, \phi_{mrp2}, \varepsilon_{mrp2}$ 分别为雷达坐标系下目标距离、方位角和俯仰角的值。

2. 协同制导交接误差

1) 协同制导误差来源模型

协同制导交接过程可能引入交班雷达测量误差、交班平台定位误差、数据处理计算误差、数据传输延迟引起的误差、接班平台定位误差、接班平台雷达测量误差等 [17,18](图 5.9)。

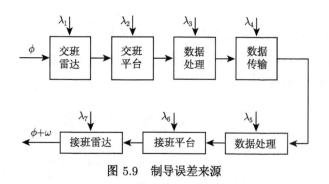

图 5.9　制导误差来源

2) 雷达测量误差

(1) 测距误差。

$$
\Delta(R) = \frac{C^2}{4} \cdot \frac{1}{W^2 2E/N_0} \tag{5.13}
$$

其中，W 称为信号的有效带宽，定义为 $W^2 = \dfrac{\displaystyle\int_{-\infty}^{+\infty} (2\pi f)^2 |S(f)|^2 \mathrm{d}f}{\displaystyle\int_{-\infty}^{+\infty} |S(f)|^2 \mathrm{d}f}$，这里，$S(f)$ 是信号 $S(t)$ 的傅里叶 (Fourier) 变换；E/N_0 为功率信噪比，$\dfrac{E}{N_0} = \dfrac{A^2}{2\sigma^2}$，这里，$\dfrac{A^2}{2}$ 为回波功率，可由雷达方程计算出，σ^2 为噪声功率。

(2) 测速误差。

$$
\Delta(V) = \frac{\lambda^2}{4} \frac{1}{(2\pi)^2 T^2} \cdot \frac{1}{E/N_0} \tag{5.14}
$$

其中，λ 为信号波长；T 为信号周期。

(3) 测角误差。

$$\Delta\left(\theta\right) = \frac{\theta_B^2}{2} \cdot \frac{1}{2E/N_0} \tag{5.15}$$

其中，θ_B 为雷达天线波瓣宽度。

(4) 定位误差。

雷达定位方式决定定位精度，一般雷达定位为方位角 ϕ、测斜距 R 和俯仰角 ε。定位误差：

$$\sigma r^2 = \delta x^2 + \delta y^2 + \delta z^2 \tag{5.16}$$

$$\begin{cases} \delta x = |\cos\varepsilon\cos\phi| \cdot \Delta R + R \cdot |\cos\phi\sin\varepsilon|\Delta\varepsilon + R \cdot |\cos\varepsilon\sin\phi| \cdot \Delta\phi \\ \delta y = |\cos\varepsilon\sin\phi| \cdot \Delta R + R \cdot |\sin\phi\sin\varepsilon|\Delta\varepsilon + R \cdot |\cos\varepsilon\cos\phi| \cdot \Delta\phi \\ \delta z = |\sin\varepsilon| \cdot \Delta R + R \cdot |\cos\varepsilon| \cdot \Delta\varepsilon \end{cases} \tag{5.17}$$

(5) 交接平台定位误差。

交班平台 p_1 的坐标存在着定位测量误差 p_1'，可用下式表示：

$$p_1' = (\Delta J_{p1}, \Delta W_{p1}, \Delta G_{p1}) \tag{5.18}$$

其中，$\Delta J_{p1} \sim N\left(0, \sigma_{J_{p1}}\right)$；$\Delta W_{p1} \sim N\left(0, \sigma_{W_{p1}}\right)$；$\Delta G_{p1} \sim N\left(0, \sigma_{G_{p1}}\right)$。交班平台的坐标 $p_1 = (J_{p1} + \Delta J_{p1}, W_{p1} + \Delta W_{p1}, G_{p1} + \Delta G_{p1})$。

接班平台 p_2 的坐标存在着定位测量误差 p_2'，可用下式表示：

$$p_2' = (\Delta J_{p2}, \Delta W_{p2}, \Delta G_{p2}) \tag{5.19}$$

其中，$\Delta J_{p2} \sim N\left(0, \sigma_{J_{p2}}\right)$；$\Delta W_{p2} \sim N\left(0, \sigma_{W_{p2}}\right)$；$\Delta G_{p2} \sim N\left(0, \sigma_{G_{p2}}\right)$。接班平台的坐标：$p_2 = (J_{p2} + \Delta J_{p2}, W_{p2} + \Delta W_{p2}, G_{p2}S + \Delta G_{p2})$。

(6) 雷达与平台之间的定位误差。

制导雷达与交班平台之间存在着定位误差，可用下式表示：

$$O_{rp1}' = (\Delta a_1, \Delta a_2, \Delta a_3) \tag{5.20}$$

其中，$\Delta a_1 \sim N\left(0, \sigma_{a_1}\right)$；$\Delta a_2 \sim N\left(0, \sigma_{a_2}\right)$；$\Delta a_3 \sim N\left(0, \sigma_{a_3}\right)$。交班雷达的坐标原点 $O_{rp1} = (a_1 + \Delta a_1, a_2 + \Delta a_2, a_3 + \Delta a_3)$。

制导雷达与接班平台之间存在着定位误差，用下式表示：

$$O_{rp2}' = (\Delta b_1, \Delta b_2, \Delta b_3) \tag{5.21}$$

其中，$\Delta b_1 \sim N\left(0, \sigma_{b_1}\right)$；$\Delta b_2 \sim N\left(0, \sigma_{b_2}\right)$；$\Delta b_3 \sim N\left(0, \sigma_{b_3}\right)$。接班雷达坐标原点 $O_{rp2} = (b_1 + \Delta b_1 b_2 + \Delta b_2, b_3 + \Delta b_3)$。

(7) 导弹机动估计误差。

制导平台的信息传递存在时延 T_c, 若导弹做等速直线运动, 此时导弹存在机动, 使其不一定按照假设的方式进行运动。由指令信息传输过程时延产生的导弹位置估计误差可通过下式进行计算:

$$\Delta L_{imp1} = v_i^2 \left[1 - \cos\left(\frac{n_i g T_c}{v_i} \right) \right] / (n_i g), \quad i = x, y, z \tag{5.22}$$

其中, v_x, v_y, v_z 分别为 x 轴、y 轴、z 轴方向的速度; n_i $(i = x, y, z)$ 分别为目标在交班平台坐标系 x 轴、y 轴、z 轴方向的过载。

对于任何复合制导模式的导弹, 解决中制导到末制导之间的可靠平稳过渡和确定截获都是一个关键的问题。在导弹复合制导体系中, 中制导和末制导段一般分别设计不同的制导律, 即使设计相同的制导律, 在不同制导阶段的制导信号来源、制导设备与制导性能要求也有差异。受以上因素的限制, 当导弹从中制导向末制导切换时, 其弹道之间必然出现偏差。若弹道匹配性差或不圆滑, 会增加制导误差从而影响末制导精度。交接时机、交接点航向误差及目标机动性都会给末制导精度造成影响。制导误差过大甚至可能使目标偏离导引头视场, 末制导截获失败导致脱靶。因此使导弹复合制导中末制导高精度交接对于导弹的实际性能有很大意义。

3. 协同制导导弹截获概率

接班雷达在交班雷达指示下, 搜索部分空域, 如果接班雷达搜索到目标回波能量超过设定的阈值, 导弹被接班雷达截获 [19]。导弹截获分为落入概率和发现概率, 落入概率是指导弹已落入波束的范围, 发现概率是指导弹回波超过检测阈值 [20]。

1) 落入概率

导弹相对于接班雷达位置不确定性的度量, 用落入概率 P_I 表示。雷达在三维空域进行搜索时, 一般可认为这三维是不相关的, 得到在三维 $[R_1, R_2]$, $[\varepsilon_1, \varepsilon_2]$, $[\phi_1, \phi_2]$ 内搜索时的落入概率为

$$P_I = P_R P_\varepsilon P_\phi = \left[\Phi\left(\frac{R_2 - \mu_R}{\sigma_R} \right) - \Phi\left(\frac{R_1 - \mu_R}{\sigma_R} \right) \right] \left[\Phi\left(\frac{\varepsilon_2 - \mu_\varepsilon}{\sigma_\varepsilon} \right) - \Phi\left(\frac{\varepsilon_1 - \mu_\varepsilon}{\sigma_\varepsilon} \right) \right]$$
$$\times \left[\Phi\left(\frac{\phi_2 - \mu_\phi}{\sigma_\phi} \right) - \Phi\left(\frac{\phi_1 - \mu_\phi}{\sigma_\phi} \right) \right] \tag{5.23}$$

其中, σ_R, σ_ε, σ_ϕ 分别为距离、高低角和方位角的目标指示误差的方差; μ_R, μ_ε, μ_ϕ 分别为距离、高低角和方位角的目标指示误差的均值; $\Phi(\cdot)$ 为均值为 0, 方差为 1 的标准正态分布函数。

2) 发现概率

雷达探测距离方程为

$$R_{\max} = \left[\frac{P_t N_0^2 S^2 \sigma_t}{(4\pi)\,\lambda^2 L k_{\mathrm{B}} T B_r F\,(\mathrm{SNR}_{\min})} \right]^{\frac{1}{4}} \tag{5.24}$$

其中，λ 是雷达的工作波长；L 是雷达功率损耗因子；k_{B} 是玻尔兹曼常量；T 是环境的热力学温度；B_r 是接收机带宽；F 是雷达接收机噪声系数；$\mathrm{SNR}_{\min}$ 是最小可检测信噪比；P_t 是雷达发射功率；N_0 是有源相控阵雷达阵元个数；S 为单个阵元的口径面积；σ_t 为目标的电磁波反射截面积。

信噪比可用式 (5.25) 计算:

$$\mathrm{SNR} = \frac{P_t N_0^2 S^2 \sigma_t}{(4\pi)\,\lambda^2 R^4 L k_{\mathrm{B}} T B_r F} \tag{5.25}$$

单个脉冲的发现概率，当虚警概率很小时,

$$P_d \approx \exp\left(-\frac{y_0}{1 + S_N}\right) \tag{5.26}$$

其中，$y_0 = e_0^2/2 = 6\ln 10$；S_N 为单个脉冲的信噪比。

多个脉冲的发现概率，m 取一次扫描中目标回波的脉冲数，$k = 1.5\sqrt{m}$:

$$P_{dm} = \sum_{i=k}^{m} \binom{m}{i} P_d^i q_d^{m-i} \tag{5.27}$$

其中，P_d 为单个脉冲的发现概率，$q_d = 1 - P_d$。

4. 仿真实例

针对协同制导交接模型，利用蒙特卡罗方法对各类误差做 300 次采样，然后统计结果来计算截获的概率。利用相同的方法，进行 200 次实验，观察各种误差源条件下的截获概率变化情况。

导弹于交班雷达测量坐标系里的位置为 $R_1 = 150000\mathrm{m}$，$\varepsilon_1 = \pi/3$，$\phi_1 = \pi/4$；交班平台地理坐标为 $(135.75°, 34.43°, 300\mathrm{m})$，接班平台地理坐标为 $(135.5°, 34.11°, 500\mathrm{m})$；地球的短半轴 $b = 6356755\mathrm{m}$，长半轴 $a = 6378140\mathrm{m}$，子午椭圆的第一偏心率 $e = 0.0818$；接班平台到接班雷达的旋转角 $\chi_2 = 5\pi/18$；交班雷达到交班平台的旋转角 $\chi_1 = \pi/6$；交班直角坐标系和交班雷达坐标系的定位误差 $D_1 \sim N\,(1, 0.25)$；在交班雷达坐标系中导弹速度 $v_{xr1} = 600\mathrm{m/s}$，$v_{yr1} = 650\mathrm{m/s}$，$v_{zr1} = 700\mathrm{m/s}$；导弹以 $5g$ 过载做水平蛇形机动。

1) 交班雷达角误差与截获概率的关系

通过实验可知，当交班雷达高低角和方位角测量误差的均方差由 0.015 到 0.045 逐渐增大时，接班雷达高低角截获概率下降最明显，由 0.999 下降至 0.805。接班雷达的高低角截获概率受交班雷达高低角的测量精度影响显著。表 5.1 给出了实验设置情况及仿真数据。图 5.10 为是表 5.1 中实验 2 设定参数下的仿真结果。

表 5.1　交班雷达测量误差与截获概率的关系

实验	σ_{R1}	$\sigma_{\varepsilon1}$	$\sigma_{\phi1}$	σ_R	σ_ε	σ_ϕ	σ_{Lock}
1	10	0.015	0.015	1	0.999	0.999	0.999
2	20	0.025	0.025	0.995	0.982	0.990	0.967
3	20	0.035	0.035	0.965	0.893	0.952	0.820
4	50	0.045	0.045	0.920	0.805	0.906	0.671

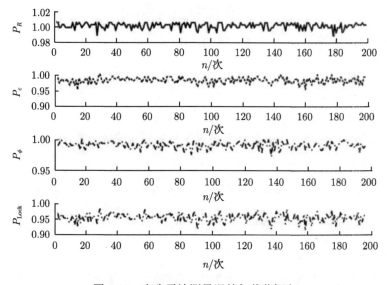

图 5.10　交班雷达测量误差与截获概率

2) 交班雷达和交班平台的误差与截获概率的关系

当交班雷达和交班平台之间的定位误差一定，旋转角误差服从正态分布，旋转角误差的均方差由 0.025 增大至 0.045 时，接班雷达的方位角截获概率由 0.992 下降至 0.905。当平台的旋转角误差一定，平台的定位误差服从正态分布，均方差在 0.05 至 0.35 的范围内变化时，对截获概率的影响不明显。可见旋转角误差对接班雷达的方位角截获概率影响明显，对距离截获概率及高低角截获概率影响不显著。表 5.2 给出了实验设置情况及仿真数据。图 5.11 为在表 5.2 中实验 2 参数条件下的仿真结果。

表 5.2　交班雷达、平台定位及旋转角误差与截获概率关系

实验	$\sigma_{\chi 1}$	σ_{D1}	σ_R	σ_ε	σ_ϕ	σ_{Lock}
1	0.025	0.05	0.999	1	0.992	0.991
2	0.035	0.05	0.995	0.999	0.949	0.943
3	0.045	0.05	0.982	0.996	0.905	0.885
4	0.025	0.35	0.999	1	0.981	0.980

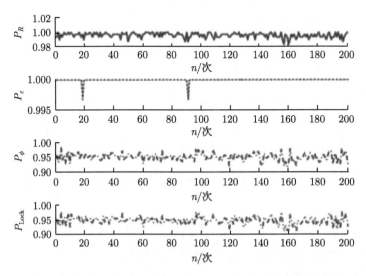

图 5.11　交班雷达、平台定位及旋转角误差与截获概率

(1) 传输时延与截获概率的关系。

导弹发射后，传输时延的误差计算按式 (5.22) 进行运算。由实验数据可以得出，传输时延对距离截获概率的影响最为明显。当传输时延 $T_c = 1.55\text{s}$ 时，距离截获概率在 0.996 附近波动。当传输时延 $T_c = 1.6\text{s}$ 时，距离截获概率在 0.978 附近波动。当传输时延 $T_c = 1.65\text{s}$ 时，距离截获概率在 0.925 附近波动。当传输时延小于 1.55s 时，对截获概率的影响并不明显，当传输时延大于 1.65s 时，截获概率迅速下降。实验条件及仿真结果如表 5.3 所示。图 5.12 为在表 5.3 中实验 2 参数设置条件下的仿真结果。

表 5.3　传输时延与截获概率关系

实验	T_c/s	σ_R	σ_ε	σ_ϕ	σ_{Lock}
1	1.55	0.996	0.999	1	0.995
2	1.6	0.978	0.999	1	0.977
3	1.65	0.925	0.998	1	0.923
4	1.7	0.794	0.997	1	0.791

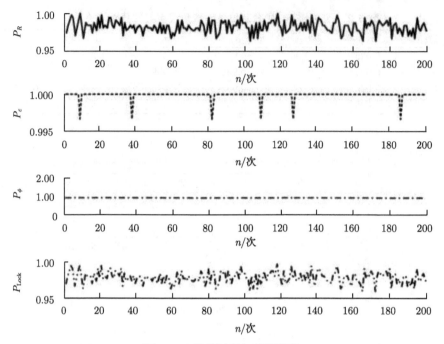

图 5.12　传输时延与截获概率

(2) 交接平台经纬度定位误差与截获概率的关系。

交班平台经度定位的均方差由 3×10^{-5}rad 增大至 9×10^{-5}rad 时，高低角截获概率由 0.95 下降至 0.72。交班平台纬度定位的均方差由 3×10^{-5}rad 增大至 9×10^{-5}rad 时，高低角的截获概率由 0.99 下降至 0.9。可见，交班平台纬度定位误差的变化对高低角截获概率的影响，没有交班平台经度定位误差对高低角截获概率的影响大。同时可以得出，交班平台经纬度的变化对高低角截获概率的影响比较明显，对方位角和距离的截获概率的影响则不明显。表 5.4 中方位角和距离的截获概率在实验参数条件下均为 1，故在表中没有列出。此时截获概率的值在数值上等于高低角的截获概率值。

接班平台经度定位的均方差由 3×10^{-5}rad 增大至 9×10^{-5}rad，高低角的截获概率由 0.95 下降至 0.72。接班平台纬度定位误差的均方差由 3×10^{-5}rad 增大至 9×10^{-5}rad 时，高低角的截获概率由 0.99 下降至 0.9。接班平台经纬度定位误差的变化对高低角截获概率影响比较明显，对方位角和距离的截获概率的影响则不明显。可见，接班平台的经、纬度定位误差对截获概率的影响与交班平台经、纬度定位误差对截获概率的影响大致相同。表 5.4 给出了实验条件及仿真结果。表 5.4 中实验 1 参数设置下的仿真结果如图 5.13 所示。

表 5.4　交接平台经纬度定位误差与截获概率关系

实验	σ_{J_P1}	σ_{W_P1}	σ_{J_P2}	σ_{W_P2}	σ_{Lock}
1	3×10^{-5}	1×10^{-5}	1×10^{-5}	1×10^{-5}	0.952
2	6×10^{-5}	1×10^{-5}	1×10^{-5}	1×10^{-5}	0.823
3	1×10^{-5}	3×10^{-5}	1×10^{-5}	1×10^{-5}	0.992
4	1×10^{-5}	6×10^{-5}	1×10^{-5}	1×10^{-5}	0.965
5	1×10^{-5}	1×10^{-5}	3×10^{-5}	1×10^{-5}	0.956
6	1×10^{-5}	1×10^{-5}	6×10^{-5}	1×10^{-5}	0.817
7	1×10^{-5}	1×10^{-5}	1×10^{-5}	3×10^{-5}	0.997
8	1×10^{-5}	1×10^{-5}	1×10^{-5}	6×10^{-5}	0.973

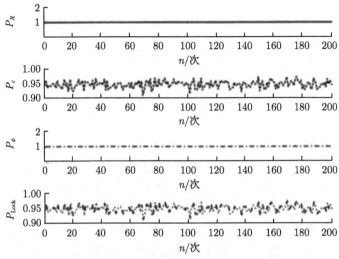

图 5.13　交接平台经纬度定位误差与截获概率

(3) 接班雷达、接班平台定位误差及旋转角误差与截获概率的关系。

当接班雷达和接班平台之间的定位误差一定,旋转角的误差服从正态分布,旋转角误差的均方差由 0.01 增大至 0.045 时,接班雷达的高低角的截获概率由 0.95 下降至 0.65。接班雷达的方位角的截获概率由 1 下降至 0.92。当平台的旋转角误差一定,平台的定位误差服从正态分布,均方差在 0.05 至 0.5 的范围内变化时,对截获概率的影响不明显。实验条件及仿真结果如表 5.5 所示。图 5.14 为在表 5.5 中实验 2 参数条件下的仿真结果。

表 5.5　接班雷达、平台定位及旋转角误差与截获概率关系

实验	$\sigma_{\chi 2}$	σ_{D2}	σ_R	σ_ε	σ_ϕ	σ_{Lock}
1	0.01	0.05	1	0.955	1	0.955
2	0.02	0.05	1	0.803	0.999	0.802
3	0.025	0.05	1	0.755	0.992	0.748
4	0.025	0.35	0.999	1	0.981	0.980

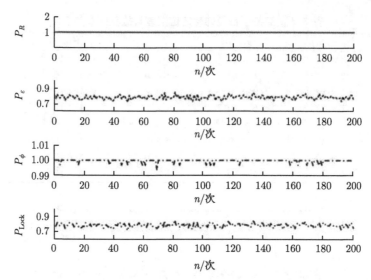

图 5.14   接班雷达、平台定位及旋转角误差与截获概率

5.2.2   制导律交接

由于各制导段的性能要求不同,红外成像导弹的复合制导方案会采用不同的制导规律[21]。然而,复合制导存在的最大技术问题是如何保证在导引律交接时弹道的平滑过渡;由于不同导引律的弹道是不同的,一般不具备在交接点平滑过渡的性质,即使满足平滑过渡的点存在,导引律的弹道交接点也是固定的;在实际作战时,导弹在任何时候、任何条件下都有可能要求弹道交接,这样,找到合适的弹道交接律就显得十分重要[22]。即使为了交接的方便采用相同的制导律,各个制导段为形成制导信号所使用的设备不同,因此也要求有不同的接口关系,另外,中制导段所积累的航向误差也会引起加速度和弹道突变,给末制导精度带来很大的影响[23]。

在复合制导体制下,中制导与末制导在交接时保证弹道平滑过渡,顺利完成交接也是目前需要解决的关键技术问题之一,需要进行深入的研究。针对上述问题,我们提出了进行弹道交接和交接段制导的概念,并且给出了自适应交接导引律[24,25]。这里针对交接导引律,研究交接段参数的选择问题,给出了交接时间常数的取值范围。

1. 自适应交接规律

弹道在交班的过渡点有两种平滑过渡情况,即一阶平滑过渡与二阶平滑过渡。一阶平滑过渡是指在过渡点保证两弹道的速度方向一致。二阶平滑过渡是指在过渡点保证两弹道的速度矢量与法向加速度矢量的方向一致[26]。显然,只有在特定点的条件下才有可能满足一阶平滑过渡。如若不然，则不能实现弹道平滑过渡。对于复杂作战环境而言，交接时间是任意的，能满足上述条件的导引律很少，几乎不存在。为了解决这个问题，我们首先引入交接导引段的概念，然后设计出交接段导引算法，解决上面提出的问题。定义导弹从当前弹道向另外一条弹道切换的过程为弹道的交接段，该段的导引律称为交接导引律 [27]。

零基交接要求在交接点弹道加速度为零，虽然它可以保证弹道平滑过渡，但这在交接段存在大的导弹航向误差时会使导弹在导引过渡段的瞄准误差进一步增大，不利于导弹命中目标 [28]。实际上在弹道交接点，使弹道加速度为零并无必要，其核心思想就是要使加速度矢量连续。这可以理解为使得交接的加速度在交班开始时的加速度指令等于中制导的加速度指令结束时，在交班完成时等于末制导律所需的加速度指令，则完成导弹中末制导交班 [29]。此时交班问题就转化为以两常值矢量为始末点的两点边界值问题。在交接段末制导已经开始工作，而中制导段导引律仍然在起作用，可以用这两种制导律为参量构造一个连续函数来作为交接的制导律，实现弹道的平滑过渡 [30]。

基于以上思想，我们将中末制导交接看作是从第 i 条弹道到第 j 条弹道的过渡。$a_i(t_0)$，$a_j(t_b)$ 分别为第 i 条弹道和第 j 条弹道的指令加速度。设交接开始时刻为 t_0，交接时间为 T，定义交接段导引律为

$$a_{ij}(t) = a_j(t_b) + K(t)[a_i(t_0) - a_j(t_b)] \tag{5.28}$$

其中，$K(t) = (T + t_0 - t)/T, t \in [t_0, t_0 + T]$。

显然，$t = t_0$ 时，$a_{ij}(t) = a_i(t_0)$；经过时间 T，在 $t = t_0 + T$，$a_{ij}(t) = a_j(t_b)$，实现顺利过渡。这种自适应交接方式，不要求交接点弹道加速度为零，将弹道的渐出和渐入重叠在一个段内，能适应不同导引弹道的平滑过渡，产生的弹道航向误差较小，待定参数只有一个，即交接时间。

式 (5.28) 可以表示成更一般的形式：

$$a_{ij}(t) = a_i(t_0)\rho(t) + a_j(t)[1 - \rho(t)] \tag{5.29}$$

其中，$\rho(t)$ 为连续函数，满足 $0 \leqslant \rho(t) \leqslant 1, \rho(t_0) = 1; \rho(t_0 + T) = 0, t \in [t_0, t_0 + T]$。

2. 考虑弹体时滞参数时自适应交接律参数分析

式 (5.28) 给出了自适应交接律的表达形式，现在的问题就是如何选择交接段参数。为了便于分析，仅考虑导弹某一通道的制导问题，这样制导指令为标量。假设自动驾驶仪及弹体动力学为一阶环节 $G(s)$ 的简单情况，即

$$a(s) = G(s)\, a_c(s) \tag{5.30}$$

$$G(s) = \frac{1}{\tau s + 1} \tag{5.31}$$

$$a(t) = L^{-1}[a(s)] \tag{5.32}$$

$$a_c(t) = L^{-1}[a_c(s)] \tag{5.33}$$

其中，$a(t)$ 为导弹加速度输出；$a_c(t)$ 为制导加速度指令；τ 为自动驾驶仪及弹体的时间常数。

在交接段，自适应交接算法表达式是 $a_{ij}(t) = a_j(t_b) + K(t)[a_i(t_0) - a_j(t_b)]$，其中 $K(t) = (T + t_0 - t)/T, t \in [t_0, t_0 + T]$，可以写成如下形式：

$$a_{ij}(t) = a_j(t_b) + [a_i(t_0) - a_j(t_b)] \frac{T + t_0 - t}{T} = a_i(t_0) - \frac{a_i(t_0) - a_j(t_b)}{T}(t - t_0) \tag{5.34}$$

从式 (5.34) 可知，系统的输入由两部分组成：第一部分为 $a_i(t_0)$，它是原始输入部分；第二部分为 $\dfrac{a_i(t_0) - a_j(t_b)}{T}(t - t_0)$，是新增输入部分。根据线性系统的叠加原理，输出也由两部分组成，它为原始输出与新增输出之和，在频域内输出表达式为

$$
\begin{aligned}
a(s) &= \frac{a_i(t_0)}{s} - \frac{a_i(t_0) - a_j(t_b)}{T} \cdot \frac{1}{s^2} \cdot e^{-t_0 s} \cdot G(s) \\
&= \frac{a_i(t_0)}{s} - \frac{a_i(t_0) - a_j(t_b)}{T} \cdot \frac{1}{s^2(\tau s + 1)} \cdot e^{-t_0 s}
\end{aligned}
\tag{5.35}
$$

$$a(t) = L^{-1}[a(s)] = a_i(t_0) - \frac{a_i(t_0) - a_j(t_b)}{T}\left[(t - t_0) - \tau + \tau \exp\left(-\frac{t - t_0}{\tau}\right)\right] \tag{5.36}$$

当 $t = t_0 + T$ 时，即完成交接时刻：

$$a(t_0 + T) = a_i(t_0) - \frac{a_i(t_0) - a_j(t_b)}{T}\left[T - \tau + \tau \exp\left(-\frac{T}{\tau}\right)\right] \tag{5.37}$$

假设参数 T 满足 $T \gg \tau$，则 $\dfrac{\tau}{T} \approx 0, \exp\left(-\dfrac{T}{\tau}\right) \approx 0$, $a(t_0 + T) \approx a_j(t_b)$，说明当 $T \gg \tau$ 时，自适应交接律可以实现弹道的交接。

3. 交接段航向误差对交接段参数的影响

前面说过，在引入交接段后，由于弹道的交接会产生一定的航向误差，它是影响末制导精度的重要因素 [31,32]。引起航向误差的原因很多，作为对制导律方法本身的研究，我们在这里只讨论算法本身所引起的航向误差。

导弹弹道角速度 $\dot{\theta}_m$ 应满足

$$\dot{\theta}_m = \frac{a(t)}{V_m} \tag{5.38}$$

其中，$a(t)$ 为导弹加速度；V_m 为导弹速度。下面计算自适应交接律的弹道角误差积累 $\Delta\theta_\mathrm{m}$。

由式 (5.35) 我们得出，在交接段，自适应交接方法得到的加速度输出在频域中如下式表示：

$$a(s) = \frac{a_i(t_0)}{s} - \frac{a_i(t_0) - a_j(t_b)}{T} \cdot \frac{1}{s^2(\tau s + 1)} \cdot \mathrm{e}^{-t_0 s} \tag{5.39}$$

其中，$a_j(t_b)$ 为理想的末制导弹道加速度，在频域内可以表示为

$$a_j(s) = \frac{a_j(t_b)}{s} \tag{5.40}$$

则交接段的加速度误差 $\Delta a_j(s)$ 为

$$\begin{aligned}
\Delta a_j(s) &= a_j(s) - a(s) \\
&= \frac{a_j(t_b)}{s} - \frac{a_i(t_0)}{s} + \frac{a_i(t_0) - a_j(t_b)}{T} \cdot \frac{1}{s^2(\tau s + 1)} \cdot \mathrm{e}^{-t_0 s}
\end{aligned} \tag{5.41}$$

对式 (5.41) 在 $0\sim t$ 上进行积分：

$$\frac{1}{s}\Delta a_j(s) = \frac{a_j(t_b)}{s^2} - \frac{a_i(t_0)}{s^2} + \frac{a_i(t_0) - a_j(t_b)}{T} \cdot \frac{1}{s^3(\tau s + 1)} \cdot \mathrm{e}^{-t_0 s} \tag{5.42}$$

对式 (5.42) 进行拉普拉斯反变换：

$$\begin{aligned}
&\int_0^t \Delta a_j(t)\mathrm{d}t \\
&= L^{-1}\left[\frac{1}{s}\Delta a_j(s)\right] \\
&= L^{-1}\left[\frac{a_j(t_b)}{s^2} - \frac{a_i(t_0)}{s^2} + \frac{a_i(t_0) - a_j(t_b)}{T} \cdot \frac{1}{s^3(\tau s + 1)} \cdot \mathrm{e}^{-t_0 s}\right] \\
&= [a_j(t_b) - a_i(t_0)]t + \frac{1}{2}\frac{a_i(t_0) - a_j(t_b)}{T}\left[(t-t_0)^2 - 2\tau^2 + \tau^2\exp\left(-\frac{t-t_0}{\tau}\right)\right]
\end{aligned} \tag{5.43}$$

$$\begin{aligned}
&\int_{t_0}^{t_0+T} \Delta a_j(t)\,\mathrm{d}t \\
&= \int_0^{t_0+T} \Delta a_j(t)\,\mathrm{d}t - \int_0^{t_0} \Delta a_j(t)\,\mathrm{d}t \\
&= [a_j(t_b) - a_i(t_0)](T+t_0) + \frac{1}{2}\frac{a_i(t_0) - a_j(t_b)}{T}\left[(T+t_0-t_0)^2 - 2\tau^2\right.
\end{aligned}$$

$$+ \tau^2 \exp\left(-\frac{T + t_0 - t_0}{\tau}\right)\right] - [a_j(t_b) - a_i(t_0)]t_0$$

$$- \frac{1}{2}\frac{a_i(t_0) - a_j(t_b)}{T}\left[(t_0 - t_0)^2 - 2\tau^2 + \tau^2 \exp\left(-\frac{t_0 - t_0}{\tau}\right)\right]$$

$$= [a_j(t_b) - a_i(t_0)](T + t_0) + \frac{1}{2}\frac{a_i(t_0) - a_j(t_b)}{T}\left[T^2 - 2\tau^2 + \tau^2\exp\left(-\frac{T}{\tau}\right)\right.$$

$$- [a_j(t_b) - a_i(t_0)]t_0 - \frac{1}{2}\frac{a_i(t_0) - a_j(t_b)}{T}\left(-\tau^2\right)\right] \tag{5.44}$$

当满足条件 $T \gg \tau$ 时

$$\int_{t_0}^{t_0+T} \Delta a_j(t)\,\mathrm{d}t$$

$$= \int_0^{t_0+T} \Delta a_j(t)\,\mathrm{d}t - \int_0^{t_0} \Delta a_j(t)\,\mathrm{d}t$$

$$\approx [a_j(t_b) - a_i(t_0)](T + t_0) + \frac{1}{2}[a_i(t_0) - a_j(t_b)]T - [a_j(t_b) - a_i(t_0)]t_0$$

$$= \frac{T}{2}[a_j(t_b) - a_i(t_0)] \tag{5.45}$$

由式 (5.38) 可得在 $T \gg \tau$ 条件下, 自适应交接方法积累的弹道航向误差为

$$\Delta\theta_m = \left|\int_{t_0}^{t_0+T} \Delta a_j(t)\,\mathrm{d}t/N_m\right| = \left|\frac{T}{2V_m}[a_j(t_b) - a_i(t_0)]\right| \tag{5.46}$$

前面提到了零基交接强行要求在交接点弹道加速度为零, 虽然它可以保证弹道平滑过渡。但这在交接段存在大的导弹航向误差时会使导弹在导引过渡段瞄准误差进一步增大, 不利于导弹命中目标。我们采用和上面同样的计算方法计算零基交接方法积累的弹道航向误差。设渐出段误差为 $\Delta\theta_1$, 渐入段误差为 $\Delta\theta_2$, 根据式 (5.45), 在 $T_a \gg \tau$, $T_b \gg \tau$ 的条件下, 积累的弹道总航向误差为

$$\Delta\theta_{m0} = |\Delta\theta_1| + |\Delta\theta_2| = \frac{1}{2}\left[\left|\frac{a_i(t_0)}{V_m}\right|T_a + \left|\frac{a_i(t_0)}{V_m}\right|T_b\right] \tag{5.47}$$

考虑极端情况下最大航向误差, 设导弹最大加速度为 $a_{\max}$, 最大容许航向误差为 $\Delta\theta_{\max}$, $\Delta a_{\max}$ 为交接指令最大误差。

对于自适应交接方法, 当选择:

$$T \leqslant \frac{2\Delta\theta_{\max}V_m}{\Delta a_{\max}} \tag{5.48}$$

由式 (5.46) 可得: $\Delta\theta_m \leqslant \left|\frac{2\Delta\theta_{\max}V_m}{\Delta a_{\max}}\right| \cdot \left|\frac{1}{2V_m}[a_j(t_b) - a_i(t_0)]\right| \leqslant \Delta\theta_{\max}$ 满足误差要求。

对于零基交接方法，当选择：

$$T_a \leqslant \frac{\Delta\theta_{\max} V_m}{a_{\max}}, \quad T_b \leqslant \frac{\Delta\theta_{\max} V_m}{a_{\max}} \tag{5.49}$$

由式 (5.47) 可得：$\Delta\theta_{m0} \leqslant \dfrac{\Delta\theta_{\max}}{2} \left[\dfrac{|a_i(t_0)|}{a_{\max}} + \dfrac{|a_j(t_b)|}{a_{\max}} \right] \leqslant \Delta\theta_{\max}$ 满足误差要求。

比较式 (5.46)、式 (5.47) 可以看出，自适应交接方法积累的弹道航向误差明显小于零基交接方法。

以导弹速度 $V_m = 2\text{Ma}$，导弹最大过载 $70g$，最大容许航向误差为 $\Delta\theta_{\max} = 1.5°$，取弹道交接加速度指令为 $35g$。自适应交接方法计算得到的弹道交接时间不超过 0.1s。

5.3 协同制导架构

目前学界对多导弹协同制导律的研究均是将 "领弹-从弹" 协同制导架构或双层协同制导架构作为基础来进行的。两种架构均基于导弹的运动特性和实现协同作战的要求来设计，但前者只能用于设计异构弹群协同制导，后者还可以用于指导同构弹群协同制导设计 [33]。

5.3.1　领弹-从弹协同制导架构

张友安于 2009 年提出 "领弹-从弹" 协同制导架构，首先选择领弹的参考运动状态，并将此状态作为整个弹群的参考运动状态，利用通信拓扑网络来进行弹群信息交互，通过从弹对领弹参考运动状态的跟踪，最后所有导弹的运动状态均收敛至期望值，实现多导弹协同制导 [34]。领弹采用一般的制导律，与从弹的通信为单向传递，不接受从弹的运动状态信息，运动状态不受从弹影响。

领弹的选择方式多样，既可以以弹群中某一枚导弹作为领弹，也可将目标选作领弹，甚至可以将战场上的虚拟点作为领弹。可以认为领弹-从弹协同制导架构是双层制导架构的一种变形，即领弹作为参考运动状态为期望的协调变量，从弹的运动状态作为协调变量 [35,36]。但与双层协同制导架构不同的是，该架构中领弹与从弹的信息传递是单向的，运动状态不受其他从弹影响。若所有导弹均为比例导引飞行，选择剩余攻击时间最长的为领弹。领弹-从弹制导架构需要在执行任务时提前确定领弹，且信息是从领弹开始一层一层传递的，所以弹群的鲁棒性会比较差。但对双层制导架构而言，这种架构的信息传递及时性以及可扩展性较好，且该制导架构所应用的较成熟的控制理论使得整个闭环系统的稳定性比较容易保证，也比较容易证明 [37]。

5.3.2　双层协同制导架构

赵世钰和周锐于 2008 年提出双层协同制导架构,如图 5.15 所示,该架构分由上下两层不同的控制策略组成,定义弹群实现协同攻击任务所需要获取的最少的信息为协调变量,上层协调控制是基于协调变量的集中式或分布式通信网络拓扑协调策略,底层导引控制是带战场约束的制导律,期望协调变量是通过协调函数确定的协调变量的值 [38]。

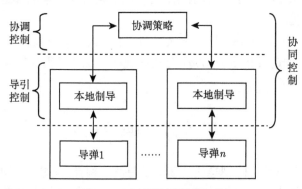

图 5.15　双层协同制导架构

双层协同制导策略可以导引各导弹的飞行轨迹,基于该架构的协同制导是通过将各导弹的协调变量都收敛于期望协调变量来完成的。选择此种制导方式不仅能协同攻击目标,还能提高对目标的毁伤能力。制导律和协调策略可以选取,使得该制导架构下的制导律具有一定的适应性 [39]。

1. 协调变量和协调函数

多导弹实现协同攻击的基础之一是弹群间的信息交互,弹群能实现协同所传递的最少的信息称为协调变量,各导弹得到的协调变量一致并经过算法处理后各自产生相应机动是实现协同的必要条件 [40]。

定义导弹 $i(i = 1, 2, \cdots, n)$ 的控制量空间 U_i、状态空间 χ_i 和协调变量 R^c, $x_i \in \chi_i$, $u_i \in U_i$ 和 $\theta_i \in R^c$ 为导弹 i 的状态量、控制量和协调变量。定义 $f_i : \chi_i \times U_i \to R^c$, 导弹 i 在 x_i 下的可行协调变量集合 $\Theta_i(x_i) = \bigcup\limits_{u_i \in \mathcal{U}_i(x_i)} f_i(x_i, u_i)$, 定义 $f_i^\dagger : \chi_i \times \Theta \to U_i$, $u_i = f_i^\dagger(x_i, \theta_i)$, 即 u_i 是 x_i 和 θ_i 的函数。对于某种状态 x_i, θ_i 与 u_i 具有一一对应关系。如果弹群中的每一个个体取得了一致的协调变量,即 $\theta_1 = \cdots = \theta_n = \theta^*$, 则在控制量 $\{u_i | u_i = f_i^\dagger(x_i, \theta^*), i = 1, 2, \cdots, n\}$ 的作用下,弹群可以协同任务。

考虑弹群协同打击目标之外,各导弹在飞行过程中还要兼顾各自的性能指标。即要求导弹不仅能完成协同制导任务,还应满足一定的性能指标要求 (如燃料消耗最小,实现最快攻击等)。利用协调函数来评价导弹的性能指标,定义 $J_i : \chi_i \times U_i \to$

R，导弹 i 的协调函数 $\phi_i(x_i, \theta_i) = J_i(x_i, f_i^*(x_i, \theta_i))$。通俗讲，协调函数就是导弹的代价函数，通过计算来选取协调变量的可行集内最优的协调变量值。

2. 基于集中式或分布式通信的协调策略

设计基于双层制导架构的协同控制律可以分为四步进行：① 明确作战需求和协同目标；② 确定协调变量及协调函数；③ 设计集中式协调策略；④ 设计分布式协调策略。以上设计的控制律又可分为集中式协调策略和分布式协调策略。如果弹群中至少有一枚导弹能够得到所有导弹信息，则可以实现基于全局代价函数达到最小值的集中式协调策略。如果没有导弹能获得全局信息而只能得到其相邻导弹的状态信息，此时应考虑基于分布式协调策略来设计协同制导律。在设计完集中式协调策略之后可以进行分布式协调策略的设计。基于协调一致性理论，把第③ 步推导的集中式协调策略进行分散化设计可得到分布式协调策略。以上只是一种通过将集中式算法离散化的分布式算法的方法，直接推导分布式算法也是学术界目前的研究热点。

如图 5.16 所示，集中协调单元是集中式协调策略的核心，集中协调单元位于能够与所有运动体交互信息的领弹上。集中式协调单元接收各从弹的协调作战状态信息，利用获得的全局信息计算出统一的协调变量值 θ^*，然后将其传递至从弹。从弹根据 θ^* 产生响应控制量，整个弹群协同作战的信息交互完成闭环。集中式协调策略原理简单，但是受信息载体传播范围和弹载计算机计算能力的限制，弹群中的集中式协调单元很难与每个个体做信息交互。而且考虑集中式协调单元在系统中的核心地位，当领弹受到干扰时会严重影响整个系统的稳定性，所以采用集中式协调策略的协同系统可靠性和鲁棒性不高。

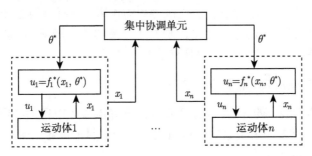

图 5.16　集中式协调策略

如图 5.17 所示，分布式协调策略中不存在集中协调单元，而是被各个运动体中的分散协调单元所替代。定义 N_i 为与导弹 $i(i = 1, 2, \cdots, n)$ 相邻的运动体集合。各导弹先产生自己的协调变量值 θ_i，然后根据相邻弹的 $\theta_j (j \in N_i)$ 来调整自身的协调变量值，使得 θ_i 最终收敛于一致值 θ^*。

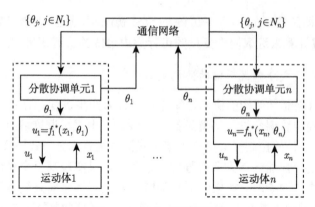

图 5.17　分布式协调策略

协调一致算法是各导弹的分散协调单元根据相邻导弹修正自己协调变量值的算法。集中式协调策略中的 θ^* 是直接给出的，而分布式协调策略中的 θ^* 是由各导弹的 θ_i 逐渐收敛得到的。虽然集中式协调策略获取 θ^* 的速度更快，但分布式协调策略不要求某导弹获得所有导弹的状态信息，降低了系统通信网络的压力。当各导弹只能获得其相邻运动体的信息时，通过调整网络拓扑也有方法实现各导弹的协调变量值趋于一致。

5.4　协同制导方法

现代战场上利用导弹作战，要综合考虑攻击时间、攻击角、路径点、弹间通信距离等多种约束，不能再单一地追求零脱靶量，弹群协同制导作战属于多约束条件下制导律的研究范畴 [41]。弹群在协同制导律的作用下飞行弹道更加复杂，攻击落角可控，对反导武器提出了巨大挑战，提高了导弹的毁伤概率。因此，研究多导弹协同制导律在指挥弹群协同作战中具有重要意义 [42,43]。

5.4.1　带攻击时间约束的协同制导方法

多导弹协同作战中的齐射攻击，不仅要求导弹能够命中目标，还强调命中的同时性，这就是多导弹作战的攻击时间协同问题 [44]。目前针对只带攻击时间约束的制导方法研究主要分两类：

(1) 将现有的针对单体导弹设计的带攻击时间约束制导律直接推广到多导弹作战系统，采取这种方式的各导弹作战飞行中，它们之间没有信息交互，不算真正意义上的弹群协同作战，且设定的期望打击时间通常比较长；

(2) 各导弹在飞行作战过程中利用通信网络进行实时信息交互，通过获取其余导弹的剩余攻击时间来调整自身的飞行时间，最后达到同时攻击的目的。

下面主要对第二类带攻击时间约束的协同制导方法进行归纳总结。

1. 基于领弹–从弹协同制导架构的制导方法

为使所有导弹对机动目标的攻击具有同时性,下面基于代数图论和非线性系统受控一致性理论,提出一种基于相邻个体局部信息交互的领弹–从弹异构多导弹系统分布式协同制导方法[45]。分布式方法具有比集中式通信网络拓扑方式信息传输量低,可扩展性及可剪裁性好等优点[46,47]。

1) 运动学建模及问题分析

若所有导弹均具备通信半径为 R 的通信能力,则各导弹的信息交互区域用半径为 R 的虚线圆表示。图 5.18 给出了基于局部通信拓扑结构的、对于四枚导弹系统的分布式协同制导原理图,领弹 M_0 和各从弹 $M_i (i = 1, 2, 3)$ 间采用最近邻通信方式,领弹沿给定导引律飞行且不受各从弹的约束;从弹则基于分布式通信网络进行信息交互,交互信息经处理后成为一个协同控制分量叠加在原给定导引律上,只有与领弹有直接通信连接关系的从弹才受到领弹的直接牵引。

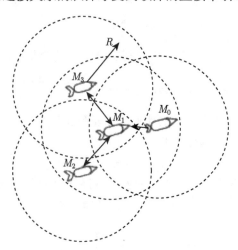

图 5.18　多导弹协同系统原理图

图 5.19 描述了弹目相对运动关系,其中,v_0, v_i 为速度,r_0, r_i 为弹目相对距离,q_0, q_i 为弹目视线角,η_0, η_i 为前置角。

设领弹 M_0 速度 v_0 不变并按比例导引飞行,则 M_0 相对目标的导引关系为

$$\dot{r}_0 = -v_0 \cos \eta_0, \quad r_0 \dot{q}_0 = v_0 \sin \eta_0, \quad q_0 = \eta_0 + \sigma_0, \quad \dot{\sigma}_0 = \frac{a_0}{v_0} \quad (5.50)$$

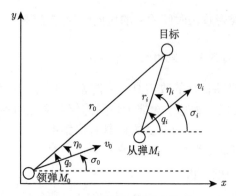

图 5.19　弹目相对运动关系

其中，M_0 在比例导引下的制导模型可由式 (5.50) 导出：

$$\dot{r}_0 = -v_0\cos\eta_0, \quad \dot{\eta}_0 = (1 - N)\, v_0 \frac{\sin\eta_0}{r_0} \tag{5.51}$$

其中，N 为比例导引系数。a_0 为法向加速度指令，比例导引律为

$$a_0 = Nv_0\dot{q}_0 \tag{5.52}$$

从弹 M_i 采用比例制导和分布式协同制导相结合的方法，得 M_i 的协同制导模型：

$$\dot{r}_i = -v_i \cos\eta_i + g_{i1}, \quad \dot{\eta}_i = (1 - N)\, v_i \frac{\sin\eta_i}{r_i} + g_{i2} \tag{5.53}$$

其中，g_{i1} 和 g_{i2} 作为叠加在 M_i 的比例导引基础上的协同导引控制分量，起到调整弹目视线速度及前置角速度的作用。

若在打击后段能够满足 $r_i = r_0$，$\eta_i = \eta_0$，或者 $r_i = r_0$，$\eta_i = -\eta_0$，则意味着领弹 M_0 和从弹 M_i 可以做到同时攻击目标，具体效果如图 5.20(a) 和图 5.20(b) 所示。所以 M_i 的 g_{i1} 和 g_{i2} 是分布式协同制导律的关键。

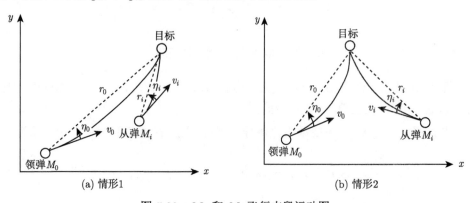

(a) 情形1　　　　　　　　　　　　　　　　　　　　(b) 情形2

图 5.20　M_0 和 M_i 飞行末段运动图

2) 网络通信拓扑模型

将图 5.20 所示的多导弹协同网络通信拓扑结构分为从弹之间的通信拓扑模型和领弹与从弹之间的通信拓扑模型。

(1) 从弹之间的通信拓扑模型。

从弹 M_i 与从弹 M_j 之间的通信拓扑模型 G_2 可用它们之间的通信连接关系 α_{ij} 和连接权值 $\tau_{ij} > 0$ 来共同加以描述,其中,

$$\alpha_{ij} = \begin{cases} 0, & M_i 与 M_j 无通信连接 \\ 1, & M_i 与 M_j 有通信连接 \end{cases} \tag{5.54}$$

由于假设各导弹具有相同的通信能力,所以有 $\alpha_{ij} = \alpha_{ji}$, $\tau_{ij} = \tau_{ji}$。

各导弹间的通信连接关系可以用代数图论中有关无向图的加权拉普拉斯矩阵 (weighted Laplacian matrix) 加以描述。领弹 M_0 与从弹 M_i 之间的通信拓扑的加权拉普拉斯矩阵 $L_1 = \left(l_{ij}^{(1)} \right)_{n \times n}$ 为分块对角矩阵,即

$$L_1 = \text{diag} \left\{ \gamma_{01}\beta_{01}, \gamma_{02}\beta_{02}, \cdots, \gamma_{0n}\beta_{0n} \right\} \tag{5.55}$$

从弹 M_i 与从弹 M_j 之间的通信拓扑的加权拉普拉斯矩阵为 $L_2 = \left(l_{ij}^{(2)} \right)_{n \times n}$

$$l_{ij}^{(2)} = \begin{cases} \displaystyle\sum_{j \in N_i \setminus \{l\}} \alpha_{ij}\tau_{ij}, & j = i \\ -\alpha_{ij}\tau_{ij}, & j \neq i, j \in N_i \end{cases} \tag{5.56}$$

其中,N_i 为与从弹 M_i 具有通信连接关系的其他从弹集合。显然有 $l_{ij}^{(1)} = l_{ji}^{(1)}$, $l_{ij}^{(2)} = l_{ji}^{(2)}$,即 L_1 和 L_2 均为实对称矩阵。

(2) 领弹与从弹之间的通信拓扑模型。

领弹 M_0 与从弹 M_i 之间的通信拓扑模型 G_1 可用它们之间的通信连接关系 β_{0i} 和连接权值 $\gamma_{0i} > 0$ 来共同加以描述,其中,

$$\beta_{ij} = \begin{cases} 0, & M_0 与 M_j 无通信连接 \\ 1, & M_0 与 M_j 有通信连接 \end{cases} \tag{5.57}$$

3) 协同制导律。

结合式 (5.52) 和式 (5.53),定义系统状态的栈向量为 $x_i = [r_i, \eta_i]^{\mathrm{T}}$ $(i = 0, 1, 2, \cdots, n)$,定义比例导引下的制导系统模型 $f(x, t)$ 为

$$f_i(x_i, t) = \begin{bmatrix} -v_i \cos \eta_i \\ (1 - N) v_i \dfrac{\sin \eta_i}{r_i} \end{bmatrix}, \quad i = 0, 1, \cdots, n \tag{5.58}$$

定义协同控制分量为

$$u_i = [g_{i1}, g_{i2}]^{\mathrm{T}}, \quad i = 1, 2, \cdots, n \tag{5.59}$$

将领弹–从弹制导系统模型可表示成如下形式:

$$\begin{aligned} \dot{x}_0 &= f_0(x_0, t) \\ \dot{x}_i &= f_i(x_i, t) + u_i, \quad i = 1, 2, \cdots n \end{aligned} \tag{5.60}$$

M_0 在比例制导律的导引下飞行, 不受从弹 M_i 状态所影响; 从弹 M_i 在比例导引律的基础上增加协同制导项 u_i 来完成协同制导。

在非线性系统的受控一致性原理的基础上设计的从弹 M_i 制导分量 u_i 如下:

$$u_i = -\sum_{j \in N_i} \alpha_{ij}\tau_{ij}(x_i - x_j) - \beta_{0i}\gamma_{0i}(x_i - x_0) \tag{5.61}$$

u_i 能使从弹之间及领弹与从弹之间进行信息交互, 调节弹目相对距离和速度前置角, 由于 u_i 仅用到导弹自身相邻的导弹的信息, 具有典型的分布式计算特点。

领弹 M_0 运动模型为式 (5.50), 但 M_i 的状态变化还与 $M_j (j \in N_i)$ 以及 M_0 有关, 而这又受 M_i 与 M_0 以及 M_i 与 M_j 间的通信模型 G_1 和 G_2 影响。

当 $f_i(\cdot)$ 及网络拓扑结构 G_1 和 G_2 的加权拉普拉斯矩阵 L_1 和 L_2 满足如下关系时:

$$\lambda_{\min}(L_1 + L_2) > \max_{i=1} \lambda_{\max}\left(\frac{\partial f_i}{\partial x_i}(x_i, t)\right) \tag{5.62}$$

其中, $\lambda_{\min}(\cdot)$ 和 $\lambda_{\max}(\cdot)$ 分别为矩阵的最小和最大特征值, 从弹 M_i 状态与领弹 M_0 状态一致, 即有

$$\lim_{t \to \infty} x_i(t) = x_0(t), \quad i = 1, 2, \cdots, n \tag{5.63}$$

上式是实现非线性受控一致性状态同步对于系统网络拓扑的要求, 也是弹群协同制导系统收敛的充分条件。

4) 仿真分析。

采用图 5.18 所示的多导弹系统对具备机动性能的目标进行时间协同攻击, 在网络拓扑中, 各弹仅与领弹进行单向或双向通信。目标的初始位置为 (40000m, 10000m), 速度为 300 m/s, 取 $N = 3$, 采样周期设置为 0.1s。各导弹的初值如表 5.6 所示。

表 5.6 导弹初值设置

导弹	初始位置/m	初始速度/(m/s)	初始前置角/(°)
M_0	(0,10000)	2500	−5
M_1	(0,9000)	2500	−8
M_2	(1000,8000)	2500	10
M_3	(500,11000)	2500	7

弹群飞行轨迹曲线如图 5.21 所示, 机动目标的飞行轨迹用黑实线表示, 其他曲线为各导弹的飞行轨迹。弹目跟踪误差变化曲线如图 5.22 所示, 各导弹对目标的跟踪误差渐近趋近于零, 完成了对机动目标同时攻击。各导弹的速度前置角的变化规律如图 5.23 所示。以上仿真结果说明, 基于信息交互的分布式协同制导律实现了领弹–从弹架构的多导弹作战系统的时间协同攻击。

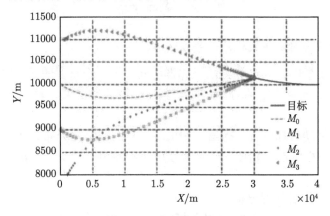

图 5.21 弹群飞行轨迹

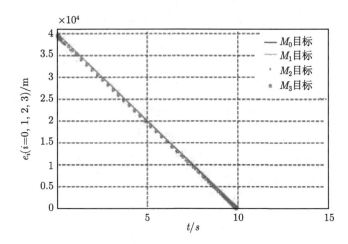

图 5.22 弹目跟踪误差

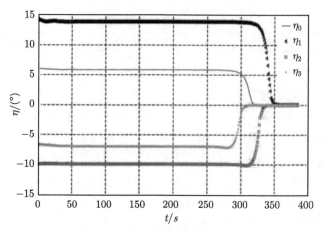

图 5.23　导弹前置角

2. 基于双层协同制导架构的制导方法

基于协调变量的协同制导方法是弹群协同制导一个重要的研究方向，在选取协调变量的基础上由给定的协调策略计算出协调函数的值，然后再分配给各导弹[48−51]。

本节针对机动目标情况，提出一种机动目标的网络化分布式协同制导律设计方法。该制导律由两部分组成：单导弹增广比例导引制导律和弹群分布式协同制导律。

1) 运动学建模及问题分析

为了便于分析及描述导弹和目标运动，假设导弹飞行时攻角很小，忽略自驾仪和传感器误差特性，导弹及目标均视为质点且在同一平面，制导律描述时导弹及目标加速度为常值，则导弹 i 与目标的相对运动关系如下：

$$\dot{\gamma}_t = A_t/V_t \tag{5.64}$$

$$\dot{\gamma}_{mi} = A_{mi}/V_{mi} \tag{5.65}$$

$$\dot{r}_i = (\rho_i \cos\theta_{ii} - \cos\theta_{mi})\,V_{mi} \tag{5.66}$$

$$r_i\dot{\sigma}_i = (\rho_i \sin\theta_{ii} - \sin\theta_{mi})\,V_{mi} \tag{5.67}$$

其中，γ_t, γ_{mi} 为目标和导弹的弹道倾角；V_t, V_{mi} 为速度；A_t, A_{mi} 为加速度；σ_i 为视线角；r_i 为弹目距离；θ_{ti}, θ_{mi} 和 ρ_i 的定义如下：

$$\left.\begin{array}{l} \theta_{ti}= \gamma_{ti} - \sigma_i \\ \theta_{mi}= \gamma_{mi} - \sigma_i \\ \rho_i= V_t/V_{mi} \end{array}\right\} \tag{5.68}$$

图 5.24 为弹群协同作战的示意图，M_i 代表导弹；T 代表目标。

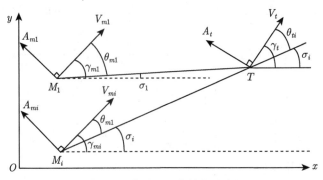

图 5.24 弹群协同作战的示意图

2) 增广比例导引制导律

导弹法向加速度 $A_{mc}A_{mi} = (1 + N_i/\cos\theta_{mi})\,V_{mi}\dot{\sigma}_i + \hat{A}_t/\cos\theta_{mi}$，$N_i$ 为导引系数，$\hat{A}_t$ 为目标法向加速度 A_t 在垂直于视线方向分量的估计值，假设目标的法向加速度已知且为常值，因此 $\hat{A}_t$ 可表示为

$$\hat{A}_t = A_t\cos\theta_{ti} \tag{5.69}$$

由于增广比例导引在攻击机动目标时比比例导引攻击时导引系数更小，所以比比例导引制导律性能更好，且通用性更强。当 N_i 满足 $N_i > \rho_i + \alpha r_i/\left(\hat{\beta}_i\,|V_{mi}|^2\right)$，$\alpha$ 为目标最大加速度，$\hat{\beta}_i$ 为常数且在 $(0, 1-\rho_i)$ 范围内，导弹能在合适时间范围攻击目标。下面提到的各导弹均采用增广比例导引作为本地制导律，并取 $N_i = 3$。

弹目相对运动关系可表示为

$$\dot{r}_i = (\rho_i\cos\theta_{ii} - \cos\theta_{mi})\,V_{mi} \tag{5.70}$$

$$
\begin{aligned}
\dot{\theta}_{mi} &= \dot{\gamma}_{mi} - \dot{\sigma}_i = A_{mci}/V_{mi} - \dot{\sigma}_i\\
&= \left[(1 + N_i/\cos\theta_{mi})\,V_{mi}\dot{\sigma}_i + A_{ti}\cos\theta_{ti}/\cos\theta_{mi}\right]/V_{mi} - \dot{\sigma}_i\\
&= (N_i/\cos\theta_{mi})(\rho_i\sin\theta_{ti} - \sin\theta_{mi})\,V_{mi}/r_i + A_{ti}\cos\theta_{ti}/(V_{mi}\cos\theta_{mi}) \quad (5.71)
\end{aligned}
$$

假设目标加速度为常值，则变量 θ_{ti} 满足

$$\theta_{ti} = \gamma_{ti} - (\gamma_{mi} - \theta_{mi}) = \frac{A_t}{V_t}t + \theta_{mi} + \int\left[(1 + N_i/\cos\theta_{mi})\dot{\sigma}_i + A_{\mathrm{i}}\cos\theta_u/V_{mi}\cos\theta_{mi}\right]\mathrm{d}t \tag{5.72}$$

其中, t 为时间，故上式可能表示为 $\theta_{ti} = g\,(r_i, \theta_{mi}, t)$。取状态变量为 $x_i = \begin{bmatrix} r_i & \theta_{mi} \end{bmatrix}^{\mathrm{T}}$，可以将式 (5.71) 表示为如下非线性方程：

$$\dot{x}_i = f_i\,(x_i, t) \tag{5.73}$$

由于在进行设计协同制导律时会用到该非线性方程的雅克比矩阵，为了方便 $\partial\theta_{ti}/\partial r_i$ 及 $\partial\theta_u/\partial\theta_{mi}$ 的计算，定义 $c_{i1} = \cos\theta_{mi}$，$c_{i2} = \cos\theta_{ii}$，对式 (5.72) 简化可得

$$\theta_{ii} = \frac{A_t}{V_t}t + \theta_{mi} + (1 + N_i/c_{i1})\left(\frac{A_t}{V_t}t - \theta_{ut}\right) + \frac{A_t c_{i2}}{V_{mi}c_{i1}}t$$

$$(N_i/c_{i1} + 2)\theta_{ii} = (N_i/c_{i1} + 2)A_t t/V_t + \frac{A_t c_{i2}}{V_{mi}c_{i1}}t + \theta_{mi}$$

$$\theta_u = \left[\frac{A_1}{V_1} + \frac{A_1 c_2}{V_{wi}c_{11}(N_i/c_{i1} + 2)}\right]t + \frac{\theta_{mi}}{(N_i/c_{i1} + 2)}$$

3) 网络通信拓扑模型

A. 图论基础

为方便后续讨论，本节分析多弹攻击通信拓扑并给出图论的基本概念。定义有向图 $G = (V, E, A)$，图 G 的节点集为有限非空集 $V = \{v_1, v_2, \cdots, v_n\}$，记 $I = \{1, 2, \cdots, n\}$ 为节点的下标集，图 G 的边集为 $E \subseteq V \times V$，边为 $e_{ij} = (v_i, v_j)$，图 G 的邻接矩阵 $A = [a_{ij}] \in R^{n \times n}$，$a_{ij} \geqslant 0 (i, j \in I)$。

B. 网络化分布式协调策略

通信拓扑 G 的加权拉普拉斯矩阵为 $L_\kappa = [l_{ij}] \in R^{n \times n}$，$l_{ij} = -\mu_{ij}a_{ij}(i \neq j)$，$l_{ii} = \sum_{j=1, j\neq i}^{n} \mu_{ij}a_{ij}$，$\mu_{ij}$ 为节点 j 流向节点 i 信息流的加权值。

引理 5.1[50] 考虑以下系统：

$$\dot{x}_i = f(x_i, t) + \sum_{j \in \mathcal{I}_i} K_{ji}(x_j - x_i), \quad i = 1, 2, \cdots, n \tag{5.74}$$

其中，与节点 i 存在信息交流的节点集合记为 $\mathcal{I}_i$，节点间的耦合是正定的，$K_{ji} = K_{ij} > 0$ 为常数。实现节点同步需满足以下条件：

$$\lambda_{\min}(L_\kappa) > \max_{i=1}^{n} \lambda_{\max}(J_i) \tag{5.75}$$

其中，$\lambda_{\max}(\cdot)$ 和 $\lambda_{\min}(\cdot)$ 分别为矩阵的最大特征值和最小特征值；$J_i = \dfrac{\partial f(x_i, t)}{\partial x_i}$ 为 $f(x_i, t)$ 的雅克比矩阵中的元素。

上述引理即协同制导系统收敛的充分条件，也表示了实现非线性的一致性协调的通信拓扑及系统模型类型。

假设导弹切向速度可控，针对系统 (5.70) 和 (5.71)，设计弹群协同制导律为

$$\dot{r}_i = (\rho_i \cos\theta_{ii} - \cos\theta_{mi})V_{mi} + \sum_{j \in \mathcal{I}_i} \zeta_{ij}a_{ij}(r_j - r_i)$$

$$\dot{\theta}_{mi} = (N_i/\cos\theta_{mi})(\rho_i\sin\theta_{ii} - \sin\theta_{mi})V_{mi}/r_i$$
$$+ A_1\cos\theta_{ti}/(V_{mi}\cos\theta_{mi}) + \sum_{j\in\mathcal{N}_i}\eta_{ij}a_{ij}(\theta_{ny} - \theta_{mi}) \qquad (5.76)$$

定义 $\mu_{yi} = \begin{bmatrix} \zeta_{ij} & 0 \\ 0 & \eta_{ij} \end{bmatrix}$, ζ_{ij}, η_{ij} 为正实数, $K_{ji} = \mu_{ji}a_{ij}$ 且 μ_{ji} 正定, K_{ji} 体现了系统变量之间的耦合度和通信链路的权值大小。

C. 分布式协调策略的实现

弹群协同制导是各导弹制导律在增广比例导引的基础上叠加了分布式协同控制分量达到的。由此可见，各导弹要同时改变飞行速度的方向和大小，才能做到分布式协同攻击。

由于导弹加速度一般沿速度切向或法向，将协同控制律沿这两个方向分解，首先由视线方向速度获得导弹的实际速度，进一步获得导弹切向加速度，导弹的法向加速度利用视线方向改变方程推导，可得弹群分布协同制导律。

视线方向速度

$$\dot{r}_i = (V_1\cos\theta_{ii} - V_{mi}\cos\theta_{mi}) + \sum_{j\in\mathcal{I}_i}\zeta_{ij}a_{ij}(r_j - r_i) = V_t\cos\theta_{ti} - V_{mip}\cos\theta_{mi} \quad (5.77)$$

其中, V_{mip} 为导弹的当前实际速度, 由式 (5.77) 可得

$$V_{mip} = \frac{V_{mil}\cos\theta_{mi} - \sum\limits_{j\in\cdot}\zeta_i a_{ij}(r_j - r_i)}{\cos\theta_{mi}} = V_{mi} - \frac{\sum\limits_{j\in\mathcal{N}_i}\zeta_{ij}a_{ij}(r_j - r_i)}{\cos\theta_{mi}}$$

导弹切向加速度为

$$a_i^{\|} = -\frac{\mathrm{d}}{\mathrm{d}t}\left(\frac{\sum\limits_{j\in\mathcal{I}_i}\zeta_{ij}a_{ij}(r_j - r_i)}{\cos\theta_{mi}}\right)$$
$$= -\frac{\sum\limits_{j\in A,i}\zeta_{ij}a_{ij}(\dot{r}_j - \dot{r}_i)}{\cos\theta_{mi}} - \frac{\sum\limits_{j\in S_i}\zeta_{ij}a_{ij}(r_j - r_i)}{\cos^2\theta_{mi}}\left(\dot{\theta}_{mi}\sin\theta_{mi}\right) \qquad (5.78)$$

导弹法向加速度为

$$a_i^{\perp} = V_{mip}\dot{\gamma}_{mi} = V_{mip}\left(\dot{\theta}_{mi} + \dot{\sigma}_i\right)$$
$$= V_{mip}\left[(N_i/\cos\theta_{mi} + 1)(V_t\sin\theta_{ti} - V_{mi}\sin\theta_{mi})/r_i\right.$$
$$\left. + A_1\cos\theta_{ii}/(V_{min}\cos\theta_{mi}) + \sum_{j\in\mathcal{N}_i}\eta_{ij}a_{ij}(\theta_{mj} - \theta_{mi})\right] \qquad (5.79)$$

4) 仿真分析

考虑三枚导弹采用分布式通信进行时间协同攻击机动目标问题。目标的初始位置 $(3000, 0)$(单位为 m，下同)，飞行速度为 200 m/s，飞行加速度 10m/s^2。3 枚导弹初始速度为 400m/s。对弹群有无信息交互两种情况进行数值仿真。

(1) 导弹之间无协同。

3 枚导弹作战过程不进行信息传递，均在各自增广比例导引下独立飞行。各导弹飞行时间和轨迹分别如表 5.7 和图 5.25 所示，从中可以看出，多导弹未实现时间协同攻击。

表 5.7   导弹初始参数及仿真结果

导弹	初始位置/m	增广比例导引时间/s	协同制导时间/s
M_1	$(0,0)$	14.36	14.46
M_2	$(-100, 800)$	13.48	14.46
M_3	$(200, -800)$	14.77	14.46

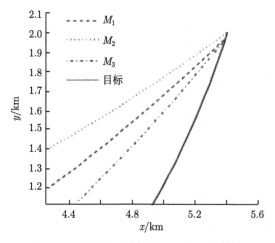

图 5.25   多导弹无协同情况下的飞行轨迹

(2) 导弹之间有协同。

导弹信息交互关系如图 5.26 所示。根据引理 5.1 定义权值 $\mu_{ij} = \begin{bmatrix} 20 & 0 \\ 0 & 20 \end{bmatrix}$。

协同情况下各导弹飞行时间和轨迹分别如表 5.7、图 5.27 和图 5.28 所示，显然导弹在基于所设计的分布式时间协同制导律的作用下，实现了对机动目标的同时打击。

进一步对比图 5.25 和图 5.27 可知，导弹之间进行基于网络化通信的协同制导以后，多导弹可以同时攻击目标。分析图 5.28 可知，弹群与目标视线距离快速收敛到同一值,实现了对机动目标快速协同攻击。

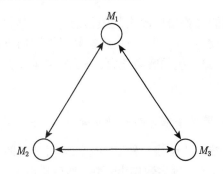

图 5.26 导弹通信拓扑

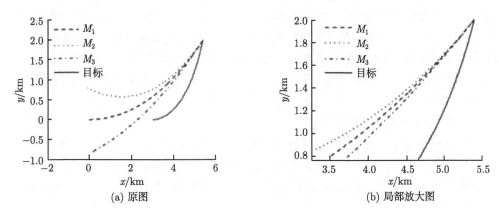

(a) 原图   (b) 局部放大图

图 5.27 多导弹协同制导下的飞行轨迹

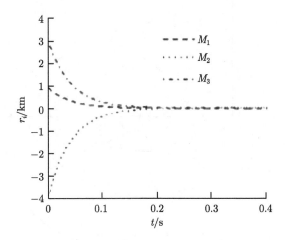

图 5.28 导弹与目标视线距离变化曲线

5.4.2　带攻击时间约束和攻击角约束的协同制导方法

对攻击角进行约束的导弹协同攻击的毁伤能力有明显提高，同时对攻击时间进行约束可实现饱和式攻击[52-57]。为使弹群能以不同的攻击角同时命中目标的不同位置，充分发挥多导弹系统的突防能力，下面对带攻击角和攻击时间约束的多导弹协同制导律进行研究。

1. 基于领弹-从弹协同制导架构的制导方法

本节通过构造虚拟球体，设计一种制导方法来对弹群的攻击角和攻击时间进行约束。首先在弹群中选择一枚导弹作为领弹，然后构造虚拟球体，即以攻击目标作为球心、球半径为领弹与目标之间的距离，虚拟球体表面的虚拟点由从弹的位置确定，则从弹的期望攻击角方向由虚拟点和目标连线方向决定。领弹的本地制导律采用比例导引制导律，虚拟球体随着领弹的飞行逐渐收敛至目标，基于最优控制理论设计控制器，使从弹跟踪虚拟点，最终实现多枚导弹以期望攻击角同时命中目标。此外还对虚拟点的轨迹进行了改进，减小了从弹对虚拟点跟踪和逼近时的所用加速度，节省了燃料。

1) 运动学建模及问题分析

多导弹协同制导基于领弹–从弹制导策略，首先应对领弹与从弹进行确定。如图 5.29 所示，所构造的虚拟球体的球心为目标位置，半径为领弹距目标的距离，球上的虚拟点由从弹指定的攻击角来确定。弹群及目标的相对运动关系均在地面坐

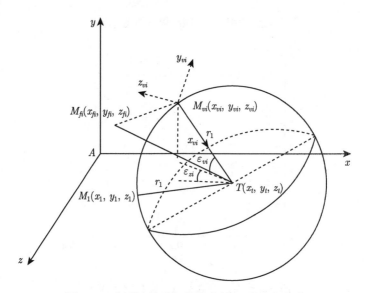

图 5.29　领弹、从弹与虚拟点的相对运动关系

标系 $Axyz$ 中表示，从弹俯仰通道的攻击角为 ε_{yi}，偏航通道的攻击角为 ε_{zi}，r_1 为弹目距离，$M_1(x_1, y_1, z_1)$，$M_{fi}(x_{fi}, y_{fi}, z_{fi})$，$M_{vi}(x_{vi}, y_{vi}, z_{vi})$ 和 $T(x_t, y_t, z_t)$ 表示领弹、从弹、虚拟点和攻击目标的位置，下标 i 表示从弹编号。定义虚拟点坐标系 $M_{vi}x_{vi}\,y_{vi}\,z_{vi}$，其原点为 M_{vi}，$M_{vi}x_{vi}$ 轴过虚拟点和目标且指向目标为正；$M_{vi}y_{vi}$ 轴垂直于 $M_{vi}x_{vi}$ 轴，$M_{vi}z_{vi}$ 轴与 $M_{vi}x_{vi}$ 轴、$M_{vi}y_{vi}$ 轴满足右手定则。

在研究带攻击角和攻击时间约束的弹群协同攻击中，假设从弹的控制系统是闭环稳定的，即能跟踪从弹的期望速度 v_{fc}、期望弹道倾角 θ_{fc} 以及期望弹道偏角 ψ_{vfc}，定义 v_f，θ_f 和 ψ_{vf} 为上述变量的真实值。

首先在弹群中选择一枚导弹作为领弹，然后构造虚拟球体，即以攻击目标作为球心、球半径为领弹与目标之间的距离，虚拟球体表面的虚拟点由从弹的位置确定，则从弹的期望攻击角方向由虚拟点和目标连线方向决定，最后基于最优控制理论设计控制器，完成从弹对虚拟点的跟踪控制并最终收敛。领弹沿比例导引飞行时，领弹与目标的距离减小，虚拟球体的半径将随之减小，虚拟点沿着期望攻击角接近目标，在最优控制器作用下，从弹以期望攻击角和领弹同时到达目标。

由图 5.29 可知，若地面坐标系下目标坐标已知，则虚拟点位置可表示为如下形式 (略掉下标 i)：

$$\begin{cases} x_v = x_t - r_1 \cos\varepsilon_y \cos\varepsilon_z \\ y_v = y_t - r_1 \sin\varepsilon_y \\ z_v = z_t + r_1 \cos\varepsilon_y \sin\varepsilon_z \end{cases} \tag{5.80}$$

假设俯仰、偏航两个通道的期望攻击角 ε_y，ε_z 为常数，对式 (5.80) 求导可得

$$\begin{cases} \dot{x}_v = \dot{x}_t - \dot{r}_1 \cos\varepsilon_y \cos\varepsilon_z \\ \dot{y}_v = \dot{y}_t - \dot{r}_1 \sin\varepsilon_y \\ \dot{z}_v = \dot{z}_t + \dot{r}_1 \cos\varepsilon_y \sin\varepsilon_z \end{cases} \tag{5.81}$$

式中，目标位置、ε_y 和 ε_z 已知，领弹运动状态已知，因此 $\dot{r}_1$ 也可计算得到，根据式 (5.81) 可得弹群协同飞行每一时刻的 $\dot{x}_v$，$\dot{y}_v$ 和 $\dot{z}_v$。

用如下方程组来表示从弹运动：

$$\begin{cases} \dot{x}_f = v_f \cos\theta_f \cos\psi_{vf} \\ \dot{y}_f = v_f \sin\theta_f \\ \dot{z}_f = -v_f \cos\theta_f \sin\psi_{vf} \end{cases} \tag{5.82}$$

在地面坐标系下，从弹与虚拟点距离用三维表示为

$$\begin{cases} x_d = x_f - x_v \\ y_d = y_f - y_v \\ z_d = z_f - z_v \end{cases} \tag{5.83}$$

在虚拟点坐标系下, 从弹与虚拟点的距离可表示为

$$
\begin{pmatrix} x'_d \\ y'_d \\ z'_d \end{pmatrix} = L\left(\varepsilon_y\right) L\left(\varepsilon_z\right) \begin{pmatrix} x_d \\ y_d \\ z_d \end{pmatrix} \tag{5.84}
$$

式中, $L\left(\varepsilon_y\right)$, $L\left(\varepsilon_z\right)$ 为地面坐标系到虚拟点坐标系的变换矩阵, 将式 (5.84) 求导可得

$$
\begin{cases}
\dot{x}'_d = \cos\varepsilon_y\cos\varepsilon_z\left(\dot{x}_r - \dot{x}_v\right) + \sin\varepsilon_y\left(\dot{y}_t - \dot{y}_v\right) - \cos\varepsilon_y\sin\varepsilon_z\left(\dot{z}_f - \dot{z}_v\right) \\
\dot{y}'_d = -\sin\varepsilon_v\cos\varepsilon_z\left(\dot{x}_f - \dot{x}_v\right) + \cos e_y\left(\dot{y}_f - \dot{y}_v\right) + \sin\varepsilon_y\sin\varepsilon_z\left(\dot{z}_f - \dot{z}_v\right) \\
\dot{z}'_d = \sin\varepsilon_z\left(\dot{x}_f - \dot{x}_v\right) + \cos\varepsilon_z\left(\dot{z}_f - \dot{z}_v\right)
\end{cases} \tag{5.85}
$$

将式 (5.82) 中 $\dot{x}_f$, $\dot{y}_f$ 和 $\dot{z}_f$ 代入式 (5.85), 得

$$
\begin{cases}
\dot{x}'_d = -\cos e_y\cos\varepsilon_x\dot{x}_y - \sin\varepsilon_z y_y + \cos\varepsilon_y\sin\varepsilon_z\dot{z}_y \\
\qquad + \cos\varepsilon_y\cos\varepsilon_z v_r\cos\theta_r\cos\psi_{v_1} + \sin\varepsilon_y v_f\sin\theta_r + \cos\varepsilon_y\sin\varepsilon_z v_f\cos\theta_r\sin\psi v_v \\
\dot{y}'_d = \sin\varepsilon_y\cos\varepsilon_x x_v - \cos\theta_y\dot{y}_v - \sin\varepsilon_y\sin\theta_z\dot{z}_v - \sin\varepsilon_y\cos\varepsilon_z v_f\cos\theta_r\cos\psi v_r \\
\dot{z}'_d = -\sin\varepsilon_z x_v - \cos\varepsilon_z\dot{z}_v + \sin\varepsilon_z v_f\cos\theta_r\cos\psi_{vi} - \cos\varepsilon_z v_f\cos\theta_i\sin\psi_{vi}
\end{cases} \tag{5.86}
$$

令 $A_1 = -\cos\varepsilon_y\cos\varepsilon_z\dot{x}_v - \sin\varepsilon_y\dot{y}_v + \cos\varepsilon_y\sin\varepsilon_z\dot{z}_v$, $A_2 = \cos\varepsilon_y\cos\varepsilon_z$, $A_3 = \sin\varepsilon_y$, $A_4 = \cos\varepsilon_y\sin\varepsilon_z$, $B_1 = -\sin\varepsilon_y\cos\varepsilon_z x_v - \cos\varepsilon_y\dot{y}_v + \sin\varepsilon_y\sin\varepsilon_z\dot{z}_v$, $B_2 = -\sin\varepsilon_y\cos\varepsilon_z$, $B_3 = \cos\varepsilon_y$, $B_4 = -\sin\varepsilon_y\sin\varepsilon_z$, $C_1 = -\sin\varepsilon_z\dot{x}_v + \cos\varepsilon_z\dot{z}_v$, $C_2 = -\sin\varepsilon_z$, $C_3 = 0$, $C_4 = -\cos\varepsilon_z$。

由 ε_y, ε_z, $\dot{x}_v$, $\dot{y}_v$, $\dot{z}_v$ 的值可以确定 $A_i, B_i, C_i\,(i=1,2,3,4)$ 的值。式 (5.86) 进一步表示为

$$
\begin{cases}
\dot{x}'_d = A_1 + A_2 v_f\cos\theta_f\cos\psi_{vf} + A_3 v_f\sin\theta_f + A_4 v_f\cos\theta_f\sin\psi_{vf} \\
\dot{y}'_d = B_1 + B_2 v_f\cos\theta_f\cos\psi_{vf} + B_3 v_f\sin\theta_f + B_4 v_f\cos\theta_f\sin\psi_{vf} \\
\dot{z}'_d = C_1 + C_2 v_f\cos\theta_f\cos\psi_{vf} + C_3 v_f\sin\theta_f + C_4 v_f\cos\theta_f\sin\psi_{vf}
\end{cases} \tag{5.87}
$$

本节设计的控制器通过控制运动参数 v_f, θ_f 和 ψ_{vf} 来进一步控制从弹攻击角和攻击时间。系统 (5.87) 显然为非线性控制系统, 通过变量代换转换成线性形式后容易求解。令 $u_1 = v_f\cos\theta_f\cos\psi_{vf}$, $u_2 = v_f\sin\theta_f$, $u_3 = v_f\cos\theta_f\sin\psi_{vf}$, 则式 (5.87) 变为

$$
\begin{cases}
\dot{x}'_d = A_1 + A_2 u_1 + A_3 u_2 + A_4 u_3 \\
\dot{y}'_d = B_1 + B_2 u_1 + B_3 u_2 + B_4 u_3 \\
\dot{z}'_d = C_1 + C_2 u_1 + C_3 u_2 + C_4 u_3
\end{cases} \tag{5.88}
$$

将式 (5.88) 用状态空间描述为

$$\dot{X} = AX + BU + W \tag{5.89}$$

其中, 状态变量 $X = \left(\begin{array}{ccc} x_d' & y_d' & z_d' \end{array} \right)^{\mathrm{T}}$, 控制变量 $U = \left(\begin{array}{ccc} u_1 & u_2 & u_3 \end{array} \right)^{\mathrm{T}}$, 扰动量 $W = \left(\begin{array}{ccc} A_1 & B_1 & C_1 \end{array} \right)^{\mathrm{T}}$, 系统矩阵 A 为零矩阵, 控制矩阵 B 为

$$B = \begin{pmatrix} A_2 & A_3 & A_4 \\ B_2 & B_3 & B_4 \\ C_2 & C_3 & C_4 \end{pmatrix}$$

设计控制器的目的是使从弹到虚拟点的距离 $X = 0$。控制器输出 U 后, 通过如下变换公式可求出从弹运动期望指令 v_{fc}, θ_{fc} 和 ψ_{Vfc}:

$$\begin{cases} \psi_{vfc} = \arctan(u_3/u_1) \\ \theta_{fc} = \arctan((u_2 \cos\psi_{vfc})/u_1) \\ v_{fc} = u_2/\sin\theta_{fc} \end{cases} \tag{5.90}$$

期望指令经过从弹控制系统后, 输出从弹的实际状态 v_f, θ_f 和 ψ_{vf}。

2) 虚拟点轨迹的改进

若要求从弹沿理想虚拟点轨迹这条直线行进, 对从弹需要的法向加速度要求会比较高。若将理想虚拟点轨迹前段由直线改为曲线, 再慢慢逼近到理想的直线上, 则从弹按这条 "曲线＋直线" 组合的轨迹, 会显著降低对从弹需用过载的要求。要使虚拟点 N 步以后和理想虚拟点重合, 定义从弹距目标的距离为 r_f, 从弹与目标之间的视线角为 ε_{rf} 和 ε_{zf}, 虚拟点和从弹到目标的距离之差 $\Delta r = r_1 - r_f$, 理想攻击角和实际视线角之差 $\Delta\varepsilon_y = \varepsilon_y - \varepsilon_{yf}$, $\Delta\varepsilon_z = \varepsilon_z - \varepsilon_{zf}$, 虚拟点在地面坐标系的位置由式 (5.80) 变为

$$\begin{cases} x_v = x_t - [(r_f + (n(r_1 - r_f)/N)) \cos(\varepsilon_{yf} + (n(\varepsilon_y - \varepsilon_{yt})/N)) \\ \quad \times \cos(\varepsilon_{zf} + (n(\varepsilon_z - \varepsilon_{zf})/N))] \\ y_v = y_t - [(r_f + (n(r_1 - r_f)/N)) \sin(\varepsilon_{yf} + (n(\varepsilon_y - \varepsilon_{yf})/N))] \\ z_v = z_t + [(r_f + (n(n - r_f)/N)) \cos(\varepsilon_f + (n(\varepsilon_y - \varepsilon_{yf})/N)) \\ \quad \times \sin(\varepsilon_{zf} + (n(\varepsilon_z - \varepsilon_{zf})/N))] \end{cases} \tag{5.91}$$

其中, $n = 1, 2, \cdots, N$。设置仿真步长为 h, 则 N 可取

$$N = kt^*/h \tag{5.92}$$

式中, 系数 $k \leqslant 1$, 且 k 越大会使实际虚拟点轨迹逼近到理想虚拟点轨迹上越晚, 使导弹沿曲线飞行的时间变长, 这样有利于降低导弹的过载要求及节省燃料。

3) 最优控制器设计

令 $W' = B^{-1}W$，则系统表达式 (5.89) 转化为

$$\dot{X} = AX + B\left(U + W'\right) \tag{5.93}$$

令 $U_1 = U + W'$，则 $\dot{X} = AX + BU_1$。

为设计一个状态调节器来控制状态 X 为 0，基于最优控制理论，对求解式 (5.92) 描述的问题，确定线性二次性能指标，$J = \dfrac{1}{2}X_F^{\mathrm{T}}PX_F + \dfrac{1}{2}\displaystyle\int_{t_0}^{t_f}\left(X^{\mathrm{T}}QX + U_1^{\mathrm{T}}RU_1\right)\mathrm{d}t$ 为状态调节器的性能指标，式中，P, Q 为对称半正定阵，R 为对称正定阵，$X_F = 0$ 是导弹最终的状态，所以性能指标变进一步转化为 $J = \dfrac{1}{2}\displaystyle\int_{t_0}^{t_f}\left(X^{\mathrm{T}}QX + U_1^{\mathrm{T}}RU_1\right)\mathrm{d}t$。

由式 (5.83) 能得到从弹与其相对应的虚拟点距离的初值。基于最优控制理论可解得最优控制量 $U_1 = -R^{-1}B^{\mathrm{T}}KX$，$K$ 为里卡蒂方程的解。所以系统表达式 (5.89) 的控制量为 $U = U_1 - W'$，结合式 (5.90) 可求出从弹的指令值。

4) 仿真分析

若有 3 枚从弹跟随 1 枚领弹构成弹群系统协同攻击一个机动目标，目标初始位置为 (6000m, 0, 3000m)，速度为 18m/s，航迹偏角为 45°。弹群初始弹道倾角设为 0，虽然制导会影响导弹的偏航运动，但这里认为导弹末制导的弹道偏角与视线角相差不大。

表 5.8 给出了各导弹初始飞行参数。从弹的速度、弹道倾角、弹道偏角 3 个控制通道的时间常数分别为 3s，1s，1s。控制器的权系数矩阵为 $Q = \mathrm{diag}\,(1,1,1)$，$R = \mathrm{diag}\,(0.5,0.5,0.5)$。考虑到导弹的燃料限制，对从弹的飞行状态的幅值进行限制，即 $|v_f - v_{f0}| \leqslant 60\mathrm{m/s}$，$|\theta_f - \theta_{f0}| \leqslant 15°$，$|\psi_{vf} - \psi_{vf0}| \leqslant 30°$，下标为 "0" 的量表示初始值。

表 5.8　导弹的初始参数

	x_0/m	y_0/m	z_0/m	v_0/(m/s)	θ/(°)	ψ_{v_0}/(°)
领弹	0	150	0	200	0	−25
从弹 1	500	50	−1000	185	0	−35
从弹 2	−1000	100	3800	200	0	0
从弹 3	400	150	7500	215	0	35

领弹的增广比例导引的比例系数设置为 3，用设计的最优控制器来控制从弹运动，仿真结果如图 5.30～ 图 5.33 所示。从弹期望攻击角、实际攻击角和攻击时间如表 5.9 所示，t^* 为攻击时间，ε_{ys} 和 ε_{zs} 为导弹的实际攻击角，从弹攻击角满足

$\varepsilon_{ys} = \varepsilon_{yf}$, $\varepsilon_{zs} = \varepsilon_{zf}$。

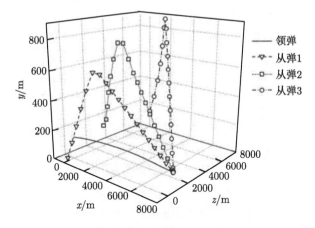

图 5.30 导弹飞行轨迹图

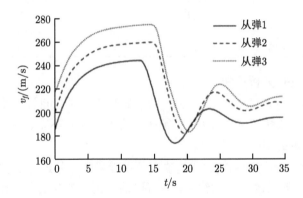

图 5.31 从弹速度变化图

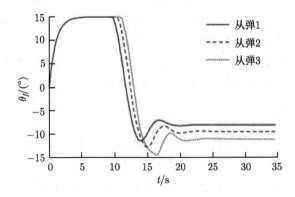

图 5.32 从弹弹道倾角变化图

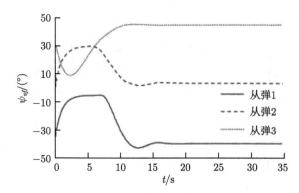

图 5.33　从弹弹道偏角变化图

表 5.9　导弹的攻击角和攻击时间

	$\varepsilon_y/(°)$	$\varepsilon_{yf}/(°)$	$\varepsilon_z/(°)$	$\varepsilon_{zf}/(°)$	t^*/s
领弹		−2.09		−24.92	34.66
从弹 1	−8	−7.99	−45	−45.50	34.66
从弹 2	−10	−10.16	0	−0.98	34.66
从弹 3	−12	−11.69	45	45.00	34.66

对仿真结果进行分析可知:

(1) 在 34.66 s 时弹目距离小于 2m,即多导弹完成了对目标的协同攻击。领弹的攻击时间决定了从弹的攻击时间,且领弹的攻击时间并不需要在发射前指定,所以本方法具有一定的实际应用价值。

(2) 从弹的俯仰通道和偏航通道的攻击角误差最大不超过 1°。领弹采用比例导引制导律飞行,不对其攻击角做约束,并可以估算出它的攻击角,从弹期望攻击角的指定通过参照领弹攻击角估计值来确定。设定的攻击角不同,各导弹对目标的打击角度也不同,有利于增强弹群的毁伤能力。综合考虑导弹打击精度和协同攻击高低弹情况,本节使领弹沿比例导引飞行,若使领弹在其他的带攻击角约束制导律的导引下飞行,也能结合本节的领弹–从弹协同制导方法来使用。

(3) 若从弹的初始视线角和速度严重偏离理想攻击角方向,会造成系统的速度、弹道倾角及弹道偏角等控制输入较大。由表 5.9 可知,三枚从弹中从弹 3 的初始弹目距离与领弹的初始弹目距离之差、俯仰方向的初始视线角与期望攻击角之差最大,所以从弹 3 的控制量受限幅作用的时间最长。从弹 3 偏航方向的初始视线角与理想攻击角之差最小,所以控制器输出的弹道偏角受限幅作用的时间最短,系统状态也最先收敛到期望值。图 5.31~ 图 5.33 为从弹受控制指令作用后的运动状态变化曲线。综上所述,控制器的输出受从弹的初始状态的影响较大。

(4) 调整控制器的权系数矩阵 Q 和 R 可以减小稳态误差,同时会影响控制输入,因此要使稳态误差和控制输入合理,设置好 Q 和 R 至关重要。

采用本节所提方法对虚拟点轨迹进行改进设计,N 按照式 (5.92) 取值,设置 $k = 1$。图 5.34 给出了从弹 2 对应的理想虚拟点轨迹、实际虚拟点轨迹及轨迹图。图 5.35 和图 5.36 分别给出了改进前后从弹 2 在铅垂平面和水平面内的法向过载变化曲线。

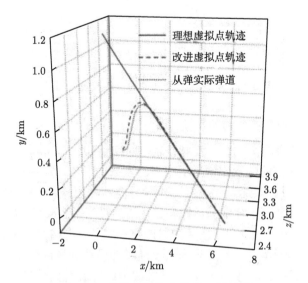

图 5.34　虚拟点轨迹及从弹 2 轨迹图

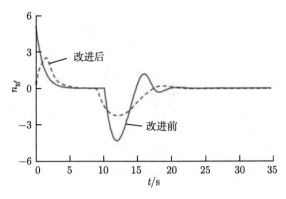

图 5.35　从弹 2 竖直平面内的法向过载变化图

由图 5.36 可知,改进之后的虚拟点轨迹是 "曲线 + 直线" 的形式,第一段曲线的曲率比改进前的曲率大大减小,经过一段时间后收敛到直线,从弹沿着改进后的虚拟点轨迹飞行,最后实现带攻击角和攻击时间约束的协同作战。将虚拟点轨迹改进以后,导弹的需用过载也大大减小。

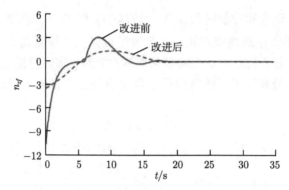

图 5.36　从弹 2 水平面内的法向过载变化图

2. 基于双层协同制导架构的制导方法

1) 带攻击角约束的协同制导及剩余攻击时间估计

A. 带攻击角约束的偏置比例导引律

图 5.37 为弹目相对运动关系，AXY 为惯性平面坐标系，若目标无机动能力，$T(x_T, y_T)$ 和 $M(x, y)$ 分别为目标和导弹的位置，v 为导弹的切向常值速度，a_n 为法向加速度，σ 为弹道倾角，R 为弹目距离；定义速度指向 AX 轴上方时 σ 为正，反之为负；η 为前置角，定义导弹速度逆时针旋转到弹目视线上时 η 为正，反之为负；q 为弹目视线角，定义由水平基准线逆时针旋转到弹目视线上时 q 为正，反之为负。

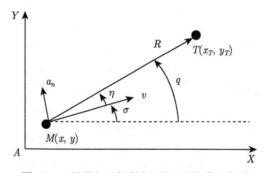

图 5.37　导弹与目标的相对运动关系示意图

弹–目相对运动方程为

$$\dot{R} = -v\cos(q - \sigma) \tag{5.94}$$

$$R\dot{q} = v\sin(q - \sigma) \tag{5.95}$$

导弹的运动方程为

$$\dot{x} = v\cos\sigma \tag{5.96}$$

$$\dot{y} = v\sin\sigma \tag{5.97}$$

$$\dot{\sigma} = a_n/v \tag{5.98}$$

由于 $\eta = q - \sigma$,则

$$\dot{\eta} = \dot{q} - \dot{\sigma} \tag{5.99}$$

为了使导弹能够以期望攻击角击中目标,采用在比例导引基础上加入偏置项的方法,其一般形式为

$$a_n = Nv\dot{q} + a_B \tag{5.100}$$

式中,N 为比例系数;a_B 为偏置项。将式 (5.100) 代入式 (5.98),得

$$\dot{\sigma} = N\dot{q} + a_B/v \tag{5.101}$$

根据导数的定义,可知在某一小段时间 Δt 内,有

$$(\sigma_{t+\Delta t} - \sigma_t)/\Delta t = N(q_{t+\Delta t} - q_t)/\Delta t + a_B/v \tag{5.102}$$

式中,下标 t 和 $t + \Delta t$ 分别表示 Δt 时间段的初始时刻和末时刻。假设 a_B 在每个 Δt 时间段内均为常数,则将 Δt 拓展为总飞行时间 t_f,可得

$$\sigma_f - \sigma_0 = N(q_f - q_0) + a_B t_f/v \tag{5.103}$$

式中,下标 0 和 f 分别表示整个飞行过程的初始时刻和末时刻。

当导弹击中目标时,$R(t_f) = 0$,根据式 (5.95) 可得

$$\sigma_f = q_f \tag{5.104}$$

设 σ_d 为期望攻击角,令

$$\sigma_f = \sigma_d \tag{5.105}$$

即希望导弹终端时刻的弹道角能达到期望攻击角,则由式 (5.103) 整理可得

$$a_B = -(\sigma_0 - Nq_0 + (N-1)\sigma_d)\,v/t_f \tag{5.106}$$

由于 t_f 可以看作是导弹飞行初始时刻的剩余攻击时间,则偏置项 a_B 用当前时刻的参数可表示为

$$a_B = -(\sigma - Nq + (N-1)\sigma_d)\,v/t_{\text{go}} \tag{5.107}$$

式中:t_{go} 表示导弹当前时刻的剩余攻击时间。

若 $t_{go} \approx R/v$，则带攻击角约束的偏置比例导引律为

$$a_n = Nv\dot{q} - v^2 \left(\sigma - Nq + (N-1)\sigma_d \right) / R \qquad (5.108)$$

在此导引律中，剩余攻击时间的估计没有考虑法向加速度指令对飞行弹道曲率和剩余飞行时间的影响。如果该导引律只适用于单枚导弹制导系统，且系统对攻击时间没有要求，则该导引律对导弹脱靶量和攻击角控制精度没有明显影响。本节拟将此偏置比例导引律推广应用于网络化导弹的协同制导，协同制导系统要求各导弹攻击时间必须一致，因此制导系统对剩余飞行时间的估算精度要求较高。

本节拟先针对单枚导弹，推导在上述偏置比例导引律作用下导弹的较精确剩余攻击时间估算表达式，然后将其推广应用于多枚导弹的协同制导。

B. 带攻击角约束的偏置比例导引律作用下的导弹剩余攻击时间估算

在进行剩余攻击时间估算时，不仅要考虑比例导引过载指令对弹道曲率的影响，还要考虑用于攻击角控制的过载指令对弹道的影响。本节提出了一种带攻击角约束的偏置比例导引律作用下的导弹剩余攻击时间估算方法。其基本思想是，根据式 (5.108) 中设计的带攻击角约束的偏置比例导引律，近似拟合出导弹的飞行弹道，在假设速度恒定的情况下，根据飞行弹道总长度估算出导弹的剩余飞行时间，详细推导过程如下。

定义弹目视线坐标系 $OX_{LOS}Y_{LOS}$：坐标系原点 O 取在初始时刻导弹的瞬时质心处，OX_{LOS} 轴与初始时刻弹目视线重合，指向目标为正，OY_{LOS} 轴与 OX_{LOS} 轴垂直，以图 5.38 所示方向为正。

弹目视线坐标系与惯性系的几何关系示意图如图 5.38 所示。图 5.38 中，σ_0 和 q_0 分别为初始时刻的弹道角和弹目视线角。导弹与目标在弹目视线坐标系下的相对运动关系如图 5.39 所示。

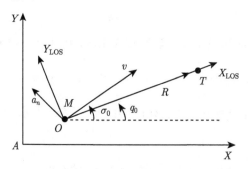

图 5.38　弹目视线坐标系与惯性坐标系的几何关系示意图

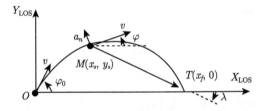

图 5.39 弹目视线坐标系中的弹目相对运动关系示意图

设图 5.39 中曲线为导弹的飞行弹道，弹目视线坐标系下目标位置为 $(x_f, 0)$，导弹位置为 (x_s, y_s)。令 φ 为导弹速度方向与 OX_{LOS} 轴的夹角，规定导弹速度矢量指向 OX_{LOS} 轴上方时 φ 为正，反之为负；λ 为弹目视线与 OX_{LOS} 轴的夹角，规定弹目视线方向指向 OX_{LOS} 轴上方时 λ 为正，反之为负。

由几何关系可得

$$
\begin{cases}
\varphi = \sigma - q_0 \\
\lambda = q - q_0
\end{cases}
\tag{5.109}
$$

下文中规定上标 "′" 代表各参数对 x_s 的导数。假设 φ 和 λ 均为小角度，则 y_s 和 φ 关于 x_s 的导数为

$$
\begin{cases}
y_s' = \varphi \\
\varphi' = a_n / v^2
\end{cases}
\tag{5.110}
$$

弹目视线角可表示为

$$
\lambda = -y_s / (x_f - x_s)
\tag{5.111}
$$

将式 (5.110) 和式 (5.111) 代入式 (5.108)，可得法向加速度关于 x_s 的表达式：

$$
a_n(x_s) = -\frac{2Nv^2 y_s}{(x_f - x_s)^2} - \frac{(N+1)v^2 y_s'}{x_f - x_s} - \frac{(N-1)v^2}{x_f - x_s}(\sigma_d - q_0)
\tag{5.112}
$$

将式 (5.112) 代入式 (5.110)，由于初始条件为 $y_s(0) = 0$，$y_s'(0) = \varphi_0$，解得 y_s 关于 x_s 的表达式为

$$
y_s(x_s) = -\frac{\varphi_0 + \sigma_d - q_0}{(N-2)x_f^{N-1}}(x_f - x_s)^N
$$
$$
+ \frac{\varphi_0 + (N-1)(\sigma_d - q_0)}{(N-2)x_f}(x_f - x_s)^2 - (\sigma_d - q_0)(x_f - x_s)
\tag{5.113}
$$

φ 关于 x_s 的表达式为

$$
\varphi(x_s) = \frac{N(\varphi_0 + \sigma_d - q_0)}{(N-2)x_f^{N-1}}(x_f - x_s)^{N-1}
$$
$$
- \frac{2(\varphi_0 + (N-1)(\sigma_d - q_0))}{(N-2)x_f}(x_f - x_s) + (\sigma_d - q_0)
\tag{5.114}
$$

导弹的总飞行长度可以表示为

$$s = vt_f = \int_0^{x_f} \sqrt{1 + (y_s')^2}\, \mathrm{d}x_s = \int_0^{x_f} \sqrt{1 + \varphi^2}\, \mathrm{d}x \tag{5.115}$$

式中，t_f 为导弹的总飞行时间。

将式 (5.114) 代入式 (5.115)，整理可得

$$t_f \approx \frac{x_f}{v}\left[1 + \frac{(3N-1)\varphi_0^2 - 2(N-1)\varphi_0(\sigma_d - q_0)}{6(N+1)(2N-1)}\right] + \frac{x_f}{v}\frac{2(N-1)^2(\sigma_d - q_0)^2}{6(N+1)(2N-1)} \tag{5.116}$$

可将 t_f 看作是导弹初始飞行时刻的剩余攻击时间，x_f 看作是初始时刻的弹目相对距离 R，φ_0 与初始的速度矢量前置角 η 大小相等，方向相反，即 $\varphi_0 = -\eta$，则导弹当前时刻的剩余攻击时间 t_{go} 可表示为

$$t_{\mathrm{go}} = \frac{R}{v}\left[1 + \frac{(3N-1)\eta^2 + 2(N-1)\eta(\sigma_d - q)}{6(N+1)(2N-1)}\right] + \frac{R}{v}\frac{2(N-1)^2(\sigma_d - q)^2}{6(N+1)(2N-1)} \tag{5.117}$$

当不考虑攻击角约束，仅采用比例导引，即 $a_B = 0$ 时，可得

$$\sigma_d = (Nq - \sigma)/(N-1) \tag{5.118}$$

将式 (5.118) 代入式 (5.117)，整理可得

$$t_{\mathrm{go}} = \frac{R}{v}\left(1 + \frac{\eta^2}{2(2N-1)}\right) \tag{5.119}$$

2) 收敛性证明

下面对同时带攻击角和攻击时间约束的网络化导弹协同偏置比例制导律与剩余攻击时间方差的收敛性进行证明。

A. 同时带攻击角和攻击时间约束的网络化导弹协同偏置比例制导律

为了提高网络化导弹的作战效能，一般希望网络中的各导弹能够在同一时刻以不同的期望攻击角命中目标或者目标的不同关键部位，实现最佳毁伤，因此需要为网络化导弹设计同时带攻击角和攻击时间约束的协同制导系统。基于此，本节提出了一种协同偏置比例导引律。此导引律根据各枚导弹剩余攻击时间之差对比例导引系数进行调节，从而达到控制各导弹攻击时间一致并实现不同期望攻击角的目的。本节提出的协同偏置比例导引律的形式如下：

$$a_{ni}(t) = N_i(t)v_i\dot{q}_i(t) - v_i^2\left[\sigma_i(t) - Nq_i(t) + (N-1)\sigma_{di}\right]/R_i(t) \tag{5.120}$$

式中，下标 i 表示第 i 枚导弹；$q_i(t)$ 为弹目视线角；$\dot{q}_i(t)$ 为弹目视线角速率；$\sigma_i(t)$ 为导弹的弹道角；σ_{di} 为期望攻击角；$N_i(t)$ 为变比例系数，其表达式为 $N_i(t) =$

$N\left(1 - \Omega_i\left(t\right)\right)$, 其中 $\Omega_i\left(t\right)$ 为时变增益率, 表达式为

$$\Omega_i\left(t\right) = \frac{KR_i\left(t\right)\varepsilon_i\left(t\right)}{\bar{t}_{\mathrm{go}}\left(0\right)\bar{R}\left(0\right)}\left[\left(3N-1\right)\eta_i^2\left(t\right) + \left(N-1\right)\left(\sigma_{di} - q_i\left(t\right)\right)\eta_i\left(t\right)\right] \tag{5.121}$$

这里,

$$\varepsilon_i\left(t\right) = \frac{1}{m-1}\sum_{j=1, j\neq i}^{m} t_{\mathrm{go}j}\left(t\right) - t_{\mathrm{go}i}\left(t\right) \tag{5.122}$$

式中, m 为协同系统中导弹的总个数; 常数 $K > 0$; $\bar{t}_{\mathrm{go}}\left(0\right)$ 为所有导弹初始剩余攻击时间的平均值; $\bar{R}\left(0\right)$ 为所有导弹初始弹目相对距离的平均值; $\dfrac{1}{m-1}\displaystyle\sum_{j=1, j\neq i}^{m} t_{\mathrm{go}j}\left(t\right)$ 为除了第 i 枚导弹以外的其余所有导弹的剩余攻击时间的平均值。

可将式 (5.120) 改写为如下形式:

$$a_{ni}\left(t\right) = a_{ti}\left(t\right) + a_{Bi}\left(t\right) \tag{5.123}$$

式中,

$$a_{ti}\left(t\right) = N_i\left(t\right)v_i\dot{q}_i\left(t\right) \tag{5.124}$$

$$a_{Bi}\left(t\right) = -v_i^2\left[\sigma_i\left(t\right) - Nq_i\left(t\right) + \left(N-1\right)\sigma_{di}\right]/R_i\left(t\right) \tag{5.125}$$

$a_{ti}\left(t\right)$ 主要用于调节导弹的攻击时间, 这里对攻击时间的调节转化为对弹道曲率和飞行距离的控制, 即通过调节比例系数改变导弹飞行长度和弹道曲率, 从而达到控制各导弹攻击时间一致的目的; $a_{Bi}\left(t\right)$ 则主要用于导弹的攻击角控制。由于在剩余时间估算表达式中明确考虑了比例导引过载指令和攻击角控制过载指令对飞行弹道曲率的影响, 所以网络化导弹最终能够在同一时刻以各自期望的攻击角命中目标。下面从理论上对本节提出的协同偏置比例导引律的剩余攻击时间方差收敛性进行证明。

B. 协同偏置比例导引律的剩余攻击时间方差收敛性证明

网络化导弹系统的剩余攻击时间方差可表示为

$$\mathrm{var}\left(t\right) = \frac{1}{m}\sum_{j=1}^{m}\left(\bar{t}_{\mathrm{go}}\left(t\right) - t_{\mathrm{go}j}\left(t\right)\right)^2 \tag{5.126}$$

若协同制导律能够使式 (5.126) 中的方差收敛至 0, 则表明所有导弹的剩余攻击时间达到一致, 即各导弹能够同时命中目标。下面将证明本节提出的协同偏置比例导引律能够使该方差收敛至 0。

式 (5.122) 可写为

$$\varepsilon_i\left(t\right) = m\left(\bar{t}_{\mathrm{go}}\left(t\right) - t_{\mathrm{go}i}\left(t\right)\right)/\left(m-1\right) \tag{5.127}$$

则式 (5.121) 可表示为

$$\Omega_i(t) = \frac{mKR_i(t)\left(\bar{t}_{\mathrm{go}}(t) - t_{\mathrm{goi}}(t)\right)}{(m-1)\bar{t}_{\mathrm{go}}(0)\bar{R}(0)} + \left((3N-1)\eta_i^2(t)(N-1)(\sigma_{di} - q_i(t))\eta_i(t)\right)$$

$$(5.128)$$

假设 $\eta_i(t)$ 为小角度，则将各参数在 $t + \Delta t$ 时刻的值在 t 时刻泰勒展开，并省去高阶小量，得

$$R_i(t + \Delta t) = R_i(t) - v_i \Delta t \left(1 - \eta_i^2(t)/2\right) \tag{5.129}$$

$$q_i(t + \Delta t) = q_i(t) + v_i \eta_i(t) \Delta t / R_i(t) \tag{5.130}$$

$$\eta_i(t + \Delta t) = \eta_i(t) + v_i \left[(N-1)(\sigma_{di} - q_i(t)) - N(1 - \Omega_i(t))\eta_i(t)\right]\Delta t_i / R_i(t)$$

$$(5.131)$$

则根据式 (5.117)，可得第 i 枚导弹在 $t + \Delta t$ 时刻的剩余攻击时间为

$$t_{\mathrm{goi}}(t + \Delta t) = t_{\mathrm{goi}}(t) - \Delta t + \frac{N\Omega_j(t)\Delta t}{3(N+1)(2N-1)}$$
$$\times \left[(3N-1)\eta_j^2(t) + (N-1)(\sigma_{dj} - q_j(t))\eta_j(t)\right] \tag{5.132}$$

则 $t + \Delta t$ 时刻所有导弹的平均攻击时间为

$$\bar{t}_{\mathrm{go}}(t + \Delta t) = \bar{t}_{\mathrm{go}}(t) - \Delta t + \frac{N\Delta t}{3m(N+1)(2N-1)}\left(\left[(3N-1)\eta_j^2(t)\right.\right.$$
$$\left.\left. + (N-1)(\sigma_{dj} - q_j(t))\eta_j(t)\right]\Omega_j(t)\right) \tag{5.133}$$

将式 (5.128)、式 (5.132) 和式 (5.133) 代入式 (5.126)，则 $t + \Delta t$ 时刻剩余攻击时间的方差可表示为

$$\mathrm{var}(t + \Delta t) = \mathrm{var}(t) - \frac{2N\Delta t}{3m(N+1)(2N-1)}C(t) \tag{5.134}$$

式中，

$$C(t) = \frac{mK}{(m-1)\bar{t}_{\mathrm{go}}(0)\bar{R}(0)}\sum_{j=1}^{m}\left(R_j(t)\left(\bar{t}_{\mathrm{go}}(t) - t_{goj}(t)\right)^2\right.$$
$$\left. \times \left[(3N-1)\eta_j^2(t) + (N-1)(\sigma_{dj} - q_j(t))\eta_j(t)\right]^2\right)$$

由上式可以看出，$C(t)$ 中的各项均为非负数，因此 $\mathrm{var}(t + \Delta t) \leqslant \mathrm{var}(t)$，方差随着时间递减，并最终收敛至 0，从而保证了多枚导弹能够同时命中目标。值得注意的是，当所有导弹在每个时刻均满足 $(3N-1)\eta(t) + (N-1)(\sigma_d - q(t)) = 0$ 或 $\eta(t) = 0$ 时，$\mathrm{var}(t + \Delta t) = \mathrm{var}(t)$，方差不会递减至 0，而是维持一恒定值。但这种情况极其特殊，在实际作战中很难出现。

当方差趋于 0 时，所有导弹的剩余攻击时间趋于一致，即 $(\bar{t}_{go}(t) - t_{goi}(t)) \to$ 0。由式 (5.128) 可得时变增益率 $\Omega_i(t) \to 0$，因此时变比例系数 $N_i(t) \to N$。协同偏置比例导引律的形式趋近于式 (5.108) 带攻击角约束的偏置比例导引律。

3) 仿真分析

A. 本节提出的协同偏置比例导引律的有效性验证

假设使用两枚导弹攻击同一目标，$(x_T, y_T) = (8000\text{m}, 0\text{m})$；弹 1 初始位置坐标为 $(0\text{m}, 0\text{m})$，$\sigma_{01} = 20°$，$\sigma_{d1} = -25°$，$v_1 = 280\text{m/s}$；弹 2 初始位置坐标为 $(450\text{m}, 1000\text{m})$，$\sigma_{02} = -5°$，$\sigma_{d2} = -35°$，$v_2 = 280\text{m/s}$。取 $N = 3$，$K = 40$，运用本节提出的协同偏置比例导引律对两枚导弹进行协同制导仿真，得到两枚导弹的主要特征变量变化曲线如图 5.40 所示。

由图 5.40 可以看出，弹 1 和弹 2 以各自期望的攻击角同时命中目标，验证了本节提出的网络化导弹协同制导律的正确性和有效性。最终弹 1 脱靶量为 0.499m，弹 2 脱靶量为 0.498m。由图 5.40(d) 可见，两枚弹的比例导引系数最终都收敛于 3，这是由于两弹之间的剩余攻击时间之差随着导弹飞行逐渐趋于 0，时变增益率

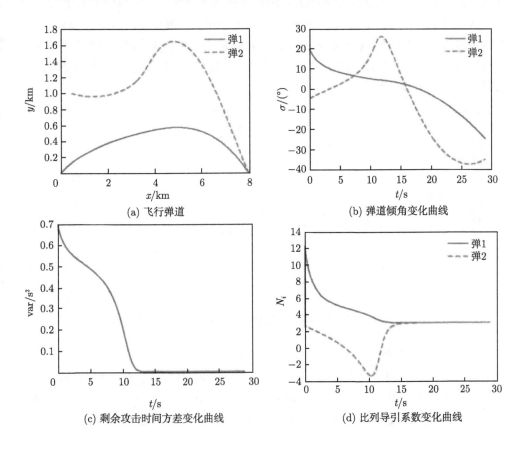

(a) 飞行弹道   (b) 弹道倾角变化曲线

(c) 剩余攻击时间方差变化曲线   (d) 比列导引系数变化曲线

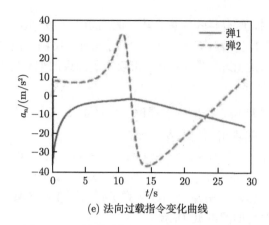

(e) 法向过载指令变化曲线

图 5.40　两枚导弹协同攻击目标的仿真结果

也随着趋于 0，因此比例系数收敛于给定的常系数 N。

　　若采用式 (5.119) 进行各导弹剩余攻击时间的估算，即不考虑用于控制攻击角的过载指令对飞行时间的影响，则上述两枚导弹的协同制导效果如图 5.41 所示。

　　从图 5.41 可以看出，两枚导弹没有同时命中目标，剩余攻击时间方差最终没有收敛至 0。研究表明，采用本节提出的协同偏置比例导引律对网络化导弹进行协同制导时，需采用本节提出的比较精确的剩余攻击时间估算方法，否则各导弹的攻击时间会存在一定的误差。

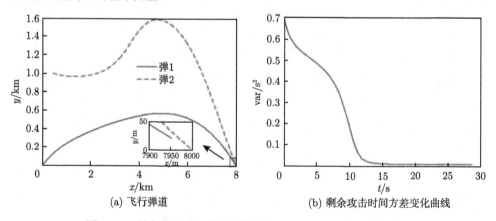

(a) 飞行弹道　　　　　　　　　　　(b) 剩余攻击时间方差变化曲线

图 5.41　剩余攻击时间估算不准确情况下的导弹协同制导效果

B. 多导弹协同攻击大型目标时的有效性验证

　　将目标的俯视图简化为六边形，假设使用三枚导弹在偏航平面内同时攻击目标 3 条边的中点，弹 1 初始位置坐标为 $(400, 600)$（单位 m，下同），目标点位置为 $(8550, 75)$，$\sigma_{01} = -30°$，$\sigma_{dl} = 30°$，$v_1 = 300\text{m/s}$；弹 2 初始位置坐标为 $(0, 500)$，

目标点位置为 $(8550, -75)$，$\sigma_{02} = 0°$，$\sigma_{d2} = 0°$，$v_3 = 300\text{m/s}$；弹 3 初始位置坐标为 $(80, 0)$，目标点位置为 $(8550, -75)$，$\sigma_{03} = 25°$，$\sigma_{d3} = -30°$，$v_3 = 300\text{m/s}$。取 $N = 3$，$K = 30$，运用本节提出的协同偏置比例导引律对三枚导弹进行制导仿真，各导弹的主要特征变量变化曲线如图 5.42 所示。

从图 5.42 可以看出，应用本节提出的带攻击角和攻击时间约束的协同偏置比例导引律，可以保证网络中各导弹在同一时刻以不同的期望攻击角命中目标的不同关键部位。最终弹 1 脱靶量为 0.497m，弹 2 脱靶量为 0.499m，弹 3 脱靶量为 0.497m。

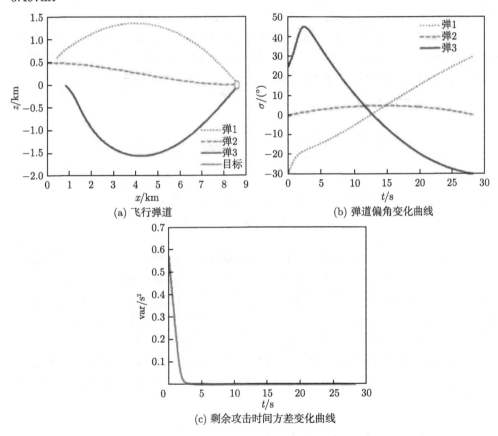

图 5.42 三枚导弹攻击大型目标不同位置点时的仿真结果

本节创新点主要有两点：

(1) 在带攻击角约束的偏置比例导引律作用下，提出了以导弹飞行距离为基础的剩余攻击时间估计表达式，考虑了过载指令对弹道曲率的影响，对弹群剩余飞行时间估计得较为准确；

(2) 设计了一种带攻击角和攻击时间约束的弹群协同制导方法, 并证明了采用该方法弹群的剩余飞行时间方差会收敛至 0, 实现了各导弹以不同期望攻击角同时命中目标。

5.4.3　带攻击时间约束和不同视场角约束的协同制导方法

异类导弹往往搭载不同性能的导引头, 如图 5.43 所示, 某类高性能导弹搭载了大视场导引头; 而某类低性能导弹搭载的导引头视场 (FOV) 较窄, 如红外导引头等无源导引头或者捷联式导引头。若以各导弹中的最大 FOV 范围作为统一约束, 则有可能使配备小视场导引头的导弹在飞行过程中丢失目标; 反之, 若以各导弹中的最小 FOV 范围作为统一约束, 则必然会限制高性能导弹的机动范围, 浪费多导弹系统整体的攻击能力 [58-63]。因此, 异类导弹协同制导律在设计时需要考虑导弹不同的 FOV 约束对各自的影响。

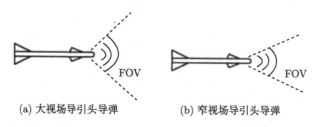

(a) 大视场导引头导弹　　　　　(b) 窄视场导引头导弹

图 5.43　搭载不同导引头的异类导弹

三维空间的导引可以解耦成二维纵向平面与横侧向平面的导引 [64]。由于导弹在接近目标时横侧向平面的运动可以忽略, 下面考虑二维纵向平面内 $N(N>1)$ 枚异类导弹协同制导。假定目标固定, 典型固定目标有地面重要设施、交通枢纽等; 此外, 考虑舰船运行速度远小于导弹飞行速度, 一般也将舰船近似成固定目标, 因此下面研究的导弹类型包括了对地导弹及反舰导弹。假设各导弹为质点模型, 采用气动力布局; 飞行过程中导弹所受合力对轴向速度大小的影响可忽略不计, 即假设导弹轴向速度大小不变, 仅能改变导弹的法向过载, 当各导弹均脱离上升段后开始协同制导。

1. 基于双层协同制导架构的制导方法

1) 运动学建模及问题分析

导弹与目标的导引几何关系如图 5.44 所示。图 5.44 中: T 表示目标, M_i 表示导弹 i, r_i, v_i 和 a_i 分别表示导弹 i 的弹目距离、轴向速度和法向过载, a_i 垂直于导弹的轴向方向; ϑ_i, θ_i 和 μ_i 分别表示导弹 i 的视线角、弹道倾角和前置角。

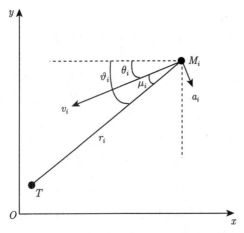

图 5.44　导弹 i 与目标几何关系示意图

导弹 i 相对目标的运动方程可表示为

$$\begin{cases} \dot{r}_i(t) = -v_i\cos(\vartheta_i(t) - \theta_i(t)) \\ \dot{\vartheta}_i(t) = v_i\sin(\vartheta_i(t) - \theta_i(t))/r_i(t) \\ \dot{\theta}_i(t) = a_i(t)/v_i \end{cases} \tag{5.135}$$

由图 5.44 可知，$\mu_i(t) = \vartheta_i(t) - \theta_i(t)$。本节考虑 $\mu_i(t) \in [0,\pi]$(单位为 rad，下同)，即 $\vartheta_i(t) \geqslant \theta_i(t)$ 时的情形；而 $\mu_i(t) \in [-\pi, 0)$，可认为是 $\mu_i(t) \in [0,\pi]$ 时的对称情形。令 $\bar{r}_i(t) = r_i(t)/v_i$，$\bar{r}_i(t)$ 表示导弹 i 归一化后的剩余距离信息。由式 (5.135) 可得

$$\dot{\mu}_i(t) = \sin\mu_i(t)/\bar{r}_i(t) - a_i(t)/v_i \tag{5.136}$$

结合式 (5.135) 与式 (5.136)，可得式 (5.137)：

$$\begin{cases} \dot{\bar{r}}_i(t) = -\cos\mu_i(t) \\ \dot{\mu}_i(t) = \sin\mu_i(t)/\bar{r}_i(t) - a_i(t)/v_i \end{cases} \tag{5.137}$$

导弹导引头存在 FOV 约束，不失一般性，假设导弹 i 的最大视场角为 φ_m^i，且 $0\text{rad} < \varphi_m^i < \pi/2\text{rad}$。当导弹迎角较小时，可将导引头对目标的视角近似为导弹的前置角，从而可通过对导弹前置角的限制来处理 FOV 约束。因此在导弹飞行过程中，要求导弹的前置角满足条件 $|\mu_i(t)| \leqslant \varphi_m^i$，以保证目标始终处于导引头的 FOV 范围内，从而有

$$\mu_i(t) \in [0, \varphi_m^i], \quad \forall t > 0 \tag{5.138}$$

需要说明的是，由于本节主要研究不同 FOV 约束对协同制导过程的影响，异类导弹差异主要在于各导弹 FOV 范围与速度的不同，导弹其他特性的差异未重点考虑。

2) 网络通信拓扑模型

用有向图 $\mathcal{I}(V, \varepsilon, A)$ 表示导弹通信拓扑，简记为 $\mathcal{I}(A)$。其中 $V = \{1, 2, \cdots, N\}$ 表示各导弹节点，$\varepsilon \subseteq V \times V$ 表示通信链路，$A = [a_{ij}]_{N \times N}$ 为邻接矩阵。$a_{ij} = 1$ 表示导弹 j 向导弹 i 传输信息，此时导弹 j 处于导弹 i 的邻域中，记为 $j \in \mathcal{N}_i$；反之，$a_{ij} = 0$ 表示无通信。假设 $a_{ii} = 0$，且各导弹时钟同步。为减轻通信链路负担，各导弹以固定周期 $h (h > 0)$ 进行通信，记通信时刻为 $\{t_k|_{k=0}^{\infty}\}$，且 $t_0 = 0$，$t_{k+1} - t_k \equiv h$。根据多导弹对目标同时打击的要求，定义任意导弹 i 与导弹 j，且 $i \neq j$，当相关变量满足式 (5.138) 与式 (5.139) 条件时，多导弹实现协同制导：

$$\begin{cases} \lim\limits_{t \to \infty} |\bar{r}_i(t) - \bar{r}_j(t)| = 0 \\ \lim\limits_{t \to \infty} |\mu_i(t) - \mu_j(t)| = 0 \end{cases} \tag{5.139}$$

考虑到不同 FOV 约束下异类导弹协同制导具有较强的非线性，采用反馈线性化方法以方便对问题的分析。为简洁直观，下文部分公式在进行反馈线性化推导相关变量后省略了表示导弹飞行时刻的符号 t。令 $f_i = \left[-\cos\mu_i, \dfrac{\sin\mu_i}{\bar{r}_i} \right]^{\mathrm{T}}$，$g_i = \left[0, -\dfrac{1}{v_i} \right]^{\mathrm{T}}$，结合式 (5.137) 可得

$$\begin{bmatrix} \dot{\bar{r}}_i \\ \dot{\mu}_i \end{bmatrix} = f_i + g_i a_i \tag{5.140}$$

令输出 $h_i = \bar{r}_i$，可知式 (5.140) 的相对阶数为 2。

令 $L_f^n h_i$ 与 $L_g^n h_i$ 分别表示 h_i 的 n 阶 Lie 导数，对式 (5.140) 进行反馈线性化，得

$$\begin{cases} \dot{\xi}_i \triangleq h_i = \bar{r}_i \\ \zeta_i \triangleq L_f h_i = -\cos\mu_i \end{cases} \tag{5.141}$$

同时可得线性化输入为

$$u_i \triangleq L_f^2 h_i + L_g L_f h_i a_i = \frac{\sin^2\mu_i}{\bar{r}_i} - \frac{\sin\mu_i}{v_i} a_i \tag{5.142}$$

经反馈线性化后，可得导弹 i 的线性相对运动方程如式 (5.143) 所示：

$$\begin{cases} \dot{\xi}_i = \zeta_i \\ \dot{\zeta}_i = u_i \end{cases} \tag{5.143}$$

由式 (5.138) 可知，任意导弹 i 在飞行过程中，ζ_i 需要满足如下条件：

$$\zeta_i(t) \in \left[-1, -\cos\varphi_m^i \right], \quad \forall t > 0 \tag{5.144}$$

同时, 为实现齐射攻击, 由式 (5.139) 可知, 任意导弹 i 与导弹 j 的相关状态需满足式 (5.145) 所示的条件:

$$\begin{cases} \lim_{t \to \infty} |\xi_i(t) - \xi_j(t)| = 0 \\ \lim_{t \to \infty} |\zeta_i(t) - \zeta_j(t)| = 0, \quad i,j = 1,2,\cdots,N \end{cases} \tag{5.145}$$

基于以上分析, 带有不同视场约束的多导弹齐射攻击问题可以转换成状态受限下的求取状态一致问题, 即根据通信数据, 对每枚导弹设计一种协同一致律 $u_i(t)$, 使得导弹相关变量在式 (5.144) 约束下满足式 (5.145) 条件。式 (5.142) 给出了导弹过载指令与协同一致律的对应关系, 因此导弹上施加的实际过载指令可由式 (5.142) 的逆运算获得。

3) 协同制导律

A. 协同一致性分析

定义相关变量一致性误差 $z_i(t)$ $(i = 1, \cdots, N)$, 如下:

$$z_i(t) = -\beta_i(t)\left(\zeta_i(t) - \zeta_r\right) + \sum_{j \in \mathcal{N}_i} a_{ij}\left(\xi_i(t) - \xi_j(t)\right) \tag{5.146}$$

式中, $\beta_i(t) > 0$ 为时变增益; ζ_r 为各导弹前置角参考值, 与比例制导 (PNG) 法的导航比类似, ζ_r 在导弹发射前已经装定好, 并保持不变。ζ_r 必须在各枚导弹导引头 FOV 约束内进行选取, 即参考值的选取需要满足式 (5.147) 所示的条件:

$$\zeta_r \in \left(-1, -\cos\varphi_m^i\right), \quad \forall i = 1,\cdots,N \tag{5.147}$$

若无式 (5.144) 约束, 则各导弹可直接根据一致性误差式 (5.146) 设计反馈输入, 使得导弹相关状态满足式 (5.145) 的条件。即使是同类导弹, 若设置不同的前置角参考值, 则不同参考值下的导弹到达目标的时间也不会相同, 从而实现对目标的多批次打击。本节为实现多导弹的齐射攻击, 为各导弹分配相同的前置角参考值。

定义 $\xi_r = \int \zeta_r \mathrm{d}t$, 令 $\hat{\xi}_i(t) = \xi_i(t) - \xi_r$, $\hat{\zeta}_i(t) = \zeta_i(t) - \zeta_r$, 同时定义 $\hat{\zeta}_i(t)$ 的约束区间为 $X_i = [\underline{x}_i \bar{x}_i]$, 可知 $\underline{x}_i = -1 - \zeta_r$, $\bar{x}_i = -\cos\varphi_m^i - \zeta_r$ $(i = 1, \cdots, N)$。

由于导弹间以固定周期进行通信, 根据式 (5.143) 可得导弹 $i = 1, \cdots, N$ 离散采样模型为

$$\begin{cases} \hat{\xi}_i(t_{k+1}) = \hat{\xi}_i(t_k) + \hat{\zeta}_i(t_k) h + u_i(t_k) h^2/2 \\ \hat{\zeta}_i(t_{k+1}) = \hat{\zeta}_i(t_k) + u_i(t_k) h \end{cases} \tag{5.148}$$

在式 (5.144) 约束下, 设计一种协同一致律如下:

$$u_i(t_k) = P_{X_i}\left(\hat{\zeta}_i(t_k), z_i(t_k)\right) \tag{5.149}$$

式中，$P_{X_i}(\cdot,\cdot)$ 为饱和函数，

$$\hat{z}_i(t_k) = \hat{\zeta}_i(t_k) + z_i(t_k)h, \quad P_{X_i}\left(\hat{\zeta}_i(t_k), z_i(t_k)\right)$$

$$= \begin{cases} \left(\bar{x}_i - \hat{\zeta}_i(t_k)\right)/h, & \hat{z}_i(t_k) > \bar{x}_i \\[2mm] z_i(t_k), & \dfrac{x_i \leqslant \hat{z}_i}{\varepsilon_i}(t_k) \leqslant \bar{x}_i \\[2mm] \left(x_i - \hat{\zeta}_i(t_k)\right)/h, & \hat{z}_i(t_k) < \underline{x}_i \end{cases}$$

本节中各导弹带有不同的视场约束，因此式 (5.149) 中的 $X_i, i = 1, \cdots, N$ 互不相同，且各导弹仅知道自身的前置角约束区间，根据自身前置角状态，将一致性误差经饱和函数生成协同一致输入，从而可以确保导弹飞行过程中前置角始终被限制在约束区间内，使目标被锁定在导弹导引头 FOV 内。

B. 模型转换

对式 (5.148) 进行模型转换，定义如下误差比例系数：

$$e_i(t_k) = \begin{cases} \dfrac{\left|\hat{\zeta}_i(t_k) + u_i(t_k)h\right|}{|\hat{z}_i(t_k)|}, & \hat{z}_i(t_k) \neq 0 \\[4mm] 1, & \hat{z}_i(t_k) = 0 \end{cases} \tag{5.150}$$

由式 (5.149) 可知，$0 < e_i(t_k) \leqslant 1$。

结合式 (5.146)、式 (5.148) 与式 (5.150)，可知

$$\hat{\zeta}_i(t_{k+1}) = e_i(t_k)\hat{z}_i(t_k) = e_i(t_k)\left[\hat{\zeta}_i(t_k) - \beta_i(t_k)\hat{\zeta}_i(t_k)h\right] + e_i(t_k)\sum_{j\in\mathcal{N}_i} a_{ij}\left(\hat{\xi}_j(t) - \hat{\xi}_i(t)\right)h \tag{5.151}$$

定义临时变量

$$b_i(t) = (1 - e_i(t)(1 - \beta_i(t)h))/h \tag{5.152}$$

可知 $1 - b_i(t_k)h = e_i(t_k)(1 - \beta_i(t_k)h)$。结合式 (5.151) 与式 (5.152)，可得

$$\hat{\zeta}_i(t_{k+1}) = \hat{\zeta}_i(t_k) - b_i(t_k)\hat{\zeta}_i(t_k)h + e_i(t_k)\sum_{j\in\mathcal{N}_i} a_{ij}\left(\hat{\xi}_j(t) - \hat{\xi}_i(t)\right)h \tag{5.153}$$

同时，由式 (5.148) 得

$$\hat{\xi}_i(t_{k+1}) = \hat{\xi}_i(t_k) + \hat{\zeta}_i(t_k)h/2 + \hat{\zeta}_i(t_{k+1})h/2 \tag{5.154}$$

通过上述步骤，可以将状态约束下的导弹模型 (式 (5.145)) 转换为无状态约束的等效模型 (式 (5.153) 与式 (5.154))，从而可以参考相关多智能体一致性理论实现多导弹协同制导。

C. 收敛分析

定义 $\tilde{\xi}_i(t) = \hat{\xi}_i(t)$，$\tilde{\zeta}_i(t) = \hat{\xi}_i(t) + 2\hat{\zeta}_i(t)/b_i(t)$。若有 $\lim\limits_{t\to\infty} \tilde{\xi}_i(t) = \lim\limits_{t\to\infty} \tilde{\zeta}_i(t) = \bar{c}\,(i=1,\cdots,N)$，$\bar{c}$ 为一常数，则式 (5.145) 成立。

由式 (5.143)、式 (5.153) 可得

$$\tilde{\xi}_i(t_{k+1}) = c_i(k)\tilde{\xi}_i(t_k) + d_i(k)\tilde{\zeta}_i(t_k) + e_i(t_k)\sum_{j\in\mathcal{N}_i} a_{ij}\left(\tilde{\xi}_j(t_k) - \tilde{\xi}_i(t_k)\right)h^2/2 \tag{5.155}$$

$$\tilde{\zeta}_i(t_{k+1}) = (c_i(k) - m_i(k))\tilde{\xi}_i(t_k) + (d_i(k) + m_i(k))\tilde{\zeta}_i(t_k)$$
$$+ \left(\frac{2h}{b_i(t_{k+1})} + \frac{h^2}{2}\right)e_i(t_k)\sum_{j\in\mathcal{N},ij} a_{ij}\left(\tilde{\xi}_j(t_k) - \tilde{\xi}_i(t_k)\right) \tag{5.156}$$

式中，$c_i(k) = 1 - \dfrac{b_i(t_k)h}{2} + \dfrac{b_i^2(t_k)h^2}{4}$；$d_i(k) = \dfrac{b_i(t_k)h}{2} - \dfrac{b_i^2(t_k)h^2}{4}$；$m_i(k) = \dfrac{b_i(t_k)}{b_i(t_{k+1})}(1 - b_i(t_k)h)$。

令 $\phi(k) = \left[\begin{array}{cccc} \tilde{\xi}_1(t_k), \tilde{\zeta}_1(t_k), \cdots, \tilde{\xi}_N(t_k) & \tilde{\zeta}_N(t_k) \end{array}\right]^{\mathrm{T}}$，则由式 (5.155)、式 (5.156) 可得

$$\phi(k+1) = (\varGamma(k) - B(k)(E(k)L\otimes I_2))\phi(k) \tag{5.157}$$

式中，$\varGamma(k) = \mathrm{diag}\{\varGamma_1(k), \cdots, \varGamma_N(k)\}$，$\varGamma_i(k) = \left[\begin{array}{cc} c_i(k) & d_i(k) \\ c_i(k) - m_i(k) & d_i(k) + m_i(k) \end{array}\right]$，
$i=1,2,\cdots,N$；$B(k) = \mathrm{diag}\{B_1(k), \cdots, B_N(k)\}$，$B_i(k) = \left[\begin{array}{cc} h^2/2 & 0 \\ 2h/b_i(t_{k+1}) + h^2/2 & 0 \end{array}\right]$；
$E(k) = \mathrm{diag}\{e_1(t_k), \cdots, e_N(t_k)\}$；$L = [l_{ij}]_{N\times N}$ 为通信拓扑的拉普拉斯矩阵，$l_{ii} = \sum\limits_{j=1}^{N} a_{ij}$ 表示导弹 i 在通信拓扑中的入度，当 $i\neq j$ 时，$l_{ij} = -a_{ij}$；I_2 表示 2 阶单位矩阵。

令 $\varPsi(k) = \varGamma(k) - B(k)(E(k)L\otimes I_2)$，由式 (5.157) 可得

$$\phi(k+1) = \prod_{l=0}^{k} \varPsi(l)\phi(0) \tag{5.158}$$

若式 (5.158) 中 $\phi(k)$ 的各分量渐近趋向于同一定值，则式 (5.145) 成立。在分析式 (5.158) 前，首先介绍几个重要的概念和引理：若矩阵中所有元素为非负数，则称此矩阵为非负矩阵；若非负矩阵中任一行的元素之和均为 1，则称此矩阵为行随机矩阵；对于一个行随机矩阵 $H \in R^{N\times N}$，R 表示实数域，若 $\lim\limits_{k\to\infty} H^k = 1_N y^{\mathrm{T}}$，则称

此矩阵为不可分解的非周期随机 (SIA) 矩阵, 其中 $1_N = [1, 1, \cdots, 1]^{\mathrm{T}}$ 与 y 均为 N 维列向量.

引理 5.2[61]   假设存在一行随机矩阵 $H \in R^{N \times N}$, 且其对角元素为正. 若以 H 为邻接矩阵的有向图 $\mathcal{I}(H)$, 含有一条有向生成树, 则矩阵 H 为 SIA 矩阵.

引理 5.3[62]   令 $P_1, \cdots, P_k \in R^{N \times N}$ 为 SIA 矩阵的有限集, 集合中任一长度序列 $P_{i_1}, \cdots, P_{i_l}$ 的乘积矩阵为 SIA 矩阵. 对于任意无限长度序列 $P_{i_1}, P_{i_2}, \cdots$, 存在一个 N 维列向量 $\tilde{y}$, 使得 $\prod\limits_{t=1}^{\infty} P_{i_l} = 1_N \tilde{y}^{\mathrm{T}}$. 对式 (5.158) 进行分析, 可得引理 5.4. 引理 5.4 将有助于证明式 (5.149) 给出的协同一致律能使各导弹相关变量满足式 (5.145) 的条件.

引理 5.4[63]   对于 $\forall i = 1, \cdots, N$, 选取 $0 < \beta_i(t_0)h < 1$ 且 $\beta_i^2(t_0) > 4l_{ii}$; 对于 $k = 0, 1, \cdots$, 选取 $\beta_i(t_{k+1}) = b_i(t_k)$, 则当通信拓扑 $\mathcal{I}(A)$ 含有一条有向生成树时, 系统转移矩阵 $\prod\limits_{t=0}^{k} \varPsi(l)$ 是 SIA 矩阵.

证明   当 $0 < \beta_i(t_0)h < 1$ 时, 由式 (5.152) 可知, $0 < b_i(t_0)h < 1$, 且有 $\beta_i(t_0) \leqslant b_i(t_0)$.

当选取 $\beta_i(t_{k+1}) = b_i(t_k)$ 时, 对于任意 $k = 0, 1, \cdots$, 有

$$0 < \beta_i(t_k) \leqslant b_i(t_k) \leqslant \beta_i(t_{k+1}) < 1/h \tag{5.159}$$

当 $\beta_i^2(t_0) > 4l_{ii}$ 时, 有 $b_i^2(t_k) \geqslant \beta_i^2(t_k) > 4l_{ii}$, 此时 $\dfrac{b_i^2(t_k)}{4e_i(t_k)} \geqslant \dfrac{b_i^2(t_k)}{4} > l_{ii}$, 从而可得

$$\frac{b_i^2(t_k)h}{2b_i(t_{k+1})} = \frac{2e_i(t_k)h}{b_i(t_{k+1})}\frac{b_i^2(t_k)}{4e_i(t_k)} > \frac{2e_i(t_k)hl_{it}}{b_i(t_{k+1})} \tag{5.160}$$

由于

$$c_i(k) - m_i(k) = \left(1 - \frac{b_i(t_k)}{b_i(t_{k+1})}\right)\left(1 - \frac{b_i(t_k)h}{2}\right) + \frac{b_i^2(t_k)h}{2b_i(t_{k+1})} + \frac{b_i^2(t_k)h^2}{4} \tag{5.161}$$

结合式 (5.160) 与式 (5.161) 可知:

$$c_i(k) - m_i(k) \geqslant \frac{b_i^2(t_k)h}{2b_i(t_{k+1})} + \frac{b_i^2(t_k)h^2}{4} > \frac{2e_i(t_k)hl_{ii}}{b_i(t_{k+1})} + h^2 l_{ii}$$

此外, 显然有 $c_i(k) > h^2 l_i/2$.

基于以上分析, 可知对于任意 $k = 0, 1, \cdots$, 矩阵 $\varPsi(k)$ 中所有元素为非负数. 由 $\varPsi(k)$ 定义可知, $\varPsi(k)1_{2N} = 1_{2N}$, 因此, 对于任意 $k = 0, 1, \cdots$, $\varPsi(k)$ 为行随机矩阵. 同理, 由于 $\prod\limits_{l=0}^{k}\varPsi(l)1_{2N} = \varPsi(k)\varPsi(k-1)\cdots\varPsi(0)1_{2N} = 1_{2N}$, 可知 $\prod\limits_{t=0}^{k}\varPsi(l)$ 也是行随机矩阵.

令 $\xi\left(\prod_{i=0}^{k}\Psi\left(l\right)\right),\mathcal{I}\left(\Psi\left(l\right)\right)$ 分别表示以矩阵 $\prod_{t=0}^{k}\Psi\left(l\right),\psi\left(k\right)$ 为邻接矩阵的有向图,可知两个有向图具有相同的节点与边。$\psi\left(k\right)$ 中对角元素为正,且有向图 $\mathcal{I}\left(\Psi\left(k\right)\right)$ 中第 $2i$ 与第 $2i-1$ 个节点之间始终是强连通的,因此当通信拓扑 $\mathcal{I}\left(A\right)$ 含有一条有向生成树时,有向图 $\mathcal{I}\left(\Psi\left(k\right)\right)$ 中必然至少包含一条有向生成树,由此可知,此时有向图 $\mathcal{I}\left(\prod_{t=0}^{k}\Psi\left(l\right)\right)$ 中也必然至少包含一条有向生成树。根据引理 5.2,可知 $\prod_{t=0}^{k}\Psi\left(l\right)$ 是 SIA 矩阵。证毕。

引理 5.4 表明,若选取合适的一致性误差增益,系统转移矩阵 $\prod_{t=0}^{k}\Psi\left(l\right)$ 可为 SIA 矩阵。根据引理 5.4,可得多导弹在不同视场约束下实现齐射攻击的充分条件如下。

定理 5.1 选取 $0<\beta_i\left(t_0\right)h<1$ 且 $\beta_i^2\left(t_0\right)>4l_{ii}$,对于 $k=0,1,\cdots,N$,选取 $\beta_i\left(t_{k+1}\right)=b_i\left(t_k\right)\left(i=1,2,\cdots,\right)$。若协同制导初始阶段目标位于各导弹 FOV 范围内,则当通信拓扑 $\mathcal{I}\left(A\right)$ 含有一条有向生成树时,各导弹在整个飞行过程中能确保锁定目标,并实现对目标的齐射攻击。

证明 由引理 5.4 可知,当增益初始条件满足 $0<\beta_i\left(t_0\right)h<1$ 和 $\beta_i^2\left(t_0\right)>4l_{ii}$,且选取增益为 $\beta_i\left(t_{k+1}\right)=b_i\left(t_k\right)\left(k=0,1,\cdots,N\right)$ 时,通信拓扑含有一条有向生成树,可使得矩阵 $\prod_{t=0}^{k}\Psi\left(l\right)$ 是 SIA 矩阵。因此,根据引理 5.3 可知,存在一个 $2N$ 维列向量 w,使得

$$\lim_{k\to\infty}\phi\left(k\right)=\prod_{t=0}^{\infty}\Psi\left(l\right)\phi\left(0\right)=1_{2N}w^{\mathrm{T}}\phi\left(0\right)\tag{5.162}$$

由式 (5.162) 可知,对于 $i=1,\cdots,N$,均有 $\lim_{t\to\infty}\tilde{\xi}_i\left(t\right)=\lim_{t\to\infty}\tilde{\zeta}_i\left(t\right)=w^{\mathrm{T}}\phi\left(0\right)$,从而有 $\lim_{t\to\infty}\hat{\zeta}_i\left(t\right)=0$。此时易证各导弹相关变量状态满足式 (5.145) 条件,且各导弹前置角被调节至参考值,可知多导弹实现了协同制导。

当协同制导初始阶段各导弹前置角处于约束区间内时,由协同一致律中饱和函数定义可知,各导弹在其整个飞行过程中前置角均始终处于约束区间内,从而保证了对目标的锁定。证毕。

定理 5.1 给出了多导弹实现协同制导的充分条件,并给出了相关参数的选取依据。现有基于多智能体理论所设计的协同制导律一般要求,各导弹协同律具有相同的固定增益,且增益的选取依赖通信拓扑的全局信息。由式 (5.146) 可知,本节所提方法中增益 $\beta_i\left(t\right)\left(i=1,2,\cdots,N\right)$ 并非一致,且独立自适应变化。对于任一导弹 i,相关增益的选取只依据通信间隔以及导弹节点的入度信息 l_{ii},并不需要知道通

信拓扑的全局信息, 即本节中各导弹仅依据局部信息自主选择各自协同一致律中的增益。因此, 所提协同制导律更适用于异类导弹, 特别是多平台发射的异类多导弹协同制导。此外, 与现有采用反馈线性化方法所设计的协同制导律相比, 本节所提协同制导方法中各导弹的增益 $\beta_i(t)(i=1,\cdots,N)$ 在选取时不需要考虑导弹的初始状态, 以使得反馈线性化始终有效。

定理 5.1 并不要求各导弹的 FOV 约束相同, 且各导弹仅需知道自身的 FOV 约束, 与要求各导弹具有相同 FOV 约束的相关研究相比, 本节所提协同制导律更具一般性。此外, 现有多导弹协同制导研究大多基于连续时间模型, 这些制导策略在实际工程应用时依赖于高频的信息交互, 以逼近理论上协同的效果, 这种高频的信息交互极大地增加了通信网络的负担。本节以采样数据进行协同制导律设计, 所有理论分析均是基于周期性通信, 因此在实际应用时不需要通过高频通信来逼近理论上的协同效果, 从而可以适当放宽对通信频率的要求。因此, 本节所提协同制导策略能够有效地降低通信网络负担。

令 $\bar{\zeta}=w^{\mathrm{T}}\phi(0)$, 对于任意 $i=1,2,\cdots,N$, 可知 $\bar{\zeta}$ 是 $\tilde{\xi}_i(t)$ 最终的收敛状态。存在两个常数 $\gamma_1>0$ 和 $0<\gamma_2<1$, 使得相关变量状态满足 $\left\|\tilde{\xi}_i(t_k)-\bar{\zeta}\right\|\leqslant\gamma_1(1-\gamma_2)^k$, 其中 $\|\cdot\|$ 表示欧氏范数。由此可知, 所提多导弹协同制导律能够确保导弹间剩余时间误差实现指数渐近收敛。对于导弹初始距离目标通常相对较远的多导弹同时打击, 所提协同制导律能够确保导弹在到达目标前剩余时间误差收敛至极小区域, 从而满足齐射攻击的 "同时性" 要求。

D. 法向过载

由式 (5.142) 可得

$$a_i(t)=v_i\left[\frac{\sin\mu_i(t)}{\bar{r}_i(t)}-\frac{u_i(t)}{\sin\mu_i(t)}\right] \tag{5.163}$$

为实现相关变量状态一致, 式 (5.149) 给出了各导弹的协同一致输入 $u_i(t)$, 因此, 由式 (5.149) 和式 (5.163) 可得协同制导阶段实际施加在导弹 i 上的过载指令。

为实现静默攻击并减小通信干扰对协同制导的影响, 当实现相关变量状态一致且充分接近目标后, 各导弹断开通信连接, 此时各导弹采用 PNG 法独立导引至目标, 导弹 i 上施加的过载指令如式 (5.164) 所示:

$$a_i(t)=k_nv_i\dot{\vartheta}_i(t) \tag{5.164}$$

式中, $k_n\in[3,6]$ 为比例系数常数, k_n 在各导弹发射前就已装定好, 且发射后无法更改。

在实际应用中, 各导弹根据网络交互信息实时计算一致性误差 (式 (5.146))。当一致性误差收敛至零值附近的极小区域时, 认定导弹相关变量状态一致。

4) 仿真分析

考虑由四枚异类导弹 M_1, M_2, M_3, M_4 组成的多导弹系统对目标进行齐射攻击，目标位于坐标原点。其中，M_1 最大视场角为 $60°$，M_2 最大视场角为 $45°$，M_3 最大视场角为 $37°$，M_4 最大视场角为 $25°$。协同初始阶段各导弹状态如表 5.10 所示。由表 5.10 可知，协同初始阶段目标处于各枚导弹的视场范围内。根据式 (5.147) 以及相关工程经验，选取 $\zeta_r = -0.995$。

表 5.10 导弹初始状态表

导弹	$r_i(0)$/m	$v_i(0)$/(m/s)	$\theta_i(0)$/(°)	$\vartheta_i(0)$/(°)
M_1	80580	510	-15	42
M_2	68952	442	-10	30
M_3	56848	374	-13	20
M_4	50490	306	-7	17

若导弹之间无信息交互，各导弹采取 PNG 法独立导引至目标，则各导弹弹目距离的变化如图 5.45 所示。由图 5.45 可见，各导弹到达目标的时间不同，且相差较大。因此，各导弹需要根据通信交互数据协同制导，以确保遭遇时间一致。

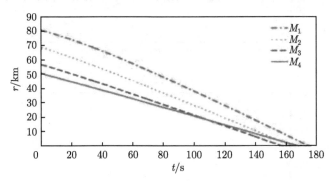

图 5.45 PNG 导引律下导弹弹目距离

当 $t \in [0\mathrm{s}, 156\mathrm{s})$ 时，各导弹通过通信网络交互剩余距离实现协同制导。导弹间通信拓扑如图 5.46 所示，其中箭头表示信息传输的方向。由图 5.48 可知，通信拓扑存在一条有向生成树，且各节点的入度为 1。通信间隔 $h = 0.1\mathrm{s}$，不失一般性，选取导弹 $i(i = 1, 2, 3, 4)$ 一致性误差增益初始值为 $\beta_i(t_0) = 2.1$，并根据定理 5.1，选择 $\beta_i(t_{k+1}) = b_i(t_k)(k = 0, 1, 2, \cdots)$。协同制导阶段各导弹过载指令由式 (5.163) 可得；当 $t \geqslant 156\mathrm{s}$ 时，各导弹断开通信连接，采用 PNG 法独立导引至目标，导弹过载指令由式 (5.164) 求得，式 (5.164) 中取 $k_n = 3$。仿真中各导弹最大过载限制为 $8g$，g 为重力加速度。

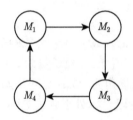

图 5.46　导弹间通信拓扑

　　仿真结果如图 5.47~ 图 5.51 所示。图 5.47 为协同制导阶段相关变量变化示意图。图 5.47(a) 表明各枚导弹协调变量 $\xi_i(t)$ 状态渐近一致，即各导弹的归一化剩余距离渐近一致；图 5.47(b) 表明各导弹前置角渐近收敛于参考值。此阶段内各导弹相关变量达到渐近一致状态。

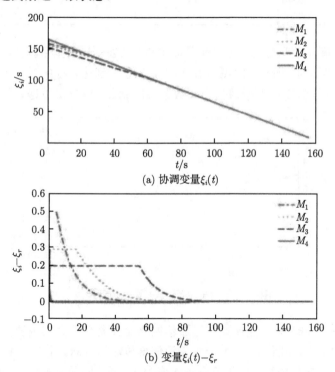

(a) 协调变量$\xi_i(t)$

(b) 变量$\xi_i(t)-\xi_r$

图 5.47　协同制导阶段相关变量变化示意图

　　图 5.48 显示了飞行过程中各导弹弹目距离的变化。由图 5.47 可知，4 枚导弹同时到达了目标，到达目标时刻约为 165.5s，多导弹系统实现了对目标的齐射攻击。结合图 5.47 和图 5.48 可知，各导弹断开通信连接独立导引至目标并不会影响协同制导阶段的结果。

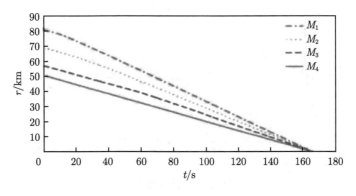

图 5.48 导弹弹目距离

图 5.49 显示了在飞行过程中,各导弹前置角的变化曲线。图 5.50 给出了制导过程中各导弹上施加的过载指令。由图 5.49 可知,各导弹被严格限制在各自 FOV 范围内,其中,导弹 M_1,M_2 与 M_3 在协同制导阶段均有前置角处于各自约束区间边界的现象,表明目标正处于相关导弹的 FOV 边界。这是因为相应导弹的遭遇时间相对它们的邻弹较小,弹道被弯曲。当目标处于导弹 FOV 边界时,由于 FOV 约束的存在,弹道无法被进一步弯曲,否则导弹将失去对目标的锁定,因此此时施加在导弹上的过载为 $0g$。在协调过程中,导弹前置角将收敛至参考值,导弹 M_1,M_2 与 M_3 会将目标由其 FOV 边界拉至范围内,因此施加在弹上的过载指令出现较小的跳变,如图 5.50 所示。

图 5.51 为导弹的飞行轨迹示意图。由图 5.51 可见,各导弹的弹道相对平直、弹道特性良好。图 5.51 中,在协同制导开始阶段,导弹 M_1,M_2 与 M_3 弹道均有一定弯曲,与邻弹相比,遭遇时间较大的导弹 M_4,其弹道被拉直。

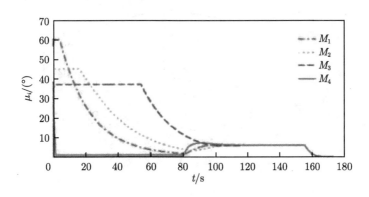

图 5.49 前置角变化示意图

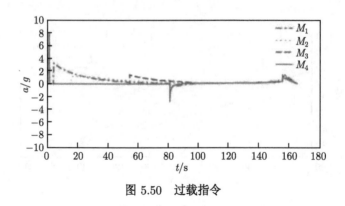

图 5.50   过载指令

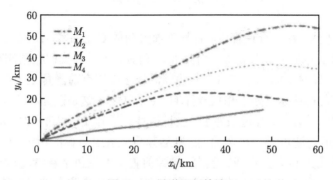

图 5.51   导弹飞行轨迹

本节考虑二维纵向平面的协同制导问题, 所得结果同样适用于横侧向平面的导引, 因此可将导弹在二维纵向平面与横侧向平面的导引耦合, 以得到导弹在三维空间的导引结果。若协同初始时各导弹处于非同一纵向平面内, 则三维空间内多导弹也能实现对目标的协同制导, 导弹飞行轨迹如图 5.52 所示。

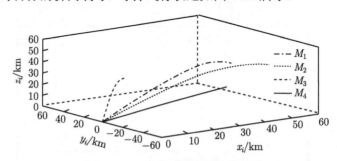

图 5.52   三维空间导弹飞行轨迹

5.5 小   结

本章主要围绕弹群协同作战中的协同制导问题进行展开。首先，介绍了导弹制导交接技术，重点对制导平台交接和制导律交接进行了描述。其次，对两种典型的制导架构进行了描述，目前众多的协同制导方法均是在上述架构的基础上进行研究的。最后，针对弹群在作战中受到的各类约束，分别介绍了相应的制导方法，并结合仿真对方法的有效性进行了说明。

参 考 文 献

[1] Jeon I S, Lee J I, Tahk M J. Homing guidance law for cooperative attack of multiple missiles[J]. Journal of Guidance, Control, and Dynamics, 2010, 33(1): 275-280.

[2] Ou L, Wang Y, Liu L, et al. Cooperative control of multi-missile systems[J]. IET Control Theory and Applications, 2015, 9(3): 441-446.

[3] 肖增博, 雷虎民. 防区外多导弹协同突防复合制导研究 [J]. 现代防御技术, 2011, 39(1): 63-67.

[4] 乔良, 王航宇. 舰空导弹协同制导流程研究 [J]. 舰船电子工程, 2008, 28(4): 54-56.

[5] 徐胜利, 张迪, 赵宏宇. 基于体系对抗的多弹协同制导技术研究 [J]. 战术导弹技术, 2019, 193(01): 85-92.

[6] 谢希权, 易华. 空对空多枚导弹同时制导概念研究 [J]. 电光与控制, 2001(3): 26-29.

[7] 方洋旺, 程昊宇, 仝希. 网络化制导技术研究现状及发展趋势 [J]. 航空兵器, 2018, 307(05): 9-26.

[8] 刘兵, 杜艳强, 李相民. 舰空导弹协同制导平台交班空域研究 [J]. 舰船电子工程, 2009, 29(7): 45-47, 70.

[9] 金其明. 防空导弹工程 [M]. 北京: 中国宇航出版社, 2004.

[10] 姜伟, 王航宇, 石章松. 基于 CEC 的舰空导弹协同制导仿真研究 [J]. 指挥控制与仿真, 2011(6): 77-79.

[11] 卞泓斐, 杨根源, 张千宇, 等. 编队协同防空制导阵位配置与交接区仿真 [J]. 指挥控制与仿真, 2015(3): 116-120.

[12] 乔良, 王航宇, 石章松, 等. 编队协同防空制导交接仿真研究 [J]. 指挥控制与仿真, 2009(4): 81-83, 86.

[13] 付昭旺, 于雷, 李战武, 等. 双机协同导弹指令修正中制导技术 [J]. 火力与指挥控制, 2012, 37(12): 59-63.

[14] 赵永涛, 胡云安, 李静. 舰空弹作战接力切换式制导交接方案设计 [J]. 飞行力学, 2011(01): 52-55.

[15] 余亮, 邢昌风, 王航宇, 等. 编队协同防空作战中制导交接问题分析与建模 [J]. 舰船电子工程, 2008, 28(4): 47-49.

[16] Wolfowitz J. Products of indecomposable, aperiodic, stochastic matrices [J]. Proceedings of American Mathematical Society, 1963, 14(5): 733-737.

[17] 代进进, 李相民, 黎子芬. 舰空导弹接力制导交接班建模与仿真 [J]. 弹箭与制导学报, 2012(03): 7-11, 16.

[18] 夏海宝, 肖冰松, 许蕴山, 等. 双机协作制导导弹弹道交班误差研究 [J]. 电光与控制, 2012, 19(9): 1-3.

[19] 李潮, 周金泉. 目标指示精度对跟踪雷达截获概率的影响 [J]. 航空计算技术, 2010, 40(5): 52-54.

[20] 雷宇曜, 姜文志, 顾佼佼, 等. 防空导弹协同制导交接班模型研究 [J]. 战术导弹技术, 2015(3): 74-81.

[21] 吴彤薇. 红外成像空空导弹中末制导交接班技术研究 [D]. 上海: 上海交通大学, 2011.

[22] Taur D R. Composite guidance and navigation strategy for a SAM against high-speed target[C]. AIAA Guidance, Navigation, and Control Conference and Exhibit, 2003.

[23] Taur D R, Chern J S. An optimal composite guidance strategy for dogfight air-to-air IR missiles[C]. Guidance, Navigation, and Control Conference and Exhibit, 2013.

[24] Deihoul A, Massoumnia M. A near optimal midcourse guidance law based on spherical gravity[C]. AIAA Guidance, Navigation, and Control Conference and Exhibit, 2002.

[25] Shima T. Optimal cooperative pursuit and evasion strategies against a homing missile[J]. Journal of Guidance, Control, and Dynamics, 2011, 34(2): 414-425.

[26] Cheng V H L, Gupta N K. Advanced midcourse guidance for air-to-air missiles[J]. Journal of Guidance, Control, and Dynamics, 1986, 9(2): 135-142.

[27] Ulybyshev Y. Terminal guidance law based on proportional navigation[J]. Journal of Guidance, Control, and Dynamics, 2005, 28(4): 821-824.

[28] Song T L. Target adaptive guidance for passive homing missiles[J]. IEEE Transactions on Aerospace and Electronic Systems, 1997, 33(1): 312-316.

[29] 刘代军, 崔颢, 董秉印. 中远程空空导弹复合制导体制综述 [J]. 航空兵器, 1999(1): 35-38.

[30] 王冠军. 中远程空空导弹复合制导研究 [D]. 西安: 西北工业大学, 2004.

[31] 周忠旺. 空空导弹智能化制导律及仿真研究 [D]. 南京: 南京航空航天大学, 2008.

[32] 秦荣华. 远程攻击末制导目标截获概率数字仿真 [J]. 上海航天, 2005, 22(3): 26-28.

[33] 孙雪娇, 周锐, 吴江, 等. 攻击机动目标的多导弹分布式协同制导律 [J]. 北京航空航天大学学报, 2013, 39(10): 1403-1407.

[34] Mclain T W, Beard R W. Coordination variables, coordination functions, and cooperative timing missions[J]. Journal of Guidance, Control, and Dynamics, 2005, 28(1): 150-161.

[35] 赵世钰, 周锐. 基于协调变量的多导弹协同制导 [J]. 航空学报, 2008, 29(6): 1605-1611.

[36] Jeon I S, Lee J I, Tahk M J. Impact-time-control guidance law for anti-ship missiles[J]. IEEE Transactions on Control Systems Technology, 2006, 14(2): 260-266.

[37] Ha I J, Hur J S, Ko M S, et al. Performance analysis of PNG laws for randomly maneuvering targets[J]. IEEE Transactions on Aerospace and Electronic Systems, 1990, 26(5): 713-721.

[38] 赵世钰. 多飞行器协同制导方法研究 [D]. 北京: 北京航空航天大学, 2009.

[39] 邹丽, 周锐, 赵世钰, 等. 多导弹编队齐射攻击分散化协同制导方法 [J]. 航空学报, 2011, 32(2): 281-290.

[40] 张友安, 马国欣, 王兴平. 多导弹时间协同制导: 一种领弹-被领弹策略 [J]. 航空学报, 2009, 30(6): 1109-1118.

[41] Guo C , Liang X G . Cooperative guidance law for multiple near space interceptors with impact time control[J]. International Journal of Aeronautical and Space Sciences, 2014, 15(3): 281-292.

[42] 王建青, 李帆, 赵建辉, 等. 多导弹协同制导律综述 [J]. 飞行力学, 2011, 29(4): 6-10.

[43] 张克, 刘永才, 关世义. 体系作战条件下飞航导弹突防与协同攻击问题研究 [J]. 战术导弹技术, 2005(2): 1-7.

[44] Shi Y Z, Rui Z, Chen W, et al. Design of time-constrained guidance laws via virtual leader approach[J]. Chinese Journal of Aeronautics, 2010, 23(1): 103-108.

[45] 毛昱天, 杨明, 张锐, 等. 领航跟随多导弹系统分布式协同制导 [J]. 导航定位与授时, 2016, 3(2): 20-24.

[46] Wang W, Slotine J J E. A theoretical study of different leader roles in networks[J]. IEEE Transactions on Automatic Control, 2006, 51(7): 1156-1161.

[47] Slotine J J E, Wang W. A study of synchronization and group cooperation using partial contraction theory[J]. Lecture Notes in Control and Information Sciences, 2004, 309: 443-446.

[48] 彭琛, 刘星, 吴森堂, 等. 多弹分布式协同末制导时间一致性研究 [J]. 控制与决策, 2010, 25(10): 1557-1561, 1566.

[49] 于镝, 伍清河, 王寅秋. 高阶多智能体网络在固定和动态拓扑下的一致性分析 [J]. 兵工学报, 2012, 33(1): 56-62.

[50] Olfati-saber R, Murray R M. Consensus problems in networks of agents with switching topology and time-delays[J]. IEEE Transactions on Automatic Control, 2004, 49(9): 1520-1533.

[51] Proskurnikov A V. Average consensus in networks with nonlinearly delayed couplings and switching topology[J]. Automatica, 2013, 49(9): 2928-2932.

[52] 王晓芳, 洪鑫, 林海. 一种控制多弹协同攻击时间和攻击角度的方法 [J]. 弹道学报, 2012(2): 1-5.

[53] 张春妍, 宋建梅, 侯博, 等. 带落角和时间约束的网络化导弹协同制导律 [J]. 兵工学报, 2016, 37(3): 431-438.

[54] Lee C H, Kim T H, Tahk M J. Interception angle control guidance using proportional navigation with error feedback[J]. Journal of Guidance Control and Dynamics, 2013,

36(5): 1556-1561.

[55] Ryoo C K, Cho H, Tahk M J. Optimal guidance laws with terminal impact angle con-
     straint[J]. Journal of Guidance Control and Dynamics, 2005, 28(4): 724-732.

[56] Lee C H, Tahk M J, Lee J I. Generalized formulation of weighted optimal guidance
     laws with impact angle constraint[J]. IEEE Transactions on Aerospace and Electronic
     Systems, 2013, 49(2): 1317-1322.

[57] Lee J I, Jeon I S, Tahk M J. Guidance law to control impact time and angle[J]. IEEE
     Transactions on Aerospace and Electronic System, 2007, 43(1): 301-310.

[58] Zhou J, Yang J. Distributed guidance law design for cooperative simultaneous attacks
     with multiple missiles[J]. Journal of Guidance, Control, and Dynamics, 2016: 1-9.

[59] Zhang Y, Wang X, Wu H. Impact time control guidance law with field of view con-
     straint[J]. Aerospace Science and Technology, 2014, 39: 361-369.

[60] Chen X T, Wang J Z. Nonsin gular sliding-mode control for field-of-view constrained
     impact time guidance [J]. Journal of Guidance Control and Dynamics, 2018, 41(3): 1-9.

[61] Zhang Y A, Wang X L, WU H L. A distributed cooperative guidance law for salvo
     attack of multiple anti-ship missiles[J]. Chinese Journal of Aeronautics, 2015, 28(5):
     1438-1450.

[62] Wang X L, Zhang Y A, WU H L. Distributed cooperative guidance of multiple anti-ship
     missiles with arbitrary impact angle constraint [J]. Aerospace Science and Technology,
     2015, 46: 299-311.

[63] Lin P, Ren W, Gao H J. Distributed velocity-constrained consensus of discrete-time
     multi-agent systems with nonconvex constraints, switching topologies, and delays [J].
     IEEE Transactions on Automatic Control, 2017, 62(11): 5788-5794.

[64] Wei R, Beard R W. Consensus seeking in multiagent systems under dynamically chang-
     ing interaction topologies [J]. IEEE Transactions on Automatic Control, 2005, 50(5):
     655-661.

第6章 协同飞行控制

本章 6.1 节概述协同飞行控制技术，重点介绍弹群协同中的编队飞行控制系统和成员飞行控制系统。6.2 节介绍研究多导弹编队的协同导引与编队控制、协同突防与目标打击等问题时可能用到的基础理论，主要包括图论、一致性理论等。6.3 节介绍弹群协同飞行编队，主要包括导弹编队的队形设计与保持、队形调整与重构、避障与防撞等关键问题。6.4 节介绍弹群协同机动突防的研究，主要包括编队成员主动反拦截机动突防策略和编队协同突防–攻击一体化最优控制问题等。

6.1 协同飞行控制技术概述

目前世界各大军事强国均在建立自己的导弹防御系统，综合防御体系的建立给导弹突防作战带来了巨大挑战。相比于单枚导弹，多弹协同作战可以大大提高导弹的突防能力[1]。导弹协同作战是指多枚导弹组成导弹编队，共同以某一队形或某一配合协同完成编队飞行，并对目标实现群体打击，弹群可以是同类型导弹的组合，也可以是不同类型的组合[2]。多枚导弹组成导弹编队，互相配合，通过数据链通信实现各成员间的数据交换[3]。多弹编队飞行还可以执行协同搜索、协同探测的任务，这将极大地提高对目标的捕获能力，还可以对战场环境做出更精准的判断，并且多枚导弹可在时间和空间上协同配合，有效提高突防能力和导弹突防后的目标打击能力[4]。随着科学技术不断发展，工业水平不断提高，导弹的设计、加工与制造水平也越来越高，生产导弹的基础成本也越来越低，这促使各国有了更充分的条件来研制多导弹协同作战系统。

弹群协同飞行控制涉及多个关键问题，包含协同一致性问题、协同飞行编队控制、协同机动突防等多项关键技术。以一致性理论、图论等为基础，研究安全飞行控制、网络拓扑变换、信息流不完整、弹道约束等相关的协同飞行控制问题，实现多导弹编队的协同导引、协同编队、队形变换与重构、避障与防撞，并且这也将是以后导弹技术研究的热门问题[5]。

6.1.1 弹群协同中的编队飞行控制系统

多弹协同作战过程中，根据协同作战体系结构，既有总的作战任务系统，也有相互配合的各级任务系统，当执行大规模作战任务时，各子任务系统在总任务系统的调配下自主协作以实现作战需求[6]。导弹编队在执行协同作战任务时，需要对编队进行调整,包括初始编队的形成、保持、收缩、扩张和重构[7]。因此,研究导弹编队的飞行控制系统的重要性不言而喻,它直接决定了上述导弹编队运动能否实现,从而影响到作战任务能否顺利完成。

编队飞行控制系统主要包括编队的队形生成与保持、队形调整与重构、编队低空避障与防撞等几大部分,其职责在于根据编队的协同决策与管理系统所生成的编队优化指标和编队的队形要求,实时优化并形成队形导引、控制与保持的指令,并通过成员飞行控制系统保证实现编队成员的避障、防撞和高品质、抗干扰的编队队形[8]。

编队飞行控制系统的结构如图 6.1 所示。

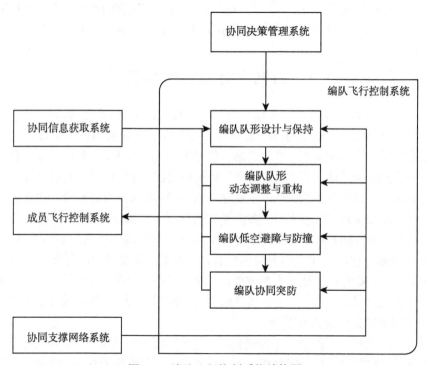

图 6.1　编队飞行控制系统结构图

下面以单领弹集中式导弹编队来说明,其队形控制系统主要由以下几部分组成,分别为协同作战任务规划模块、领弹稳定控制模块、从弹稳定控制模块、队形描述模块及编队队形控制器[9]。具体形式如图 6.2 所示。

协同作战任务规划模块为顶层模块,提供了导弹编队的任务空间和目标分布特性,这表明该模块可直接制约导弹的飞行状态,影响导弹的作战效能[9]。队形描述模块可根据任务模块提供的任务空间特性和目标分布特性建立不同导弹的作战效能关联函数。以此为基础,决策系统可优化计算得到当前的最优编队队形,并

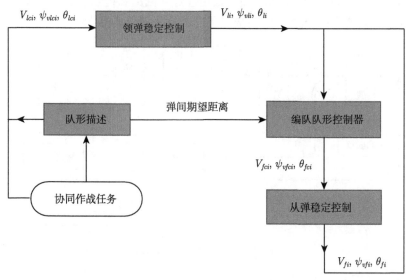

图 6.2 单领弹集中式导弹编队控制系统

且决策系统对编队队形设计鲁棒性有一定的要求,需保证面对不同战场态势及作战环境,可以设计得到不同的但合适的编队队形[10]。同时该模块还承担着模型约束的作用,需要对各导弹的运动状态进行约束。另外还有领弹稳定控制模块,它接受来自任务系统的指令,并按照队形描述数学模型输出的控制作用,稳定领弹的飞行控制状态,并保证在有限时间内可以跟踪期望的轨迹,完成预期的飞行行动。该模块同时将飞行状态实时反馈给任务系统,并输出指令给编队队形控制器。编队队形控制器接收来自队形描述的编队队形期望,包括运动状态期望及飞行距离保持量期望,并根据领弹控制系统输出的指令值,完成相应控制[11]。编队队形控制器还承担着沟通领弹和从弹的作用,给出从弹稳定控制的指令信号,保证领、从弹协同控制,最终实现所需编队,完成多弹编队的协同作战任务[12]。

6.1.2 弹群协同中的成员飞行控制系统

弹群协同中,导弹成员飞行控制系统是重要的子系统,它包含每个导弹成员 ε_i 轨迹跟踪的制导系统,也包含导弹成员的姿态控制系统,其典型结构是基于六自由度刚体建立的三回路结构形式。成员飞行控制系统的性能是决定导弹成员 ε_i 的制导控制精度 $\sigma_i(t)$ 的主要因素,是实现高品质的导弹自主编队的重要环节之一[13]。

从导弹成员自身的角度来看,由编队飞行控制系统对成员飞行控制系统输入优化后的编队队形的参考轨迹和姿态的控制指令,与由编队支撑网络系统支持的信息获取系统提供的实际的编队队形的轨迹和姿态比较,形成所期望编队队形的弹间距和队形形状的控制与保持指令,最后通过舵回路和控制舵面,转化为导弹飞行轨迹和飞行姿态[14]。飞航导弹的成员飞行控制系统结构如图 6.3 所示。

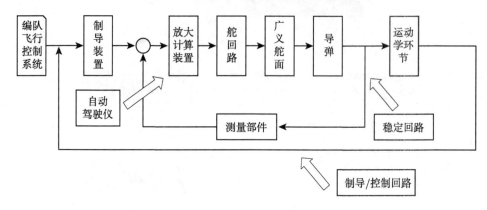

(a) 成员飞行控制系统回路结构

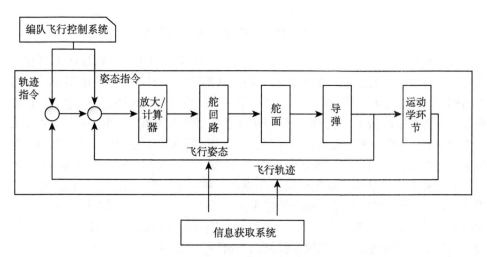

(b) 成员飞行控制系统与其他系统关系

图 6.3　成员飞行控制系统结构图

6.2　弹群协同控制基础

弹群协同飞行控制涉及多个关键问题,包含协同一致性问题、协同飞行编队控制、协同机动突防等多项关键技术。目前,以一致性理论、图论等为基础,研究协同飞行控制问题,实现多导弹编队的协同导引与编队控制、协同突防与目标打击,此类问题已得到广泛关注,并取得了一些成果[5]。

代数图论是一门借助线性代数理论来研究图的表示及其变换，并解释其相互联系的性质的一门学科[15]。近年来已经有不少基于代数图论的多智能体编队控制问题的研究成果，在控制领域内引起了巨大反响[16−19]。从图的拉普拉斯矩阵出发可以设计局部分布式且可以扩展的多智能体编队控制律，并借助拉普拉斯矩阵的特征值可证明编队控制律的稳定性[20,21]。文献 [22] 考虑拉普拉斯矩阵的最大和最小特征值，分析了编队稳定的收敛速率。Fax 和 Murray[23] 应用图的拉普拉斯矩阵将队形的稳定性与通信网络的拓扑结构联系起来，指出如果智能体的局部控制器稳定，则线性动力学系统的队形的稳定性取决于信息流的稳定性。进一步，文献 [24] 利用代数图论的知识证明了当且仅当感知图中存在一个全局可达的节点时，编队可稳定。采用代数图论研究多智能体编队控制的文献还可以列举很多，如文献 [25]∼[29]。

以下为研究多导弹编队的协同导引与编队控制、协同突防与目标打击等问题时可能需要用到的基础理论。主要包括图论、一致性理论等。

6.2.1 图论基础

1. 图的概念和描述

定义 6.1 [15]　图 (graph) 是指有序三元组 (V, E, ψ)，其中，V 为非空顶点集，称为顶点集 (vertex-set)，其中的元素被称为图的顶点 (vertex)(或点 (point))；E 是和顶点集 V 不相交的边的集合，称为边集 (edge-set)，其中的元素被称为图 G 的边 (edge)；而 ψ 是 E 到 V 中元素有序对或无序对簇 $V \times V$ 的函数，称为接合函数 (incidence function)，亦称关联函数。ψ 刻画了边与定点之间的关联关系，若 $V \times V$ 中元素全是有序对，则 (V, E, ψ) 称为有向图 (digraph)，记为 $D = (V(D), E(D), \psi_D)$；若 $V \times V$ 中元素全是无序对，则称 (V, E, ψ) 为无向图 (undirected graph 或 graph)，记为 $G = (V(G), E(G), \psi_G)$。设 $a \in E(D)$，则存在 $x, y \in V(D)$ 和有序对 $(x, y) \in V \times V$ 使 $\psi_D(a) = (x, y)$，a 称为从 x 到 y 的有向边 (directed edge from x to y)，x 称为 a 的起点 (origin)，y 称为 a 的终点 (terminus)，起点和终点统称为端点 (end-vertices)。设 $e \in E(G)$，则存在 $x, y \in V(G)$ 和无序对 $\{x, y\} \in V \times V$ 使 $\psi_G(e) = \{x, y\}$。由于无序对 $\{x, y\}$ 和 $\{y, x\}$ 表示同一个元素，所以通常简记 $\psi_G(e) = \{x, y\}$ 或 yx。e 称为连接 x 和 y 的边 (edge connecting x and y)。

定义 6.2 [15]　在图 $(V(G), E(G), \psi_G)$ 中，顶点 v 的度被定义为与之相连边的个数。在多智能体系统中，个体间的关系可用图 $G = (v, \varepsilon, A)$ 来表示，非空节点的集 $v = \{1, 2, 3, \cdots, n\}$，它的节点数被称为阶，边的集合 $\varepsilon \subset v \times v = \{(i, j) : i, j \in v\}$。加权邻接矩阵可用 $A = [a_{ij}] \in \mathbb{R}^{n \times n}$ $(i, j = 1, 2, \cdots, n)$ 来表示，a_{ij} 是以 i 为起点，j 为终点的边的权值。图可分为无向图和有向图，对无向拓扑图而言，邻接矩阵是对称的，即 $(i, j) \in \varepsilon \Leftrightarrow (j, i) \in \varepsilon$，则 $a_{ij} = a_{ji} > 0$。有向图的邻接矩阵则一

般是不对称的。节点 i 的所有邻居可以用集合 $N_i = \{j \in v : (i,j) \in \varepsilon, j \neq i\}$ 来表示。

对于带有领导者的多智能体系统，用 v_0 代表领导者，系统的通信拓扑用 $\bar{G}$ 描述。拓扑图 $\bar{G}$ 的节点集合为 $\bar{v} = v \cup \{v_0\}$，跟随者组成的拓扑结构为 G。领导者与跟随者之间的连接权值用 b_i 表示。如果第 i 个跟随者可以得到领导者的信息，则 $b_i > 0$，否则 $b_i = 0$。

2. 图的矩阵描述

定义图 G 权值的拉普拉斯矩阵 $L = D - A$。图 G 的角度矩阵可表示为

$$D = \operatorname{diag}\{d_1, d_2, \cdots, d_n\} \in \mathbb{R}^{n \times n}$$

其中的对角元素为 $d_i = \sum\limits_{j \in N_i} a_{ij}, i \in \{1, 2, \cdots, n\}$。

邻接矩阵 $A = [a_{ij}] \in \mathbb{R}^{n \times n}(i, j = 1, 2, \cdots, n)$ 的权值为

$$a_{ij} = \begin{cases} \omega_{ij}, & (i,j) \in \varepsilon \\ 0 \end{cases}$$

角度矩阵 $D = \operatorname{diag}\{d_1, d_2, \cdots, d_n\} \in \mathbb{R}^{n \times n}$，拉普拉斯矩阵 $L = D - A$，因此有：$i = j$ 时，$l_{ii} = \sum a_{ij}, l_{ij} = \sum\limits_{j \neq i} a_{ij}$，$i \neq j$ 时，$l_{ij} = -a_{ij}$。

如图 6.4 所示，(a) 为无向连通图，(b) 为有向连通图。

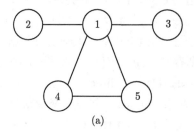 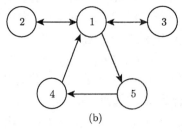

图 6.4   无向连通图 (a) 和有向连通图 (b)

可以得到图 (a) 的邻接矩阵 A_a 和拉普拉斯矩阵 L_a：

$$A_a = \begin{bmatrix} 0 & 1 & 1 & 1 & 1 \\ 1 & 0 & 0 & 0 & 0 \\ 1 & 0 & 0 & 0 & 0 \\ 1 & 0 & 0 & 0 & 0 \\ 1 & 0 & 0 & 1 & 0 \end{bmatrix}, \quad L_a = \begin{bmatrix} 4 & -1 & -1 & -1 & -1 \\ -1 & 1 & 0 & 0 & 0 \\ -1 & 0 & 1 & 0 & 0 \\ -1 & 0 & 0 & 2 & -1 \\ 1 & 0 & 0 & 1 & 0 \end{bmatrix}$$

图 (b) 的邻接矩阵 A_b 和拉普拉斯矩阵 L_b:

$$A_b = \begin{bmatrix} 0 & 1 & 1 & 1 & 0 \\ 1 & 0 & 0 & 0 & 0 \\ 1 & 0 & 0 & 0 & 0 \\ 0 & 0 & 0 & 0 & 1 \\ 1 & 0 & 0 & 0 & 0 \end{bmatrix}, \quad L_b = \begin{bmatrix} 3 & -1 & -1 & -1 & 0 \\ -1 & 1 & 0 & 0 & 0 \\ -1 & 0 & 1 & 0 & 0 \\ 0 & 0 & 0 & 1 & -1 \\ 1 & 0 & 0 & 0 & 0 \end{bmatrix}$$

6.2.2 多智能体一致性描述

所谓多智能体的一致性,是指系统中的个体随时间基于某种变化最终趋于一致,可以是某一值或者某一范围,即在某一"意见"上达成一致 (agreement)[30]。一致性算法 (协议) 是指多智能体系统中个体成员之间相互影响、相互作用的规则,它描述了系统成员之间信息交换的过程[31]。目前,一致性问题在各科学和工程问题中具有广泛的应用,例如,多源信息融合问题、同步控制问题、最优合作控制问题、集群问题、编队控制问题等[32]。

由图 6.5 可知,这两种表示形式是等价的。图 6.5(a) 以积分器模型代表多智能体节点,可以较为直观地给出节点网络形式和节点通信状态;图 6.5(b) 将多智能体系统看作一个多输入多输出系统,利用传递函数来描述多智能体系统,且用于系统模型描述的传递函数具有对角形式,子系统的 $P(s)$ 均满足 $P(s) = 1/s$。

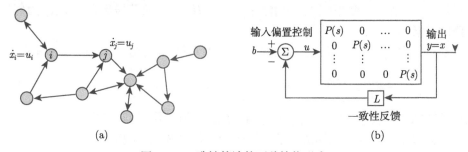

(a) (b)

图 6.5 一致性算法的两种等价形式

考虑连续时间内由 n 个智能体构成的 n 阶多智能体系统,单体动力学模型表示如下:

$$\begin{cases} \dot{\xi}_i^{(0)}(t) = \dot{\xi}_i^{(1)}(t) \\ \qquad \vdots \\ \dot{\xi}_i^{(n-2)}(t) = \dot{\xi}_i^{(n-1)}(t) \\ \dot{\xi}_i^{(n-1)}(t) = u_i(t) \end{cases} \tag{6.1}$$

其中, $\xi_i^{(k)}(t) \in \mathbb{R}$ 为第 i 个智能体的状态, $k = 0, 1, \cdots, n-1$; $u_i(t) \in \mathbb{R}$ 为第 i 个智能体的控制输入; $\xi_i^{(k)}(t)$ 为 ξ 的 k 阶导数, $\xi_i^{(0)} = \xi_i$。

领导者的动力学模型为

$$\begin{cases} \dot{\xi}_0^{(0)}(t) & = \dot{\xi}_0^{(1)}(t) \\ \qquad\qquad \vdots \\ \dot{\xi}_0^{(n-2)}(t) = \dot{\xi}_0^{(n-1)}(t) \\ \dot{\xi}_0^{(n-1)}(t) = u_0(t) \end{cases} \tag{6.2}$$

其中，$\xi_0(t) \in \mathbb{R}$ 为领导者智能体的状态，$k = 0, 1, \cdots, n-1$；$u_0(t) \in \mathbb{R}$ 为领导者智能体的控制输入；$\xi_0^{(k)}(t)$ 为 ξ 的 k 阶导数，$\xi_0^{(0)} = \xi_0$。

定义 6.3   对任意 $\xi_i^{(k)}(0)$，$u_i(t)$ 能够使得多智能体系统 (6.1) 满足

$$\lim_{t \to \infty} \left| \xi_i^{(k)}(t) - \xi_j^{(k)}(t) \right| = 0, \quad k = 0, 1, \cdots, n-1, \forall i \neq j \tag{6.3}$$

则称多智能体系统 (6.1) 在 $u_i(t)$ 的作用下能够达到渐近一致。

在研究 n 阶智能体一致性问题时，不仅要求 $\xi_i(t)$ 可以达到一致，也要求 $\xi_i(t)$ 的各阶导数达到一致。n 阶智能体一致性算法可表示如下：

$$u_i(t) = -\sum_{k=1}^{n-1} \gamma_k \xi_i^{(k)} - \beta \sum_{j \in N_i} a_{ij}(t) \left(\xi_i - \xi_j \right), \quad i = 1, 2, \cdots, n \tag{6.4}$$

其中，$\gamma_k > 0$ 表示绝对信息 (位置、速度等) 的反馈增益，$k = 1, 2, \cdots, n-1$；β 为相对信息 (位置、速度等) 的反馈增益；N_i 为智能体 i 的邻居集合；$a_{ij}(t)$ 为邻接矩阵的元素。

若对任意 $\xi_i^{(k)}(0)$，均存在 $T_0 \in [0, +\infty)$，使系统 (6.1) 在 $u_i(t)$ 作用下满足

$$\lim_{t \to T_0} \left| \xi_i^{(k)}(t) - \xi_j^{(k)}(t) \right| = 0, \quad k = 0, 1, \cdots, n-1, \forall i \neq j \tag{6.5}$$

则称多智能体系统 (6.1) 在 $u_i(t)$ 的作用下能够达到有限时间一致。

定义 6.4   若任意初始条件下，$u_i(t)$ 能够使系统 (6.1) 和 (6.2) 满足

$$\lim_{t \to \infty} \left| \xi_i^{(k)}(t) - \xi_0^{(k)}(t) \right| = 0, \quad k = 0, 1, \cdots, n-1 \tag{6.6}$$

则称领导–跟随多智能体系统 (6.1) 和 (6.2) 能够实现渐近一致。

若对任意 $\xi_i^{(k)}(0)$，均存在 $T_0 \in [0, +\infty)$，能够使系统 (6.1) 和 (6.2) 满足

$$\lim_{t \to T_0} \left| \xi_i^{(k)}(t) - \xi_0^{(k)}(t) \right| = 0, \quad k = 0, 1, \cdots, n-1 \tag{6.7}$$

并且有

$$\xi_i^{(k)}(t) = \xi_0^{(k)}(t), \quad \forall t \geqslant T_0, \quad i = 1, 2, \cdots, n \tag{6.8}$$

则称领导–跟随多智能体系统 (6.1) 和 (6.2) 能够实现有限时间一致。

1. 存在通信时延的弹群系统的有限时间一致性

定义 6.5 定义函数 $\text{sig}(x)^\alpha \triangleq \text{sgn}(x)|x|^\alpha$, 其中, $x \in \mathbb{R}$, $\alpha \in (0, +\infty)$, 符号函数定义为

$$\text{sgn}(x) = \begin{cases} 1, & x > 0 \\ 0, & x = 0 \\ -1, & x < 0 \end{cases}$$

考虑当 $n = 1$ 时的一阶多智能体存在通信时延情况下的有限时间一致性, 设计控制输入如下:

$$\begin{aligned} u_i(t) &= \gamma_i \sum_{j \in N_i} a_{ij} \text{sgn}\left(\xi_j\left(t - \tau_{ij}\right) - \xi_i(t - \tau)\right) \left|\xi_j\left(t - \tau_{ij}\right) - \xi_i(t - \tau)\right|^{\alpha_i} \\ &= \gamma_i \sum_{j \in N_i} a_{ij} \text{sig}\left(\xi_j\left(t - \tau_{ij}\right) - \xi_i(t - \tau)\right)^{\alpha_i} \end{aligned} \tag{6.9}$$

其中, τ_{ij} 为智能体通信时延; τ 为输入时延; N_i 为智能体 i 的邻居集合; a_{ij} 为邻接矩阵元素; $\gamma_i > 0$, 为智能体 i 的控制增益; $0 < \alpha < 1$, 指符号函数的幂指数。

引理 6.1 [33] 若 $x_1, x_2, \cdots, x_n \geqslant 0$, $0 < p \leqslant 1$, 则有

$$\left(\sum_{i=1}^{n} x_i\right)^p \leqslant \sum_{i=1}^{n} x_i^p \tag{6.10}$$

引理 6.2 [34] 若 $V(t) : [0, \infty) \to [0, \infty)$ 可微, 且满足

$$\frac{\mathrm{d}V(t)}{\mathrm{d}t} = -KV(t)^\beta \tag{6.11}$$

式中, $K > 0$, $0 < \beta < 1$, 则函数 $V(t)$ 在有限时间内收敛为 0, 并且满足

$$t^* \leqslant \frac{V(0)^{1-\beta}}{K(1-\beta)}$$

即当 $t \geqslant t^*$ 时, $V(t) = 0$。

定理 6.1 对一个通信拓扑图无向连通的一阶多智能体系统, 采用控制算法式 (6.9), 若存在 $\tau > \eta$, 使得 $2(\tau - \eta) \sum_{j \in N_i} a_{ij} < 1$, 则所有智能体能够达到有限时间一致状态。

证明 构建 Lyapunov 函数如下:

$$V_1(\xi) = \frac{1}{4} \sum_{i,j=1}^{n} a_{ij} \left(\xi_j - \xi_i\right)^2 \tag{6.12}$$

由于图 $G(A)$ 无向连通的, 对任意 i,j, $\xi_i = \xi_j$。故可得

$$\frac{\partial V_1(\xi)}{\partial \xi_i} = -\sum_{v_j \in N_i} a_{ij}(\xi_j - \xi_i) \tag{6.13}$$

因此,

$$\frac{\mathrm{d}V_1(t)}{\mathrm{d}t} = \sum_{i=1}^n \frac{\partial V_1(\xi)}{\partial \xi_i}\dot{\xi}_i = -\sum_{i=1}^n \left(\left(\sum_{v_j \in N_i} a_{ij}(\xi_j - \xi_i)\right)^2\right)^{\frac{1+\alpha}{2}} \tag{6.14}$$

根据引理 6.1 可得

$$\frac{\mathrm{d}V_1(t)}{\mathrm{d}t} \leqslant -\left(\sum_{i=1}^n \left(\sum_{v_j \in N_i} a_{ij}(\xi_j - \xi_i)\right)^2\right)^{\frac{1+\alpha}{2}} \tag{6.15}$$

如果 $V_1(\xi) \neq 0$, 则

$$\frac{\sum\limits_{i=1}^n \left(\sum\limits_{v_j \in N_i} a_{ij}(\xi_j - \xi_i)\right)^2}{V_1(\xi_j)} = \frac{\xi^{\mathrm{T}}L(A)^{\mathrm{T}}L(A)\xi}{\frac{1}{2}\xi^{\mathrm{T}}L(A)\xi} \tag{6.16}$$

令 $L(A)$ 的特征根 $\lambda_1(L_A), \lambda_2(L_A), \cdots, \lambda_n(L_A)$ 递增排列。由引理 6.1 可知, $\lambda_1(L_A) = 0, \lambda_2(L_A) > 0$, 则

$$\frac{\xi^{\mathrm{T}}L(A)^{\mathrm{T}}L(A)\xi}{\frac{1}{2}\xi^{\mathrm{T}}L(A)\xi} \geqslant 2\lambda_2(L_A) \tag{6.17}$$

所以,

$$\frac{\mathrm{d}V_1(t)}{\mathrm{d}t} \leqslant -\left(\frac{\sum\limits_{i=1}^n \left(\sum\limits_{v_j \in N_i} a_i(\xi_j - \xi_i)\right)}{V_1(t)}V_1(t)\right)^{\frac{1+\alpha}{2}} \tag{6.18}$$

$$\leqslant -(2\lambda_2(L_A))^{\frac{1+\alpha}{2}}V_1(t)^{\frac{1+\alpha}{2}}$$

令 $K_1 = (2\lambda_2(L_A))^{\frac{1+\alpha}{2}}$, $\quad t_1 = \dfrac{(2V_1(0))^{\frac{1-\alpha}{2}}}{(1-\alpha)\lambda_2(L_A)^{\frac{1+\alpha}{2}}}$。对于 $\xi(0)$, 若 $V_1(0) \neq 0$, 则由微分对比原理可知,

$$V_1(t) \leqslant \left(-K_1\frac{1-\alpha}{2}t + V_1(0)^{\frac{1-\alpha}{2}}\right)^{\frac{2}{1-\alpha}}, \quad t < t_1 \tag{6.19}$$

并且，$\lim\limits_{t \to t_1} V_1(t) = 0$。

故在有限时间 t_1 上 $V_1(t) \to 0$，且 $V_1(t)$ 与 $G(A)$ 的连通性近似相关，因此定理 6.1 能够使所有智能体达到有限时间一致状态。证毕。

2. 通信拓扑切换的多智能体系统有限时间一致性

引理 6.3 [35] 拉普拉斯矩阵 L 是一个不可约的单一 M 阵，L 对应于特征值 $\lambda = 0$ 的两个特征向量分别为 x, y，且满足 $x > 0$，$y > 0$，$Lx = 0$，$L^{\mathrm{T}}y = 0$

定义

$$P = \mathrm{diag}\{p_i\} = \mathrm{diag}\left\{\frac{y_i}{x_i}\right\} \tag{6.20}$$

$$Q = PL + L^{\mathrm{T}}P \tag{6.21}$$

式中，$P > 0, Q > 0$，这里的矩阵 Q 等价于无向图中的对称拉普拉斯矩阵。

定义 6.6 考虑系统

$$\dot{x} = f(x, t), \quad f(0, t) = 0, \quad x \in R^n \tag{6.22}$$

若连续矢量场 $f(x) = (f_1(x), f_2(x), \cdots, f_n(x))^{\mathrm{T}}$ 存在齐次度 $\kappa \in R$ 和扩张系数 $(r_1, r_2, \cdots, r_n)$，$\forall \varepsilon > 0$，都有

$$f_i\left(\varepsilon^{r_1} x_1, \varepsilon^{r_2} x_2, \cdots, \varepsilon^{r_n} x_n\right) = \varepsilon^{\kappa + r_i} f_i(x) \tag{6.23}$$

那么系统 (6.22) 满足齐次性。

定义 6.7 对于系统

$$\dot{x} = f(x) + \tilde{f}(x), \quad \tilde{f}(0) = 0, \quad x \in R^n \tag{6.24}$$

同理，若连续矢量场 $f(x) = (f_1(x), f_2(x), \cdots, f_n(x))^{\mathrm{T}}$ 存在齐次度 $\kappa \in R$ 和扩张系数 $(r_1, r_2, \cdots, r_n)$，$\tilde{f}$ 也是连续矢量场，并且满足

$$\lim_{\varepsilon \to 0} \frac{\tilde{f}_i\left(\varepsilon^{r_1} x_1, \varepsilon^{r_2} x_2, \cdots, \varepsilon^{r_n} x_n\right)}{\varepsilon^{\kappa + r_i}} = 0, \quad \forall x \neq 0, \quad i = 1, 2, \cdots, n \tag{6.25}$$

那么系统 (6.24) 满足局部齐次性。

引理 6.4 令 $x(t)$ 为方程 $\dot{x} = f(x), x(0) = x_0 \in R^n$ 的解，$f : U \to R^n$ 在开集 U 上连续，U 是 R^n 的一个子集，$V : U \to R$ 是一个局部 Lipschitz 函数，且满足 $D^+V(x(t)) \leqslant 0$，那么对保持在 $S = \{x \in U : D^+V(x) = 0\}$ 中的解，$\Theta^+(x_0) \cap U$ 包含在这些解的并集中，D^+ 表示上 Dini 导数，$\Theta^+(x_0)$ 表示正极限集。

引理 6.5 [36] 假设系统 (6.22) 的齐次度为 κ，若 $\kappa < 0$，且在原点渐近稳定，那么原点即有限时间稳定点。

引理 6.6 [37] 对于切换系统 $\sum (f_i)_M, i \in M = \{1, 2, \cdots, m\}$，假定每一 f_i 都具有准 Lyapunov 函数 V_i，定义 S 为系统切换序列集。在 $S(x_0, t) \in S$ 的作用下，V_i 是子系统 f_i 在 $t_k|_i$ 时刻的类 Lyapunov 函数，$i \in M, t_k|_i$ 是第 i 个子系统 f_i 被激活时刻的序列，按时间序列排列，那么系统 $\sum (f_i)_M$ 在给定初始状态条件下，在 $S(x_0, t)$ 的作用下是稳定的。

对于通信拓扑切换情况下的二阶多智能体系统，设计控制输入

$$u_i(t) = \gamma_1 \sum_{j \in N_i} a_{ij}(t)\mathrm{sig}\,(\xi_j(t) - \xi_i(t))^{\alpha_1} + \gamma_2 \sum_{j \in N_i} a_{ij}(t)\mathrm{sig}\,(\zeta_j(t) - \zeta_i(t))^{\alpha_2} \quad (6.26)$$

其中，N_i 为智能体 i 的邻居集合；$a_{ij}(t)$ 为邻接矩阵元素；$\gamma_1 > 0$ 为位置增益；$\gamma_2 > 0$ 为速度增益；α_1, α_2 是幂指数，且 $0 < \alpha_1 < 1$，$\alpha_2 = \dfrac{2\alpha_1}{1 + \alpha_1}$。

定理 6.2 对于通信拓扑切换情况下的二阶多智能体系统，假设通信拓扑周期性切换且有向图强连通，采用控制算法 (6.26) 可以使系统中所有智能体的状态达到有限时间一致。

证明 令 $u = [u_1, u_2, \cdots, u_n]^\mathrm{T}$，$\quad \xi = [\xi_1, \xi_2, \cdots, \xi_n]^\mathrm{T}$，$\quad \zeta = [\zeta_1, \zeta_2, \cdots, \zeta_n]^\mathrm{T}$，则 (6.26) 可以改写为

$$u = -\gamma_1 \mathrm{sig}(L\xi)^{\alpha_1} - \gamma_2 \mathrm{sig}(L\zeta)^{\alpha_2} \quad (6.27)$$

其中，L 为通信拓扑图对应的拉普拉斯矩阵。令 $M = \omega\xi$，$\quad N = \omega\zeta, \omega = I - \dfrac{1}{n}11^\mathrm{T}$，则 $L\omega = L = \omega L$。由系统模型可得 $\dot{M} = N$，$\dot{N} = u$，并且

$$u = -\gamma_1 \omega \mathrm{sig}(LM)^{\alpha_1} - \gamma_2 \omega \mathrm{sig}(LN)^{\alpha_2} \quad (6.28)$$

其中，ω 的右特征向量 1_N 对应 n 个特征值，其中，1 个为 0，其他 $n-1$ 个特征值具有相同值。因此当 $\xi_1 = \xi_2 = \cdots = \xi_n$ 和 $\zeta_1 = \zeta_2 = \cdots = \zeta_n$ 时，$M = 0, N = 0$。若 M 和 N 可以在有限时间内达到 0，系统状态能够达到有限时间一致。根据引理 6.3，存在 $P = \mathrm{diag}\{p_1, \cdots, p_n\} \in \mathbb{R}^{n \times n}, P > 0$，则设计正定 Lyapunov 函数为

$$V = \gamma_1 \sum_{i=1}^{n} \frac{p_i}{1 + \alpha} \left| L^i M \right|^{1+\alpha_1} + \frac{1}{2} N^\mathrm{T} PLN \quad (6.29)$$

其中，

$$N^\mathrm{T} PLN = \frac{1}{2} N^\mathrm{T} \left(L^\mathrm{T} P + PL \right) N = \frac{1}{2} N^\mathrm{T} QN \geqslant \lambda_2 ||N||^2 \quad (6.30)$$

再对 V 求导，可得

$$\begin{aligned}
\dot{V} &= \gamma_1 \sum_{i=1}^{n} p_i \mathrm{sgn}\left(L^i M \right) \left| L^i M \right|^{\alpha_1} L\dot{M} + N^\mathrm{T} PL\dot{N} \\
&= \gamma_1 (L\dot{M})^\mathrm{T} P\mathrm{sig}(LM)^{\alpha_1} + N^\mathrm{T} PL\dot{N}
\end{aligned} \quad (6.31)$$

根据系统模型和有限时间控制算法可知

$$
\begin{aligned}
\dot{V} ={}& \gamma_1 (LN)^{\mathrm{T}} P \mathrm{sig}(LM)^{\alpha_1} + N^{\mathrm{T}} PL \left(-\gamma_1 \omega \mathrm{sig}(LM)^{\alpha_1} - \gamma_2 \omega \mathrm{sig}(LN)^{\alpha_2}\right) \\
={}& \frac{\gamma_1}{2} N^{\mathrm{T}} \left(L^{\mathrm{T}} P + PL\right) \mathrm{sig}(LM)^{\alpha_1} \\
& + \frac{1}{2} N^{\mathrm{T}} \left(L^{\mathrm{T}} P + PL\right) \left(-\gamma_1 \mathrm{sig}(LM)^{\alpha_1} - \gamma_2 \mathrm{sig}(LN)^{\alpha_2}\right)
\end{aligned}
\tag{6.32}
$$

由引理 6.3 可知

$$
\begin{aligned}
\dot{V} ={}& \frac{\gamma_1}{2} N^{\mathrm{T}} Q \mathrm{sig}(LM)^{\alpha_1} - \frac{\gamma_1}{2} N^{\mathrm{T}} Q \mathrm{sig}(LM)^{\alpha_1} - \gamma_2 N^{\mathrm{T}} L^{\mathrm{T}} P \mathrm{sig}(LN)^{\alpha_2} \\
={}& -\gamma_2 N^{\mathrm{T}} L^{\mathrm{T}} P \mathrm{sig}(LN)^{\alpha_2} = -\gamma_2 \sum_{i=1}^{n} p_i \left|L^i N\right|^{1+\alpha_2} \leqslant 0
\end{aligned}
\tag{6.33}
$$

因此系统 (6.22) 在平衡点是全局渐近稳定的。

根据系统模型可得

$$
\begin{cases}
\dot{M} = N \\
\dot{N} = -\gamma_1 \omega \mathrm{sig}(LM)^{\alpha_1} - \gamma_2 \omega \mathrm{sig}(LN)^{\alpha_2}
\end{cases}
\tag{6.34}
$$

定义扩张系数 $\mu_1 = \dfrac{2}{1+\alpha_1}$, $\mu_2 = 1$, 令齐次度为 κ, 根据

$$
f_1\left(\varepsilon^{\mu_1}\xi_1, \varepsilon^{\mu_2}\xi_2\right) = \varepsilon^{\kappa+\mu_1} f_1(x)
\tag{6.35}
$$

可得

$$
f_1\left(\varepsilon^{\mu_1}\xi_1, \varepsilon^{\mu_2}\xi_2\right) = \varepsilon\xi_2
\tag{6.36}
$$

则当 $\kappa = \dfrac{\alpha_1 - 1}{\alpha_1 + 1}$ 时,

$$
\begin{aligned}
f_2\left(\varepsilon^{\mu_1}\xi_1, \varepsilon^{\mu_2}\xi_2\right) ={}& -\gamma_1 \omega \mathrm{sig}\left(L\varepsilon^{\frac{2}{1+\alpha_1}}\xi_1\right)^{\alpha_1} - \gamma_2 \omega \mathrm{sig}\left(L\varepsilon\xi_1\right)^{\alpha_2} \\
={}& \varepsilon^{\alpha_2}\left(\gamma_1 \omega \mathrm{sig}\left(L\xi_1\right)^{\alpha_1} - \gamma_2 \omega \mathrm{sig}\left(L\xi_1\right)^{\alpha_2}\right)
\end{aligned}
\tag{6.37}
$$

$$
\begin{aligned}
\varepsilon^{\kappa+\mu_2} f_2(\xi) ={}& \varepsilon^{\frac{\alpha_1-1}{\alpha_1+1}+1}\left(-\gamma_1 \omega \mathrm{sig}\left(L\xi_1\right)^{\alpha_1} - \gamma_2 \omega \mathrm{sig}\left(L\xi_2\right)^{\alpha_2}\right) \\
={}& \varepsilon^{\alpha_2}\left(-\gamma_1 \omega \mathrm{sig}\left(L\xi_1\right)^{\alpha_1} - \gamma_2 \omega \mathrm{sig}\left(L\xi_2\right)^{\alpha_2}\right)
\end{aligned}
\tag{6.38}
$$

因此可以得到

$$
f_2\left(\varepsilon^{\mu_1}\xi_1, \varepsilon^{\mu_2}\xi_2\right) = \varepsilon^{\kappa+\mu_2} f_2(x)
\tag{6.39}
$$

系统的齐次度 $\kappa = \dfrac{\alpha_1 - 1}{\alpha_1 + 1} < 0$, 扩张系数 $\mu_1 = \dfrac{2}{1+\alpha_1}, \mu_2 = 1$。

根据引理 6.5 可知, 系统原点为有限时间稳定点, 则控制算法 (6.26) 能够解决通信拓扑切换情况下的有限时间一致性问题。

6.3　弹群协同飞行编队

导弹协同作战是由同类型或不同类型的多枚导弹组成的一种作战模式。在任务规划系统和基于自主决策信息的路径规划系统的指导下，根据战术需求，在时间、空间和功能上进行协同作战，完成战术任务[38]。与单枚导弹的突防效果相比，导弹编队依靠时间和空间的协同，可以实现高密度同时突防，增加了敌方防御系统的拦截难度，使编队的突防效果达到最佳[38]。

对于同类型或不同类型的多枚导弹，如何形成、保持和变换编队是多导弹协同作战的关键技术，直接影响着导弹协同作战的效果，需要深入研究[39]。为了突破敌人的防御系统，饱和攻击战术常被用来攻击多个导弹的编队。对多枚导弹进行编队结构优化设计，完成飞行过程中编队队形的形成和保持。随着任务的日益复杂和编队导弹数量的不断增加，对编队飞行队形的设计、变化和保持的要求也越来越高。因此，导弹编队控制技术将是未来多导弹协同编队控制发展的一个主要方向。

6.3.1　飞行编队队形设计与保持

1. 编队队形设计

1) 常见导弹编队层级结构

根据对现有编队的研究，导弹编队的规模可以是大的，也可以是小的。一般导弹编队的成员数量从 2 枚到 100 枚不等[40]。对于规模较大的导弹编队，通常采用层次结构来促进信息的有效传递。领弹与从弹之间的典型关系如图 6.6 所示。

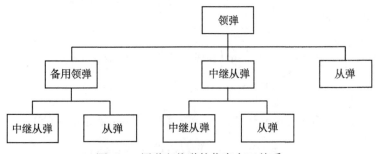

图 6.6　领弹和从弹的信息交互关系

在图 6.6 中，首先根据编队成员在队列中所扮演的角色，将它们分为四个等级，分别是领弹、从弹、备用领弹和中继从弹。其中，领弹用于探测目标、判断威胁、发送和接收中继从弹和从弹信息、集中控制等。从弹功能相对简单，它只需要检测与领弹的相对位置关系，发送和接收自己的相关信息。备用领弹的功能与领弹基本相同。中继从弹则是另一种"从弹"，除了具备从弹的基本功能，还可以作为从弹与领弹之间信息传递的桥梁。

根据图 6.6 中表示的层级结构，任意导弹编队都可以被分解成若干个基本队形，如表 6.1 所示，基本队形中包括一枚领弹和 N_F 枚从弹。这里，且 $1 \leqslant N_F \leqslant 3$。这里所说的领弹是指广义上的 "领弹"，一般为基本编队队形中的上级编队成员，可以是领弹、备用领弹，也可以是中继从弹；同理，从弹是编队中的下级编队成员，包括从弹、备用领弹和中继从弹。

表 6.1　导弹编队飞行时的典型队形

成员数量	队形			
两枚	纵队	横队	左梯形	右梯形
三枚	纵队	横队	三角形	
四枚	纵队	横队	环形	菱形
	楔形	梯形	人字形	

2) 导弹编队飞行典型队形

在多弹编队协同攻击的情况下，需要面对不同的作战环境和作战目标，为了适应不同的协同攻击策略，需要设计合理的编队队形[41]。并且，不同的队形会产生不同的实际效果，例如，领弹–从弹模式适用于楔形编队，还可以方便数据的通信和编队的队形展开等；如需规避雷达侦测，则应采用纵向编队。目前较为常见的导弹队形有平行编队、菱形编队、楔形编队、横向编队、纵向编队等[42]，并且各基础编队可以进行简单排列组合，实现大规模导弹编队的组建。部分常见基础编队队形见图 6.7。

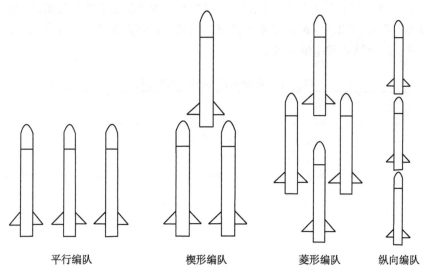

平行编队　　　　　　　楔形编队　　　　　菱形编队　　　纵向编队

图 6.7　常见基础编队队形

3) 导弹编队参数及其固有约束

采用领弹–从弹结构的导弹编队在三维空间上可以用领–从的相对关系来表示，故每枚弹与领弹的相对关系均可用角度和距离信息来确定。若水平队形在同一平面内，可建立领弹的速度坐标系，队形描述可以用相对距离 R_{LF} 和方位角 ψ_{LF} 两个参数来表示，如图 6.8 所示。但若编队队形为采用高低搭配的空间队形，则需要增加另一参数相对高低角 θ_{LF}，如图 6.9 所示。

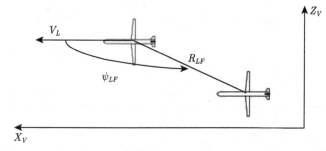

图 6.8　水平队形下领从弹的相对位置关系

故，任一编队队形可以由 N_F 枚领弹–从弹相对未知参数确定，记为

$$\text{Formation} = \{\, \text{Follower}_i \,\}, \quad i = 1, 2, \cdots, N_F \tag{6.40}$$

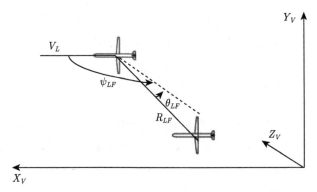

图 6.9 空间队形下领从弹的相对位置关系

式中，Formation 是编队队形；Follower_i 是第 i 枚从弹相对于领弹的位置关系：

$$\text{Follower}_i = \begin{bmatrix} R_{LF_i} & \theta_{LF_i} & \psi_{LF_i} \end{bmatrix} \tag{6.41}$$

由于不同编队参数各异，在数值上差异巨大，为了在优化编队参数时，参数可控且在小范围变化，对其进行标准化，采用无量纲表示，即

$$\text{Follower}_i'^j = \frac{\text{Follower}_i^j - \text{Follower}_{\text{std}}^j}{\text{Follower}_{\text{std}}^j} \tag{6.42}$$

式中，$j = 1, 2, 3$ 分别代表相对距离、高低角、方位角；Follower_i^j 是第 j 种信息的真实值；$\text{Follower}_i'^j$ 是第 j 种信息标准化后的取值；$\text{Follower}_{\text{std}}^j$ 是第 j 种信息的标准值，由现有导弹性能假定：

$$\text{Follower}_{\text{std}}^j = \begin{bmatrix} 1\text{km} & 10° & 10° \end{bmatrix} \tag{6.43}$$

为了保证导弹编队在飞行时可以按照既定队形平稳飞行，领弹和从弹之间必须具有较好的通信能力，编队成员间相对定位精度也需要得到保障，并且具有稳定的飞行性能。

因此，在选取编队的队形参数时，应考虑弹间数据链的最大作用距离 R_{linkmax}、弹间最小安全距离 R_{min} (该参数由编队成员间的干扰效应决定)、视场角范围 ε_{max}、最大探测距离 $R_{\text{detectmax}}$、最小机动半径 R_{maneuver}、飞行高低界 $(H_{\text{min}}, H_{\text{max}})$、最大飞行速度 V_{max} 等，这些编队成员间的固有约束将会对编队飞行性能指标产生较大影响，固有约束可表示为

$$\text{limit} = [R_{\text{linkmax}} \; R_{\text{min}} \; R_{\text{detectmax}} \; \varepsilon_{\text{max}} \; H_{\text{min}} \; H_{\text{max}} \; R_{\text{maneuver}} \; V_{\text{max}}] \tag{6.44}$$

同时，由于导弹编队中的领弹和从弹角色不同、性能不同、领弹–从弹之间的固有约束也不尽相同，可分别用 limit_L 和 limit_F 表示。在各固有参数中，每个性

能参数的数值差异也较大, 如果不进行量纲的统一, 将给模型优化带来巨大偏差。故同样需要用标准化的方法对其进行无量纲表示, 即

$$\text{limit}'^{j}_{L,F} = \frac{\text{limit}^{j}_{L,F} - \text{limit}^{j}_{\text{std}}}{\text{limit}^{j}_{\text{std}}}, \quad j = 1, 2, \cdots, 8 \tag{6.45}$$

式中, $\text{limit}^{j}_{L,F}$ 是领弹、从弹的第 j 个真实固有约束; $\text{limit}'^{j}_{L,F}$ 是领弹、从弹的第 j 个标准化后的固有约束; $\text{limit}^{j}_{\text{std}}$ 是编队成员第 j 个固有约束标准值, 根据现有导弹性能进行设定: $\text{limit}^{j}_{\text{std}} = \begin{bmatrix} 10\text{km} & 1\text{km} & 2\text{km} & 10° & 10\text{m} & 4\text{km} & 1\text{km} & 100\text{m/s} \end{bmatrix}$。

2. 队形保持控制器

编队控制的目标是使编队中各导弹的相对位置保持不变。要实现多枚导弹的编队飞行, 一种很直观的方案就是将编队中的导弹分为领弹和从弹两种角色。在领弹从弹编队飞行的过程中, 领弹和从弹之间前向距离和侧向距离始终保持接近某常数值, 领弹和从弹的高度差也保持某常数值。对于领弹从弹跟随模型来说, 保持编队队形的任务主要是由编队中的从弹来完成。

1) 基于 PID 控制的弹群飞行编队控制器

比例积分微分 (PID) 控制方法是工程界使用最多的一种控制方法之一, 它具有设计简单以及易于实现等特点, 赢得了许多工程设计人员的青睐。本节主要研究依据领弹从弹跟随模型应用 PID 控制器来实现导弹编队飞行的队形控制问题。以包含一枚领弹和一枚从弹的导弹编队为例, 设计从弹跟随领弹的 PID 编队控制器。从弹的航向、速度和高度要跟随领弹的航向、速度和高度, 消除路径误差; 然后从弹通过机动实时调整领弹从弹之间的前向距离和侧向距离, 消除位置误差。

领弹和从弹的相对运动几何关系如图 6.10 所示。为方便编队问题的分析, 引入编队坐标系。

图 6.10 中, Oxy 为惯性坐标系, (X_f, Y_f) 和 (X_l, Y_l) 分别表示从弹和领弹在惯性坐标系中的质心位置。V_l, V_f 分别表示领弹和从弹的速度矢量在水平面的投影。ψ_l 和 ψ_f 分别表示领弹和从弹的航向, 即领弹和从弹的速度矢量在水平面的投影与 Ox 轴的夹角。$O_f x_r y_r$ 为参考坐标系, 其原点在从弹质心上, $O_f x_r$ 轴与从弹的速度矢量在水平面的投影重合, $O_f x_r$ 轴垂直于 $O_f x_r$ 轴在水平面内, 与竖直向上的 $O_f z$ 轴构成右手坐标系。为了简化控制系统, 初期设计阶段假设导弹自动驾驶仪已经设计好, 并将其自动驾驶仪模型简化为速度、航向角和高度三个独立的控制环节进行处理, 速度通道和航向角通道被看作一阶惯性环节, 高度通道被看作二阶振荡环节。

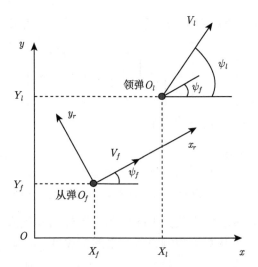

图 6.10 领弹和从弹的相对运动几何关系

在领弹从弹跟随模型中，每个从弹都有一套位置传感系统来获取自己在地面坐标系中的位置坐标，同时各从弹可以通过通信装置获得领弹在地面坐标系中的位置坐标，这样从弹就可以计算自己在编队中的位置。除此之外，从弹还需要获得领弹的轨迹信息，包括领弹的偏航角、速度和高度。导弹编队飞行结构框图如图 6.11 所示。

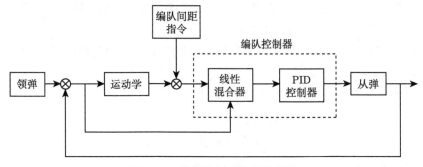

图 6.11 编队控制系统结构框图

2) 基于滑模控制的弹群飞行编队控制器设计

假设领弹和从弹在地面坐标系下的位置矢量分别为 r_l 和 r_f，则从弹相对于领弹的相对位置矢量 r 为 $r = r_f - r_l$。在地面坐标系下，从弹与领弹的运动学方程可以分别表示为 $\ddot{r}_f = a_f + u$，$\ddot{r}_l = a_l$，其中，a_f 为从弹上除控制力以外的其他未知力所产生的加速度，u 为从弹上控制力所产生的加速度，a_l 为领弹的加速度。由牵连坐标系和领弹从弹坐标系的关系可知，$\omega = \dot{\varphi} k_l + \dot{\varepsilon} j$，其中，$j$ 为牵连坐标系 $O_l y$ 轴的单位矢量，k_l 为领弹从弹坐标系 $O_l x_l$ 轴的单位矢量，ω 表示领弹从弹坐标系

相对于地面坐标系旋转的角速度，在领弹从弹坐标系下可表示为

$$\omega = C^{\mathrm{T}} \begin{bmatrix} 0 \\ \dot{\varepsilon} \\ 0 \end{bmatrix} + \begin{bmatrix} 0 \\ 0 \\ \dot{\phi} \end{bmatrix} = \begin{bmatrix} \dot{\varepsilon}\sin\phi \\ \dot{\varepsilon}\cos\phi \\ \dot{\phi} \end{bmatrix} \tag{6.46}$$

可得导弹编队相对运动方程如下：

$$\begin{cases} \ddot{r} - r\dot{\varepsilon}^2\cos^2\phi - r\dot{\phi}^2 = a_{fr} + u_r - a_{lr} \\ r\ddot{\phi} + 2\dot{r}\dot{\phi} + r\dot{\varepsilon}^2\sin\phi\cos\phi = a_{f\phi} + u_\phi - a_{l\phi} \\ -r\ddot{\varepsilon}\cos\phi - 2\dot{r}\dot{\varepsilon}\cos\phi + 2r\dot{\phi}\dot{\varepsilon}\sin\phi = a_{f\varepsilon} + u_\varepsilon{'} - a_{l\varepsilon} \end{cases} \tag{6.47}$$

其中，$a_f = [a_{fr}, a_{f\phi}, a_{f\varepsilon}]^{\mathrm{T}}$ 为从弹上除控制力以外的其他未知力所产生的加速度，$u = [u_r, u_\varphi, u_\varepsilon]^{\mathrm{T}}$ 为从弹上控制力所产生的加速度，$a_l = [a_{lr}, a_{l\varphi}, a_{l\varepsilon}]^{\mathrm{T}}$ 为领弹的加速度。

在三维空间内建立了导弹编队的相对运动方程，该方程直接描述导弹编队相对运动，体现了导弹相对运动的特性，且物理意义明晰。由于领弹从弹坐标系的原点位于领弹的质心，且方程中只涉及领弹与某一从弹之间的相对运动关系，因此通过此式描述导弹编队队形及其变化时，从弹之间是相互独立的。这使得在设计控制律时从弹之间相互独立。

为实现导弹编队队形的保持与控制，以从弹为被控对象，$u = [u_r, u_\phi, u_\varepsilon]^{\mathrm{T}}$ 为控制量，使得领弹从弹距离 r、视线倾角 ϕ 和视线偏角 ε 分别收敛于理想值 r_d、ϕ_d 和 ε_d。为方便控制器设计，定义状态变量 $x_1 = [r, \phi, \varepsilon]^{\mathrm{T}}$，$x_2 = \left[\dot{r}, \dot{\phi}, \dot{\varepsilon}\right]^{\mathrm{T}}$。并且，将从弹上除控制力以外的其他未知力所产生的加速度 a_f、领弹的加速度 a_l 视为干扰加速度，即，$p = a_f - a_l$。

可以得到导弹编队相对运动控制模型为

$$\begin{cases} \dot{x}_1 = x_2 \\ \dot{x}_2 = f(x) + g(x)(u + p) \end{cases} \tag{6.48}$$

其中，非线性系统状态矩阵为

$$f(x) = \begin{bmatrix} r\dot{\varepsilon}^2\cos^2\phi + r\dot{\phi}^2 \\ -\left(2\dot{r}\dot{\phi} + r\dot{\varepsilon}^2\sin\phi\cos\phi\right)/r \\ (-2\dot{r}\dot{\varepsilon}\cos\phi + 2r\dot{\phi}\dot{\varepsilon}\sin\phi)/r\cos\phi \end{bmatrix} \tag{6.49}$$

控制矩阵为

$$g(x) = \begin{bmatrix} 1 & 0 & 0 \\ 0 & 1/r & 0 \\ 0 & 0 & -1/r\cos\phi \end{bmatrix} \tag{6.50}$$

干扰项为

$$d = g(x)p = \begin{bmatrix} a_{fr} - a_{lr} \\ \left(a_{f\phi} - a_{l\phi} \right)/r \\ - \left(a_{f\varepsilon} - a_{l\varepsilon} \right)/r\cos\phi \end{bmatrix} \tag{6.51}$$

对于控制系统式 (6.51)，采用滑模控制理论，设计控制律 u，使 x_1 稳定跟踪给定状态 $x_{1d} = [r_d, \phi_d, \varepsilon_d]^{\mathrm{T}}$，实现导弹编队的控制。定义跟踪误差 $e = x_1 - x_{1d}$，定义滑模变量 $s = \dot{e} + ke$，其中，$k > 0$。设计控制量为

$$u = g^{-1}(x)\left(-k_1 s - f(x) - k\left(x_2 - \dot{x}_{1d} \right) + \ddot{x}_{1d} - \hat{\rho}\, sgns \right) \tag{6.52}$$

其中，$\hat{\rho} > 0$ 为干扰上界 ρ 的估计值，且 $\hat{\rho} = a\,\|s\|$，$a > 0$，k_1, k 为待设计常数。在式 (6.52) 中含有开关项，要求控制量进行切换。然而，在实际系统中，控制量的切换不可能瞬间完成，总是会有一定的滞后，这就会造成抖振现象，而抖振将会对系统造成损害。因此，为了削弱抖振，需要对开关函数进行光滑处理。可以用 $s/(\|s\| + v)$ 代替 $sgns$，其中 v 是小正数。故可得到控制量 u，即从弹上控制力所产生的加速度，通过控制加速度使从弹的相对位置发生改变，进而与领弹形成编队。

3) 基于高斯伪谱法的弹群飞行编队控制器设计

对于常见多智能体编队控制问题，可以利用高斯伪谱法将编队控制转换为连续最优控制问题。解决最优控制问题的数值方法分为两大类：间接方法和直接方法。伪谱法 [43] 是最近出现的一类直接方法，它被广泛应用于最优控制的数值解问题。目前有以下几种常见的伪谱法，包括勒让德伪谱法 [44,45]，切比雪夫伪谱法 [46,47]，Radau 伪谱法 [48] 和高斯伪谱法 [49]。与其他数值方法相比，高斯伪谱法的优势在于可得到高精度的原始解和对偶解，并且可获得等效的直接形式和间接形式。目前已经证明，连续时间最优控制问题的高斯伪谱一阶最优条件等价于高斯伪谱直接转录引起的非线性规划 (nonlinear programming, NLP) 的库恩塔克条件 (Karush–Kuhn–Tucker condition, KKT)[43]。通过高斯伪谱法 (Gauss pseudospectral method，GPM) 的高精度和直接–间接等价关系以及高斯伪谱 NLP，利用众多现有的优化算法，可以很好地解决导弹的编队控制问题。文献 [50] 首先研究了基于高斯伪谱法的编队控制策略，并以燃料最优的方式重构了四维编队，但局限性在于仅仅是对具有时不变约束的静态问题进行描述。文献 [51] 研究了使用单链柔性机器人手臂实时计算最优控制的问题，而文献 [52] 采用了文献 [51] 中的实时计算框架来生成伪谱反馈控制，实现航天器的操纵。本节基于最优离散化设计了反馈控制算法，利用其伪谱三维 (3D) 反馈控制实现对具有时变约束的一般弹群的编队控制。基于协同一致性理论和人工势场结构研究了由加权图描述的具有时变约束的一般形式下的导弹编队控制。

多弹编队通常采用领弹-从弹结构，图 6.12 描绘了几种导弹编队的一般形式，图 6.12(a) 和图 6.12(b) 是两种不同类型的线性编队，图 6.12(c) 和图 6.12(d) 分别是平面编队和 3D 编队的一般形式。令 n 代表第 n 枚导弹，并按高度顺序编号所有导弹，3D 编队的一般形式可以由线性不等式约束表示：

$$
\begin{cases}
x_1 + \displaystyle\sum_{i=1}^{n-1} l_{xni} * \mathrm{sgn}_{xi} * l_{xi} \leqslant x_n \leqslant x_1 + \displaystyle\sum_{i=1}^{n-1} u_{xni} * \mathrm{sgn}_{xi} * l_{xi} \\
y_1 - \displaystyle\sum_{i=1}^{n-1} l_{yni} * \mathrm{sgn}_{yi} * l_{yi} \leqslant y_n \leqslant y_1 - \displaystyle\sum_{i=1}^{n-1} u_{yni} * \mathrm{sgn}_{yi} * l_{yi} \\
z_1 - \displaystyle\sum_{i=1}^{n-1} l_{2ni} * \mathrm{sgn}_{zi} * l_{zi} \leqslant z_n \leqslant z_1 - \displaystyle\sum_{i=1}^{n-1} u_{zni} * \mathrm{sgn}_{zi} * l_{zi} \quad (n > 1) \\
l_{vxn} * V_{x_1} \leqslant V_{x_n} \leqslant u_{vxn} * V_{x_1} \\
l_{vyn} * V_{y_1} \leqslant V_{y_n} \leqslant u_{vyn} * V_{y_1} \\
l_{vzn} * V_{z_1} \leqslant V_{z_n} \leqslant u_{vzn} * V_{z_1}
\end{cases} \tag{6.53}
$$

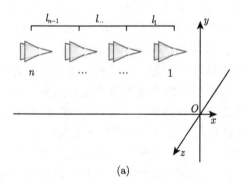

(a)

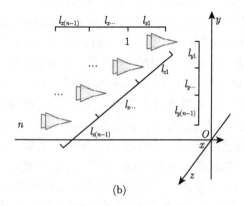

(b)

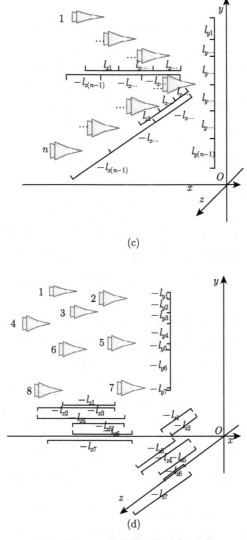

图 6.12   3D 导弹编队的一般形式

其中，$l_{xni}, u_{xni}, l_{yni}, u_{yni}, l_{zni}, u_{zni}, l_{vxn}, u_{vxn}, l_{vyn}, u_{vyn}, l_{vzn}, u_{vzn}$ 是线性不等式约束的上限和下限。x_1, y_1, z_1 和 $V_{x_1}, V_{y_1}, V_{z_1}$ 是领弹的位置分量和速度分量。x_n, y_n, z_n $(n > 1)$ 和 $V_{x_n}, V_{y_n}, V_{z_n} > 1$ 是从弹的位置分量和速度分量。显然，线性队形和平面队形的一般形式可以由 3D 编队组成的一般形式来表示。

简便起见，令第 1 枚导弹代表领弹，令第 $n+1$ 枚导弹代表第 n 枚从弹。根据领弹的坐标，3D 导弹编队中第 $n+1$ 枚导弹的一般形式可以表示为

$$
\begin{cases}
x_1 + \displaystyle\sum_{i=1}^{n} l_{x(n+1)i} * \mathrm{sgn}_{xi} * l_{xi}(t) \leqslant x_{n+1} \leqslant x_1 + \sum_{i=1}^{n} u_{x(n+1)i} * \mathrm{sgn}_{xi} * |x_i(t) \\
y_1 - \displaystyle\sum_{i=1}^{n} l_{y(n+1)i} * \mathrm{sgn}_{yi} * l_{yi}(t) \leqslant y_{n+1} \leqslant y_1 - \sum_{i=1}^{n} u_{y(n+1)i} * \mathrm{sgn}_{yi} * l_{yi}(t) \\
z_1 - \displaystyle\sum_{i=1}^{n} l_{z(n+1)i} * \mathrm{sgn}_{zi} * l_{zi}(t) \leqslant z_{n+1} \leqslant z_1 - \sum_{i=1}^{n} u_{z(n+1)i} * \mathrm{sgn}_{zi} * l_{zi}(t) \\
l_{vx(n+1)} * V_{x_1} \leqslant V_{x_{n+1}} \leqslant u_{vx(n+1)} * V_{x_1} \\
l_{vy(n+1)} * V_{y_1} \leqslant V_{y_{n+1}} \leqslant u_{vy(n+1)} * V_{y_1} \\
l_{vz(n+1)} * V_{z_1} \leqslant V_{z_{n+1}} \leqslant u_{vz(n+1)} * V_{z_1}
\end{cases}
\tag{6.54}
$$

其中，$l_{x(n+1)i}$, $u_{x(n+1)i}$, $l_{y(n+1)i}$, $u_{y(n+1)i}$, $l_{z(n+1)i}$, $u_{z(n+1)i}$, $l_{vx(n+1)}$, $u_{vx(n+1)}$, $l_{vy(n+1)}$, $u_{vy(n+1)}$, $l_{vz(n+1)}$, $u_{vz(n+1)}$ 是线性不等式约束的上限和下限。$l_{xi}(t), l_{yi}(t)$, $l_{zi}(t)$ 是第 i 枚从弹和领弹之间的运动学约束。x_1, y_1, z_1 和 $V_{x_1}, V_{y_1}, V_{z_1}$ 是领弹的位置分量和速度分量。$x_{n+1}, y_{n+1}, z_{n+1}(n > 1)$ 和 $V_{x_{n+1}}, V_{y_{n+1}}, V_{z_{n+1}}(n \geqslant 1)$ 是从弹的位置分量和速度分量。

　　编队问题的定义包括编队约束和被视为局部节点的导弹编队成员的运动方程。本节首先分析了由领弹和从弹组成的"一对一"编队，然后提出了多对一编队的分散编队控制策略。图 6.13 为"一对一"形成示意图。

图 6.13　领弹–从弹"一对一"形成示意图

　　领弹接收动态状态，根据编队约束条件计算导弹控制律，然后将控制律发送给从弹。从弹接收并遵循控制律，因此，领弹和从弹按照"一对一"结构完成导弹的编队。在"一对一"编队结构中，控制律是根据从弹的运动状态计算的。弹道坐标系中从弹的运动方程如下

$$
\begin{cases}
\dot{V} = u \\
\dot{X} = V
\end{cases}
\tag{6.55}
$$

其中，$V = [V_x, V_y, V_z]^{\mathrm{T}}$，$X = [x, y, z]^{\mathrm{T}}$ 是在三个自由度系统中描述从弹动力学的状态变量，$u = [u_x, u_y, u_z]^{\mathrm{T}}$ 为导弹弹道的控制输入。x, y, z 和 V_x, V_y, V_z 分别是弹道坐标系中描述的三个轴向的位移和速度。导弹编队的时变约束描述如下：

$$\begin{cases} x_1 + l_{x21} * \mathrm{sgn}_{x1} * l_{x1}(t) \leqslant x_2 \leqslant x_1 + u_{x21} * \mathrm{sgn}_{x1} * l_{x1}(t) \\ y_1 - l_{y21} * \mathrm{sgn}_{y1} * l_{y1}(t) \leqslant y_2 \leqslant y_1 - u_{y21} * \mathrm{sgn}_{y1} * l_{y1}(t) \\ z_1 - l_{z21} * \mathrm{sgn}_{z1} * l_{z1}(t) \leqslant z_2 \leqslant z_1 - u_{z21} * \mathrm{sgn}_{z1} * l_{z1}(t) \end{cases} \tag{6.56}$$

其中，x_2, y_2, z_2 是从弹的位移；x_1, y_1, z_1 是领弹的位移。另外，弹道设计轨迹设计的简化表述如下

$$\min_x f_0(x) \quad \text{s.t.} \quad l \leqslant \begin{pmatrix} x \\ f(x) \\ A_L x \end{pmatrix} \leqslant u \tag{6.57}$$

其中，$f_0(x), x, f(x), A_L$ 分别表示目标函数，状态变量，非线性约束函数，线性约束函数。因此，领弹–从弹的目标函数和非线性约束函数为

$$\begin{aligned} f_0(x) &= (x_2 - x_1)^2 + (y_2 - y_1)^2 + (z_2 - z_1)^2 \\ f(x) &= \left(\dot{V}_x - u_x, \dot{V}_y - u_y, \dot{V}_z - u_z, \dot{y} - V_y, \dot{z} - V_z, x_2 - x_1, y_2 - y_1, z_2 - z_1 \right)^{\mathrm{T}} \end{aligned} \tag{6.58}$$

线性约束函数为 $A_L = 0$，根据编队导弹的轨迹模拟数据，可以确定 x 的上下限为

$$\begin{aligned} l_x &= [V_{x\min}, V_{y\min}, V_{z\min}, x_{\min}, y_{\min}, z_{\min}]^{\mathrm{T}} \\ u_x &= [V_{x\max}, V_{y\max}, V_{z\max}, x_{\max}, y_{\max}, z_{\max}]^{\mathrm{T}} \end{aligned} \tag{6.59}$$

非线性约束函数 $f(x)$ 的上下限为

$$\begin{aligned} l_{fx} &= \Bigg[0, 0, 0, 0, 0, 0, \sum_{i=1}^n l_{x21} * \mathrm{sgn}_{x1} * l_{x1}(t), \\ &\quad - \sum_{i=1}^n l_{y21} * \mathrm{sgn}_{y1} * l_{y1}(t), - \sum_{i=1}^n l_{z21} * \mathrm{sgn}_{z1} * l_{z1}(t) \Bigg]^{\mathrm{T}} \\ u_{fx} &= \Bigg[0, 0, 0, 0, 0, 0, \sum_{i=1}^n u_{x21} * \mathrm{sgn}_{x1} * l_{x1}(t), \\ &\quad - \sum_{i=1}^n u_{y21} * \mathrm{sgn}_{y1} * l_{y1}(t), - \sum_{i=1}^n u_{z21} * \mathrm{sgn}_{z1} * l_{z1}(t) \Bigg]^{\mathrm{T}} \end{aligned} \tag{6.60}$$

因此，方程式 (6.58)~式 (6.60) 使用约束优化框架来阐述导弹编队控制问题，该模型将满足状态变量，线性约束和非线性约束条件的目标函数最小化。如果 $l_j = u_j$，不等式约束变换成方程约束。

最优反馈控制的框架可以通过考虑典型的非线性控制系统来表示

$$\dot{x}(t) = f(x, u, t), u(t) \in \bigcup(t, x(t)) \tag{6.61}$$

最优反馈控制的目的是设计和计算控制量输出

$$k\left(t_i,x\right)=u\left(t_i\right)\in\bigcup\left(t,x(t)\right)\quad i=1,2,3,\cdots \tag{6.62}$$

同时最小化目标函数

$$
\begin{aligned}
&J=\varPhi\left(x\left(t_0\right),x\left(t_f\right),t_0,t_f\right)+\int_{t_0}^{t_f}g(x(t),u(t),t)\mathrm{d}t\\
&\mathrm{s.t.}C(x,u,t)\leqslant 0\\
&\qquad E\left(x\left(t_0\right),x\left(t_f\right),t_0,t_f\right)=0
\end{aligned}
\tag{6.63}
$$

最佳反馈控制是从一般的连续最佳控制中得出的。$f(x,k(t,x),t)$ 在连续时间 t 上，$x(t)$ 是微分方程的解，且满足 $\dot{x}(t)=f(x,k(t,x),t)$。最优反馈控制器通常采用非连续反馈控制量，最优反馈控制 $k(t,x)$ 是不连续的，状态函数 $f(x,k(t,x),t)$ 也是不连续的。控制器 $k(t,x)$ 可以使用 Caratheodoryπ 轨迹来获取，并且相应的时不变控制器满足

$$u(t)=K\left(t_i,x\left(t_i\right)\right),\ t\in[t_i,t_{i+1}] \tag{6.64}$$

其中，$K\left(t_i,x\left(t_i\right)\right)$ 是使用 Caratheodoryπ 轨迹计算的最优反馈控制器，最优反馈控制器 $K\left(t_i,x\left(t_i\right)\right)$ 经过一段时间 t_i^{c}，状态量 $X\left(t_i\right)$ 开始在系统上起作用。

6.3.2   编队队形调整与重构

在战场环境中，导弹编队会按照一定的队形根据任务规划与航迹规划编队飞行，执行作战任务。但当导弹遇到拦截或者其他需要避险的情况，导弹编队就需要有一定的机动能力。任务需求甚至可能要求导弹编队进行大机动、大转弯，但若此时导弹编队的机动飞行路径设计不合理、转弯半径过小、转弯角速率较大等，则导弹编队的队形有可能被破坏，队形误差不断扩大，甚至导致编队彻底破裂[53]。

例如，当采用虚拟结构时，导弹编队中的各导弹成员需要跟踪虚拟领导者运动，但当虚拟点进行大机动、大转弯时，距离较远的从弹可能会出现饱和现象，主要包括转弯速度和角速率上的饱和，这将会导致从弹不能有效跟踪虚拟领导者，从而使队形误差不断扩大，继而可能导致从弹脱离编队。目前有 PID 控制、人工势场法、自适应滑模变结构法等编队控制方法，但这些方法均不能有效解决编队在大转弯、大机动情况下队形误差扩大的情况。为了解决这一难题，需要从队形误差扩大这一问题出发，设计稳定的相对位置保持器，以提高编队的队形保持能力。

1. 系统模型简化

一般来讲，编队飞行控制通常是一个双闭环控制问题，其中内环为自驾仪控制，对外环产生的位置、速度等控制指令进行跟踪，也就是常说的导弹自动驾驶仪；外环为编队控制，主要用于生成内环所需的位置信息和路径指令，完成导弹编队

对于路径的跟踪和编队队形的实现。并且考虑到目前对于导弹自驾仪的研究已然较为成熟,因此本节将简化导弹自动驾驶仪的模型。首先,假设编队中每一枚导弹的导弹驾驶仪是相同的,并且对于导弹的速度、飞行高度和航向具有相同的控制性能。假设编队中导弹均在同样的飞行高度飞行,因此,基于自动驾驶仪的第 i 个导弹的平面运动模型如下:

$$
\begin{aligned}
\dot{x}_i &= V_i \cos \chi_i \\
\dot{y}_i &= V_i \sin \chi_i \\
\dot{V}_i &= \frac{1}{\tau_V} \left(V_i^{\mathrm{c}} - V_i \right) \\
\dot{\chi}_i &= \frac{1}{\tau_\chi} \left(\chi_i^{\mathrm{c}} - \chi_i \right)
\end{aligned} \tag{6.65}
$$

其中,$x_i, y_i; V_i, \chi_i$ 指导弹的位置、速度和航向;V_i^{c} 和 χ_i^{c} 分别为指令速度、指令航向角;τ_V 和 τ_χ 为驾驶仪时间常数,并且假设编队中各导弹成员的飞行速度满足约束 $0 < V_{\min} \leqslant V_i \leqslant V_{\max}$,角速度满足约束 $|\omega_i| \leqslant \omega_{\max}$,$\omega_i = \dot{\chi}_i$,$i = 1, 2, \cdots, m$,$m$ 为编队导弹总数。

2. 平面相对运动模型

由前所述基于虚拟结构法的编队空间相对运动方程,当编队成员均在同一高度编队飞行时,可得到导弹编队的平面相对运动模型如下:

$$
\begin{aligned}
\dot{x}_{fi} &= V_i \cos \chi_{ei} - V_f + y_{fi} \cdot \dot{\chi}_f \\
\dot{y}_{fi} &= V_i \sin \chi_{ei} - x_{fi} \cdot \dot{\chi}_f
\end{aligned} \tag{6.66}
$$

其中,(x_{fi}, y_{fi}) 为导弹 i 在 S_f 下的相对位置的坐标;V_f 表示虚拟点 O_f 的运动速度;χ_f 为虚拟点 O_f 和航向角;$\chi_{ei} = \chi_i - \chi_f$ 为航向角误差。通常情况下,编队的期望队形已知,由 S_f 下的一组相对坐标 $\left\{ \left(x_{fi}^d, y_{fi}^d \right), i = 1, 2, \cdots, m \right\}$ 表示。令编队跟踪误差 $x_{fi}^e = x_{fi} - x_{fi}^d$,$y_{fi}^e = y_{fi} - y_{fi}^d$,编队的平面相对运动的误差模型为

$$
\begin{aligned}
\dot{x}_{fi}^e &= V_i \cos \chi_{ei} - V_f + \left(y_{fi}^e + y_{fi}^d \right) \cdot \dot{\chi}_f \\
\dot{y}_{fi}^e &= V_i \sin \chi_{ei} - \left(x_{fi}^e + x_{fi}^d \right) \cdot \dot{\chi}_f
\end{aligned} \tag{6.67}
$$

3. 编队参考轨迹及虚拟点运动方程

假设导弹编队在机动时的参考轨迹如下,并用基于时间的参数化微分方程来描述:

$$
\begin{aligned}
\dot{x}_{\mathrm{r}} &= V_{\mathrm{r}} \cos \chi_{\mathrm{r}} \\
\dot{y}_{\mathrm{r}} &= V_{\mathrm{r}} \sin \chi_{\mathrm{r}} \\
\dot{\chi}_{\mathrm{r}} &= \omega_{\mathrm{r}}
\end{aligned} \tag{6.68}
$$

其中，$x_r, y_r; \chi_r$ 分别为编队的参考位置及航向；V_r 和 ω_r 由路径规划系统给出。

通常，虚拟点 O_f 的运动轨迹满足

$$\begin{aligned}
\dot{x}_f &= V_f \cos \chi_f \\
\dot{y}_f &= V_f \sin \chi_f \\
\dot{\chi}_f &= \omega_f
\end{aligned} \tag{6.69}$$

其中，$x_f, y_f; \chi_f$ 分别为虚拟点 O_f 的位置和航向；控制输入 V_f 和 ω_f 可以实现编队对期望轨迹的跟踪，式 (6.68) 和式 (6.69) 具有相同的形式。

4. 控制器设计

综上可得，编队控制是为了设计控制律 (V_i^c, χ_i^c) 和 (V_f, ω_f)，从而使导弹编队能够跟踪期望的轨迹，并且导弹编队中的各个成员能够按照既定队形保持，保证能够稳定跟上各自的期望参考点 $\left(x_{fi}^d, y_{fi}^d\right)$，即 $t \to \infty$ 时编队相对位置误差 $\left(x_{fi}^e, y_{fi}^e\right) \to (0,0)$ 且 $(x_f, y_f, \chi_f) \to (x_r, y_r, \chi_r)$。故需要分别设计两个控制器，一个用以控制编队相对位置误差，使其稳定在某一范围，另一个保证编队能够跟上预定轨迹。与此同时，为了保证编队在大机动或大转弯时，能够保持队形，维持较好的队形性能，这要求虚拟点编队的轨迹跟踪控制器能够实时反馈队形控制器的相对位置误差，并根据相对位置误差做出调整。忽略导弹间的带宽和时延的影响，采用如图 6.14 所示的控制结构。

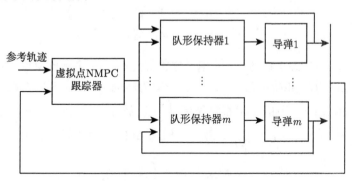

图 6.14　控制结构框图

采用 Lyapunov 直接法设计控制律 (V_i^c, χ_i^c)，保证编队导弹成员 i 可以跟踪期望位置 $\left(x_{fi}^d, y_{fi}^d\right)$。对于编队相对运动系统式 (6.67)，定义如下 Lyapunov 函数：

$$V_{Li} = \frac{1}{2} \left(x_{fi}^e, y_{fi}^e\right) \cdot \left(x_{fi}^e, y_{fi}^e\right)^{T} \tag{6.70}$$

对式 (6.70) 求导，将式 (6.67) 代入可得

$$\dot{V}_{Li} = \left(V_i \cos \chi_{ei} - V_f + y_{fi}^d \dot{\chi}_f\right) \cdot x_{fi}^e + \left(V_i \sin \chi_{ei} - x_{fi}^d \dot{\chi}_f\right) \cdot y_{fi}^e \tag{6.71}$$

根据 Lyapunov 稳定性定理，当 $\dot V_{Li} < 0$ 时，队形误差 $\left(x_{fi}^e, y_{fi}^e\right)$ 渐近趋于 0，令

$$
\begin{aligned}
V_i \cos\chi_{ei} &= V_f - y_{fi}^d \dot\chi_f - k_{Xi} x_{fi}^e \\
V_i \sin\chi_{ei} &= x_{fi}^d \dot\chi_f - k_{Yi} y_{fi}^e
\end{aligned}
\tag{6.72}
$$

其中，增益 $k_{Xi} > 0$，$k_{Yi} > 0$，$i = 1, 2, \cdots, m$，则有

$$
\dot V_{Li} = -\left(k_{Xi} x_{fi}^{e2} + k_{Yi} y_{fi}^{e2}\right) < 0
\tag{6.73}
$$

显然，$\dot V_{Li}$ 负定，进而由式 (6.73)，可得如下控制律：

$$
\begin{aligned}
V_i^{c} &= \sqrt{\left(V_f - y_{fi}^d \dot\chi_f - k_{Xi} x_{fi}^e\right)^2 + \left(x_{fi}^d \dot\chi_f - k_{Yi} y_{fi}^e\right)^2} \\
\chi_i^{c} &= \chi_f + \arctan \frac{x_{fi}^d \dot\chi_f - k_{Yi} y_{fi}^e}{V_f - y_{fi}^d \dot\chi_f - k_{Xi} x_{fi}^e}
\end{aligned}
\tag{6.74}
$$

对控制律 (6.74) 中的反馈误差进行非线性处理，如下：

$$
\mathrm{fal}(e, \alpha, \delta) = \begin{cases} \dfrac{e}{\delta^{1-\alpha}}, & |e| \leqslant \delta \\[2mm] |e|^{\alpha} \cdot \mathrm{sgn}(e), & |e| > \delta \end{cases}
\tag{6.75}
$$

其中，e 表示误差量 x_{fi}^e 和 y_{fi}^e；$0 < \alpha < 1$；δ 表示非线性函数的中间线性段长度，主要用来避免由数值仿真带来的高频颤振。

易证明当采用非线性函数 (6.75) 时，即便对误差量 $\left(x_{fi}^e, y_{fi}^e\right)$ 进行处理，也不会改变 $\dot V_{Li}$ 的负定性。仅仅只是相当于将式 (6.73) 中的误差量 $\left(x_{fi}^e, y_{fi}^e\right)$ 变成了 $\left(\mathrm{fal}\left(x_{fi}^e, \alpha, \delta\right), \mathrm{fal}\left(y_{fi}^e, \alpha, \delta\right)\right)$。因此，改进的控制律为

$$
\begin{aligned}
V_i^{c} &= \left(\left(V_f - y_{fi}^d \dot\chi_f - k_{Xi} \cdot \mathrm{fal}\left(x_{fi}^e, \alpha, \delta\right)\right)^2 + \left(x_{fi}^d \dot\chi_f - k_{Yi} \cdot \mathrm{fal}\left(y_{fi}^e, \alpha, \delta\right)\right)^2\right)^{1/2} \\
&\quad - k_{XIi} \int x_{fi}^e \mathrm{d}t - k_{XDi} \frac{\mathrm{d}x_{fi}^e}{\mathrm{d}t} \\
\chi_i^{c} &= \chi_f + \arctan\left(\frac{x_f^d \dot\chi_f - k_{Yi} \cdot \mathrm{fal}\left(y_i^e, \alpha, \delta\right)}{V_f - y_{fi}^d \dot\chi_f - k_{Xi} \cdot \mathrm{fal}\left(x_f^e, \alpha, \delta\right)}\right) \\
&\quad - k_{YIi} \int y_{fi}^e \mathrm{d}t - k_{YDi} \frac{\mathrm{d}y_{fi}^e}{\mathrm{d}t} \\
i &= 1, 2, \cdots, m
\end{aligned}
\tag{6.76}
$$

模型预测控制 (model predictive control, MPC) 是最近发展起来的一类新型计算机控制算法，是一种基于模型的、有限时间开环最优控制算法，它具有显式处理

系统约束和不确定环境下进行优化控制的共性机理，是继 PID 控制算法之后又一广受认可的先进控制算法。MPC 法的基本原理如图 6.15 所示。其中，k 指当前时刻，$U(k+i)$ 为优化后的控制量，$y(k)$ 为当前时刻系统输出，$y_r(k+i)$ 为参考轨迹，$\hat{y}(k+i)$ 为预测输出，N_c 为控制时域，N_p 为预测时域，且 $N_c \leqslant N_p$，Δt 为离散时间步长。MPC 控制策略就是根据被控对象前一时刻的输入、输出来预测下一时刻的输出情况。再通过对某一性能指标进行优化，得到一组最优控制序列，使得预测的输出可以趋向于在 N_c 时域内的参考轨迹。在下一个采样时刻，优化时域将会滚动前移一步，并且基于最新的数据重复优化。

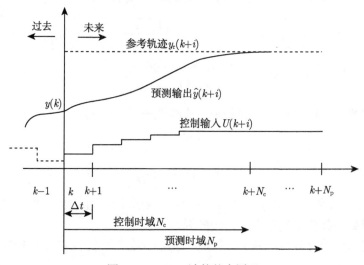

图 6.15   MPC 法的基本原理

非线性模型预测控制 (nonlinear model predictive control，NMPC) 是指被控对象非线性情况下对模型的预测，基本原理同样适用于 MPC 预测模型，只不过在于将线性的优化过程变成了非线性。图 6.16 为具体控制器结构，Y_k 为当前时刻的队形反馈，N 是预测、控制时域长度。

1) 参考轨迹

将方程 (6.68) 改写为如下离散状态空间形式：

$$X_r(k+1) = X_r(k) + \Delta t \cdot f_r\left(X_r(k), U_r(k)\right) \tag{6.77}$$

其中，$X_r(k) = (x_r(k), y_r(k), \chi_r(k))^{\mathrm{T}}$ 为状态向量；$U_r(k) = (V_r(k), \omega_r(k))^{\mathrm{T}}$ 为参考输入向量；Δt 为离散时间步长。输入 $U_r(k)$ 将由路径规划系统给出，因此根据方程 (6.77) 可预测未来 N 步的参考轨迹位置。

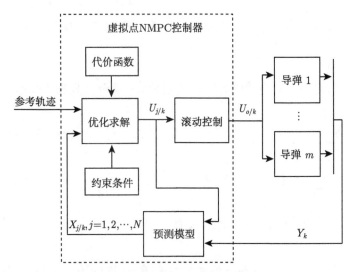

图 6.16 虚拟点 NMPC 控制器结构

2) 预测模型

将虚拟点运动方程 (6.69) 改写成离散状态空间形式, 即得虚拟点预测模型:

$$X_f(k+1) = X_f(k) + \Delta t \cdot f_f\left(X_f(k), U_f(k)\right) \tag{6.78}$$

其中, $X_f(k) = (x_f(k), y_f(k), \chi_f(k))^{\mathrm{T}}$ 为状态向量; $U_f(k) = (V_f(k), \omega_f(k))^{\mathrm{T}}$ 为控制输入。

将式 (6.76) 代入式 (6.65), 并联立式 (6.67), 可得虚拟点的队形保持模型, 并忽略其中的积分项、微分项, 可得编队队形误差预测模型:

$$
\begin{aligned}
\dot{V}_i &= \frac{1}{\tau_V}\left(\left(\left(V_f - y_{fi}^d \dot{\chi}_f - k_{Xi}\cdot \mathrm{fal}\left(x_{fi}^e,\alpha,\delta\right)\right)\right)^2 \right.\\
&\quad \left. + \left(x_{fi}^d\dot{\chi}_f - k_{Yi}\cdot \mathrm{fal}\left(y_{fi}^e,\alpha,\delta\right)\right)^2\right)^{1/2} - V_i\right)\\
\dot{\chi}_i &= \frac{1}{\tau_x}\left(\arctan\left(\frac{x_{fi}^d\dot{\chi}_f - k_{Yi}\cdot \mathrm{fal}\left(y_{fi}^e,\alpha,\delta\right)}{V_f - y_{fi}^d\dot{\chi}_f - k_{Xi}\cdot \mathrm{fal}\left(x_{fi}^e,\alpha,\delta\right)}\right) + \chi_f - \chi_i\right)\\
\dot{x}_{fi}^e &= V_i\cos\chi_{e_i} - V_f + \left(y_{fi}^e + y_{fi}^d\right)\cdot\dot{\chi}_f\\
\dot{y}_{fi}^e &= V_i\sin\chi_{e_i} - \left(x_{fi}^e + x_{fi}^d\right)\cdot\dot{\chi}_f\\
& i = 1,2,\cdots,m
\end{aligned}
\tag{6.79}
$$

写成离散状态空间形式为

$$X_i(k+1) = X_i(k) + \Delta t \cdot f_i\left(X_i(k), U_f(k)\right), \quad i = 1,2,\cdots,m \tag{6.80}$$

其中, $X_i(k) = \left(V_i(k), \chi_i(k), x_{fi}^e(k), y_{fi}^e(k)\right)^{\mathrm{T}}$ 为状态向量; $U_f(k) = (V_f(k), \omega_f(k))^{\mathrm{T}}$ 为控制输入。

3) 代价函数

令 k 为当前时刻, N 为预测时域和控制时域, 代价函数表达式形式如下:

$$
\begin{aligned}
J(k) = &\sum_{s=0}^{N-1} \left(U_f(k+s) - U_r(k+s)\right)^{\mathrm{T}} Q \left(U_f(k+s) - U_r(k+s)\right) \\
&+ \sum_{s=0}^{N-1} \left(X_f(k+s) - X_r(k+s)\right)^{\mathrm{T}} S \left(X_f(k+s) - X_r(k+s)\right) \\
&+ \sum_{i=1}^{m} \sum_{s=0}^{N-1} \left(X_i(k+s)\right)^{\mathrm{T}} R \left(X_i(k+s)\right)
\end{aligned}
\tag{6.81}
$$

其中, 代价函数第一、二、三部分分别为参考指令跟踪代价、编队参考轨迹代价、队形性能代价; Q, S 和 R 分别为对应权矩阵, Q 和 S 为正定矩阵, 而 R 为半正定矩阵。

为了实现编队队形保持和轨迹跟踪自适应调整的目的, 以下为动态参数 λ, ρ, γ 的设计, 用于 S 和 R 的动态调节。

定义编队队形性能指标:

$$
\lambda = \frac{1}{m} \sum_{i=1}^{m} \sqrt{x_{fi}^{e2} + y_{fi}^{e2}}
\tag{6.82}
$$

同理, 虚拟点轨迹跟踪的性能指标定义为

$$
\rho = \sqrt{\left(x_f - x_r\right)^2 + \left(y_f - y_r\right)^2}
\tag{6.83}
$$

其中, $(x_f, y_f), (x_r, y_r)$ 分别为当前时刻虚拟点的实际位置和参考位置。令

$$
\gamma = \exp(-\eta(\lambda/\rho))
\tag{6.84}
$$

其中, 调节参数 $\gamma \in [0, 1]$, 当 γ 越大时, 表明虚拟点轨迹跟踪偏差越大, 需要增加轨迹代价使偏差缩小, 并按照指定轨迹飞行; 当 γ 越小时, 表明编队队形误差越大, 需要增大队形误差代价, 以减小队形误差, 使导弹编队按编队飞行。故权矩阵 R 和 S 表达式如下:

$$R = \begin{bmatrix} 0_N & & & \\ & 0_N & & \\ & & r_x(1-\gamma)I_N & \\ & & & r_y(1-\gamma)I_N \end{bmatrix} \tag{6.85}$$

$$S = \begin{bmatrix} s_x\gamma I_N & & \\ & s_y\gamma I_N & \\ & & s_\chi\gamma I_N \end{bmatrix}$$

其中，I_N 为 N 阶单位矩阵；0_N 为零矩阵；$r_x, r_y, s_x, s_y, s_\chi$ 为常系数。

4) 滚动优化求解

为了实现虚拟点的轨迹跟踪，在当前时刻 k 可以通过求解如下问题，即有限时域的最优控制问题 (finite horizon optimal control problem，FHOCP)，以得到虚拟点的控制指令：

$$U_f^*(k) = \arg\min_{U_f(\cdot)} J(k)$$

s.t.

$$\begin{aligned} &X_f(k+s+1) = X_f(k+s) + \Delta t \cdot f_f\left(X_f(k+s), U_f(k+s)\right) \\ &X_i(k+s+1) = X_i(k+s) + \Delta t \cdot f_i\left(X_i(k+s), U_f(k+s)\right) \\ &X_f(k+s) \in \chi_f, X_i(k+s) \in \chi_i, U_f(k+s) \in \mu_f \\ &s = 0, 1, \cdots, N-1, \quad i = 1, 2, \cdots, m \end{aligned} \tag{6.86}$$

其中，μ_f 为控制约束；χ_f，χ_i 为状态约束。为了解决该优化控制问题，有内点法、Lagrange 乘子法、序列二次规划算法等求解方法可以考虑，这里采用 Matlab 自带的 fmincon 优化函数进行求解。

具体求解步骤可归结如下：

步骤 1　令当前时刻为 k，基于已知的参考轨迹、虚拟点的状态信息以及编队队形误差，求解有限时间最优控制问题 (6.86) 可得 $\{U_f(k), \cdots, U_f(k+N-1)\}$，为一组最优控制序列；

步骤 2　将当前控制项 $U_f(k)$ 给导弹编队各成员，作为输入以进行编队队形控制，其他 $N-1$ 项则以 $\{U_f(k+1), \cdots, U_f(k+N-1), U_f(k+N-1)\}$ 的形式存储，并作为求解问题下一时刻初值；

步骤 3　令 $k = k+1$，返回步骤 1。

6.3.3　编队低空避障与防撞

导弹在编队飞行执行作战任务时，会遭遇各种突发情况，比如低空飞行时遭遇山峰等障碍物，或者即将发生碰撞等危险，这时候队形的保持已经不再是首要任务，需要尽快规避危险。同时每一编队成员在各自规避开障碍物时，还应避免各编队成员之间的碰撞。一旦险情过去，还应该保证各编队成员尽快恢复队形，重新进行编队飞行。不管是障碍物规避还是防碰撞，目的都是保证编队中的各导弹成员在编队飞行过程中，不会与静态障碍物 (如山峰等)，或者动态障碍物 (如其他导弹等) 发生碰撞，能够保证其安全飞行[54]。

故为了使多枚相对位置较为紧密的导弹编队安全运行，避免碰撞是一项基本任务。现有的防撞方法主要分为三种：常规避免法、优化法和人工势场法。文献 [55] 和文献 [56] 提出了一种基于几何编队中心的策略，允许每个飞行器感知其他飞行器的位置，用于固定飞行器紧密编队。文献 [57] 中，通过模型预测控制器解决了多旋翼飞机机群的防撞问题，考虑对飞机总推力矢量的锥形约束，即对旋转面的倾斜度和总推力矢量的大小的约束来设计控制器。Goss 等[58] 结合几何中心法和碰撞场法，考虑了两个飞行器在三维环境中的避撞问题，并研究了基于碰撞场方法的控制律。文献 [59] 通过将碰撞场方法扩展到无人机编队，可以得到一种计算量低的简单算法，并可实现在避障练习中维持编队飞行。优化方法则是另一种常用的避障与防撞方法，通过计算寻找有限时间内某一符合要求的性能指标，并最小化该性能指标，实现避障，同时与模型预测控制相结合，可得到更好的控制效果[60,61]。Sujit 和 Beard[62] 开发了一种基于有限传感器和通信范围的多无人机路径规划算法，并提出了粒子群优化算法来规避静态和动态障碍物。文献 [63] 和文献 [64] 采用了粒子群优化算法及其与遗传算法的结合，用以解决非线性目标函数的优化问题。但实际上优化法需要大量的计算，并且需要保证有限的收敛时间，因此难以应用于工程实际。此外还有力场法/势场法，即假设障碍物周围均为虚拟场，由这些场产生的虚拟吸引力或排斥力产生用于避免碰撞的动作[65,66]。例如，文献 [67] 在线性控制的框架中基于势场法实现了地面多智能体的编队控制，并进行稳定性分析。势场法的主要缺点在于势场中可能存在局部最小值，因此使用这种方法时需要特别注意这一特点，避免引起编队控制性能不佳的问题。实际上在用于编队控制器的经典方法中，潜在的间接方法具有极大的潜力，允许对任务目标进行直观的设计，并满足 Lyapunov 备选函数的要求。

本节首先介绍了关于具有内部防撞能力的多弹编队飞行控制的研究与分析。主要基于群体几何控制，设计了由速度和位置误差的静态反馈以及势场项构成的非线性控制器，用于执行编队队形的几何保持和相互避撞。并将文献 [56] 的结果扩展到导弹编队，还将文献 [67] 的方法也加以扩展，设计的势函数显示为一个与所需编队几何形状有关的全局最小值。然后利用 Lyapunov 方法在该非线性框架中对控制器的全局渐近稳定性进行了严格证明，并进行了仿真分析。结果显示，在存在外部干扰和未建模干扰的情况下，该方法的效率较高，也具备良好的鲁棒性。

本节还介绍了一种三维空间约束的人工势场法，并将其应用于导弹编队的避障与防撞。与传统的人工势场相比，将其扩展到三维空间，并改进斥力场函数用于避障控制，引进多弹的动力学约束用以保持队形，并且在编队整体控制环节有效利用了导弹之间的状态反馈，基于变权重的控制方法有效解决了弹群编队整体避障与个体防撞控制的耦合问题，达到了较好的控制效果[54]。

1. 群体几何法

为了便于进行编队控制的研究，本节将使用三自由度质点模型来表示每个编队导弹成员。基于这种简化模型，可仅使用编队导弹的位置、速度和加速度等状态量，可极大地减小计算量，也是被广泛应用于轨迹跟踪和位置自动驾驶仪系统设计的一种常见方法。

假设第 i 枚导弹与参考点 G 保持指定距离，并以速度 $\bar{v}$ 移动。在参考惯性系 $\mathcal{F}_E$ 下，有以下三个位置向量：r_r 是参考点的位置，r_i 是第 i 枚导弹的当前位置，$\bar{r}_i$ 表示其期望的位置。故如图 6.17 所示，d_i 和 $\bar{d}_i$ 分别表示第 i 枚导弹与其参考点 G 之间的当前和期望相对距离，并得出以下关系。

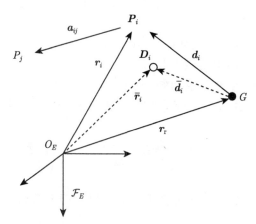

图 6.17 第 i 枚导弹的实际位置 (P_i) 和期望位置 (D_i) 的定义

令 $\mathcal{S} = \{1, 2, \cdots, n\}$ 为 n 个元素的有限集合，$\mathcal{S}_2 = \{i, j\}$ 是 $\mathcal{S}$ 的一个 2 元素子集，第 i 枚编队导弹与第 j 枚编队导弹之间的距离由 $r_j - r_i = d_j - d_i$ 给出，假设球体的半径 $r > 0$，并集中第 j 枚导弹所在的安全区 P_j。为了避免碰撞，要求第 i 枚导弹不能进入第 j 枚导弹的安全区。为此对相互距离的一组约束定义如下：

$$\mathcal{A}_{ij} = \{a_{ij} \in \mathbb{R}^3 | \|a_{ij}\| > r\} \tag{6.87}$$

对于 n 枚导弹组成的编队，共有 $C_n^2 = n!/[2(n-2)!]$ 种无重复组合，在这种情况下当 $n = 3$ 时，例如，相对距离矢量 a_{12}, a_{23}, a_{31} 应该满足之前给出的约束 $\mathcal{A}_{12}, \mathcal{A}_{23}, \mathcal{A}_{31}$。并且第 i 个和第 j 个导弹分别到达期望位置 $\bar{r}_i = r_i + \bar{d}_i$，$\bar{r}_j = r_j + \bar{d}_j$，

这也意味着期望的相互距离是在几何设计阶段选择的。

假设每一枚导弹上的自动驾驶仪均是相同的,并且均能实现姿态控制,即对编队的内环姿态控制进行了简化。主要定义了一种能够同时完成三个不同任务的编队控制律:① 轨迹跟踪;② 保持位置;③ 避免碰撞。为了完成第三项任务,定义了一个势函数考虑给定的相互距离约束。

令 $\mathcal{A} = \prod_{i,j \in \mathcal{S}_2} \mathcal{A}_{ij}$ 成为 C_n^2 全部集合中的一个子集,并假设 $a \in \mathcal{A}$ 是一个由 $a_{ij} \in \mathcal{A}_{ij}$ 串联得到的三维列向量,势函数 $V_p(a) : \mathcal{A} \to \mathbb{R}$ 定义为

$$V_p(a) = \frac{K_a}{4} \sum_{i,j \in \mathcal{S}_2} \left[\frac{(\overline{a}_{ij} - a_{ij})^{\mathrm{T}} (\overline{a}_{ij} - a_{ij})}{a_{ij}^{\mathrm{T}} a_{ij} - r^2} \right]^2 \tag{6.88}$$

其中,$K_a > 0$,势函数保证了 a_{ij} 满足约束式 (6.87)。

引理 6.7　　以 $a_{ij} \in \mathcal{A}_{ij}$ 构成的 $\overline{a} \in \mathcal{A}$ 是 C_n^2 全部集合中的一个子集,且满足以下属性:

(1) $V_p(\overline{a}) = 0$;

(2) 对任意的 $a \in \mathcal{A} \backslash \{\overline{a}\}$ 均存在 $V_p(a) > 0$;

(3) $V_p(a)$ 在 $a = \overline{a}$ 时取得最小值。

证明　　从方程 (6.88) 的定义可知,若 $a \in \mathcal{A} \backslash \{\overline{a}\}$,则有 $V_p(\overline{a}) = 0$ 和 $V_p(a) > 0$,接下来证明引理的第三性质。渐变量 $\nabla V_p|_a$ 来自于 $\nabla V_p|_{a_{ij}}$,且有如下关系:

$$\nabla V_p|_{a_{ij}} = -K_a \left[\frac{(\overline{a}_{ij} - a_{ij}) \|\overline{a}_{ij} - a_{ij}\|^2}{(a_{ij}^{\mathrm{T}} a_{ij} - r^2)^2} + \frac{a_{ij} \|\overline{a}_{ij} - a_{ij}\|^4}{(a_{ij}^{\mathrm{T}} a_{ij} - r^2)^3} \right] \tag{6.89}$$

考虑到式 (6.89),很容易证明 $\overline{a}$ 是 $V_p(a)$ 唯一的关键点,用以保证 $V_p(a)$ 在 $a = \overline{a}$ 时取得最小值。

选择合适的控制量,表达式如下:

$$u_i = f\left(V_i, \overline{V}, d_1, \cdots, d_n, \overline{d}_1, \cdots, \overline{d}_n\right) \tag{6.90}$$

其中,对于所有 $i \in \mathcal{S}$,第 i 枚导弹可以在每一时刻获得其他编队成员的位置信息,以保证编队成员具有以下动态特性:

$$\dot{V}_i = K_V \left(\overline{V} - V_i\right) + K_d \left(\overline{d}_i - d_i\right) + \sum_{j \in \mathcal{S} \backslash \{i\}} \nabla V_p \Bigg|_{a_{ij}} \tag{6.91}$$

其中,$K_V = \mathrm{diag}\left(K_{V_x}, K_{V_y}, K_{V_z}\right)$ 和 $K_d = \mathrm{diag}\left(K_{d_x}, K_{d_y}, K_{d_z}\right)$ 均为正增益矩阵;$\nabla V_p|_{a_{ij}}$ 由等式 (6.91) 给出。

为了获得所需的控制效果, 采用动态逆的方法, 将等式 (6.91) 中的指令加速度设置为实际加速度, 可得新的控制律为

$$u_i = m_i \left[-g + K_d \left(\bar{d}_i - d_i \right) + K_V \left(\bar{V} - V_i \right) + \sum_{j \in \mathcal{S} \backslash \{i\}} \nabla V_p \bigg|_{\boldsymbol{a}_{ij}} \right] \qquad (6.92)$$

注意, 当 $i \neq j$ 时, 对于所有的 $i, j \in \mathcal{S}$, 实际的相互距离可以表示为 $a_{ij} = d_j - d_i$, 而期望的相互距离表示为 $\bar{a}_{ij} = \bar{d}_j - \bar{d}_i$。

2. 人工势场法

人工势场法的基本原理是将导弹编队在空间的运动抽象为虚拟场中的运动, 其中, 目标点对导弹的作用为 "引力", 障碍物对导弹的作用则表现为 "斥力", 最后通过引力与斥力的合力来控制导弹运动。人工势场法主要是基于导弹所处环境设计了虚拟场, 并在虚拟场中对导弹成员进行动力学分析。其基本原理如图 6.18 所示。

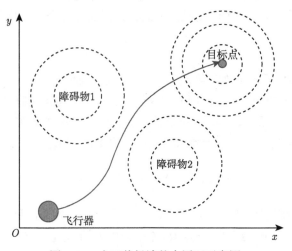

图 6.18 人工势场法基本原理示意图

其原理在于将编队成员、障碍物、打击目标等效为二维平面中的质点, 并构建一虚拟势场, 在该人工势场中, 飞行器会受到虚拟力的作用。与障碍物之间会产生排斥力 F_{rep}, 距离越近, 斥力越大; 与目标点之间会产生吸引力, 距离越近, 引力越大。通过分析引力和斥力的合力 F, 经过计算可以确定导弹下一步需要到达的位置, 并保证编队朝着既定方向飞行, 编队成员在各自安全区内飞行, 如图 6.19 所示。

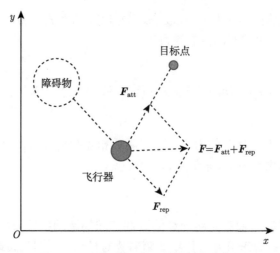

图 6.19　人工势场中飞行器受力示意图

1) 三维人工势场的建立

为了更好地实现对导弹编队的实时避障与防撞控制，本节建立了三维人工势场。根据以上分析的人工势场法原理，下面将分别设计各个虚拟场的势场力以完成控制系统的设计。

A. 目标的引力场

在虚拟势场中，导弹亦在三维空间运动，令其当前位置为 $\xi_i = [x_i, y_i, z_i]^{\mathrm{T}} \in \mathbb{R}^3$。目标点 (target) 与导弹的相互作用表现为引力，其大小与距离有关，距离越小，引力越大。当距离小到某一范围时，可以认为导弹受到的引力为零，即可认为，导弹已到达目标位置。设计目标对导弹成员 i 的引力场函数 $U_{\mathrm{att}}(\xi_i, \xi_G)$ 为

$$U_{\mathrm{att}}(\xi_i, \xi_G) = 0.5\varepsilon d^2(\xi_i, \xi_G) \tag{6.93}$$

式中，$\varepsilon > 0$，表示引力场增益；$\xi_G = [x_g, y_g, z_g]^{\mathrm{T}} \in \mathbb{R}^3$ 为局部目标位置；$d(\xi_i, \xi_G)$ 指目标点与导弹 i 之间的距离。$F_{\mathrm{att}}(\xi_i, \xi_G)$ 为引力场 $U_{\mathrm{att}}(\xi_i, \xi_G)$ 的负梯度，即

$$F_{\mathrm{att}}(\xi_i, \xi_G) = -\nabla_\xi U_{\mathrm{att}}(\xi_i, \xi_G) = -\varepsilon(\xi_i - \xi_G) \tag{6.94}$$

由此可知，导弹受到沿着弹目连线方向的引力，力的方向为从导弹到目标点。

假设目标点运动轨迹如下：

$$\begin{bmatrix} \dot{x}_0 \\ \dot{y}_0 \\ \dot{h}_0 \end{bmatrix} = \begin{bmatrix} v_0 \cos\theta_0 \cos\varphi_0 \\ v_0 \cos\theta_0 \sin\varphi_0 \\ v_0 \sin\theta_0 \end{bmatrix} \tag{6.95}$$

式中，$\xi_G = (x_0, y_0, h_0)$ 表示参考位置；v_0, θ_0, φ_0 分别表示速度、航迹倾斜角以及航迹方位角。

B. 障碍物的排斥力场

等效势场中，导弹在三维空间运动时亦会受到来自于障碍物的排斥力，同样地，排斥力大小也与距离有关，距离越小，斥力越大。故设计斥力场函数 $U_{\text{rep}}(\xi_i, \xi_{\text{obs}})$ 如下

$$U_{\text{rep}}(\xi_i, \xi_{\text{obs}}) = \begin{cases} 0.5\eta \left(\dfrac{1}{d(\xi_i, \xi_{\text{obs}})} - \dfrac{1}{d_0} \right)^2 d^n(\xi_i, \xi_G), & d(\xi_i, \xi_{\text{obs}}) \leqslant d_0 \\ 0, & d(\xi_i, \xi_{\text{obs}}) > d_0 \end{cases} \quad (6.96)$$

式中，$d(\xi_i, \xi_{\text{obs}})$ 为导弹–障碍物之间的距离；$\eta > 0$，表示斥力增益；d_0 为斥力影响距离 (障碍物对导弹)，一般取 $n > 1$，可以避免局部最小值产生。此外还应根据目标点及障碍物的具体情况确定 d_0 的大小，一般保证 $d_0 \leqslant \min(d_1, d_2)$ 即可。其中，d_1 表示障碍物之间最小距离的 $1/2$，d_2 是导弹到障碍物的最小距离。故 d_0 可根据导弹飞行具体情况动态选取：

$$d_0 = d_0^{\min} + k_0 v \quad (6.97)$$

式中，$d_0^{\min}$ 为安全避障最小距离；k_0 为一常值 (与导弹性能相关)。

因此，虚拟斥力场的负梯度可表示为

$$F_{\text{rep}}(\xi_i, \xi_{\text{obs}}) = -\nabla_{\boldsymbol{\xi}_i} U_{\text{rep}}(\xi_i, \xi_{\text{obs}}) = \begin{cases} F_{\text{rep1}} n_{ov} + F_{\text{rep2}} n_{vG}, & d(\xi_i, \xi_{\text{obs}}) \leqslant d_0 \\ 0, & d(\xi_i, \xi_{\text{obs}}) > d_0 \end{cases}$$
$$(6.98)$$

其中，

$$F_{\text{rep1}} = \eta \left(\frac{1}{d(\xi_i, \xi_{\text{obs}})} - \frac{1}{d_0} \right) \frac{d^n(\xi_i, \xi_G)}{d^2(\xi_i, \xi_{\text{obs}})}$$
$$F_{\text{rep2}} = 0.5n\eta \left(\frac{1}{d(\xi_i, \xi_{\text{obs}})} - \frac{1}{d_0} \right)^2 d^{n-1}(\xi_i, \xi_G) \quad (6.99)$$

式中，n_{ov}, n_{vG} 是两个单位矢量，一个方向为从障碍物到导弹，另一个为从导弹到目标点。

C. 编队个体间的避撞势场

导弹编队在避障或者较大机动时，编队队形可能会有所变换，但在队形变换过程中，仍须保证导弹之间不发生碰撞。由于需要考虑到每一枚导弹的飞行情况，故可以将任一导弹看作移动的障碍物，并构建势场及每枚导弹飞行时的安全空间，便可有效实现导弹之间的防撞。对于导弹 i, j，若导弹 i 在飞行过程中进入了导弹 j

的飞行安全空间, 便会受到来自导弹 j 的斥力, 即本节中所述避撞势场力, 由导弹 j 指向导弹 i, 定义导弹 i 的避撞势场函数 $U_{\text{rep}}(\xi_i, \xi_j)$ 如下:

$$U_{\text{rep}}(\xi_i, \xi_j) = \begin{cases} 0.5k \left(\dfrac{1}{d(\xi_i, \xi_j)} - \dfrac{1}{d_{\text{safe}}} \right)^2, & d(\xi_i, \xi_j) \leqslant d_{\text{safe}} \\ 0, & d(\xi_i, \xi_j) > d_{\text{safe}} \end{cases} \tag{6.100}$$

式中, $k > 0$, 为避撞斥力增益; $d(\xi_i, \xi_j)$ 为导弹 i, j 间的距离; d_{safe} 表示导弹编队成员间的安全距离。

故导弹 i, j 之间的斥力为

$$F_{ij} = -\nabla_{\boldsymbol{\xi}_i} U_{\text{rep}}(\xi_i, \xi_j) = \begin{cases} k \left(\dfrac{1}{d(\xi_i, \xi_j)} - \dfrac{1}{d_{\text{safe}}} \right)^2 \dfrac{1}{d^2(\xi_i, \xi_j)} n_{ij}, & d(\xi_i, \xi_j) \leqslant d_{\text{safe}} \\ 0, & d(\xi_i, \xi_j) > d_{\text{safe}} \end{cases} \tag{6.101}$$

式中, n_{ij} 为由导弹 j 指向导弹 i 的单位矢量。且需要注意, 导弹 i, j 之间的斥力 F_{ij} 与反方向的斥力 F_{ji} 不是作用力与反作用力的关系。显然它们方向相反, 但大小不一定相等, 这与 d_{safe} 有关, 定义不同的 d_{safe}, 将会影响这一结果。

故导弹 i 在导弹编队中避撞斥力可以表示为如下形式:

$$F_{ij}^{\text{all}} = \begin{cases} \displaystyle\sum_{j=1}^{n} F_{ij}, & d(\xi_i, \xi_j) \leqslant d_{\text{safe}}, j \neq i \\ 0, & d(\xi_i, \xi_j) > d_{\text{safe}} \end{cases} \tag{6.102}$$

并且需注意, 导弹飞行编队中两枚导弹在期望队形中的距离 d_{r} 需要满足: $d_{\text{r}} \geqslant d_{\text{safe}}(i) + d_{\text{safe}}(j)$, 其中 $d_{\text{safe}}(i) + d_{\text{safe}}(j)$ 表示导弹 i 与导弹 j 安全距离之和, 如图 6.20 所示。

2) 动力学约束条件

对于导弹来说, 由于受自身机动性能或其他动力学约束条件的限制, 比如最大转弯角、最大倾侧角等, 在避障与防撞的航迹规划时, 导弹不可能完全按照人工势场法所求得的引斥力合力方向来选择行进方向, 也不可能完全根据合力大小选择机动加速度。在计算每一步的行进期望时都要将动力学约束考虑进去。故本节将进一步介绍在考虑导弹自身动力学约束时的势场力规划。

假设导弹编队成员在当前节点 S, 且已知飞行方向, 如图 6.21 所示。设一平面 OCD, 位于导弹的纵向平面内, 另一平面 OAB 与该平面垂直, 即在横向平面内。导弹的最大俯冲角 θ 用 $\angle EOC$ 表示, 最大转弯角用 $\angle EOB$ 表示。故而可以把导弹下一步的行进方向限定在一个四棱锥 $OMNQP$ 内, 该棱锥由 $\angle DOC = 2\theta$ 和 $\angle AOB = 2\varphi$ 所确定, 如图 6.21 所示。

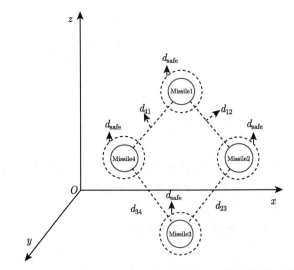

图 6.20　四导弹编队中 d_{safe} 与导弹之间距离的关系示意图

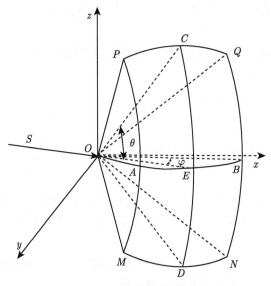

图 6.21　航迹示意图

　　如果通过计算, 势场力合力方向在 $OMNQP$ 区域内, 则导弹航迹方向就是这一合力方向; 但若合力方向不在 $OMNQP$ 区域内, 就要对航迹方向进行修正。需满足以下修正规则: 以当前 SO 为基准, 航迹方位角的逆时针方向为正方向 (从上往下看), 航迹倾斜角向上为正方向。例如, 当势场力方向横向平面的方向角大于 $\angle EOB$, 便修正 $\angle EOB$, 具体修正关系如下:

$$\varphi_0 = \begin{cases} \varphi, & \varphi_{\text{real}} > \varphi \\ \varphi_{\text{real}}, & |\varphi_{\text{real}}| < \varphi \\ -\varphi, & \varphi_{\text{real}} < -\varphi \end{cases} \tag{6.103}$$

$$\theta_0 = \begin{cases} \theta, & \theta_{\text{real}} > \theta \\ \theta_{\text{real}}, & |\theta_{\text{real}}| < \theta \\ -\theta, & \theta_{\text{real}} < -\theta \end{cases} \tag{6.104}$$

式中, φ_{real} 为势场力合力在横向平面内的方向角; θ_{real} 为势场力合力在纵向平面内的方向角; φ_0, θ_0 分别为修正后的航迹方位角和航迹倾斜角。

3) 控制协议设计及系统稳定性分析

第 i 枚导弹动态方程的状态空间描述形式如下:

$$\begin{cases} \dot{\xi}_i(t) = \zeta_i(t) \\ \dot{\zeta}_i(t) = u_i(t) \end{cases} \tag{6.105}$$

式中, $\xi_i(t) \in \mathbb{R}^3$ 为导弹的位置; $\zeta_i(t) \in \mathbb{R}^3$ 为导弹的速度; $u_i(t) \in \mathbb{R}^3$ 为控制输入。

为了实现多导弹编队在飞行过程中的避障与防撞, 设计第 i 枚导弹的控制协议如下:

$$u_i(t) = k_1 \sum_{s_j \in N_i(t)} a_{ij}(t) \left[\xi_j(t) - \xi_i(t) - r_{ji} \right]$$
$$+ k_2 \sum_{\text{obs}=1}^{l} F_{\text{rep}}(\xi_i, \xi_{\text{obs}}) + k_3 F_{\text{att}}(\xi_i, \xi_G) + k_4 \sum_{s_i \in \bar{N}_i(t)} F_{ij} - \zeta_i(t) + v_0 \tag{6.106}$$

式中, k_1, k_2, k_3, k_4 为正参数; $a_{ij}(t)$ 为通信拓扑图 G 的邻接权重; $N_i(t)$ 为第 i 枚导弹的邻居集; $\bar{N}_i(t)$ 为第 i 枚导弹的避撞邻居集; l 为当前所能探测到的障碍物个数。

为了使式 (6.106) 更具一般化, 采用变权重数值方法更新控制律, 即

(1) 当前编队系统未探测到障碍物时, 有

$$k_1, k_3 > k_2 = 0 \tag{6.107}$$

(2) 当前编队系统探测到障碍物时, 另有

$$k_2 > k_1, \quad k_3 > 0 \tag{6.108}$$

根据式 (6.107) 与式 (6.108), 利用变权重数值方法更新了控制律。

将式 (6.94)，式 (6.98) 与式 (6.101) 代入式 (6.106) 中有

$$
\begin{aligned}
u_i(t) = {} & k_1 \sum_{s_j \in N_i(t)} a_{ij}(t) \left[\xi_j(t) - \xi_i(t) - r_{ji} \right] - k_2 \sum_{\text{obs}=1}^{l} \nabla_{\boldsymbol{\xi}_i} U_{\text{rep}}\left(\xi_i, \xi_{\text{obs}} \right) \\
& - k_3 \nabla_{\boldsymbol{\xi}_i} U_{\text{att}}\left(\xi_i, \xi_G \right) - k_4 \sum_{s_j \in \bar{N}_i(t)} \nabla_{\boldsymbol{\xi}_i} U_{\text{rep}}\left(\xi_i, \xi_j \right) - \zeta_i(t) + v_0
\end{aligned}
\tag{6.109}
$$

根据前述编队中心的概念，式 (6.109) 可以变换为

$$
\begin{aligned}
u_i(t) = {} & k_1 \sum_{s_j \in N_i(t)} a_{ij}(t) \left[(\xi_j(t) - r_j) - (\xi_i(t) - r_i) \right] - k_2 \sum_{\text{obs}=1}^{l} \nabla_{\boldsymbol{\xi}_i} U_{\text{rep}}\left(\xi_i, \xi_{\text{obs}} \right) \\
& - k_3 \nabla_{\boldsymbol{\xi}_i} U_{\text{att}}\left(\xi_i, \xi_G \right) - k_4 \sum_{s_j \in \bar{N}_i(t)} \nabla_{\xi_i} U_{\text{rep}}\left(\xi_i, \xi_j \right) - \zeta_i(t) + v_0
\end{aligned}
\tag{6.110}
$$

式中，$r_{ji} = r_j - r_i$。取 $\hat{\xi}_i(t) = \xi_i(t) - \xi_0(t) - r_i$，$\hat{\zeta}_i(t) = \zeta_i(t) - v_0(t)$，因此，式 (6.110) 可以变换为

$$
\begin{aligned}
u_i(t) = {} & k_1 \sum_{s_j \in N_i(t)} a_{ij}(t) \left[\hat{\xi}_j(t) - \hat{\xi}_i(t) \right] - k_2 \sum_{\text{obs}=1}^{l} \nabla_{\boldsymbol{\xi}_i} U_{\text{rep}}\left(\hat{\xi}_i + \xi_0 + r_i, \xi_{\text{obs}} \right) \\
& - k_3 \nabla_{\boldsymbol{\xi}_i} U_{\text{att}}\left(\hat{\xi}_i + \xi_0 + r_i, \xi_G \right) - k_4 \sum_{s_j \in \bar{N}_i(t)} \nabla_{\boldsymbol{\xi}_i} U_{\text{rep}}\left(\hat{\xi}_i, \hat{\xi}_j \right) - \hat{\zeta}_i
\end{aligned}
\tag{6.111}
$$

在式 (6.110) 的作用下，多导弹编队避障与防撞控制系统的闭环动态方程为

$$
\begin{cases}
\dot{\hat{\xi}}_i(t) = \hat{\zeta}_i(t) \\
\begin{aligned}
\dot{\hat{\zeta}}_i(t) = {} & k_1 \sum_{s_j \in N_i(t)} a_{ij}(t) \left[\hat{\xi}_j(t) - \hat{\xi}_i(t) \right] - k_2 \sum_{\text{obs}=1}^{l} \nabla_{\boldsymbol{\xi}_i} U_{\text{rep}}\left(\hat{\xi}_i + \xi_0 + r_i, \xi_{\text{obs}} \right) \\
& - k_3 \nabla_{\boldsymbol{\zeta}_i} U_{\text{att}}\left(\hat{\xi}_i + \xi_0 + r_i, \xi_G \right) - k_4 \sum_{s_j \in \bar{N}_i(t)} \nabla_{\boldsymbol{\xi}_i} U_{\text{rep}}\left(\hat{\xi}_i, \hat{\xi}_j \right) - \hat{\zeta}_i
\end{aligned}
\end{cases}
\tag{6.112}
$$

接下来将对系统的稳定性进行分析，首先给出如下定理：

定理 6.3 考虑一个由 n 枚导弹组成的通信拓扑结构具有连通性的多弹编队系统，假设在飞行过程中遇到 1 个外部障碍物 $\xi_{\text{obs}}(\text{obs} = 1, 2, \cdots, l)$，且系统总能量 $V(t)$ 有限，即满足 $V(t) \leqslant V_0$。故在式 (6.106) 作用下，系统最终会达到 $\xi_j(t) - \xi_i(t) = r_{ji}$，即形成期望的编队队形，并且在编队飞行过程中能够实现避障，且保证各编队成员的防撞。

证明　定义一个 Lyapunov 函数，如下所示：

$$V = \sum_{i=1}^{n} \left[\frac{1}{2} k_4 \sum_{s_j \in \bar{N}_i(t)} U_{\text{rep}}^{ij} \left(\hat{\xi}_i, \hat{\xi}_j \right) + k_2 \sum_{\text{obs}=1}^{l} U_{\text{rep}}^{i} \left(\hat{\xi}_i + \xi_0 + \hat{\zeta}_0 + r_i, \xi_{\text{obs}} \right) + \frac{1}{2} \hat{\zeta}_i^{\text{T}} \hat{\zeta}_i \right.$$

$$\left. + \frac{k_1}{4} \sum_{s_j \in N_i(t)} a_{ij}(t) \left(\hat{\xi}_i - \hat{\xi}_j \right)^2 + k_3 U_{\text{att}}^{i} \left(\hat{\xi}_i + \xi_0 + r_i, \xi_G \right) \right]$$

$$\tag{6.113}$$

易知 V 是一个半正定的函数。计算 $\dot{V}$ 并将式 (6.112) 代入，则可得

$$\dot{V} = \sum_{i=1}^{n} \left[k_4 \hat{\zeta}_i^{\text{T}} \sum_{s_j \in \bar{N}_i(t)} \nabla_{\boldsymbol{\xi}_i} U_{\text{rep}} \left(\hat{\xi}_i, \hat{\xi}_j \right) + k_2 \sum_{\text{obs}=1}^{l} \nabla_{\boldsymbol{\xi}_i} U_{\text{rep}} \left(\hat{\xi}_i + \xi_0 + r_i, \xi_{\text{obs}} \right) \right.$$

$$+ k_3 \nabla_{\boldsymbol{\xi}_i} U_{\text{att}} \left(\hat{\xi}_i + \xi_0 + r_i, \xi_G \right) + \hat{\zeta}_i^{\text{T}} k_1 \sum_{s_j \in N_i(t)} a_{ij}(t) \left(\hat{\xi}_j(t) - \hat{\xi}_i(t) \right)$$

$$- k_2 \hat{\zeta}_i^{\text{T}} \sum_{\text{obs}=1}^{l} \nabla_{\boldsymbol{\xi}_i} U_{\text{rep}} \left(\hat{\xi}_i + \xi_0 + r_i, \xi_{\text{obs}} \right) - k_3 \hat{\zeta}_i^{\text{T}} \nabla_{\boldsymbol{\xi}_i} U_{\text{att}} \left(\hat{\xi}_i + \xi_0 + r_i, \xi_G \right)$$

$$- k_4 \hat{\zeta}_i^{\text{T}} \sum_{s_j \in \bar{N}_i(t)} \nabla_{\boldsymbol{\xi}_i} U_{\text{rep}} \left(\hat{\xi}_i, \hat{\xi}_j \right) + \hat{\zeta}_i^{\text{T}} k_1 \sum_{s_j \in N_i(t)} a_{ij}(t) \left(\hat{\xi}_i(t) - \hat{\xi}_j(t) \right)$$

$$\left. - k_3 \nabla_{\boldsymbol{\xi}_i} U_{\text{att}} \left(\hat{\xi}_i + \xi_0 + r_i, \xi_G \right) \right]$$

$$\tag{6.114}$$

整理可得

$$\dot{V} = \sum_{i=1}^{n} \left[-\hat{\zeta}_i^{\text{T}} \hat{\zeta}_i \right] \tag{6.115}$$

则可得 $\dot{V} \leqslant 0$，表明 $V(t)$ 是一个非增函数。考虑集合 $\Omega = \left\{ \left(\hat{\xi}_{ij}, \hat{\zeta}_i \right) | V(t) \leqslant V_0 \right\}$，$\hat{\xi}_{ij} = \hat{\xi}_i - \hat{\xi}_j$ 有界，又因为 $\hat{\xi}_i^{\text{T}} \hat{\xi}_i \leqslant \sum_{i=1}^{n} \hat{\zeta}_i^{\text{T}} \hat{\zeta}_i \leqslant 2V \leqslant 2V_0$，因此可得 $\|\hat{\xi}_i\| \leqslant \sqrt{2V_0}$，也就是说 $\hat{\zeta}_i$ 亦有界，由此可知 Ω 为紧集。由 LaSalle 不变集原理可知，若系统的初始解在 Ω 中，那么它们将收敛到最大不变集 $\bar{\Omega} = \left\{ \left(\hat{\xi}_{ij}, \hat{\zeta}_i \right) \in \Omega | \dot{V}(t) = 0 \right\}$。

根据式 (6.115) 可知，若 $\dot{V}(t) = 0$，则 $\hat{\zeta}_i = 0 (i = 1, 2, \cdots, n)$，故可得在 $\bar{\Omega}$ 中存在 $\zeta_i(t) = v_0(t)$。再根据 $\dfrac{\mathrm{d} \left(\hat{\xi}_i(t) \right)}{\mathrm{d}t} = 2\hat{\zeta}_i^{\text{T}} \hat{\xi}_i(t) = 0$，可知 $\hat{\xi}_i(t) \equiv c$，故可知 $\hat{\xi}_i(t) - \hat{\xi}_j(t) = 0$，因而可以确定在式 (6.106) 作用下，导弹编队系统可以形成预期的队形结构。

直接证明编队飞行时导弹编队成员之间的防撞问题并不容易，可利用反证法来证明。

假设导弹 i, j 将在 $t_1 > 0$ 时相撞, 即导弹 i, j 在 t_1 时刻满足

$$\xi_i(t_1) = \xi_j(t_1) \quad (i \neq j, j \in (1, 2, \cdots, n)) \tag{6.116}$$

结合式 (6.101), 可得

$$\frac{1}{2}\sum_{i=1}^{n} k_4 \left[\sum_{s_j \in \bar{N}_i(t)} U_{\text{rep}}^{ij}\left(\hat{\xi}_i, \hat{\xi}_j\right) \right] = \frac{1}{2}\sum_{i=1}^{n} k_4 \left[\sum_{s_j \in \bar{N}_i(t)} 0.5k\left(\frac{1}{d(\xi_i, \xi_j)} - \frac{1}{d_{\text{safe}}}\right)^2 \right] \tag{6.117}$$

再通过式 (6.116) 与式 (6.117), 可得

$$\lim_{t \to t_1} \frac{1}{2}\sum_{i=1}^{n} k_4 \left[\sum_{s_j \in \bar{N}_i(t)} U_{\text{rep}}^{ij}\left(\hat{\xi}_i, \hat{\xi}_j\right) \right] = +\infty \tag{6.118}$$

通过式 (6.113), 存在

$$\sum_{i=1}^{n} \left[\frac{1}{2}k_4 \sum_{s_j \in \bar{N}_i(t)} U_{\text{rep}}^{ij}\left(\hat{\xi}_i, \hat{\xi}_j\right) \right]$$
$$= V - \sum_{i=1}^{n} \left[k_2 \sum_{\text{obs}=1}^{l} U_{\text{rep}}^{i}\left(\hat{\xi}_i + \xi_0 + r_i, \xi_{\text{obs}}\right) - \frac{1}{2}\hat{\zeta}_i^{\text{T}}\hat{\zeta}_i \right. \tag{6.119}$$
$$\left. - \frac{k_1}{4} \sum_{s_j \in N_i(t)} a_{ij}(t)\left(\hat{\xi}_i - \hat{\xi}_j\right)^2 - k_3 U_{\text{att}}^{i}\left(\hat{\xi}_i + \xi_0 + r_i, \xi_G\right) \right]$$
$$\leqslant V \leqslant V_0$$

亦即

$$\lim_{t \to t_1} \frac{1}{2}\sum_{i=1}^{n} k_4 \left[\sum_{s_j \in \bar{N}_i(t)} U_{\text{rep}}^{ij}\left(\hat{\xi}_i, \hat{\xi}_j\right) \right] \leqslant V_0 \tag{6.120}$$

但根据前述内容, V_0 有界, 故式 (6.118) 与式 (6.120) 矛盾, 表明假设错误, 也就是说, 假设导弹 i, j 在 $t_1 > 0$ 时不会相撞, 即多弹编队在飞行时, 导弹编队各成员会各自安全飞行, 不会相撞。同理, 利用反证法也可以证明采用该控制协议的编队导弹也不会与当前系统所能探测到的障碍物相撞。

综上所述, 在控制协议式 (6.106) 的作用下, 多导弹编队系统可以形成期望的编队队形, 并且在编队飞行过程中能够实现实时避障, 且保证各编队成员的防撞。定理证毕。

6.4　弹群协同机动突防

在弹群协同作战中，导弹编队成员要面临瞬息万变的战场态势，导弹可能面对敌方导弹拦截系统的攻击，如何实现导弹编队的机动突防是一大难题。主动反拦截机动突防 (initiative anti-interception manuever penetration，IAIMP) 是指当编队成员暴露在敌方防御系统下，被敌方导弹拦截系统实施拦截时，导弹编队成员根据协同态势评估系统分析得到的目标信息以及拦截弹信息，经过自主决策，选择合适的突防时机与突防策略，以消耗能量最小原则突破敌方防御，并且在突防后仍具有完整的目标打击能力，按既定任务规划打击目标，完成作战任务[40]。

6.4.1　机动突防策略

1. 机动突防策略制订

根据 IAIMP 概念可知，主要有以下几种情形下的突防策略，具体见图 6.22～图 6.24。

情况一：导弹编队飞行时发现了拦截弹，编队成功突防后需要恢复到原来位置。

情况二：导弹编队飞行时发现了拦截弹并且一直在跟踪目标点，要求编队导弹在成功突防后要继续攻击目标。

情况三：导弹编队飞行时发现了拦截弹并且一直在跟踪目标点，并且还发现了除原定目标点以外新的目标，要求导弹编队在突防后还要重新分配目标，并实施协同目标打击。

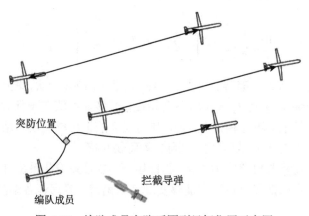

图 6.22　编队成员突防后回到目标位置示意图

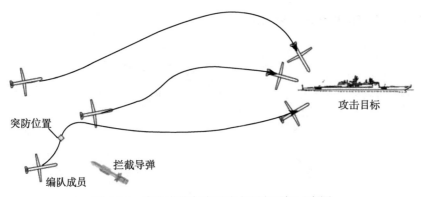

图 6.23 编队成员突防后攻击预定目标示意图

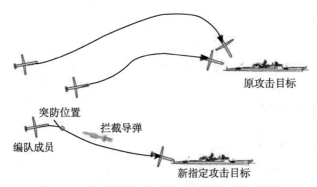

图 6.24 编队成员突防后攻击新分配目标示意图

2. 编队成员的目标分配

假设导弹编队中成员个数为 N_F，且编队飞行执行任务过程中发现了新的待攻击目标，共计 N_T 个。

定义第 i 枚导弹对目标 j 的距离优势为

$$S_{r_{ij}} = \mathrm{e}^{-\left(\frac{R_{ij}-R_0}{\sigma}\right)^2} \tag{6.121}$$

式中，$S_{r_{ij}}$ 是第 i 枚导弹对目标 j 的距离优势；R_{ij} 是导弹 i 与目标 j 间的弹目距离；R_0 是最大距离优势，与近界 $R_{\min}$ 和远界 $R_{\max}$ 有关，且 $R_0 = \dfrac{R_{\min}+R_{\max}}{2}$；$\sigma$ 是距离优势系数，当 $S_{r_{\min}} = S_{r_{\max}} = 0.05$ 时，$\sigma = 0.6\,(R_{\max}-R_{\min})$。

定义第 i 枚导弹对目标 j 的角度优势为

$$S_{a_{ij}} = \left(\varphi_{t_{ij}} - \varphi_{a_{ij}}\right)/180 \tag{6.122}$$

式中，$S_{a_{ij}}$ 是第 i 枚导弹对目标 j 的角度优势；$\varphi_{t_{ij}}$ 是目标 j 的进入角 (相对于第 i 枚导弹)；$\varphi_{a_{ij}}$ 是目标 j 的方位角 (相对于第 i 枚导弹)。

图 6.25 为方位角和进入角的定义。

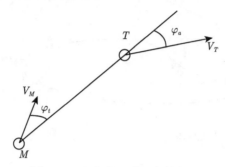

图 6.25　方位角和进入角的定义

定义综合优势

$$S_{ij} = K_r S_{r_{ij}} + K_a S_{a_{ij}} \tag{6.123}$$

式中，S_{ij} 是第 i 枚导弹对目标 j 的综合优势；K_r 是距离优势权重，取 0.6；K_a 是角度优势权重，取 0.4。

建立最优目标分配模型

$$\max J = \sum_{i=1}^{N_F} \sum_{j=1}^{N_T} S_{ij} X_{ij} \tag{6.124}$$

$$\text{s.t.} \begin{cases} \sum\limits_{j=1}^{N_T} X_{ij} = 1 \\ \sum\limits_{i=1}^{N_F} X_{ij} \geqslant 1 \\ X_{ij} = \begin{cases} 1, & \text{第 } j \text{ 个目标被第 } i \text{ 个编队成员攻击} \\ 0, & \text{第 } j \text{ 个目标不被第 } i \text{ 个编队成员攻击} \end{cases} \end{cases} \tag{6.125}$$

式中，$\sum\limits_{j=1}^{N_T} X_{ij} = 1$ 是表示一枚导弹仅能攻击一个目标；$\sum\limits_{i=1}^{N_F} X_{ij} \geqslant 1$ 是表示每个目标都至少要分配给一枚导弹。

6.4.2　突防系统运动模型

以初始目标点为原点 O 建立坐标系 $O\text{-}XYZ$，如图 6.26 所示。

图 6.26 中，(x_M, y_M, z_M) 为导弹编队成员位置坐标，(x_I, y_I, z_I) 为拦截导弹位置坐标，$(x_T, 0, z_T)$ 为目标的位置坐标；V_M, V_I 分别为编队成员、拦截导弹的速度，V_T 为目标的速度；θ_M 为编队成员的弹道倾角，θ_I 为拦截导弹的弹道倾角；ψ_{cM}

和 ψ_{cI} 分别为编队成员和拦截导弹的弹道偏角；ψ_{cT} 为目标航向角；R 为编队成员和拦截导弹的相对视线。

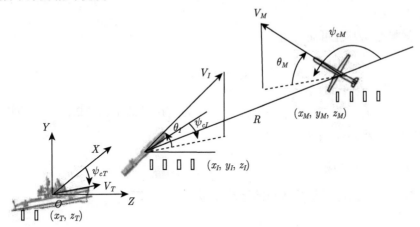

图 6.26　方位角和进入角的定义

1. 目标运动模型

对于目标点的运动，不考虑 y 向运动及速度变化，可简化其运动方程为

$$
\begin{cases}
\dot{x}_T = V_T \cos\left(\psi_{cT}\right) \\
\dot{z}_T = -V_T \sin\left(\psi_{cT}\right) \\
\dot{\psi}_{cT} = a_T / V_T
\end{cases}
\tag{6.126}
$$

其中，a_T 为目标转弯加速度，由协同探测可得。

将运动方程再次简化，记为

$$
X_T = f_T\left(X_T\right)
\tag{6.127}
$$

式中，$X_T = \begin{bmatrix} x_T & z_T & \psi_{cT} \end{bmatrix}^{\mathrm{T}}$，为目标状态向量；$f_T\left(\cdot\right)$ 为目标状态的一阶导数。

2. 拦截弹运动模型

可建立拦截弹的运动模型如下：

$$
\begin{cases}
\dot{x}_I = V_I \cos\theta_I \cos\psi_{cI} \\
\dot{y}_I = V_I \sin\theta_I \\
\dot{z}_I = -V_I \cos\theta_I \sin\psi_{cI} \\
\dot{V}_I = a_{x_I} \\
\dot{\theta}_I = \dfrac{a_{y_I}}{V_I} \\
\dot{\psi}_{cI} = \dfrac{a_{z_I}}{V_I \cos\theta_I}
\end{cases}
\tag{6.128}
$$

式中，a_{xI} 为拦截弹的轴向加速度，由协同探测得到；a_{yI} 为拦截弹的 y 向转弯加速度，由比例导引法预测得到；a_{zI} 为拦截弹的 z 向转弯加速度，也是由比例导引法预测得到的。

拦截弹运动方程可简记为

$$\dot{X}_I = f_I(X_I) \tag{6.129}$$

式中，$X_I = \begin{bmatrix} x_I & y_I & z_I & V_I & \theta_I & \psi_{cI} \end{bmatrix}^{\mathrm{T}}$，为拦截弹的状态向量；$f_I(\cdot)$ 为拦截弹状态的一阶导数。

3. 编队成员运动模型

可建立如下的导弹编队成员的运动模型：

$$\begin{cases} \dot{x}_M = V_M \cos\theta_M \cos\psi_{cM} \\ \dot{y}_M = V_M \sin\theta_M \\ \dot{z}_M = -V_M \cos\theta_M \sin\psi_{cM} \\ \dot{V}_M = 0 \\ \dot{\theta}_M = a_{M_y}/V_M \\ \dot{\psi}_{cM} = a_{M_z}/(V_M \cos\theta_M) \end{cases} \tag{6.130}$$

其中，a_{M_y}, a_{M_z} 分别为导弹成员 y, z 向的转弯加速度，由机动突防制导指令以及控制系统的响应参数决定。

控制系统响应数学模型可进一步简化为

$$\begin{aligned} \frac{a_{M_y\_A}(s)}{a_{M_y}\mathrm{cmd}(s)} &= \frac{\omega_{n_{y\_A}}^2}{s^2 + 2\xi_{y\_A}\omega_{n_{y\_A}} + \omega_{n_{y\_A}}^2} \\ \frac{a_{M_{y\_A}}(s)}{a_{M_z}\mathrm{cmd}(s)} &= \frac{\omega_{n_z-A}^2}{s^2 + 2\xi_{z\_A}\omega_{n_z\_A} + \omega_{n_z\_A}^2} \end{aligned} \tag{6.131}$$

式中，$a_{M_{y,z}\mathrm{cmd}}$ 为编队成员 y 向，z 向的转弯加速度指令；同理 $a_{M_{y,z\_A}}$ 为编队成员 y, z 向转弯加速度；$\omega_{n_{y,z\_}A}$ 为系统自然频率；$\xi_{y,z\_}A$ 为系统阻尼。

导弹编队成员的运动方程可简记为

$$\dot{X}_M = f_M(X_M, a_{M\mathrm{cmd}}) \tag{6.132}$$

其中，$X_M = \begin{bmatrix} x_M & y_M & z_M & V_M & \theta_M & \psi_{cM} \end{bmatrix}^{\mathrm{T}}$，为编队成员状态向量；$f_M(\cdot)$ 为状态变量的一阶导数。

4. 机动突防系统运动模型

导弹编队机动突防系统由编队成员、打击目标、拦截导弹三者共同组成，其运动模型的组合具有如下形式：

$$\dot{X} = \begin{bmatrix} \dot{X}_M \\ \dot{X}_I \\ \dot{X}_T \end{bmatrix} = \begin{bmatrix} f_M(X_M, a_{M\mathrm{cmd}}) \\ f_I(X_I) \\ f_T(X_T) \end{bmatrix} = f(X, a_{M\mathrm{cmd}}) \tag{6.133}$$

其中，X 表示机动突防系统的状态向量；$f(\cdot)$ 为系统状态向量的一阶导数。

6.4.3 控制变量的参数优化

1. 最优控制问题描述

考虑如下动力学系统：

$$\begin{cases} \dot{x}(t) = f(t, x(t), u(t)), & t \in [0, T] \\ x(0) = x_0 \end{cases} \tag{6.134}$$

其中，$x(t) \in \mathbb{R}^n$ 为系统状态；$u(t) \in \mathbb{R}^r$ 为控制量；$x_0 \in \mathbb{R}^n$ 为给定的状态初值；T 为终端时间；f 为定义在实域上的连续可导函数。

令 $u_i : [0, T] \to \mathbb{R}$ 表示 $u : [0, T] \to \mathbb{R}^r$ 中的第 i 个元素。u_i 的全变差为

$$\mathop{V}\limits_0^T u_i = \sup \sum_{j=1}^m |u_i(t_j) - u_i(t_{j-1})| \tag{6.135}$$

其中，$0 = t_0 < t_1 < \cdots < t_{m-1} < t_m = T$。

故控制量 $u(t)$ 的全变差为

$$\mathop{V}\limits_0^T u = \sum_{i=1}^r \mathop{V}\limits_0^T u_i \tag{6.136}$$

若 u 的全变差有限，则可以将其称作有界变分。若取一集合 U，用以表示此类有界变分函数的集合，故而对任意 $u \in U$，均可称之为系统 (6.134) 的容许控制集。

设存在 $M > 0$，有

$$\|u(t)\| \leqslant M, \quad t \in [0, T] \tag{6.137}$$

其中，$\|\cdot\|$ 为欧几里得范数。

假设存在 $L > 0$，使得以下不等式成立：

$$\|f(t, \xi, \theta)\| \leqslant L(1 + \|\xi\| + \|\theta\|), \quad (t, \xi, \theta) \in ([0, T], \mathbb{R}^n, \mathbb{R}^r) \tag{6.138}$$

定义该解为 $x(\cdot|u)$，并考虑下面的不等式约束：

$$h_j(t, x(t|u), u(t)) \geqslant 0, \quad t \in [0, T], j = 1, 2, \cdots, q \tag{6.139}$$

其中，$h_j(\cdot)$ 为给定函数，且 $h_j(\cdot)$ 连续可导。

最优控制 P_1 问题描述　令 F 为满足式 (6.139) 的所有 $u \in U$ 的集合，则在 F 中的控制变量被称为可行控制变量，选择其中一个可以使 $J(u)$ 达到最小值，$J(u)$ 具体形式如下：

$$J(u) = \Phi(x(T|u)) + \int_0^T L(t, x(t|u), u(t))\mathrm{d}t + \gamma \mathop{V}\limits_0^T u \tag{6.140}$$

其中，$\gamma \geqslant 0$ 为权重系数；$\Phi(\cdot)$，$L(\cdot)$ 为给定函数，且连续可导。

公式 (6.140) 中，第一项为系统达到最终状态的终值，第二项为系统的过程值，即系统在每个时间节点的状态变量和控制量，第三项为控制输入的惩罚函数值。

2. 控制变量的最优参数化

利用控制变量参数化方法 (control vector parameterization, CVP) 来求解最优控制 P_1 问题，可以得到控制量 u 的近似解为

$$u(t) \approx u^p(t) = \sigma^k, \quad t \in [\tau_{k-1}, \tau_k), k = 1, 2, \cdots, p \tag{6.141}$$

其中，$p \geqslant 1$，为给定值；$\tau_k(k = 0, 1, \cdots, p)$ 为系统的时间节点；$\sigma^k \in \mathbb{R}^r(k = 1, 2, \cdots, p)$ 为包含近似控制量的向量，且满足 $0 = \tau_0 \leqslant \tau_1 \leqslant \cdots \leqslant \tau_{p-1} \leqslant \tau_p = T$。

近似控制量 u^p 满足

$$u^p(t) = \sum_{k=1}^{p-1} \sigma^k \chi_{[\tau_{k-1}, \tau_k)}(t) + \sigma^p \chi_{[\tau_{p-1}, \tau_p]}(t) \tag{6.142}$$

其中，在子区间 $\rho \in [0, T]$ 上，定义特征函数 χ_ρ 为

$$\chi_\rho(t) = \begin{cases} 1, & t \in \rho \\ 0, & \text{其他} \end{cases} \tag{6.143}$$

且 u^p 为分段函数，也是常函数，在 $t = \tau_k(k = 1, 2, \cdots, p-1)$ 时，函数可能存在间断点，这些间断点被称为切换时间。定理 6.4 给出了最优控制问题 P_1 的容许控制求解问题。

定理 6.4　u^p 是分段常量控制量，是有界变分，并且满足

$$\mathop{V}\limits_0^T u^p \leqslant \sum_{i=1}^r \sum_{k=1}^{p-1} |\sigma_i^{k+1} - \sigma_i^k| \tag{6.144}$$

证明 假设 $\{t_j\}_{j=0}^m$ 为区间 $[0, T]$ 上的任一子区间，$0 = t_0 < t_1 < \cdots < t_{m-1} < t_m = T$。在区间 $[0, T]$ 还存在另一子区间，它由 $[\tau_{k-1}, \tau_k)\,(k = 1, 2, \cdots, p-1)$ 和 $[\tau_{p-1}, \tau_p]$ 组成。$\kappa(j)$ 表示包含 t_j 的子区间序号。对任意 $j = 0, 1, \cdots, m-1$，$\kappa(j)$ 是 $\{1, 2, \cdots, p\}$ 中的唯一序号，并且 $\tau_{\kappa(j)-1} \leqslant t_j < \tau_{\kappa(j)}$。当 $j = m$ 时，$\kappa(m) = p$，并且易知于 j 而言，$\kappa(j)$ 非减。

对任意 $j = 0, 1, \cdots, m$，令 ε_j 表示 $\kappa(j-1)$ 和 $\kappa(j) - 1$ 之间的一系列整数，即

$$\varepsilon_j = \{\kappa(j-1), \cdots, \kappa(j) - 1\}, \quad j = 1, 2, \cdots, m \tag{6.145}$$

若 $\kappa(j-1) = \kappa(j)$，$\varepsilon_j = \varnothing$，则有

$$\varepsilon_j \subset \{1, 2, \cdots, p-1\}, \quad j = 1, 2, \cdots, m \tag{6.146}$$

并且已知 $\{\varepsilon_j\}_{j=1}^m$ 与 $\{1, 2, \cdots, p-1\}$ 的子集不相交。假设对于两个整数 j_1, j_2（不妨设 $j_1 < j_2$），有 $\delta \in \varepsilon_{j_1}$ 和 $\delta \in \varepsilon_{j_2}$。因为 $j_1 \leqslant j_2$，则必有 $\kappa(j_1) < \kappa(j_2)$，否则 $\varepsilon_{j2} = \varnothing$。所以，

$$\delta \leqslant \kappa(j_1) - 1 < \kappa(j_1) \leqslant \kappa(j_2 - 1) \leqslant \delta \tag{6.147}$$

显然这个结论与假设相矛盾，因此

$$\varepsilon_{j_1} \cap \varepsilon_{j_2} = \varnothing, \quad j_1 \neq j_2 \tag{6.148}$$

现在有

$$\sum_{j=1}^{\dot{m}} |u_i^p(t_j) - u_i^p(t_{j-1})| = \sum_{j=1}^m \left| \sigma_i^{\kappa(j)} - \sigma_i^{\kappa(j-1)} \right|$$
$$\leqslant \sum_{j=1}^m \sum_{l=\kappa(j-1)}^{\kappa(j)-1} \left| \sigma_i^{l+1} - \sigma_i^l \right| = \sum_{j=1}^m \sum_{l \in \varepsilon_j} \left| \sigma_i^{l+1} - \sigma_i^l \right| \tag{6.149}$$

故根据式 (6.146) 和式 (6.146)，有

$$\sum_{j=1}^m |u_i^p(t_j) - u_i^p(t_{j-1})| \leqslant \sum_{j=1}^m \sum_{l \in \varepsilon_j} \left| \sigma_i^{l+1} - \sigma_i^l \right| \leqslant \sum_{k=1}^{p-1} \left| \sigma_i^{k+1} - \sigma_i^k \right| \tag{6.150}$$

由于式 (6.150) 的右部在 $\{t_j\}_{j=0}^m$ 上独立，故有

$$\overset{T}{\underset{0}{V}} u_i^p = \sup \sum_{j=1}^m |u_i^p(t_j) - u_i^p(t_{j-1})| \leqslant \sum_{k=1}^{p-1} \left| \sigma_i^{k+1} - \sigma_i^k \right| \tag{6.151}$$

综上可得

$$\overset{T}{\underset{0}{V}} u^p = \sum_{i=0}^r \overset{T}{\underset{0}{V}} u_i^p \leqslant \sum_{i=1}^r \sum_{k=1}^{p-1} \left| \sigma_i^{k+1} - \sigma_i^k \right| \tag{6.152}$$

式 (6.152) 成立。证毕。

　　将公式 (6.142) 代入系统 (6.134) 中可得

$$
\begin{cases}
\dot{x}(t) = \sum_{k=1}^{p-1} f\left(t, x(t), \sigma^k\right) \chi_{[\tau_{k-1},\tau_k)}(t) + f\left(t, x(t), \sigma^p\right) \chi_{[\tau_{p-1},\tau_p]}(t), & t \in [0,T] \\
x(0) = x_0
\end{cases}
$$

$$(6.153)$$

其中，$\tau = [\tau_1, \cdots, \tau_{p-1}]^{\mathrm{T}} \in \mathbb{R}^{p-1}$；$\sigma = \left[\left(\sigma^1\right)^{\mathrm{T}}, \cdots, \left(\sigma^p\right)^{\mathrm{T}}\right]^{\mathrm{T}} \in \mathbb{R}^{pr}$。

　　将式 (6.141) 中对应 $\tau \in \mathbb{R}^{p-1}$ 和 $\sigma \in \mathbb{R}^{pr}$ 的解记为 $x^p(\cdot|\tau,\sigma)$，则有

$$
x^p(t|\tau,\sigma) = x(t|u^p), \quad t \in [0,T] \tag{6.154}
$$

将式 (6.141) 代入式 (6.138) 中，可得

$$
\sum_{k=1}^{p-1} h_j\left(t, x^p(t|\tau), \sigma^k\right) \chi_{[\tau_{k-1},\tau_k)}(t) + h_j\left(t, x^p(t|\tau), \sigma^p\right) \chi_{[\tau_{p-1},\tau_p]}(t) \geqslant 0 \tag{6.155}
$$

$$
t \in [0,T], j = 1, 2, \cdots q
$$

　　所有同时满足 $0 = \tau_0 \leqslant \tau_1 \leqslant \cdots \leqslant \tau_{p-1} \leqslant \tau_p = T$ 和不等式约束式 (6.155) 的 (τ,σ) 的集合定义为 Γ^p，F^p 可以表示 (τ,σ) 经过式 (6.141) 得到的全部控制量 u^p 的集合。因此

$$
(\tau,\sigma) \in \Gamma^p \Leftrightarrow u^p \in F^p, \quad F^p \subset F \tag{6.156}
$$

参照公式 (6.139)，u^p 以及 (τ,σ) 的代价函数为

$$
\begin{aligned}
J\left(u^p\right) &= \Phi\left(x\left(T|u^p\right)\right) + \int_0^T L\left(t, x\left(t|u^p\right), u^p(t)\right) \mathrm{d}t + \gamma \mathop{V}\limits_0^T u^p \\
&= \Phi\left(x^p(T|\tau,\sigma)\right) + \sum_{k=1}^{p} \int_{\tau_{k-1}}^{\tau_k} L\left(t, x^p(t|\tau,\sigma), \sigma^k\right) \mathrm{d}t + \gamma \mathop{V}\limits_0^T u^p \quad (6.157)
\end{aligned}
$$

再根据定理 6.12 可得 $J(u^p)$ 对应 (τ,σ) 的上界，即

$$
J\left(u^p\right) \leqslant \Phi\left(x^p(T|\tau,\sigma)\right) + \sum_{k=1}^{p} \int_{\tau_{k-1}}^{\tau_k} L\left(t, x^p(t|\tau,\sigma), \sigma^k\right) \mathrm{d}t + \gamma \sum_{i=1}^{r} \sum_{k=1}^{p-1} \left|\sigma_i^{k+1} - \sigma_i^k\right|
$$

$$(6.158)$$

　　最优控制 P_2 问题描述　　需要选择一组合适的 $(\tau,\sigma) \in \Gamma^p$，使得代价函数 $J^p(u^p)$ 达到最小值，$J^p(u^p)$ 表达式如下：

$$
\begin{aligned}
J^p\left(u^p\right) &= \Phi\left(x^p(T|\tau,\sigma)\right) + \sum_{k=1}^{p} \int_{\tau_{k-1}}^{\tau_k} L\left(t, x^p(t|\tau,\sigma), \sigma^k\right) \mathrm{d}t \\
&\quad + \gamma \sum_{i=1}^{r} \sum_{k=1}^{p-1} \left|\sigma_i^{k+1} - \sigma_i^k\right|
\end{aligned}
$$

$$(6.159)$$

令 $(\tau^*, \sigma^*) \in \varGamma^p$ 是 P_2 问题的一组解，则分段常量的控制变量定义如下：

$$u^{p,*}(t) = \sum_{k=1}^{p-1} \sigma^{k,*} \chi_{[\tau_{k-1}^*, \tau_k^*)}(t) + \sigma^{p,*} \chi_{[\tau_{p-1}^*, \tau_p^*]}(t) \qquad (6.160)$$

式中，$\tau^* = [\tau_1^*, \cdots, \tau_{p-1}^*]^{\mathrm{T}}$；$\sigma^* = \left[(\sigma^{1,*})^{\mathrm{T}}, \cdots, (\sigma^{p,*})^{\mathrm{T}} \right]^{\mathrm{T}}$；$\tau_0^* = 0, \tau_p^* = T$。

下面证明 $u^{p,*}$ 是最优控制 P_1 问题的最优分段常量控制变量，也就是证明 $u^{p,*}$ 在集合 F^p 上使得代价函数 J 达到极小值。

定理 6.5 令 $(\tau^*, \sigma^*) \in \varGamma^p$ 是最优控制 P_2 问题的一组解，$u^{p,*} \in F^p$ 表示满足公式 (6.160) 的分段常量控制变量，表明 $u^{p,*}$ 在 F^p 上可以使得 J 达到极小值。

证明 这里采用反证法。假设 $u^{p,*}$ 不能使得代价函数 J 达到极小值，这说明还存在另一个控制变量 $u^p \in F^p$，满足

$$J(u^p) < J(u^{p,*}) \leqslant J^p(\tau^*, \sigma^*) \qquad (6.161)$$

将 $(\tau, \sigma) \in \varGamma^p$ 代入方程 (6.161) 中，可以得到一组控制变量 u^p。用 m 来表示 $(0, T)$ 上 u^p 的序号，并且满足 $m \leqslant p - 1$。若 u^p 在 $(0, T)$ 上连续，则有 $m = 0$。

定义一组点 $\{v_j\}_{j=0}^{m+1} \subset [0, T]$ 满足如下条件：

(1) $v_0 = 0, v_m = T$；

(2) 在开区间 $(0, T)$ 上，$v_j (j = 1, 2, \cdots, m)$ 表示第 j 个不连续的控制变量 u^p。

显然，已知 $\{v_j\}_{j=0}^{m+1} \subset [0, T]$ 上的点是递增的。对任意 $j = 1, 2, \cdots, m+1$，存在 k_j 使 $u^p(t) = \sigma^{k_j}, t \in [v_{j-1}, v_j), V_j = \tau_{k_j}, V_{j-1} = \tau_{k_j-1}$。

定义

$$\bar{\tau} = [\bar{\tau}_1, \cdots, \bar{\tau}_{p-1}]^{\mathrm{T}}$$

$$\bar{\sigma} = \left[(\bar{\sigma}^1)^{\mathrm{T}}, \cdots, (\bar{\sigma}^p)^{\mathrm{T}} \right]^{\mathrm{T}}$$

其中，$\bar{\tau}_j = \begin{cases} v_j, & j = 1, \cdots, m \\ T, & j = m+1, \cdots, p-1; \end{cases}$ $\qquad \bar{\sigma}^j = \begin{cases} \bar{\sigma}^{k_j}, & j = 1, \cdots, m+1 \\ \bar{\sigma}^p, & j = m+2, \cdots, p \end{cases}$

U^p 为时间节点，$0 = \tau_0 \leqslant \tau_1 \leqslant \cdots \leqslant \tau_{p-1} \leqslant \tau_p = T$，表示所有分段常量函数的集合，由式 (6.161) 得到。故，$U^p \subset U$。令 $\bar{u}_p$ 表示对应于 $(\bar{\tau}, \bar{\sigma})$ 的分段常量控制变量，并且满足 $\bar{u}_p \in U^p$，故可得到

$$\bar{u}_p(t) = u^p(t), \quad t \in [0, T]$$

$$x^p(t|\bar{\tau}, \bar{\sigma}) = x^p(t|\tau, \sigma), \quad t \in [0, T]$$

因此，$\bar{u}_p(t) \in F^p, (\bar{\tau}, \bar{\sigma}) \in \varGamma^p$。进而由式 (6.161) 可得

$$J(\bar{u}^p) = J(u^p) < J(u^{p,*}) \leqslant J^p(\tau^*, \sigma^*) \qquad (6.162)$$

因为 $\{v_j\}_{j=0}^{m+1}$ 在区间 $[0,T]$ 上满足: $0 = v_0 < v_1 < \cdots < v_m < v_{m+1} = T$, 故对任意 $i = 1, \cdots, r$, 都有

$$\overset{T}{\underset{0}{V}}\,\bar{u}_i^p \geqslant \sum_{j=1}^{m+1} |\bar{u}_i^p(v_j) - \bar{u}_i^p(v_{j-1})| = \sum_{k=1}^{p-1} |\bar{\sigma}_i^{k+1} - \bar{\sigma}_i^k| \tag{6.163}$$

其中, $\bar{u}_i^p$ 是 $\bar{u}^p$ 的第 i 个元素。因此

$$\overset{T}{\underset{0}{V}}\,\bar{u}^p = \sum_{i=1}^{r} \overset{T}{\underset{0}{V}}\,\bar{u}_i^p \geqslant \sum_{i=1}^{r} \sum_{k=1}^{p-1} |\bar{\sigma}_i^{k+1} - \bar{\sigma}_i^k| \tag{6.164}$$

根据定理 6.13, 可知

$$\overset{T}{\underset{0}{V}}\,\bar{u}^p \leqslant \sum_{i=1}^{r} \sum_{k=1}^{p-1} |\bar{\sigma}_i^{k+1} - \bar{\sigma}_i^k| \tag{6.165}$$

结合式 (6.164) 和式 (6.165), 可知

$$\overset{T}{\underset{0}{V}}\,\bar{u}^p = \sum_{i=1}^{r} \sum_{k=1}^{p-1} |\bar{\sigma}_i^{k+1} - \bar{\sigma}_i^k| \tag{6.166}$$

这是控制变量 $\bar{u}^p$ 对应定理 6.13 中不等式 (6.144) 中的等号部分, 因此有

$$\begin{aligned} J(\bar{u}^p) &= \Phi(x(T|\bar{u}^p)) + \int_0^T L(t, x(t|\bar{u}^p), \bar{u}^p(t))\, \mathrm{d}t + \gamma \overset{T}{\underset{0}{V}}\,\bar{u}^p \\ &= \Phi(x^p(T|\bar{\tau}, \bar{\sigma})) + \sum_{k=1}^{p} \int_{\bar{\tau}_{k-1}}^{\bar{\tau}_k} L(t, x^p(t|\bar{\tau}, \bar{\sigma}), \bar{\sigma}^k)\, \mathrm{d}t + \gamma \sum_{i=1}^{r} \sum_{k=1}^{p-1} |\bar{\sigma}_i^{k+1} - \bar{\sigma}_i^k| \\ &= J^p(\bar{\tau}, \bar{\sigma}) \end{aligned} \tag{6.167}$$

结合方程 (6.167) 和方程 (6.163) 可得

$$J^p(\bar{\tau}, \bar{\sigma}) = J(\bar{u}^p) < J(u^{p,*}) \leqslant J^p(\tau^*, \sigma^*) \tag{6.168}$$

显然这与最优解 (τ^*, σ^*) 矛盾。故可得, 由公式 (6.161) 和 (τ^*, σ^*) 获得的 $u^{p,*}$ 在集合 F^p 上可以使代价函数 J 达到极小值。证毕。

6.4.4　最优控制数值解法

1. 最优控制模型

建立编队成员 IAIMP 最优控制模型, 如式 (6.170) 所示。其中, $|a_{M\mathrm{cmd}}| \leqslant a_{\max\_A}$, $|a_{M\mathrm{cmd}}| \leqslant a_{\max\_D}$ 为控制约束; $R_{\mathrm{MI}}(t) \geqslant R_{\mathrm{safe}}$, $R_{LF}(t) \leqslant R_{\mathrm{link\,max}}$,

$R_{LF}(t) \leqslant R_{\text{link max}}$ 为路径约束；$R_{\text{MT}}(t_f) \leqslant R_{\text{destory}}$，$|\theta_M(t_f) - \theta_{\text{cmd}}| \leqslant \varepsilon_{\theta_{\text{cmd}}}$，$|\phi_{\text{MT}}(t_{p\_\text{end}})| < \phi_{\text{lock}}$ 为终端约束。

$$\min J = \int_{t_{p\_\text{end}}}^{t_{p\_\text{end}}-1} |a_{M\text{cmd}}|\mathrm{d}t$$

$$\text{s.t.} \begin{cases} \dot{X} = f(X, a_{M\text{cmd}}) \\ R_{MI}(t) \geqslant R_{\text{safe}}, & t \in [t_0, t_{p\_\text{end}}] \\ R_M(t) \geqslant R_{\min}, & t \in [t_0, t_{p\_\text{end}}] \\ R_{LF}(t) \leqslant R_{\text{link max}}, & t \in [t_0, t_{p\_\text{end}}] \\ R_{MT}(t_{p\_\text{end}})| < \phi_{\text{destroy}} \\ |\theta_{M\text{cmd}}(t)| \leqslant a_{\max\_A}, & t \in [t_{p\_\text{start}}, t_{p\_\text{end}}-1) \\ |a_{M\text{cmd}}(t)| \leqslant a_{\max\_D}, & t \in [t_{p\_\text{end}}-1, t_{p\_\text{end}}] \end{cases} \tag{6.169}$$

式中，$\dot{X} = f(X, a_{M\text{cmd}})$ 为系统状态方程；J 表示燃料消耗最小的性能指标；t_{p_start}，t_{p_end} 分别为机动突防的起始时间和结束时间；t_0，t_f 分别为仿真起始和终止时间；R_M，$R_{\min}$，$R_{\text{link max}}$ 分别为导弹编队成员间的距离、安全距离和数据链作用距离；R_{destroy} 为导弹毁伤半径；R_{MT} 为弹–目相对距离；R_{safe}，R_{MI} 分别为拦截弹安全距离和拦截弹–编队弹相对距离；$a_{\max\_A}$，$a_{\max\_D}$ 分别为气动控制阶段和复合控制阶段最大机动加速度；θ_{cmd}，$\varepsilon_{\theta_{\text{cmd}}}$，$\phi_{\text{lock}}$、$\phi_{MT}$ 分别为期望攻角、攻角允许偏差、导弹视界、相对视线角。

2. 最优控制的 CVP 转化

首先将 $\begin{bmatrix} t_0 & t_f \end{bmatrix}$ 分为 N 段，$a_{M\text{cmd}}(t)$ 表示为向量 $\begin{bmatrix} a_{M\text{cmd}_1} & a_{M\text{cmd}_2} & \cdots \end{bmatrix}$，$a_{M\text{cmd}_N} \end{bmatrix}$，则编队成员的 IAIMP 最优控制指令可表示为

$$\min J = \frac{t_f - t_0}{N} \sum_{i=1}^{N} |a_{M\text{cmd}_i}|$$

$$\text{s.t.} \begin{cases} R_{MI}(t|a_{M\text{cmd}}) \geqslant R_{\text{safe}}, & t \in [t_{p\_\text{start}}, t_{p\_\text{end}}] \\ R_M(t|a_{M\text{cmd}}) \geqslant R_{\min}, & t \in [t_0, t_{p\_\text{end}}] \\ R_{LF}(t|a_{M\text{cmd}}) \leqslant R_{\text{link max}}, & t \in [t_0, t_{p\_\text{end}}] \\ |\phi_{MT}(t_{p\_\text{end}}|a_{M\text{cmd}})| < \phi_{\text{lock}} \\ |\theta_{MT}(t_f|a_{M\text{cmd}})| \leqslant R_{\text{destroy}} \\ |\theta_M(t_f|a_{M\text{cmd}}) - \theta_{\text{cmd}}| < \varepsilon_{\theta_{\text{cmd}}} \\ |a_{M\text{cmd}_i}| \leqslant a_{\max\_A}, & t \in [t_{p\_\text{start}}, t_{p\_\text{end}}-1) \\ |a_{M\text{cmd}_i}| \leqslant a_{\max\_D}, & t \in [t_{p\_\text{end}}-1, t_{p\_\text{end}}] \end{cases} \tag{6.170}$$

路径约束 $R_{MI}(t|a_{M\mathrm{cmd}}) \geqslant R_{\mathrm{safe}}$ 可以离散为 N 个一般约束 $R_{MI_i}(t_i|a_{M\mathrm{cmd}_i}) \geqslant R_{\mathrm{safe}}$，$i = 1, 2, \cdots, N$。其中，$R_{MI_i}(t_i|a_{M\mathrm{cmd}_i})$ 表示在 $[t_{i-1}, t_i]$ 内，拦截弹和编队成员间的最小距离。

3. 突防时机的求解

为了求解时间最优问题，可以采用最速下降法、共轭梯度法，但计算过程较为困难。故而可以考虑采用遗传算法 (GA)，无须求解导数，计算量小，鲁棒性强。本节采用了混合遗传算法以完成优化过程，具体流程如图 6.27 所示。

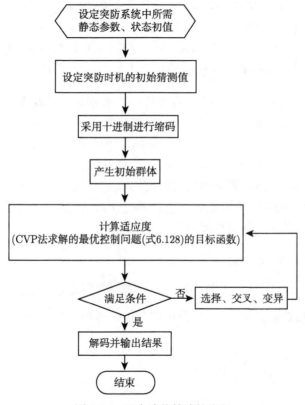

图 6.27　混合遗传算法的流程

6.4.5　突防–攻击一体化最优控制

1. 约束模型

与 IAIMP 相比，导弹编队的突防攻击一体化协同作战同样存在三种情形：一种是编队飞行过程中发现了拦截弹，突防成功后需要恢复到原来的队形位置；另一种是编队飞行时一直在跟踪目标点，并发现了拦截弹，要求导弹在成功突防后要能继续攻击目标;最后一种是导弹编队飞行时还发现了除原定目标点以外的新目标,要求导弹编队在突防后还要重新分配目标,并实施协同目标打击。如图 6.28~图 6.30 所示。

根据以上分析,为了便于建模,将弹群编队协同突防–攻击一体化作战过程分为突防、集结、保持和攻击四个子任务阶段,并分别建立约束模型。

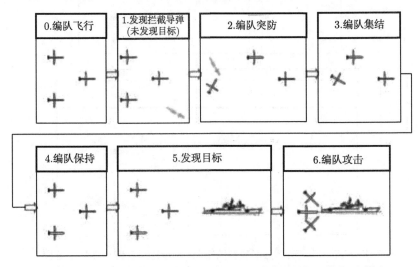

图 6.28　突防后回到目标位置的编队协同突防–攻击一体化示意图

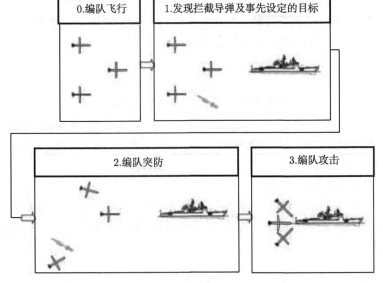

图 6.29　突防后攻击事先设定目标的编队协同突防–攻击一体化示意图

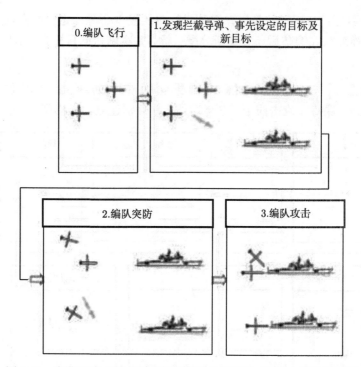

图 6.30　突防后攻击新分配目标的编队协同突防–攻击一体化示意图

2. 最优控制数值解法

1) 最优控制模型

针对编队突防、集结、保持、攻击四个阶段，分别建立约束模型，如表 6.2 所示。再根据四个子任务的需求设计目标函数。

在突防阶段，设计该阶段的目标函数为

$$\min J^{(p)} = \int_{t_{p\_\mathrm{end}-1}}^{t_{p\_\mathrm{end}}} a_{M\mathrm{cmd}}^2(t)\mathrm{d}t \tag{6.171}$$

另外，集结阶段、保持阶段和攻击阶段的目标函数分别为 $\min J^{(r)} = t_r$，$\min J^{(l)} = t_l$ 和 $\min J^{(a)} = t_f$。

2) hp 自适应 Radau 伪谱法

编队导弹协同作战系统控制模型是大规模、多变量、强耦合连续时间系统，计算量大，难以获得精准的数值计算结果。这里采用 hp 自适应 Radau 伪谱法，具体计算流程如下：

表 6.2 四个阶段的约束模型

编队阶段	动态约束	终端约束	路径约束	控制约束
编队突防	$\dot{X} = f(X, a_{M\mathrm{cmd}})$	$\dot{R}_{MI}(t_{p\_\mathrm{end}}) > 0$	$R_{MI}(t) \leqslant R_{\mathrm{safe}}$ $R_M(t) \leqslant R_{\min}$ $R_{LF}(t) \geqslant R_{\mathrm{link\,max}}$	$a_{M\mathrm{cmd}}(t_{\mathrm{keep}}) = 0$ $|a_{M\mathrm{cmd}}(t_{p\_A})| \leqslant a_{\max\_A}$ $|a_{M\mathrm{cmd}}(t_{p\_D})| \leqslant a_{\max\_D}$
编队集结	$\dot{X} = f(X, a_{M\mathrm{cmd}})$	$|R_{LF}(t_r) - R_{LFc}| \leqslant \varepsilon_R$ $|\theta_{LF}(t_r) - \theta_{LFc}| \leqslant \varepsilon_{\theta_{LF}}$ $|\psi_{LF}(t_r) - \psi_{LFc}| \leqslant \varepsilon_{\psi_{LF}}$ $|\theta_F(t_r) - \theta_L| \leqslant \varepsilon_\theta$ $|\psi_{cF}(t_r) - \psi_{cL}| \leqslant \varepsilon_{\psi c}$	$R_M(t) \geqslant R_{\min}$ $R_{LF}(t) \leqslant R_{\mathrm{link\,max}}$	$|a_{M\mathrm{cmd}}(t)| \leqslant a_{\max\_A}$
编队保持	$\dot{X} = f(X, a_{M\mathrm{cmd}})$	$|R_{LT}(t_{\mathrm{lock}}) - R_{\mathrm{detectmax}}| \leqslant \varepsilon_{R_1}$ $|\phi_{LT}(t_{\mathrm{lock}}) - \varepsilon_{\max}| \leqslant \varepsilon_{\phi_{\mathrm{lock}}}$	$|R_{LF}(t) - R_{LFc}| \leqslant \varepsilon_R$ $||\theta_{LF}(t)| - \theta_{LFc}| \leqslant \varepsilon_{\theta_{LF}}$ $||\psi_{LF}(t) - \psi_{LFc}| \leqslant \varepsilon_{\psi_L}$ $|\theta_F(t) - \theta_L| \leqslant \varepsilon_\theta$ $|\psi_{cF}(t) - \psi_{cL}| \leqslant \varepsilon_{\psi c}$	$|a_{M\mathrm{cmd}}(t)| \leqslant a_{\max\_A}$
编队攻击	$\dot{X} = f(X, a_{M\mathrm{cmd}})$	$R_{MT}(t_f) \leqslant R_{\mathrm{destroy}}$ $|\theta_M(t_f) - \theta_{\mathrm{cmd}}| \leqslant \varepsilon_{\theta_{\mathrm{cmd}}}$	$R_M(t) \geqslant R_{\min}$ $R_{LF}(t) \leqslant R_{\mathrm{link\,max}}$	$|a_{M\mathrm{cmd}}(t)| \leqslant a_{\max\_A}$

(1) 设定常数 K, 并将整个过程划分为 K 个时间段, 即

$$t_0 < t_1 < t_2 < \cdots < t_{k-1} < t_k < \cdots < t_{K-1} < t_K = t_f \qquad (6.172)$$

(2) $[T_{k-1}, T_k]$ 内, 进行时间变量的转化, 使

$$t = \frac{t_k - t_{k-1}}{2}\tau + \frac{t_k + t_{k-1}}{2}, \quad \tau \in [-1, 1] \qquad (6.173)$$

(3) 设定 N_k, 状态量与控制量用 N_k 阶拉格朗日多项式来拟合:

$$X^{(k)}(\tau) \approx \sum_{i=0}^{N_k} X^{(k)}(\tau_i)\lambda_i^{(k)}(\tau), \quad \lambda_i^{(k)}(\tau) = \prod_{j=0, j\neq i}^{N_k} \frac{\tau - \tau_j}{\tau_i - \tau_j}$$

$$u^{(k)}(\tau) \approx \sum_{i=0}^{N_k} u^{(k)}(\tau_i)\lambda_i^{*(k)}(\tau), \quad \lambda_i^{*(k)}(\tau) = \prod_{j=1, j\neq i}^{N_k} \frac{\tau - \tau_j}{\tau_j} \qquad (6.174)$$

(4) 再对拉格朗日多项式求导 (每个 LGR(Legendre-Gauss-Radau) 点均须求导), 可得

$$D_{mi}^{(k)} = \lambda_i^{(k)}(\tau_m) = \sum_{l=0}^{N_k} \frac{\prod_{j=0, j\neq i, l}^{N_k} \tau_m - \tau_j}{\prod_{j=0, j\neq i}^{N_k} \tau_i - \tau_j} \qquad (6.175)$$

便可以将 LGR 点的动态约束转换为代数约束, 表示如下:

$$\sum_{i=0}^{N} D_{mi}^{(k)} x_i^{(k)} - \frac{t_k - t_{k-1}}{2} f\left(x_m^{(k)}, u_m^{(k)}, \tau_m\right) = 0, \quad m = 1, 2, \cdots, N \qquad (6.176)$$

且必须单独考虑不是 LGR 点的右端点, 令

$$x^{(k)}(1) = x^{(k)}(-1) + \frac{t_k - t_{k-1}}{2} \sum_{m=1}^{N_k} \omega_m^{(k)} f^{(k)}\left(x_l^{(k)}, u_l^{(k)}, \tau_m\right) \qquad (6.177)$$

(5) 利用 (2)~(4) 将第 k 段转换为 NLP, 再利用 NLP 求解器求解得到 k 段控制量及状态量。

(6) 设存在 L 个采样点, 并计算第 k 段的近似精度:

$$e_l^{(k)} = \begin{bmatrix} \dot{x}^{(k)}\left(\tau_l^{(k)}\right) - \frac{t_k - t_{k-1}}{2} f^{(k)}\left(x_l^{(k)}, u_l^{(k)}, \tau_l\right) \\ C_l^{(k)}\left(x_l^{(k)}, u_l^{(k)}, \tau_l; t_{k-1}, t_k\right) \end{bmatrix} \qquad (6.178)$$

记录 $e_{\max}^{(k)}$, 将其作为近似精度的最大误差量。

(7) 比较 k 的分量与 e_{cmd}(设定的容忍误差) 的大小，若 k 的分量均小于容忍误差，则认为通过 (5) 已求解得到最优控制近似解，标志着计算结束。否则转到 (8) 继续执行。

(8) 定义 $x^{(k,j)}(\tau)$，并计算其曲率，过程如下：

$$\zeta^{(k,j)}(\tau) = \left|\ddot{x}^{(k,j)}(\tau)\right| \Big/ \left|\left[1 + \left(\dot{x}^{(k,j)}(\tau)\right)^2\right]^{\frac{3}{2}}\right| \tag{6.179}$$

第 k 段 $x^{(k,j)}(\tau)$ 曲率的最大值为 $\zeta_{max}^{(k)}$，平均值为 $\zeta_{avg}^{(k)}$，表达式如下：

$$\begin{aligned}\zeta_{max}^{(k)} &= \max\left(\zeta^{(k,j)}(\tau)\right) \\ \zeta_{avg}^{(k)} &= \sum_{j=1}^{N_x} \zeta^{(k,j)}(\tau)/N_x\end{aligned} \tag{6.180}$$

令 $\gamma^{(k)} = \zeta_{max}^{(k)}/\zeta_{avg}^{(k)}$，如果 $\gamma^{(k)} < \gamma_{cmd}$，就增加阶数 N_k，并转入 (9)；如果 $\gamma^{(k)} > \gamma_{cmd}$，就增加 K，并转入 (10)。其中 $\gamma_{cmd}=2$。

(9) 更新阶数 N_k：

$$N_k' = N_k + \text{ceil}\left[\lg\left(e_{max}^{(k)}\right) - \lg\left(e_{cmd}\right)\right] + A \tag{6.181}$$

式中，$A = 1$。

(10) 再将第 k 段细化，分为 n_k 个时间段：

$$n_k = B\text{ceil}\left[\lg\left(e_{max}^{(k)}\right) - \lg\left(e_{cmd}\right)\right] \tag{6.182}$$

式中，$B = 2$。

(11) 返回第 (2)~(7) 步，直到满足要求。

由 (8) 可知，γ_{cmd} 对 K、N_k 的更新起决定性作用：$\gamma_{cmd} < 1$，N_k 不变，需增加 K；$\gamma_{cmd} \to \infty$，K 不变，需增加 N_k。因此，可令 γ_{cmd} 自适应变化以提高 hp 自适应方法的有效性，具体形式见式 (6.183)：

$$\gamma_{cmd} = 2/\lg\left(e_{max}^{(k)}/e_{cmd}\right) \tag{6.183}$$

6.5 小　结

弹群协同控制作为一个综合性新兴领域，涉及多个学科的关键技术。同时，复杂的战场作战环境，给多导弹的协同控制问题的研究带来了新的困难和挑战。有限时间控制方法和一致性理论可以为其提供合理、有效的解决方案。本章在多智能体有限时间一致性的理论框架下，对多导弹协同飞行控制相关问题展开研究，主要包括基于有限时间一致性的弹群飞行控制系统研究, 弹群协同飞行编队控制研究, 弹群协同机动突防问题研究等。

　　本章研究了存在通信约束的多智能体系统的有限时间一致性问题, 针对一阶无向多智能体系统和二阶有向多智能体系统, 分别设计了系统存在通信时延和通信拓扑变换情况下的有限时间一致性控制算法。提出了一种基于有限时间一致性理论的编队飞行控制方法。针对弹群协同飞行编队控制问题, 本章研究了导弹编队协同突防–攻击队形快速优化设计问题。针对导弹编队大机动飞行时的队形误差扩大问题, 设计了稳定的非线性队形保持器, 并采用动态参数实现编队队形保持和沿参考轨迹飞行之间的自适应调整, 提高编队大机动时的队形保持能力。针对弹群系统在编队飞行的同时实现编队整体避障与编队个体之间的防撞控制问题, 设计了分布式的通过导弹自身状态反馈实现编队保持, 以及应用人工势场完成编队避障与防撞的控制协议。针对弹群协同机动突防问题, 基于作战几何优势制订了编队成员主动反拦截机动突防策略, 并对编队协同突防–攻击一体化最优控制问题进行了研究, 保障导弹编队在协同突防后仍可实现对重新分配攻击目标的时间/角度协同攻击效果。

参 考 文 献

[1] 王春莉, 谢亚梅, 焦胜海. 针对美国导弹防御系统的弹道导弹突防通道研究 [J]. 电子世界, 2016(6):171.

[2] 张亚南. 多弹编队飞行协同制导方法研究 [D]. 哈尔滨: 哈尔滨工业大学, 2014.

[3] 王小刚, 郭继峰, 崔乃刚. 基于数据链的智能导弹协同定位方法 [J]. 中国惯性技术学报, 2009(3):319-323.

[4] 刘冬责. 多导弹协同制导与控制技术研究 [D]. 北京: 北京理工大学, 2016.

[5] 赵恩娇. 多飞行器编队控制及协同制导方法 [D]. 哈尔滨: 哈尔滨工业大学, 2018.

[6] 马向玲, 高波, 李国林. 导弹集群协同作战任务规划系统 [J]. 飞行力学, 2009, 27(1):1-5.

[7] 韦常柱, 郭继峰, 崔乃刚. 导弹协同作战编队队形最优保持控制器设计 [J]. 宇航学报, 2010, 31(4):1043-1050.

[8] 樊晨霄, 王永海, 刘涛, 等. 临近空间高超声速飞行器协同制导控制总体技术研究 [J]. 战术导弹技术, 2018, 190(4):58-64.

[9] 韦常柱, 郭继峰, 崔乃刚. 导弹协同作战编队队形最优保持控制器设计 [J]. 宇航学报, 2010, 31(4):1043-1050.

[10] 何真, 陆宇平. 无人机编队队形保持控制器的分散设计方法 [J]. 航空学报, 2008,29(B05):55-60.

[11] 赵国立. 无人机三维编队队形重构技术研究 [D]. 沈阳: 沈阳航空航天大学, 2017.

[12] 郝博, 李帆, 赵建辉. 导弹编队队形拆分重构与领弹继任控制器设计 [J]. 弹箭与制导学报, 2013, 33(1):5-9.

[13] 樊晨霄, 王永海, 刘涛. 临近空间高超声速飞行器协同制导控制总体技术研究 [J]. 战术导弹技术, 2018, 190(4):58-64.

[14] 韦常柱, 郭继峰, 赵彪. 导弹协同作战编队飞行控制系统研究 [J]. 系统工程与电子技术, 2010, 32(9):1968-1972.

[15] Godril C, Royle G. Algebraic Graph Theory[M]. New York:Springer, 2001.

[16] Desai J P, Ostrowski J, Kumar V. Controlling formations of multiple mobile robots[C]. IEEE International Conference on Robotics and Automation, IEEE, 1998, 4:2864-2869.

[17] Desai J, Ostrowski J, Kumar V. Modeling and control of formations of nonholonomic mobile robots[J]. IEEE Transactions on Robotics and Automation, 2001, 17(6):905-908.

[18] Desai J. A graph theoretic approach for modeling mobile robot team formations[J]. Journal of Robotic Systems, 2002, 19(11):511-525.

[19] Das A, Fierro R, Kumar V, et al. A vision-based formation control framework[J]. IEEE Transactions on Robotics and Automation, 2002, 18(5):813-825.

[20] Jadbabaie A, Lin J, Morse A. Coordination of groups of mobile autonomous agents using nearest neighbor rules[J]. IEEE Transactions on Automatic Control, 2003, 48(6):988-1001.

[21] Lin Z, Broucke M, Francis B. Local control strategies for groups of mobile autonomous agents[J]. IEEE Transactions on Automatic Control, 2004, 49(4):622-629.

[22] Xiao L, Boyd S. Fast linear iterations for distributed averaging[J]. Systems & Control Letters, 2004, 53(1):65-78.

[23] Fax J, Murray R. Information flow and cooperative control of vehicle formations[J]. IEEE Transactions on Automatic Control, 2004, 49(9):1465-1476.

[24] Moreau L. Stability of multiagent systems with time dependent communication links[J]. IEEE Transactions on Automatic Control, 2005, 50(2):169-182.

[25] Sepulchre R, Paley D, Leonard N. Stabilization of planar collective motion: all-to-all communication[J]. IEEE Transactions on Automatic Control, 2007, 52(5):811-824.

[26] Sepulchre R, Paley D, Leonard N. Stabilization of planar collective motion with limited communication[J]. IEEE Transactions on Automatic Control, 2008, 53(3):706-719.

[27] Zelazo D, Mesbahi M. Edge agreement: graph-theoretic performance bounds and passivity analysis[J]. IEEE Transactions on Automatic Control, 2011, 56(3):544-555.

[28] Cao M, Morse A, Anderson B. Reaching a consensus in a dynamically changing environment: a graphical approach[J]. SIAM Journal on Control and Optimization, 2008, 47(2):575-600.

[29] Rahmani A, Ji M, Mesbahi M, et al. Controllability of multi-agent systems from a graph-theoretic perspective[J]. SIAM Journal on Control and Optimization, 2009, 48(1):162-186.

[30] 杨文. 多智能体系统一致性问题研究 [D]. 上海: 上海交通大学, 2009.

[31] 高庆文. 随机时延多智能体系统的一致性问题 [D]. 南京: 南京邮电大学, 2013.

[32] 宋恩彬. 信息融合与处理中几个问题的进展 [D]. 成都: 四川大学, 2007.

[33] Feng X, Long W. Reaching agreement in finite time via continuous local state feed-back[C]. 2007 Chinese Control Conference, IEEE, 2007:711-715.

[34] Bhat S, Bernstein D. Finite-time stability of continuous autonomous systems[J]. SIAM Journal on Control and Optimization, 2000, 38(3):751-766.

[35] Qu Z. Cooperative Control of Dynamical Systems: Applications to Autonomous Vehi-cles[M]. Springer Science & Business Media, 2009.

[36] Fu J J, Wang J Z, Li Z K. Fully distributed finite-time leader-following control for high-order integrator systems with directed communication graphs[C]. 2015 34th Chinese Control Conference (CCC), IEEE, 2015:6912-6917.

[37] Wang X L, Hong Y G. Distributed finite-time χ-consensus algorithms for multi- agent systems with variable coupling topology[J]. Journal of Systems Science and Complexity, 2010, 23(2):209-218.

[38] 肖志斌, 何冉, 赵超. 导弹编队协同作战的概念及其关键技术 [J]. 航天电子对抗, 2013(1):1-3.

[39] 韩阳. 导弹编队控制技术研究 [D]. 北京: 北京理工大学, 2015.

[40] 王芳. 导弹编队协同突防 — 攻击一体化队形优化设计及最优控制研究 [D]. 哈尔滨: 哈尔滨工业大学, 2016.

[41] 周蓓蓓, 徐胜利, 马骏, 等. 多目标作战的攻击策略与关键问题分析 [J]. 航天控制, 2018, 36(3):86-92,98.

[42] 郝博, 李帆, 赵建辉. 导弹编队队形拆分重构与领弹继任控制器设计 [J]. 弹箭与制导学报, 2013, 33(1):5-9.

[43] Benson D A, Huntington G T, Thorvaldsen T P, et al. Direct trajectory optimization and costate estimation via an orthogonal collocation method[J]. Journal of Guidance, Control, and Dynamics, 2006, 29(6):1435-1440.

[44] Eshaghi J, Adibi H, Kazem S. Solution of nonlinear weakly singular Volterra integral equations using the fractional-order Legendre functions and pseudospectral method[J]. Mathematical Methods in the Applied Sciences, 2016, 39(12):3411-3425.

[45] Zhang X Y, Li J L. A multistep Legendre pseudo-spectral method for nonlinear Volterra integral equations[J]. Applied Mathematics and Computation, 2016, 274:480-494.

[46] Tang X J, Wei J L, Chen K. A Chebyshev-Gauss pseudospectral method for solving optimal control problems[J]. Acta Automatica Sinica, 2015, 41(10):1778-1787.

[47] Rashid A, Abbas M, Ismail A I M, et al. Numerical solution of the coupled viscous Burg-ers equations by Chebyshev–Legendre pseudo-spectral method[J]. Applied Mathematics and Computation, 2014, 245:372-381.

[48] Li J. Fuel-optimal low-thrust formation reconfiguration via Radau pseudospectral method[J]. Advances in Space Research, 2016, 58(1):1-16.

[49] Huntington G T. Advancement and analysis of a Gauss pseudospectral transcription for optimal control problems[D]. Boston:MIT, 2007.

[50] Huntington G T, Rao A V. Optimal reconfiguration of spacecraft formations using the Gauss pseudospectral method[J]. Journal of Guidance, Control, and Dynamics, 2008, 31(3):689-698.

[51] Ross I M, Fahroo F. Issues in the real-time computation of optimal control[J]. Mathematical and Computer Modelling, 2006, 43(9-10):1172-1188.

[52] Ross I M, Sekhavat P, Fleming A, et al. Optimal feedback control:foundations, examples, and experimental results for a new approach[J]. Journal of Guidance, Control, and Dynamics, 2008, 31(2):307-321.

[53] 邵壮. 多无人机编队路径规划与队形控制技术研究 [D]. 西安: 西北工业大学, 2017.

[54] 薛瑞彬. 多无人机分布式协同编队飞行控制技术研究 [D]. 北京: 北京理工大学, 2016.

[55] Giulietti F, Mengali G. Dynamics and control of different aircraft formation structures[J]. The Aeronautical Journal, 2004, 108(1081):117-124.

[56] Giulietti F, Innocenti M, Napolitano M, et al. Dynamic and control issues of formation flight[J]. Aerospace Science and Technology, 2005, 9(1):65-71.

[57] Viana Í B, Prado I A A, dos Santos D A, et al. Formation flight control of multirotor helicopters with collision avoidance[C]. 2015 International Conference on Unmanned Aircraft Systems (ICUAS), IEEE, 2015:757-764.

[58] Goss J, Rajvanshi R, Subbarao K. Aircraft conflict detection and resolution using mixed geometric and collision cone approaches[C]. AIAA Guidance, Navigation, and Control Conference and Exhibit, 2004:4879.

[59] Seo J, Kim Y, Kim S, et al. Collision avoidance strategies for unmanned aerial vehicles in formation flight[J]. IEEE Transactions on Aerospace and Electronic Systems, 2017, 53(6):2718-2734.

[60] Dunbar W B, Murray R M. Distributed receding horizon control for multi-vehicle formation stabilization[J]. Automatica, 2006, 42(4):549-558.

[61] Keviczky T, Borrelli F, Fregene K, et al. Decentralized receding horizon control and coordination of autonomous vehicle formations[J]. IEEE Transactions on Control Systems Technology, 2007, 16(1):19-33.

[62] Sujit P B, Beard R. Multiple UAV path planning using anytime algorithms[C]. 2009 American Control Conference, IEEE, 2009:2978-2983.

[63] Duan H B, Liu S Q. Non-linear dual-mode receding horizon control for multiple unmanned air vehicles formation flight based on chaotic particle swarm optimisation[J]. IET Control Theory & Applications, 2010, 4(11):2565-2578.

[64] Duan H, Luo Q, Shi Y, et al. Hybrid particle swarm optimization and genetic algorithm for multi-UAV formation reconfiguration[J]. IEEE Computational Intelligence Magazine, 2013, 8(3):16-27.

[65] Barraquand J, Langlois B, Latombe J C. Numerical potential field techniques for robot path planning[J]. IEEE Transactions on Systems, Man, and Cybernetics, 1992, 22(2):224-241.

[66] Paul T, Krogstad T R, Gravdahl J T. UAV formation flight using 3D potential field[C]. 2008 16th Mediterranean Conference on Control and Automation, IEEE, 2008:1240-1245.

[67] Wachter L M, Ray L E. Stability of potential function formation control with communication and processing delay[C]. 2009 American Control Conference, IEEE, 2009:2997-3004.

第 7 章　协同仿真验证

本章主要对弹群协同作战进行仿真平台验证，7.1 节对协同仿真验证进行概述，7.2 节介绍协同仿真实验系统，7.3 节对协同仿真系统研究的关键技术进行研究，7.4 节对本章进行总结。

7.1　协同仿真验证概述

7.1.1　仿真实验技术

1. 系统仿真

仿真 (simulation) 是一种建立实际系统模型 (数学模型、物理效应模型或数学-物理效应模型) 并利用所建模型对实际系统进行实验研究的过程。综合国内外仿真界学者对系统仿真的定义，对系统仿真作如下定义：系统仿真是建立在控制理论、相似理论、信息处理技术和计算技术等理论基础之上的，以计算机和其他物理效应设备为工具，利用模型对真实或假想的系统进行实验，并借助专家经验知识、统计数据和信息资料对实验结果进行分析研究，进而做出决策的一门综合性的和实验性的学科仿真技术[1]。

从 20 世纪 40 年代起，随着系统科学研究的不断深入，控制理论、计算技术、信息处理技术的发展，计算机软件、硬件技术以及网络技术的突破，以及航天航空、医疗、制造等各领域对仿真技术的应用，系统仿真技术有了跨越式进展，在理论研究、工程应用、仿真工程和工具开发环境方面都取得了令人瞩目的成就，形成了一门独立发展的综合性科学。根据不同的分类标准，可将系统仿真进行不同的分类。

(1) 根据被研究系统的特征可分为两大类：连续系统仿真及离散时间系统仿真。连续系统仿真是指对那些系统状态量随时间连续变化的系统的仿真研究。这类系统的数学模型包括连续模型 (微分方程等)、离散时间模型 (差分方程等) 以及连续-离散混合模型。离散事件系统仿真是指对那些系统状态只在一些时间点上，由某种随机事件的驱动而发生变化的系统进行仿真实验。这类系统的状态量是由事件的驱动而发生变化，在两个事件之间状态量保持不变。这类系统的数学模型通常用流程图或网络图来描述。

(2) 根据仿真时钟与实际时钟的比例关系分为两大类：实时仿真和非实时仿真。仿真时钟与实际时钟是完全一致的称为实时仿真；否则称为非实时仿真。非实时仿真又分为超实时仿真和亚实时仿真：超实时仿真的仿真时钟比实际时钟快，而亚实时仿真的仿真时钟比实际时钟慢。

(3) 根据仿真系统的结构和实现手段不同可分为以下几大类：数学仿真、物理仿真、半实物仿真、人在回路仿真、软件在回路仿真。

数学仿真，是指首先建立系统的数学模型，并将数学模型转化为仿真模型，通过仿真模型的运行达到系统运行的目的。通过它可以检验系统理论设计的正确性与合理性。数学仿真具有经济性、灵活性和仿真模型通用性等特点。随着并行处理技术、软件集成技术、图形技术、人工智能技术和先进的交互式建模/仿真软硬件技术的发展，数学仿真将得到飞跃发展。

物理仿真，又称物理效应仿真，其通过对实际系统的物理性质进行分析，来实现对其物理模型的搭建，并以物理模型为工具，进行一系列的研究。物理仿真直观性强，非常形象逼真，但是相较于数学仿真来说，物理仿真需要较大的投资，耗费时间长，按照物理模型进行实验时，被控对象的结构和参数不能随意改变[2]。

半实物仿真，又称为物理–数学仿真，准确地说，称为硬件 (实物) 在回路中 (hardware in the loop, HWIL) 仿真。这类仿真将系统的一部分以数学模型描述，并把它转化为仿真模型；另一部分以实物 (或物理模型) 方式引入仿真回路[3]。

人在回路仿真，是指操作人员在系统回路中进行操纵的仿真实验。这种仿真一是要求将对象实体的动态特性建立数学模型，并将其转换为仿真模型，在计算机上运行；二是要求具备模拟生成人的感觉环境的各种物理效应设备，包括视觉、听觉、触觉、动感等人能感觉的物理环境。

软件在回路仿真，是指将系统用的计算机与仿真计算机通过接口对接，进行仿真实验，目的是检验系统用计算机软件的正确性和系统接口电气的匹配性和完备性。这里的软件是指系统实物上的专用软件，接口的作用是将不同格式的数字信息进行转换[4]。

2. 半实物仿真

半实物仿真技术是在第二次世界大战以后，伴随着自动化武器系统的研制及计算机技术的发展而迅速发展起来的。美国、西欧、日本等西方发达国家非常重视半实物技术的研究和应用，建设了一大批半实物仿真实验室，并不断进行扩充和改进。如美国波音公司、雷锡恩公司、德克萨斯仪器公司、洛克希德公司等建设并发展了自己完整、复杂和先进的仿真系统，而且各军兵种也都投入了大量资金来建设仿真实验室，例如，美国陆军导弹司令部在红石基地的高级仿真实验室。根据美国对 "爱国者""罗兰特""针刺" 等三个型号的统计，采用仿真技术后，实验周期缩短 30%~40%，节约实弹数 43.6%[5]。

半实物仿真和数学仿真都是飞行器研制的强有力手段，具有提高研制质量、缩短研制周期和节省研制费用的优点。但半实物仿真与其他类型仿真相比具有更高真实度的可能性，是置信度水平最高的一种仿真方法。半实物仿真具有以下特点：

(1) 对于系统中很难建立准确数学模型、进行纯数学仿真十分困难或难以取得理想效果的子系统或部件，采用半实物仿真可以避免复杂的数学建模过程。

(2) 利用半实物仿真能够对所建立的被控对象数学模型的正确性和数学仿真结果的正确性进行进一步验证。

(3) 利用半实物仿真能够实现对组成真实系统的某些实物乃至整个系统的性能及可靠性进行验证，从而实现对系统参数和控制规律的精确调节。半实物仿真的这些特点，使其在航空航天、武器系统等领域得到了广泛的应用。

相似是系统仿真最主要的基础理论之一。相似性原理是指按某种相似关系或相似规则对各种事物进行分类，获得多个类集合，在每一个集合中选取典型事物进行综合性研究，获取相关信息、结论和规律，并将其推广到该类集合的其他事物中。半实物仿真系统构建中，需要用到比例相似、感觉信息相似、数学相似和逻辑相似等相似性。但主要可分为以下三大类：时间相似 (时间一致性)；空间相似，又叫几何相似 (空间一致性)；环境相似 (环境一致性)。

时间相似是半实物仿真系统中最基本的相似关系，其他的相似关系均需建立在时间相似的基础上。半实物仿真的时间不一致性是指仿真系统外联事件的时间歧义，即同一物理时刻的仿真时间对应了多个时间值，主要是由仿真系统中设备的异构性造成的，将直接导致仿真系统工作状态和数据交互的逻辑混乱，主要原因包括仿真系统各节点时钟源不统一、仿真时间推进机制差异、仿真时间分辨率不一致、时间获取或定时机制不同等。对应的主要解决办法有：一是仿真系统统一提供外部时钟源作为仿真时钟源，采用外部统一时钟源校准内部时钟；二是采用统一的时间推进机制，可借鉴数学仿真中的基于事件的时间推进机制；三是选择所有节点的系统外联事件的时间周期的最大公约数，作为整个系统时间最小分辨率或仿真步长；四是选用相同的时钟获取方法、相同的定时机制和中断优先级。

空间相似，即空间几何关系相似。飞行器空间运动体通常有六个自由度，一般采用三轴转台模拟姿态角运动，需要根据转台的结构形式，选择合适的坐标转换方法；质心运动通常采用数学模型仿真，有的采用让转台在一个或两个方向平动。半实物仿真的空间不一致性是指仿真过程中由采用坐标变换不匹配、安装关系等引起的模拟空间不一致。空间不一致性严重影响运动力学环境、目标环境等的相似性。

环境相似性包括力学环境、光学环境和电磁环境等。力学环境一般包括惯性空间的重力环境、受力环境等。重力环境直接由空间相似即可保证；受力环境比较复杂，一般有运动体的动力学环境 (空气/流体动力学)、运动体部件的受力环境。动力学环境采用仿真模型实现；运动体受力环境包含飞行器执行结构受的铰链力矩、飞行器气压表受的大气压力等，一般通过加载器来实现；光学环境指仿真对象或其部件所敏感到的光学环境，一般采用相应的视景仿真器、电视图像目标/环境模拟器、红外目标/环境模拟器、红外成像目标模拟器、激光目标模拟器等来实现光学环境相似；电磁环境：指仿真对象或其部件敏感到的电磁环境，如射频导引头的电磁环境等，一般采用相应的目标/环境模拟器来实现。

7.1.2 集群协同研究中的仿真验证技术

仿真技术为进行实际系统的研究、分析、决策、设计、制造以及使用维护等提供了一种先进的方法，增强了人们对客观世界内在规律的认识能力。飞行器集群协同包含了多源信息探测与融合、协同决策与航迹规划、协同网络通信等新技术、新理念，同时复杂的战场环境和智能算法也令集群活动具有一定的涌现性和自治性，因此，采用仿真技术对集群协同这样一个复杂系统进行认知分析与技术验证，是一种快速可控、高效费比的实验途径。

同时，集群协同能力的实现基于传感装置、数据链网络控制设备对战场环境的感知和信息共享，相比基于传感和链路模型的纯数字仿真实验方法来说，采用包含传感装置、数据链网络控制设备的半实物仿真方法可更好地反映关键设备工作误差、感知与组网机制对协同任务的影响，技术验证更全面、可信度更高。具体地，仿真实验技术对飞行器协同能力的支撑体现在以下四个方面：

(1) 目标与环境建模技术可真实再现战场要素，支撑多源信息探测与融合技术验证。战场信息探测过程中，集群内传感器平台位置差异、导引体制组配方式差异、观测平台探测误差，以及通信丢帧、通信延时、复杂战场环境干扰等问题的影响，可能导致集群在多视角下探测信息的冗余和失配。通过建立协同飞行系统内的各种误差与干扰模型，如飞行器位置与姿态误差、通信回路延时/丢帧异常、战场电磁环境干扰、自然环境干扰、对抗干扰等，开展复杂电磁环境下协同制导过程的仿真实验，可以真实再现瞬息万变的战场环境，实现多源信息融合、协同探测等技术的原理与设计验证。

(2) 通过构建协同仿真环境，可以为协同网络通信技术研究提供动态工作环境。协同组网是实现集群间协同过程中信息交互及协同控制过程中的相对位置测量的核心技术。通常实验室内对组网通信与协议的静态实验采用射频有线线路将数据链终端联网的方式开展技术验证，但无法实现战场使用环境中对数据链异常干扰、中断等故障模式下的通信与定位策略的验证，缺少对动态条件下网络拓扑结构变化对于协同组网通信及相对定位性能影响的仿真验证。因此，需在数学/半实物仿真系统中开展对数据链组网的故障模拟与注入，支持对集群内各节点的通信、相对定位性能、信息协同编队、协同制导、对抗等性能的验证。

(3) 利用复杂战场环境仿真技术，可再现战场态势变化，充分验证智能决策与在线规划算法在实战环境中的适用性。通过对战场态势的构建、事件的发生发展过程模拟，可以在实验室环境下为飞行器集群提供真实战场和对抗环境，向协同集群提供目标、拦截与杀伤威胁信息，支持自主感知与智能决策在实战环境下进行全面、充分的技术验证。

(4) 协同仿真是一种飞行器协同作战综合性能与效能验证的有效技术手段。飞行器协同作战是在复杂多变的战场环境中实现对目标探测、识别与定位、态势重构、目标选择、火力打击分配、干扰对抗、在线航迹规划、饱和攻击等任务的执行与任务衔接，确定各阶段约束条件和任务交接班时机，是一个复杂的集成系统，涉及的算法和应用技术在功能性能发挥时有一定的耦合，通过在真实的动态环境下对集成后的系统进行全面的综合性能验证，模拟协同作战过程、飞行器内部以及飞行器之间信号流、飞行任务执行情况，可以对集群协同战术战法、作战样式、协同任务流、算法与关键技术之间的影响进行深入的分析、研究，有助于协同方案优选决策，降低技术兼容性带来的设计风险[6−10]。

7.2 协同仿真实验系统

7.2.1 仿真系统功能概述

典型的协同作战过程为"发现−识别−决策−打击−评估"，其制导技术体系主要涵盖协同探测、智能决策与在线规划，协同网络通信及协同编队控制等方面，因此，一般认为多飞行器协同仿真系统需具备四类基础验证能力，即复杂战场环境下协同探测性能的技术验证能力、复杂战场环境下智能决策与在线规划能力的技术验证能力、动态作战过程中协同组网通信性能的技术验证能力、协同制导控制系统综合性能技术验证能力[11,12]。多飞行器协同仿真系统功能需求如图 7.1 所示。

仿真系统建模与仿真功能主要包括：

1) 协同感知与战术决策任务全流程仿真模拟功能

(1) 具备 3 枚及以上飞行器节点实验组织能力。3 枚飞行器为最小协同作战单元，因此协同仿真系统至少应支持 3 枚飞行器的空间运行轨迹解算能力，并提供一种及以上探测设备/执行机构的物理效应模拟功能。同时，考虑协同编队中所有节点均由实物参试的可行性不高，仿真集群由部分机载实物和部分飞行器数学模型组成，实验系统还应具备半实物系统和数学仿真系统之间的互联和信息交互。

(2) 具备多波次攻击模式下的实验系统在线重组重构能力。利用编队间通信、侦察信息共享、任务共享等技术和机制，协同作战时可根据战场实况进行火力召唤，实现对重点目标的多波次打击，因此协同仿真应根据多波次作战要求，生成新的仿真节点、注销前一波次攻击中已完成作战任务的节点、更新战场场景与目标特性，动态重组实验系统。

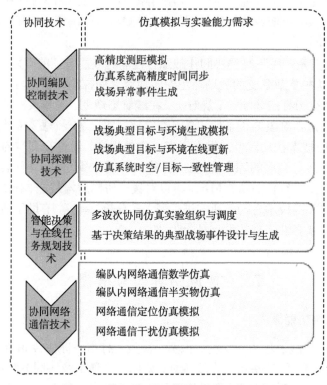

图 7.1   多飞行器协同仿真系统功能需求

(3) 具备基于战场态势变化和离散事件生成的实验过程控制功能。与单飞行半实物仿真不同，由于集群协同的核心是针对战场事件的智能化感知和决策，验证编队队形变化调整能力、态势感知能力、作战策略在线生成能力以及抗干扰策略的有效性，需要仿真系统为集群再现战场态势的发展变化，生成触发各项策略和功能的激励事件，因此协同制导仿真实验系统应具备基于离散战场事件的实验过程控制能力。

2) 数据链网络通信与定位仿真模拟功能

数据链是集群间信息传输、相对定位的主要技术手段之一，包含数据链实装的仿真是验证协同编队、信息融合技术不可或缺的实验能力，仿真系统通过研究战场信号传输干扰、定位误差、敌方干扰策略、通信故障分析与建模技术，采用数据链网络信道模拟与故障注入方法，实现基于数据链的协同组网、协同探测技术的仿真验证。

基于上述协同仿真的验证功能，仿真系统的设计目标如图 7.2 所示，包含机载协同任务执行系统和各类仿真模拟设备。

图 7.2 多飞行器协同仿真系统的设计目标

7.2.2 仿真系统设计

1. 仿真系统构建目标

仿真实验系统的构建用于实现对飞行器集群实物、模型及其模拟设备间的互联互通和实验运行控制。其中,系统组成元素方面,仿真系统内包含机载分系统实物类节点、仿真模型与实验模拟设备类节点。飞行器集群中部分作战节点以数学模型形式参试,部分作战节点由实物设备配合相应的接口模拟计算机、物理效应模拟设备,以相对独立的闭合半实物仿真系统形式参试。信息互联互通方面,参试模型、模拟设备、分系统间的信息交互基于高传输速率的光纤反射内存网络,机载实物间的信息交互采用机载内总线形式。系统的运行控制方面,根据验证目标设定作战样式和激励事件,基于战场事件推进的实验系统动态运行控制技术设计综合调度管理系统,对实验节点、节点间相互影响关系、节点对典型战场事件的响应时机与形式、实验的开始/实时运行推进/结束进行组织、控制。图 7.3 描述了围绕实验系统动态运行控制的仿真实验节点组织关系。

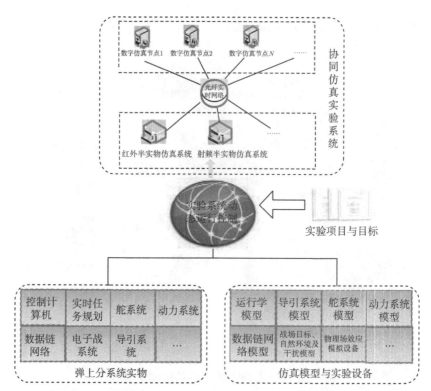

图 7.3　围绕实验系统动态运行控制的仿真实验节点组织关系

2. 仿真系统组成

多飞行器协同制导半实物仿真系统包含飞行器数学模型、参试实物 (机上计算/传感设备/数据链终端设备等)、目标与环境仿真、物理效应仿真设备等仿真节点,具有参试节点多、节点构成多样化且分布范围广的特点。设计仿真实验系统如图 7.4 所示,由三类分系统组成,即基于机载实物的半实物仿真分系统、基于飞行器数学模型的数学仿真分系统、数据链网络通信仿真分系统。

其中,基于机载实物的半实物仿真分系统可包含一个及以上制导体制的实验模拟环境,与基于飞行器数学模型的数学仿真分系统通过光纤网络和接口模拟设备进行信息交互;数据链网络通信仿真分系统中实物节点通过内总线与信息处理设备 (或其模拟接口) 进行交互,数字模拟节点通过链路仿真接口向信息处理设备 (或其模拟接口) 进行交互,实物终端与数字终端之间通过链路仿真接口,以透传或交互模式实现信息传递与功能模拟。

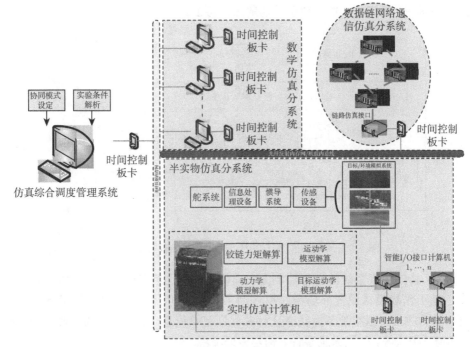

图 7.4 协同制导仿真实验系统组成

7.3 协同仿真系统研究关键技术

飞行器协同作战技术方兴未艾, 随着仿真验证需求的不断提出, 支撑协同制导系统单项及综合集成性能验证的半实物仿真技术研究亦逐步深入, 仿真系统中的信息一致性问题、强实时性运行控制问题、面向数据链网络通信与定位的动态仿真与故障模拟问题成为半实物仿真技术需要进一步探索的几项关键技术。

7.3.1 基于战场事件推进的仿真系统动态运行

常规飞行器半实物仿真的实验运行控制以飞行时间推进, 而集群协同的仿真实验一方面随着作战单元的飞行时间 (不仅是单个飞行器的生存周期) 向前推进, 另一方面通过一些战场特殊事件驱动协同编队和作战任务的变更, 引导协同仿真执行下一作战任务流, 如图 7.5 所示。

可见, 协同仿真系统不仅是一个连续系统, 也具备离散事件动态系统的典型特征, 它由异步、突发事件驱动发生变化, 且事件的发生具有随机特点 (如突然施放的目标干扰、时敏目标的信息变化), 此外, 事件的完成和事件间的衔接也有一定的随机性, 这些随机特征为仿真系统的组织 (包括系统内仿真节点的选定、节点间的信息流关系) 带来了实时、动态重建的组织特征。

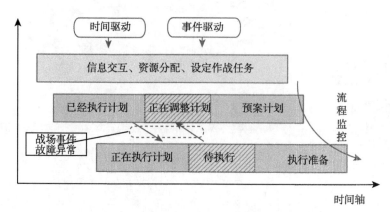

图 7.5   战场离散事件下的协同制导实验过程示意图

因此, 协同仿真系统的运行控制面向离散事件和连续时间的实验过程控制, 重点在于基于作战模式设置战场激励事件因果关系序列, 通过监测仿真实验过程及关键实验数据, 实施实验节点状态迁移并保证节点信息一致更新, 为被测对象 (算法、策略、模块等) 触发激励事件、构建验证环境。

实验节点状态迁移重在体现节点动态组网能力, 是指仿真系统在初始状态下依据实验选定选择参试节点, 组织数据交互, 构建信息网络; 实验开始后, 随着任务时间的推进, 实时判断战场激励事件生成判据, 依据信息交互网络控制飞行器节点的加入或退出, 作战目标特征的变化或者消失。

节点信息一致更新重在保障系统内信息传递正确性, 一方面是指节点间信息交互关系建立准确, 且解算和信息传输保持帧同步; 另一方面指同一目标面对光学、射频等多种探测设备需要呈现多元化特征, 并且随着事件激励, 目标的多元化特征也应同步发生改变, 保障不同传感探测设备从各个方位、角度、距离上均能对当前战场目标进行全方位识别[13]。

7.3.2   仿真节点信息一致性控制技术

协同仿真系统内实验节点上的信息来源主要有三种渠道: 自身计算、传感单元基于物理效应模拟设备的测量敏感、集群内其他飞行器/接口节点的传递。

获取方式的不同必然会带来节点间信息的不一致问题, 直接造成集群内飞行器对战场形势、自身与其他作战环节状态的理解歧义以及系统内因果关系的紊乱, 导致战场信息逻辑冲突, 协同策略与协同控制技术无法有效执行, 最终导致实验失败, 因此一致性控制是保障协同仿真环境对飞行条件、实验条件、战场环境真实再现的关键。

对一致性控制技术的研究应从特定仿真系统的组织特点出发，通过确定其技术内涵，明确引发不一致问题的因素，并提出相应解决方案，特别针对时空一致性、目标一致性等直接影响实验可信性的主要因素，给出系统对时间不一致、空间不一致、目标不一致的偏差范围，建立容忍度判断准则，并设计时间同步管理方案和多源目标一致性描述方案，解决典型一致性问题[14,15]。

1. 时间一致性控制技术内涵

我们给出时间一致性的概念。对于子控系统 $S_n (n \in N)$ 或子控节点 $V_m (m \in N)$，它们自身的守时时钟基准分别为 T^{S_n} 和 T^{V_m}，设在绝对时刻 t_i 触发指令 C_m，子控系统 S_n 或子控节点 V_m 对其的观测时间分别为 $t^{S_n} (C_m | t_i)$ 和 $t^{V_m} (C_m | t_i)$，且 t_i 时刻子控系统 S_n 或子控节点 V_m 的对应状态为 $\Gamma^{S_n} (t_i)$ 和 $\Gamma^{V_m} (t_i)$。以子控节点为例，且同样适用于子控系统，设任意两个子控节点 V_j，V_k，定义时间一致性：

(1) 状态时间一致性。在任意时刻，不同子控节点的状态保持一致，即在任意绝对时刻 t_i，子控节点 V_j，V_k 的状态分别为 $\Gamma^{V_j} (t_i)$ 和 $\Gamma^{V_k} (t_i)$，且 $\Gamma^{V_j} (t_i) = \Gamma^{V_k} (t_i)$，其中 $j \neq k$，则称多飞行器协同制导仿真系统是状态时间一致的。

(2) 指令时间一致性。在任意时刻，在保证不同子控节点状态一致的基础上，指令观测时间也保持一致，即在任意绝对时刻 t_i 触发指令 C_m，子控节点 V_j，V_k 对其的指令观测时间分别为 $t^{V_j} (C_m | t_i)$ 和 $t^{V_k} (C_m | t_i)$，子控节点状态分别为 $\Gamma^{V_j} (t_i)$ 和 $\Gamma^{V_k} (t_i)$，且 $t^{V_j} (C_m | t_i) = t^{V_k} (C_m | t_i)$，$\Gamma^{V_j} (t_i) = \Gamma^{V_k} (t_i)$，其中 $j \neq k$，则称多飞行器协同制导仿真系统是指令时间一致的。

(3) 绝对时间一致性。在任意时刻不同子控节点的状态、指令观测时间和时钟基准均保持一致，即在任意绝对时刻 t_i 触发指令 C_m，子控节点 V_j，V_k 的时钟基准分别为 T^{V_j} 和 T^{V_k}，C_m 的指令观测时间分别为 $t^{V_j} (C_m | t_i)$ 和 $t^{V_k} (C_m | t_i)$，子控节点状态分别为 $\Gamma^{V_j} (t_i)$ 和 $\Gamma^{V_k} (t_i)$，且 $T^{V_j} = T^{V_k}$，$t^{V_j} (C_m | t_i) = t^{V_k} (C_m | t_i)$，$\Gamma^{V_j} (t_i) = \Gamma^{V_k} (t_i)$，其中 $j \neq k$，则称多飞行器协同制导仿真系统是绝对时间一致的。

在多飞行器协同仿真系统中，跨平台、跨地域分布的参试节点间通过网络进行信息交互。仿真系统规模的不断扩大使得时间差异、高频信息交互以及网络带宽限制等问题日益突出，时钟精度和网络传输的不确定性容易引发信息延迟和数据丢失，导致时间不一致问题的产生。从上述时间一致性定义的角度分析，只要系统计算、处理或传输环节中存在时间基准不一致的状况 $T^{V_j} \neq T^{V_k}$，那么就会产生指令传输延时 $t^{V_j} (C_m | t_i) = t^{V_k} (C_m | t_i)$，甚至产生数据丢帧现象，进而造成状态不一致或世界观不一致的问题，$\Gamma^{V_j} (t_i) \neq \Gamma^{V_k} (t_i)$。

2. 空间一致性控制技术内涵

在时间一致性问题研究中发现，协同制导仿真系统中时间不一致会引发节点对自身及其他节点时间信息的认识歧义，在 "时空转换" 作用下进一步引发空间信息的不一致问题，因此在对空间一致性的定义中考虑时间要素，将空间信息表述为空间位置坐标与时间坐标构成的四维空间状态 $\Gamma(x, y, z, T)$，定义空间一致性为：

在协同制导仿真过程的任意时刻 T，任一仿真节点 S 的空间信息在系统内其他节点中的四维空间状态相同，即在 T 时间，仿真节点 S 对自身的四维空间状态 $\Gamma_S^S(x, y, z, T)$ 与其他任意节点 J, K 对其的空间状态 $\Gamma_J^S(x, y, z, T)$，$\Gamma_K^S(x, y, z, T)$ 相同，有 $\Gamma_S^S(x, y, z, T) = \Gamma_J^S(x, y, z, T) = \Gamma_K^S(x, y, z, T)$。

3. 目标信息一致性控制技术内涵

作为仿真系统中的一部分，目标节点同其他节点一样有时间、空间信息的一致性描述问题，但同时同一目标节点还需要向不同的探测、传感设备呈现指定特性，因此对此类节点的运行控制应保证在特定事件与时间点上为仿真系统内所有探测设备呈现状态一致的多元目标特征。例如，在一个波次的攻击后目标区场景发生变化，目标损毁且区域内产生烟雾，此时目标节点需要通过射频面阵或模拟接口面向雷达导引探测设备呈现损毁后的目标射频特性，同时通过光学场景模拟器向红外/可见光等导引探测设备呈现目标及烟雾干扰的红外特性。本书中对目标信息一致性的控制主要面向目标模拟节点的多元信息管理问题。

鉴于目标节点向探测设备提供战场场景与态势变化的功能，所以对目标信息一致性的定义从其他探测节点的认知角度来定义，即目标信息一致性是指目标节点确保仿真态势显现的正确性、与客观存在的相符性、仿真探测节点感知结果的一致性，在仿真过程的任意时刻，系统中任一观测节点 J, K 无论采用何种探测方式，其对目标 Tar 的状态特征认知相同，有 $\Gamma_J^{\text{Tar}}(r_{j1}, r_{j2}, \cdots, r_{jn}|\text{SeekMode}J) = \Gamma_K^{\text{Tar}}(r_{k1}, r_{k2}, \cdots, r_{km}|\text{SeekMode}K)$。其中 r_{jn}, r_{km} 表示被观测目标节点的状态特征，SeekMode$J$，SeekMode$K$ 表示观测节点采用的探测体制。

7.3.3 基于数据链的网络通信仿真技术

基于数据链的网络通信仿真实验包括全数字模拟的数据链组网仿真和有链路终端实物参试的链路组网仿真，根据上述数据链仿真验证需求，集群协同能力验证关注的重点在于有实物参试组网仿真实验方法。构建数据链网络参试情况下的仿真系统结构，如图 7.6 所示。

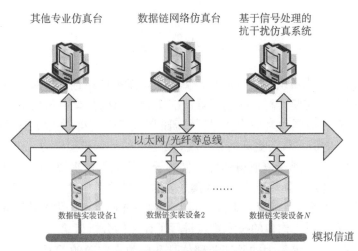

图 7.6 包含数据链组网的半实物仿真系统

其中：

(1) 数据链实装设备。按照实装设备的工作流程和格式产生仿真实验数据，通过光纤环网等数传设备向数据链仿真网络映射，与其他终端仿真模型完成集群组网与其他协同工作。实装设备之间的射频信号传输通过无线信道模拟设备生成的模拟信道进行交互。

(2) 数据链网络仿真台。运行数据链组网数学仿真系统，通过构建链路终端应用层、网络层、数据链路层、物理层数学模型，模拟链路组网及各层级协议栈功能性能，并具备终端实物映射功能，为实装设备产生的数据提供网络通道和特定的协议格式封装，按照一定的规则和格式产生虚拟节点的数据，实现网络协议等的验证。

(3) 基于信号处理的抗干扰仿真系统。根据实装设备的传输体制及能力，模拟信道、干扰和链路故障，计算通信误码率并输出给数据链网络仿真台，与数据链网络仿真台共同完成干扰与故障输入。

(4) 模拟信道。利用信道模拟器模拟不同飞行地形条件下，链路信号传输过程中的路径损耗、阴影衰落、多普勒效应和多径衰落等特征，模拟信道为实物终端构建传输信道。

(5) 主控及其他专业仿真台。包含协同制导控制系统内其他参试设备与仿真设备，负责整个仿真系统的运行控制、网络参数设置、节点状态控制等，生成集群组网所需控制信号、飞行参数，通过机载内总线与数据链实物终端相连，通过光纤或以太网与数据链数学仿真网络进行通信。

7.4 小   结

伴随着自动化武器系统的研制和计算机技术发展的迅速成熟及广泛应用，仿真技术逐渐同飞行实验一样，在飞行器性能实验、作战实验中起到不可忽视的作用。半实物仿真和数学仿真成为武器系统研制中必不可少的高效、有力的实验方法，尤其是半实物仿真具有更高的真实度、更全面的战场模拟能力，对于系统中很难建立准确数学模型或难以取得理想效果的子系统或部件来说，以实物代之参与仿真实验，不但避开了建模难点，还保障了实验结果的可信度。本章针对集群协同中所需验证的技术难点，介绍了集群协同半实物仿真技术可提供的验证能力，并对仿真系统的组成与系统构建的技术难点进行了详细的分析讨论。

而对集群协同技术能力的验证与评估是开展仿真实验的重要目的之一。通过对协同信息探测、协同决策与航迹规划、协同编队控制等各方面能力的梳理，建立衡量协同任务完成能力、突防情况、打击毁伤情况等各方面的评估指标体系，以仿真实验、飞行实验为评估支撑数据，对指标进行量化，从而更加直观地认识集群协同作战系统，也为协同样式、协同技术方案、技术实现程度提供分析、决策依据。

参 考 文 献

[1] 彭涛. 探空火箭仿真及协同设计系统关键技术研究 [D]. 北京: 中国科学院研究生院, 2011.

[2] 孙静. 单螺杆挤出过程计算机仿真系统 [D]. 北京: 北京化工大学, 2003.

[3] 常伯浚. 仿真技术在飞航式导弹武器系统研制中的应用 [J]. 飞航导弹, 1986,(S3):6-12.

[4] 单家元, 孟秀云, 丁艳, 等. 半实物仿真 [M]. 北京: 国防工业出版社, 2013.

[5] 陈颖. 基于虚拟网络仿真系统的任务管理中心的研究与实现 [D]. 北京: 北京邮电大学, 2011.

[6] 曾华, 樊波, 倪磊, 等. 多导弹协同作战目标分配方法研究 [J]. 飞航导弹, 2016,(9):75-79.

[7] 刘凌慧, 王元斌. 编队协同作战概念及指标体系 [C]. 中国造船工程学会电子技术学术委员会, 2006:122-124.

[8] 王涛, 胡军, 黄克明. 多无人机协同作战系统运用方式研究 [J]. 舰船电子工程, 2015, 35(3): 4-7.

[9] 朱爱平, 叶蕾. 战术战斧导弹武器控制系统 [J]. 飞航导弹，2011,9: 61-66.

[10] 李健. 浅议武器协同作战系统 [J]. 现代导航, 2012,3(1): 73-79.

[11] Dobson G B, Carley K M. Cyber-FIT: An Agent-Based Modelling Approach to Simulating Cyber Warfare[M]. New York: Springer, 2017: 139-148.

[12] Navonil M, John J H. From hybrid simulation to hybrid system modelling[C]. 2018 Winter Simulation Conference, 2018:1430-1439.

[13] Zeigler B P, Praehofer H, kim T G. 建模与仿真理论——集成离散事件与连续复杂动态系统 [M]. 李革, 等译. 北京: 电子工业出版社, 2017.

[14] 郭凤娟, 李超. 多平台时空统一研究 [J]. 现代导航, 2014,(5):353-356.

[15] 李澄宇. 虚拟试验时空一致性保障技术研究 [D]. 哈尔滨: 哈尔滨工业大学,2016.